## 中国主要龙眼品种 DNA 指纹数据库

# 编 著 委 员 会

编 著 者：张 静　方治伟　徐振江

编 者：石胜友　彭 海　李 论

参编人员：李甜甜　周俊飞　陈利红　高利芬

本书获江汉大学学术著作出版基金资助

ZHONGGUO ZHUYAO LONGYAN PINZHONG
DNA ZHIWEN SHUJUKU

# 中国主要龙眼品种
# DNA指纹数据库

张静　方治伟　徐振江　编著

华中科技大学出版社
http://www.hustp.com
中国·武汉

## 内 容 简 介

龙眼是亚热带的重要果树,经长期自然演化与人工培育,产生了丰富的种质。随着品种管理工作和育种工作的推进,对种质资源的鉴定提出了越来越高的要求。

本书公布了利用 MNP 技术构建的 99 个中国主要龙眼品种的 DNA 指纹数据库,还公布了构建该数据库的引物信息及 MNP 标记技术的方法,对中国主要龙眼品种的品种管理工作与育种工作的开展具有重要的参考价值。

本书可作为龙眼的原始品种鉴定、实质性派生品种鉴定、品种真实性鉴定、品种质量检测、品种管理、品种权保护、侵权案司法鉴定、品种选育、农业科研教学等从业人员的参考书籍。

**图书在版编目(CIP)数据**

中国主要龙眼品种 DNA 指纹数据库/张静,方治伟,徐振江编著.—武汉:华中科技大学出版社,2020.6
ISBN 978-7-5680-6188-9

Ⅰ.①中… Ⅱ.①张… ②方… ③徐… Ⅲ.①龙眼-品种-脱氧核糖核酸-鉴定-数据库-中国
Ⅳ.①S667.202.3-39

中国版本图书馆 CIP 数据核字(2020)第 096563 号

**中国主要龙眼品种 DNA 指纹数据库**　　　　　　　张　静　方治伟　徐振江　编著
Zhongguo Zhuyao Longyan Pinzhong DNA Zhiwen Shujuku

策划编辑:罗　伟
责任编辑:罗　伟
封面设计:刘　婷
责任校对:刘　竣
责任监印:周治超
出版发行:华中科技大学出版社(中国·武汉)　　　电话:(027)81321913
　　　　　武汉市东湖新技术开发区华工科技园　　　邮编:430223
录　排:华中科技大学惠友文印部
印　刷:湖北恒泰印务有限公司
开　本:787mm×1092mm　1/16
印　张:20.75　插页:2
字　数:660 千字
版　次:2020 年 6 月第 1 版第 1 次印刷
定　价:98.00 元

## 出版说明

### 一、正文部分提供中国主要龙眼品种 MNP 指纹数据库

正文一共提供了 99 个中国主要龙眼品种的 DNA 指纹数据库,每个品种提供了 100 个 MNP 引物位点指纹数据。

### 二、附录 A 提供与指纹数据库制作相关的引物数据信息

附录 A 为 MNP 引物基本信息,包括扩增位点名称、基因组位置、扩增起点、扩增终点、引物序列等信息。

### 三、附录 B 提供 MNP 标记技术的原理与方法

附录 B 提供了 MNP 标记技术的原理与方法,读者可根据此方法,进行龙眼品种的原始品种鉴定、实质性派生品种鉴定、品种真实性鉴定、品种质量检测、品种管理、品种权保护、侵权案司法鉴定、品种选育等工作。

### 四、MNP 指纹数据库使用方法

本书提供了 99 个中国主要龙眼品种 DNA 指纹数据库,每个品种的指纹数据占 3 ～4 面。每个品种采用了 100 个引物(见附录 A)制作指纹数据,每一个位点扩增序列占一段,每一段开始为扩增位点名称,其后为该位点的碱基序列,仅列出了该位点碱基序列中与参考基因组不同的碱基,与参考基因组相同的碱基未列出。以引物开始扩增的第一个位点为数字"1",第二个位点为数字"2",其余数字的意思按此类推。列出的碱基情况有两种:第一种为一个碱基,代表该位点为纯合位点,只有一个等位基因型;第二种为两个碱基,中间用"/"隔开,代表该位点为杂合体,有两种基因型。

本书制定指纹数据库的参考基因组下载地址如下:ftp://parrot. genomics. cn/gigadb/pub/10. 5524/100001_101000/100276/

# 前 言

　　龙眼（*Dimocarpus longan* Lour.）是亚热带的重要果树，我国是原产地之一，有两千多年的栽培历史，经长期自然演化与人工培育，产生了丰富的种质。随着品种管理工作和育种工作的推进，对种质资源的鉴定提出了越来越高的要求。

　　目前，龙眼品种的分子鉴定现状如下。在研究技术上，主要采用 SSR、SNP、AFLP 标记等技术，但这些技术各有其不足之处。SSR 标记检测的是简单重复序列，PCR 扩增时容易产生"滑脱"错误；SNP 标记在进行芯片杂交检测时，杂交检测背景容易引起技术误差；AFLP 标记最后检测结果获得的是图谱，不利于在不同实验条件下结果间的准确比对。并且所有标记技术使用的标记数量不到 50 个，多态性位点有限，以致对品种的区分准确度不高。在研究内容上，龙眼的分子鉴定十分有限，仅有对某一品种或对某杂交后代单株间进行鉴定的研究，目前为止，还没有一套完整的龙眼品种 DNA 基础指纹数据库，这对于龙眼育种工作与品种管理工作十分不利。

　　鉴于以上原因，在国家科技部的资助下，我们构建了第一个中国主要龙眼品种的 MNP（多核苷酸多态性）指纹数据库，也是第一个中国主要龙眼品种分子指纹数据库。MNP 技术是我们发明的一种新的分子标记技术，克服了现有分子标记技术的缺陷，并整合了其优势，具有等位基因型丰富、效率高、可以定量等特点。我们采用此方法构建了 99 个中国主要龙眼品种的 DNA 指纹数据库。本书公布了该指纹数据库，并且还公布了构建该数据库的引物信息及 MNP 标记技术的方法，对中国主要龙眼品种的品种管理工作与育种工作的开展具有重要的参考价值。

　　本书采集指纹数据库的实验技术来自江汉大学系统生物学研究院，龙眼材料来自广东热带植物研究院，是他们的大力支持才使本书工作得以顺利完成，在此表示诚挚的感谢。本书可作为龙眼的原始品种鉴定、实质性派生品种鉴定、品种真实性鉴定、品种质量检测、品种管理、品种权保护、侵权案司法鉴定、品种选育、农业科研教学等从业人员的参考书籍。由于时间仓促，难免有遗漏和不足之处，敬请专家和读者批评指正。

编　者

# 目 录

10-43　　/ 1

DS425　　/ 4

DS439　　/ 7

DWY-2　　/ 11

FD105-6　　/ 14

FD310-2　　/ 17

FD326　　/ 20

FD57　　/ 23

FD73　　/ 26

FLD-1　　/ 29

FLD-12　　/ 32

FLD 附加 1　/ 35

SG09　　/ 38

SG20　　/ 41

SZ19-11　　/ 44

SZ19-13　　/ 48

SZ19-4　　/ 52

八月鲜　　/ 56

白壳早　　/ 59

白乾焦核　　/ 62

柴螺　　/ 66

处署本　　/ 69

磁灶早白　　/ 72

大鼻龙　　/ 75

大乌圆　　/ 78

地 5-1　　/ 81

地 5-2　　/ 85

地 5-3　　/ 89

地 6-17　　/ 92

地 6-4　　/ 95

地 6-44　　/ 98

地 6-53　　/ 102

地 6-57　　/ 105

东壁　　/ 108

东莞 3 号　　/ 111

冬宝 9 号　　/ 114

凤广　　/ 117

古山　　/ 120

古山 2 号　　/ 123

桂明 1 号　　/ 126

红 10　　/ 129

红 44　　/ 133

红坊　　/ 136

洪武本　　/ 139

华农早熟　　/ 142

黄 114　　/ 145

黄 116　　/ 148

黄 191　　/ 151

黄 192　　/ 154

黄 193　　/ 157

黄 194 / 160

黄 196 / 163

黄 198 / 166

黄 199 / 169

黄 212 / 172

黄 213 / 175

黄 233 / 178

黄 236 / 181

黄 238 / 184

黄 247 / 188

黄 272 / 191

黄 55 / 195

黄 84 / 198

黄 86 / 202

郊滨早熟 / 205

焦眼 / 208

良庆 2 号 / 211

临 4 / 215

临 5 / 218

临 6 / 222

临 9 / 225

灵龙 / 228

灵龙 x 紫娘喜 / 231

南湖焦核 / 234

南山 1 号 / 237

青山水柜 / 241

青山晚优 / 244

青圆木本 / 247

森芦九月乌 / 250

石硖 x 紫娘喜 19 / 254

石硖 x 紫娘喜 9 / 258

松风本 / 261

特晚熟桂明 1 号 / 265

薛庄本 / 268

血丝龙眼 / 271

油潭本 / 274

早白焦 / 277

早熟 x 紫娘喜 1 / 280

早熟 x 紫娘喜 10 / 284

早熟 x 紫娘喜 2 / 287

早熟 x 紫娘喜 20 / 290

早熟 x 紫娘喜 4 / 293

早熟 x 紫娘喜 7 / 297

早熟 x 紫娘喜 9 / 300

中秋 x 紫娘喜 12 / 303

中秋 x 紫娘喜 8 / 307

中山脆肉 / 310

中山脆肉（廉江引进） / 313

中优 1 号 / 316

附录 A  MNP 引物基本信息 / 319

附录 B  龙眼品种指纹图谱构建 MNP
        标记法 / 324

参考文献 / 326

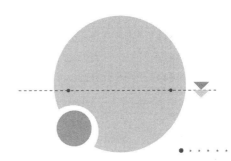

# 10-43

AMPL3507571  6,T/G;10,T/G;18,C;19,T/C;20,G/A;30,G/A;37,A/T;40,T;
AMPL3507806  31,A/T;55,C;136,C/A;139,T/G;158,A;
AMPL3507807  28,C;31,G;89,T;96,A;129,C;
AMPL3507808  75,T/A;114,T/C;124,A/T;132,C/T;134,C/G;139,C/G;171,C;172,A/T;
AMPL3507809  45,A/G;47,G/C;49,A/C;65,A;76,T/C;81,A/T;91,T/A;115,A;
AMPL3507810  33,T/C;53,T/C;74,G;90,C;98,G/A;154,G;
AMPL3507811  30,G/C;97,G/A;104,A/G;
AMPL3507812  6,C;53,C;83,T;90,T;109,A;113,A;154,T;155,C;
AMPL3507813  14,T;86,G;127,A;
AMPL3507814  63,A;67,G;70,T;72,A;94,A;119,G;134,C;157,G;
AMPL3507815  9,T;155,C;163,A;
AMPL3507816  93,G/A;105,G/C;150,A/G;166,C/T;171,C/T;
AMPL3507817  38,A;87,C;96,C/A;102,A/G;116,T;166,C/T;183,T;186,G/A;188,A/G;
AMPL3507818  8,A;37,A;40,T;41,G;49,A/T;55,G/T;56,A/G;57,T/G;100,A/G;104,T/G;
             108,C/T;113,G;118,T;
AMPL3507819  87,A/G;97,C;139,G/A;155,T/C;
AMPL3507821  41,C/G;45,G/A;59,A;91,G;141,A/G;144,C;
AMPL3507822  1,G;8,A;11,A;70,C;94,C;108,A;
AMPL3507823  11,C;110,A;123,A;
AMPL3507824  3,G;56,G;65,A;68,T;117,T;
AMPL3507826  55,T;61,C;74,T;98,C;122,G;129,G;139,A;180,C;
AMPL3507827  9,T/C;48,A;65,G/T;77,C/T;95,T;124,T;132,T/C;135,G/A;140,G/A;
AMPL3507828  73,T;107,G/A;109,G/C;143,T/C;159,G/C;
AMPL3507829  6,T;14,A;56,G;70,G;71,A;127,A;
AMPL3507831  7,C;16,T;19,C;66,T;75,G;88,C;113,C;130,T;140,G;164,T;
AMPL3507832  23,C;59,A;78,G;116,T;
AMPL3507833  26,T;30,G/T;49,G;69,T/G;75,A/G;97,A/C;132,T/A;
AMPL3507834  126,T/C;145,G/A;
AMPL3507836  8,A;32,T;40,G;44,G;63,T;71,A;113,T;142,A;
AMPL3507837  1,A;5,G;6,T;7,C;24,T;30,C;59,C;66,C;67,C;78,A;79,A;80,A;111,T;
             139,G;164,A;
AMPL3507838  3,G/A;15,G/A;20,A/G;23,A/G;50,A/G;52,G/A;59,A/C;64,C;78,T/G;
AMPL3507839  59,G;114,T;151,C;
AMPL3507840  77,C;

AMPL3507841   13,C/T;14,A/G;34,G/A;60,G/T;99,G;

AMPL3507842   13,C/T;17,C/T;20,A/T;64,C;97,A;144,C;158,A;159,G;163,T;

AMPL3507844   2,T;6,G;26,C;35,C;63,G;65,A;68,T;96,C;97,C;119,T;130,A;137,G;
158,T;

AMPL3507845   57,G/A;161,G/A;

AMPL3507846   5,A;21,A;24,G;26,A;94,G;112,A;127,G;128,A;149,G;175,A;

AMPL3507848   38,G;78,A;

AMPL3507849   16,T/C;19,C/A;23,T;24,A/G;33,G;35,A/G;39,G;68,C/G;72,G/T;74,T;
97,T;128,G;134,G;142,A/C;144,C/T;157,A;

AMPL3507850   2,A;16,C;35,A;39,G;60,C;93,C;110,G;114,C;125,C;128,A;130,C;

AMPL3507851   61,T;91,C/T;92,T/G;131,G/A;151,G/A;154,C/A;162,C/G;165,C/G;166,
A/T;168,G/C;

AMPL3507852   8,A;26,C;33,T;43,A;56,C;62,T;93,C;124,G;

AMPL3507853   2,T;71,G;88,T;149,G;180,C;193,A;

AMPL3507854   34,C;36,G;37,T;44,G;55,A;70,C;84,A;92,A;99,T;102,T;110,T;112,T;
114,T;126,C;139,C;153,T;158,A;164,C;170,C;171,G;174,A;177,G;180,C;
181,T;187,C;188,G;192,T;

AMPL3507855   26,C;36,C;90,T;

AMPL3507856   11,A;92,C;102,C;

AMPL3507857   33,A/G;70,C;82,A;123,T/C;

AMPL3507858   26,T;45,G;84,C;143,G;152,G;176,C;

AMPL3507860   30,G;97,C/T;101,G/T;128,G/A;176,T/C;

AMPL3507861   28,T/C;43,A/G;69,C/G;93,C;105,G/T;124,T/C;128,T/A;

AMPL3507862   2,A;4,G/C;63,A/G;83,C;88,T/C;106,T/C;115,C;124,C/A;154,T/C;

AMPL3507863   13,A;45,C;69,G;145,T;177,G;

AMPL3507864   17,C;95,G;120,T;

AMPL3507865   19,C;21,T;35,A;43,G;56,A/C;57,T/C;75,C;85,G;100,G/C;101,T;116,C/
A;127,C/G;161,C/T;171,G/A;172,T/C;

AMPL3507866   8,T;66,C;74,C;147,A;172,T;

AMPL3507867   21,C;27,G;38,T;45,T;54,C;88,C;93,T;112,C;122,A;132,G;

AMPL3507868   45,T;51,G/A;108,C/T;166,C/T;186,G/A;

AMPL3507871   7,T/C;95,C/G;115,T/G;144,C/T;

AMPL3507872   10,C;52,G;131,T;132,C;

AMPL3507873   13,T;38,T;39,C;54,A;59,A;86,T;

AMPL3507874   2,T;31,A;97,T;99,T;105,G;108,T;122,C;161,G;

AMPL3507876   96,C;114,G;144,A;178,C;

AMPL3507877   12,G/T;24,G/A;27,T;28,G/A;34,G/C;39,G/A;46,A/T;68,A/C;70,A;90,
A;110,T/G;126,C;134,A/C;

AMPL3507878   8,T;10,A;37,G;59,A;73,G;77,G;78,G;90,C;91,T;103,G;115,T;130,C;

AMPL3507879   50,A;90,C;91,C;116,C;127,T/G;134,G/C;143,G/C;155,G/T;163,C/T;169,
A;181,C/T;

AMPL3507880   66,T;105,A;124,A;

AMPL3507881  84,T;122,A;

AMPL3507882  40,G;43,A;61,T;

AMPL3507883  20,T;31,T;68,C/T;74,G;84,A;104,T;142,T;144,G;

AMPL3507885  36,C;51,A/G;54,G/A;65,G/C;66,G/T;71,C/T;78,C/T;110,G/A;112,C/T;
115,G/A;124,G/T;131,T/A;135,G/A;146,A/G;

AMPL3507886  41,A;47,T;81,C;91,C;99,A;125,A;

AMPL3507887  2,T;35,C;45,G;62,C;65,G;92,A;101,G;

AMPL3507888  4,C/T;50,A/G;65,G/A;70,A/C;79,A;82,C;94,G;100,G;107,G/A;133,
C/T;

AMPL3507889  34,T;111,A;154,A;159,G;160,G;

AMPL3507891  29,A;61,T;

AMPL3507892  23,A;28,A;55,A;69,A;72,A;122,T;136,G;180,G;181,A;

AMPL3507893  42,T/A;51,T/C;77,T;140,G/T;147,T/C;161,A/G;177,T/A;197,C/G;

AMPL3507894  165,A/G;182,A/G;

AMPL3507895  65,A;92,C;141,T;

AMPL3507896  6,T;32,C/T;77,A/T;85,A/T;107,C/A;126,C/G;135,T/G;

AMPL3507897  1,C;7,G/A;9,C;31,C;91,C;104,T/C;123,A;132,T;

AMPL3507898  133,T;152,G;

AMPL3507899  1,G/C;29,C/T;39,T/C;55,C;108,G;115,A;125,T/C;140,C;

AMPL3507900  23,A/G;62,G;63,A;73,T;86,T/C;161,C/T;183,G/A;190,G;

AMPL3507901  68,T/C;98,A/G;116,C/A;

AMPL3507902  38,C;57,G;65,C;66,G;92,T;104,A;118,A;176,G;

AMPL3507904  3,T/C;5,C;13,G;54,C;83,G;85,C;92,C/T;104,C;147,A;182,G;

AMPL3507906  7,T;9,G;30,G;41,A;42,A;48,T;69,G;71,A;78,G;88,A;91,G;108,A;115,
G;122,A;126,A;141,A;

AMPL3507909  2,A;9,C;13,A;15,C;28,G;32,T;34,A;53,T;84,C;97,C;99,A;135,C;148,T;
150,T;

AMPL3507911  33,G;34,C;49,C;50,G;71,G;77,C;89,A;92,G;126,G;130,C;133,C;134,A;
151,A;173,G;180,A;181,T;185,C;189,C;190,G;196,C;200,C;

AMPL3507912  19,T;33,A/T;38,A;43,T;46,A/G;71,C/G;73,T/A;108,A;124,T/A;126,G;
132,A;143,C;160,T;

AMPL3507913  21,T;58,T;90,C;107,A;109,T;111,T;113,G;128,A;134,G;

AMPL3507914  37,C/G;52,G;56,T/A;64,G/T;115,T/C;

AMPL3507915  22,G/A;31,T/C;39,C/T;51,T/C;52,C/T;59,G/A;66,C/T;87,G/A;99,G/A;
103,T/C;128,C/T;134,C/A;135,T/A;138,G/A;159,T/G;

AMPL3507916  24,A;31,T;43,T;49,G;90,G;110,T;132,A/C;160,A;170,G;174,G/T;

AMPL3507918  15,T/A;63,A;72,G;76,T;86,C;87,A/G;90,A;129,G;

AMPL3507919  10,G;22,G;34,T;64,T;74,A;105,G;114,G;133,C;153,T;169,G;184,C;
188,A;

AMPL3507920  18,C;24,A;32,C;67,T;74,G;

AMPL3507921  7,C;30,G;38,G;43,A;182,G;

AMPL3507922  146,C/A;

# DS425

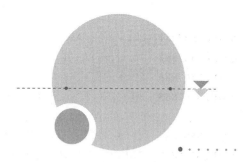

AMPL3507571    6,G;10,G;18,C;19,C;20,A;30,A;37,T;40,T;

AMPL3507806    31,T/A;55,C;136,A/C;139,G/T;158,A;

AMPL3507807    28,C/A;31,G/C;89,T/C;96,A/G;129,C/A;

AMPL3507808    75,A;114,C;124,T;132,T;134,G;139,G;171,C;172,T;

AMPL3507809    45,G;47,C;49,A;65,C;76,C;81,T;91,A;115,A;

AMPL3507810    33,C;53,C;74,G;90,C/T;98,A/G;154,G;

AMPL3507811    30,G;97,A;104,G;

AMPL3507812    6,T;53,T;83,C;90,A;109,C;113,T;154,C;155,C;

AMPL3507813    14,T;86,G;127,A;

AMPL3507814    63,G;67,G;70,G;72,A;94,A;119,G;134,C;157,G;

AMPL3507815    9,A;155,A;163,A;

AMPL3507816    93,G/A;105,G/C;150,A/G;166,C/T;171,C/T;

AMPL3507817    38,A/G;87,C/G;96,C;102,A;116,T/C;166,C/T;183,T/C;186,G;188,A/G;

AMPL3507818    8,A;37,A;40,T;41,G;49,A;55,G;56,A;57,T;100,A;104,T;108,C;113,G;
               118,T;

AMPL3507819    87,A;97,C;139,G;155,T;

AMPL3507821    41,C/G;45,G/A;59,T/A;91,G;141,A/G;144,C;

AMPL3507822    1,G;8,A;11,T/A;70,C;94,C/T;108,G/A;

AMPL3507823    11,T;110,C;123,G;

AMPL3507824    3,G;56,G;65,G;68,C;117,C;

AMPL3507826    55,T/C;61,C/T;74,T/C;98,C;122,G;129,G/A;139,A/G;180,C/T;

AMPL3507827    9,T/C;48,A;65,G/T;77,C/T;95,T;124,T;132,T/C;135,G/A;140,G/A;

AMPL3507828    73,T;107,G/A;109,G/C;143,T/C;159,G/C;

AMPL3507831    7,C;16,T/C;19,C;66,T/C;75,G/A;88,C/T;113,C/T;130,T/G;140,G/C;
               164,T;

AMPL3507832    23,T;59,A;78,C;116,C;

AMPL3507833    26,T;30,G;49,A;69,T;75,A;97,A;132,T;

AMPL3507834    126,C/T;145,A/G;

AMPL3507835    12,A;38,T;93,T;98,C;99,G;129,A;150,A;

AMPL3507836    8,G/A;32,C/T;40,T/G;44,A/G;63,T;71,G/A;113,C/T;142,G/A;

AMPL3507838    3,A;15,A;20,G;23,G;50,A;52,A;59,C;64,C;78,G;

AMPL3507839    59,G;114,T;151,C;

AMPL3507840    77,C/G;

AMPL3507841    13,T;14,G;34,A;60,T;99,G;

AMPL3507842  13,C;17,C;20,A;64,C;97,A;144,C;158,A;159,G;163,T;

AMPL3507845  57,G/A;161,G/A;

AMPL3507846  5,A;21,A;24,G;26,A;94,G;112,A;127,C/G;128,T/A;149,G;175,T/A;

AMPL3507848  38,A;78,C;

AMPL3507849  16,A/T;19,C;23,T;24,A;33,G;35,A;39,G;68,C;72,G;74,T;97,T;128,T/G;134,A/G;142,C/A;144,T/C;157,A;

AMPL3507850  2,A;16,C;35,A;39,G;60,C;93,C;110,G;114,C;125,C;128,A;130,C;

AMPL3507851  61,T;91,T;92,G;131,A;151,A;154,A;162,G;165,G;166,T;168,C;

AMPL3507852  8,A;26,G;33,G;43,A;56,C;62,T;93,C;124,G;

AMPL3507853  2,T/A;71,G/A;88,T/C;149,G/C;180,C/T;193,A/T;

AMPL3507854  34,C/T;36,G;37,T/C;44,G;55,A;70,C/A;84,A;92,A/G;99,T;102,T/G;110,T/C;112,T/A;114,T/G;126,C/A;139,C/T;153,T/C;158,A/T;164,C/A;170,C/G;171,G/A;174,A/G;177,G/T;180,C;181,T;187,C;188,G/T;192,T/C;

AMPL3507855  26,T;36,T;90,C;

AMPL3507856  11,G;92,T;102,T;

AMPL3507857  33,G;70,G/C;82,T/A;123,C;

AMPL3507858  26,T;45,G;84,T/C;143,G;152,G;176,C;

AMPL3507860  30,G;97,T;101,T;128,A;176,C;

AMPL3507861  28,C/T;43,G/A;69,G/C;93,C;105,T/G;124,C/T;128,A/T;

AMPL3507862  2,A/C;4,G;63,A/G;83,C/T;88,T;106,T;115,C;124,C/A;154,T;

AMPL3507863  13,G/A;45,G/C;69,A;145,A;177,A;

AMPL3507864  17,T;95,G;120,T/C;

AMPL3507865  19,C;21,T;35,A;43,G;56,A/C;57,T/C;75,C;85,G;100,G/C;101,T;116,C/A;127,C/G;161,C/T;171,G/A;172,T/C;

AMPL3507866  8,T;66,G;74,T;147,C;172,T;

AMPL3507867  21,C/T;27,G;38,T/C;45,T/C;54,C;88,C;93,T/C;112,C;122,A/G;132,G;

AMPL3507868  45,T;51,A/G;108,T/C;166,T/C;186,A/G;

AMPL3507871  7,C;95,G;115,G;144,T;

AMPL3507872  10,T;52,G;131,T;132,T;

AMPL3507873  13,T/C;38,T;39,C/T;54,A/G;59,A;86,T/G;

AMPL3507874  2,T;31,A;97,T;99,T;105,G;108,T;122,C;161,G;

AMPL3507876  96,C;114,G;144,A;178,C;

AMPL3507877  12,TAT/T;24,G/A;27,A/T;28,G/A;34,C;39,A;46,T;68,C;70,G/A;90,A;110,G;126,C;134,C;

AMPL3507878  8,C;10,A;37,A;59,G;73,T;77,G;78,G;90,T;91,C;103,G;115,C;130,C;

AMPL3507879  50,G/A;90,C;91,C;116,C;127,G/T;134,C/G;143,G;155,G;163,T/C;169,G/A;181,T/C;

AMPL3507880  66,C/T;105,A/C;124,A/G;

AMPL3507881  84,C;122,T;

AMPL3507882  40,G;43,A;61,T;

AMPL3507883  20,T;31,T;68,C/T;74,G;84,A;104,T;142,T;144,G;

AMPL3507885   36,C/G;51,A;54,G/A;65,G/N;66,G/N;71,C/N;78,C/N;110,G/A;112,C/T;115,G/A;124,G/T;131,T/A;135,G/A;146,A/G;

AMPL3507886   41,G;47,C;81,G;91,T;99,G;125,A;

AMPL3507887   2,T;35,C;45,G/A;62,C;65,A/G;92,G/A;101,C/GTG;

AMPL3507888   4,T/C;50,G/A;65,A;70,C;79,A/T;82,C/T;94,G/A;100,G/A;107,A/T;133,T;

AMPL3507889   34,T;111,A;154,A;159,A;160,T;

AMPL3507890   19,T/C;26,C/T;33,G/A;60,A/G;139,T/C;

AMPL3507891   29,C/A;61,T;

AMPL3507892   23,A;28,G;55,G;69,G;72,G;122,T;136,A;180,A;181,T;

AMPL3507893   42,T/A;51,T/C;77,T;140,G/T;147,T/C;161,A/G;177,T/A;197,C/G;

AMPL3507894   165,A/G;182,A/G;

AMPL3507895   65,A;92,C/A;141,G/T;

AMPL3507896   6,T;32,C;77,A;85,A;107,C;126,C;135,T;

AMPL3507898   133,T;152,G;

AMPL3507899   1,G;29,C;39,T;55,C;108,T;115,A;125,C;140,A/C;

AMPL3507900   23,A;62,A;63,G;73,T;86,T;161,C;183,G;190,A;

AMPL3507901   68,T;98,A;116,C/A;

AMPL3507902   38,C;57,A;65,C;66,G;92,A;104,C;118,T;176,G;

AMPL3507903   101,A;105,A;121,A;161,C;173,T;

AMPL3507904   3,T/C;5,C;13,G/A;54,T/C;83,G/T;85,T/C;92,C;104,T/C;147,G/A;182,G;

AMPL3507906   7,T;9,G;30,G;41,A;42,A;48,T;69,G;71,A;78,G;88,A;91,G;108,A;115,G;122,A;126,A;141,A;

AMPL3507909   2,A;9,C;13,A;15,C;28,G;32,T;34,A;53,T;84,C;97,C;99,A;135,C;148,T;150,T;

AMPL3507910   33,T;105,A;129,C;164,A;

AMPL3507911   33,G;34,C;49,C;50,G;71,G;77,C;89,A;92,G;126,G;130,T;133,C;134,A;151,A;173,G;180,A;181,C;185,C;189,C;190,G;196,C;200,C;

AMPL3507912   19,T;33,T/A;38,A;43,T;46,G/A;71,C;73,A/T;108,A;124,T;126,G;132,A;143,C;160,T;

AMPL3507913   21,T;58,T;90,T;107,A;109,A;111,A;113,A;128,A;134,G;

AMPL3507914   37,C/G;52,G;56,T/A;64,G/T;115,T/C;

AMPL3507915   22,G/A;31,T/C;39,C/T;51,T/C;52,C/T;59,G/A;66,C/T;87,G/A;99,G/A;103,T/C;128,C/T;134,C/A;135,T/A;138,G/A;159,T/G;

AMPL3507916   24,A/G;31,T/C;43,T/C;49,G/T;90,G/A;110,T/A;132,A/C;160,A;170,G;174,G/A;

AMPL3507918   15,A/T;63,A;72,G;76,T;86,C;87,G/A;90,A;129,G;

AMPL3507919   10,G;22,T/G;34,C/T;64,G/T;74,G/A;105,A/G;114,A/G;133,T/C;153,G/T;169,G;184,T/C;188,T/A;

AMPL3507920   18,A/C;24,A;32,A/C;67,T;74,C/G;

AMPL3507921   7,C;30,G/A;38,G/A;43,A/G;182,G/A;

AMPL3507922   146,C;

# DS439

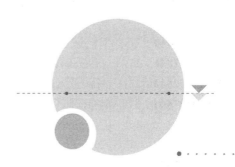

**AMPL3507571** 6,G;10,G;18,C;19,C;20,A;30,A;37,T;40,T;

**AMPL3507806** 31,T/A;55,C;136,A/C;139,G/T;158,A;

**AMPL3507807** 28,C/A;31,G/C;89,T/C;96,A/G;129,C/A;

**AMPL3507808** 75,A;114,C;124,T;132,T;134,G;139,G;171,C;172,T;

**AMPL3507809** 45,G;47,C;49,A;65,C;76,C;81,T;91,A;115,A;

**AMPL3507810** 33,C;53,C;74,G;90,C/T;98,A/G;154,G;

**AMPL3507811** 30,G;97,A;104,G;

**AMPL3507812** 6,T;53,T;83,C;90,A;109,C;113,T;154,C;155,C;

**AMPL3507813** 14,T;86,G;127,A;

**AMPL3507814** 63,G;67,G;70,G;72,A;94,A;119,G;134,C;157,G;

**AMPL3507815** 9,A;155,A;163,A;

**AMPL3507816** 93,G;105,G;150,A;166,C;171,C;

**AMPL3507817** 38,A;87,C;96,C;102,A;116,T;166,C;183,T;186,G;188,A;

**AMPL3507818** 8,A;37,A;40,T;41,G;49,T/A;55,T/G;56,G/A;57,G/T;100,G/A;104,G/T;
108,T/C;113,G;118,T;

**AMPL3507819** 87,A/G;97,C;139,G/A;155,T/C;

**AMPL3507821** 41,G/C;45,A/G;59,A/T;91,G;141,G/A;144,C;

**AMPL3507822** 1,G;8,A;11,A;70,C;94,C/T;108,A;

**AMPL3507823** 11,T/C;110,C/A;123,G/A;

**AMPL3507824** 3,G;56,G;65,G;68,C;117,C;

**AMPL3507826** 55,T/C;61,C/T;74,T/C;98,C;122,G;129,G/A;139,A/G;180,C/T;

**AMPL3507827** 9,C;48,A;65,T;77,T;95,T;124,T;132,C;135,A;140,A;

**AMPL3507828** 73,T;107,G;109,G;143,T;159,G;

**AMPL3507831** 7,C;16,T/C;19,C;66,T/C;75,G/A;88,C/T;113,C/T;130,T/G;140,G/C;
164,T;

**AMPL3507832** 23,T;59,A;78,C;116,C;

**AMPL3507833** 26,T;30,G;49,G;69,T;75,A;97,A;132,T;

**AMPL3507834** 126,T/C;145,G/A;

**AMPL3507835** 12,G;38,G;93,A;98,G;99,T;129,C;150,T;

**AMPL3507836** 8,G/A;32,C/T;40,T/G;44,A/G;63,T;71,G/A;113,C/T;142,G/A;

**AMPL3507838** 3,A/G;15,A/G;20,G/A;23,G/A;50,A;52,A/G;59,C/A;64,C;78,G/T;

**AMPL3507839** 59,G;114,T;151,C;

AMPL3507840 77,C/G；

AMPL3507841 13,T；14,G；34,A；60,T；99,G；

AMPL3507842 13,C；17,C；20,A；64,C；97,A；144,C；158,A；159,G；163,T；

AMPL3507844 2,T；6,G；26,C；35,C；63,G；65,A；68,T；96,C；97,C；119,T；130,A；137,G；
158,T；

AMPL3507845 57,G；161,G；

AMPL3507846 5,A；21,A；24,G；26,A；94,G；112,A；127,G/C；128,A/T；149,G；175,A/T；

AMPL3507848 38,A；78,C；

AMPL3507849 16,A；19,C；23,T；24,A；33,G；35,A；39,G；68,C；72,G；74,T；97,T；128,T；134,
A；142,C；144,T；157,A；

AMPL3507851 61,T；91,T；92,G；131,A；151,A；154,A；162,G；165,G；166,T；168,C；

AMPL3507852 8,A；26,C/G；33,T/G；43,A；56,C；62,T；93,C；124,G；

AMPL3507853 2,T；71,G；88,T；149,G；180,C；193,A；

AMPL3507854 34,C/T；36,G；37,T/C；44,G；55,A；70,C/A；84,A；92,A/G；99,T；102,T/G；
110,T/C；112,T/A；114,T/G；126,C/A；139,C/T；153,T/C；158,A/T；164,C/
A；170,C/G；171,G/A；174,A/G；177,G/T；180,C；181,T；187,C；188,G/T；192,
T/C；

AMPL3507855 26,C/T；36,C/T；90,T/C；

AMPL3507856 11,A/G；92,C/T；102,C/T；

AMPL3507857 33,G；70,G/C；82,T/A；123,C；

AMPL3507858 26,T/G；45,G/T；84,C；143,G/A；152,G/A；176,C/A；

AMPL3507860 30,G；97,T；101,T；128,A；176,C；

AMPL3507861 28,C/T；43,G/A；69,G/C；93,C；105,T/G；124,C/T；128,A/T；

AMPL3507862 2,C/A；4,G；63,G/A；83,T/C；88,T；106,T；115,C；124,A/C；154,T；

AMPL3507863 13,G；45,G；69,A；145,A；177,A；

AMPL3507864 17,T/C；95,G；120,T；

AMPL3507865 19,C；21,T；35,A；43,G；56,A/C；57,T/C；75,C；85,G；100,G/C；101,T；116,C/
A；127,C/G；161,C/T；171,G/A；172,T/C；

AMPL3507867 21,C；27,G；38,T；45,T；54,C；88,C；93,T；112,C；122,A；132,G；

AMPL3507868 45,T；51,A/G；108,T/C；166,T/C；186,A/G；

AMPL3507871 7,C；95,G；115,G；144,T；

AMPL3507872 10,T；52,G；131,T；132,T；

AMPL3507873 13,T/C；38,T；39,C/T；54,A/G；59,A；86,T/G；

AMPL3507874 2,C；31,C；97,T；99,T；105,G；108,T；122,T；161,A；

AMPL3507875 44,G；45,G；68,G/C；110,G/T；125,A；137,G；151,A；184,C/T；

AMPL3507876 96,C；114,G；144,A；178,C；

AMPL3507877 12,T；24,A；27,T；28,A；34,C；39,A；46,T；68,C；70,A；90,A；110,G；126,C；
134,C；

AMPL3507878 8,C；10,A；37,A；59,G；73,T；77,G；78,G；90,T；91,C；103,G；115,C；130,C；

AMPL3507879 50,A；90,C；91,C；116,C；127,T/G；134,G/C；143,G/C；155,G/T；163,C/T；169,
A；181,C/T；

AMPL3507880    66,C;105,A;124,A;

AMPL3507881    84,C;122,T;

AMPL3507882    40,G;43,A;61,T;

AMPL3507883    20,T;31,T;68,C/T;74,G;84,A;104,T;142,T;144,G;

AMPL3507885    36,C/G;51,A;54,G/A;65,G/N;66,G/N;71,C/N;78,C/N;110,G/A;112,C/T;115,G/A;124,G/T;131,T/A;135,G/A;146,A/G;

AMPL3507886    41,G/A;47,C/T;81,G/C;91,T/C;99,G/A;125,A;

AMPL3507887    2,T;35,C;45,G;62,C;65,A/G;92,G/A;101,C/G;

AMPL3507888    4,C/T;50,A/G;65,A;70,C;79,T/A;82,T/C;94,A/G;100,A/G;107,T/A;133,T;

AMPL3507889    34,T;111,A;154,A;159,A;160,T;

AMPL3507890    19,C;26,T;33,A;60,G;139,C;

AMPL3507891    29,A/C;61,T;

AMPL3507892    23,A;28,G/A;55,G/A;69,G/A;72,G/A;122,T;136,A/G;180,A/G;181,T/A;

AMPL3507893    42,T/A;51,T/C;77,T;140,G/T;147,T/C;161,A/G;177,T/A;197,C/G;

AMPL3507894    165,A;182,A;

AMPL3507895    65,A;92,C;141,T/G;

AMPL3507896    6,T;32,C;77,A;85,A;107,C;126,C;135,T;

AMPL3507897    1,A;7,A;9,G;31,T;91,T;104,C;123,G;132,G;

AMPL3507898    133,T;152,G;

AMPL3507899    1,G;29,C;39,T;55,C;108,T/G;115,A;125,C/T;140,A/C;

AMPL3507900    23,G/A;62,G/A;63,A/G;73,T;86,C/T;161,T/C;183,A/G;190,G/A;

AMPL3507901    68,T;98,A;116,A;

AMPL3507902    38,C;57,A/G;65,C;66,G;92,A/T;104,C/A;118,T/A;176,G;

AMPL3507903    101,A;105,A;121,A;161,C;173,T;

AMPL3507904    3,C;5,C;13,A;54,C;83,T;85,C;92,C;104,C;147,A;182,G;

AMPL3507906    7,T;9,G;30,G;41,A;42,A;48,T;69,G;71,A;78,G;88,A;91,G;108,A;115,G;122,A;126,A;141,A;

AMPL3507909    2,A;9,C;13,A;15,C;28,G;32,T;34,A;53,T;84,C;97,C;99,A;135,C;148,T;150,T;

AMPL3507911    33,G;34,C;49,C;50,G;71,G;77,C;89,A;92,G;126,G;130,T;133,C;134,A;151,A;173,G;180,A;181,C;185,C;189,C;190,G;196,C;200,C;

AMPL3507912    19,T/C;33,T;38,A/G;43,T/C;46,G/A;71,C/G;73,A;108,A;124,T/A;126,G;132,A;143,C;160,T;

AMPL3507913    21,T;58,T;90,T;107,A;109,A;111,A;113,A;128,A;134,G;

AMPL3507914    37,G/C;52,G;56,A/T;64,T/G;115,C/T;

AMPL3507915    22,A/G;31,C/T;39,T/C;51,C/T;52,T/C;59,A/G;66,T/C;87,A/G;99,A/G;103,C/T;128,T/C;134,A/C;135,A/T;138,A/G;159,G/T;

AMPL3507916    24,G/A;31,C/T;43,C/T;49,T;90,A;110,A/T;132,C;160,A/G;170,G/T;174,A;

AMPL3507918    15,T;63,A;72,G;76,T;86,C;87,A;90,A;129,G;

AMPL3507919    10,G;22,T/G;34,C/T;64,G/T;74,G/A;105,A/G;114,A/G;133,T/C;153,G/T;169,G;184,T/C;188,T/A;

AMPL3507920    18,A/C;24,A;32,A/C;67,T;74,C/G;

AMPL3507921    7,C;30,A/G;38,A/G;43,G/A;182,A/G;

AMPL3507922    146,C/A;

# DWY-2

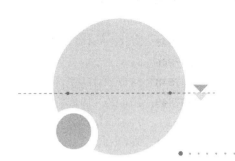

AMPL3507571    6,T/G;10,T/G;18,C;19,T/C;20,G/A;30,G/A;37,A/T;40,C/T;

AMPL3507806    31,T;55,C;136,C/A;139,T/G;158,A;

AMPL3507807    28,C/A;31,G/C;89,T;96,A;129,C;

AMPL3507808    75,T;114,T;124,A;132,C;134,C;139,C;171,C;172,A;

AMPL3507809    45,G;47,C;49,A/C;65,C/A;76,C;81,T;91,A;115,A;

AMPL3507810    33,C/T;53,C/T;74,G;90,C;98,A/G;154,G;

AMPL3507811    30,G/C;97,G/A;104,A/G;

AMPL3507812    6,C;53,C;83,T;90,T;109,A;113,A;154,T;155,C;

AMPL3507813    14,T;86,G;127,A;

AMPL3507814    63,A;67,G/A;70,T;72,A;94,A/G;119,G/A;134,C;157,G/A;

AMPL3507815    9,A/T;155,C;163,A;

AMPL3507816    93,A;105,C;150,G;166,T;171,T;

AMPL3507817    38,A;87,C;96,A;102,G;116,T;166,T;183,T;186,A;188,G;

AMPL3507818    8,A;37,A;40,T;41,A/G;49,T/A;55,T/G;56,A;57,G/T;100,G/A;104,T;
               108,C;113,G;118,T;

AMPL3507819    87,A/G;97,C;139,G/A;155,T/C;

AMPL3507821    41,G;45,A;59,A;91,G;141,G;144,C;

AMPL3507822    1,G;8,G;11,T;70,C;94,C;108,G;

AMPL3507823    11,C;110,A;123,A;

AMPL3507824    3,G;56,G;65,G/A;68,C/T;117,C/T;

AMPL3507826    55,T/C;61,C;74,T;98,C/T;122,G/A;129,G;139,A/G;180,C/T;

AMPL3507827    9,T;48,A;65,G;77,C;95,T;124,T;132,T;135,G;140,G;

AMPL3507828    73,G/T;107,A;109,G/C;143,T/C;159,G/C;

AMPL3507831    7,C;16,C;19,C;66,C;75,A;88,T;113,C/T;130,G;140,C;164,T;

AMPL3507832    23,C;59,G;78,G;116,T;

AMPL3507833    26,T;30,G;49,A;69,T;75,A;97,A;132,T;

AMPL3507834    126,C/T;145,A/G;

AMPL3507835    12,G;38,G;93,A;98,G;99,T;129,C;150,T;

AMPL3507836    8,A;32,T;40,G;44,G;63,T;71,A;113,T;142,A;

AMPL3507838    3,A;15,A;20,G;23,G;50,A/G;52,A;59,C;64,C;78,G;

AMPL3507839    59,G;114,T;151,C;

AMPL3507840    77,G;

AMPL3507841    13,C;14,G/A;34,G;60,G;99,A/G;

AMPL3507842    13,C;17,T/C;20,T/A;64,C;97,A;144,C;158,A;159,G;163,T;

AMPL3507845 57,G/A;161,G/A;

AMPL3507846 5,A;21,A;24,G;26,A;94,G;112,A;127,G;128,A;149,G;175,A;

AMPL3507848 38,A/G;78,C/A;

AMPL3507849 16,A/C;19,C/A;23,T/C;24,A/G;33,G;35,A/G;39,G/T;68,C/G;72,G/T;
74,T/G;97,T;128,T/G;134,A/G;142,C;144,T;157,A/G;

AMPL3507851 61,T;91,C/T;92,T/G;131,G/A;151,G/A;154,C/A;162,C/G;165,C/G;166,
A/T;168,G/C;

AMPL3507852 8,A;26,C;33,T;43,A;56,C/T;62,T/C;93,C/G;124,G/A;

AMPL3507853 2,T;71,G;88,T;149,G;180,C;193,A;

AMPL3507854 34,C/T;36,G;37,T/C;44,G;55,A;70,C/A;84,A;92,A/G;99,T;102,T/G;
110,T/C;112,T/A;114,T/G;126,C/A;139,C/T;153,T/C;158,A/T;164,C/
A;170,C/G;171,G/A;174,A/G;177,G/T;180,C;181,T;187,C;188,G/T;192,
T/C;

AMPL3507855 26,C;36,C;90,T;

AMPL3507856 11,A;92,C;102,C;

AMPL3507857 33,A/G;70,C/G;82,A/T;123,T/C;

AMPL3507858 26,T/G;45,G/T;84,C;143,G/A;152,G/A;176,C/A;

AMPL3507860 30,G;97,C;101,G;128,G;176,T;

AMPL3507861 28,T;43,A;69,C;93,C;105,G;124,T;128,T;

AMPL3507862 2,A;4,C/G;63,G/A;83,C;88,C/T;106,C/T;115,C;124,A/C;154,C/T;

AMPL3507863 13,A;45,C;69,A/G;145,A/T;177,A/G;

AMPL3507864 17,C/T;95,G;120,T;

AMPL3507865 19,T/C;21,A/T;35,A;43,A/G;56,A/C;57,C;75,T/C;85,C/G;100,G/C;101,
C/T;116,C/A;127,C/G;161,T;171,A;172,T/C;

AMPL3507867 21,C/T;27,G;38,T/C;45,T/C;54,C;88,C;93,T/C;112,C;122,A/G;132,G;

AMPL3507868 45,C/T;51,G;108,T/C;166,T/C;186,G;

AMPL3507871 7,T;95,C;115,T;144,C;

AMPL3507872 10,C;52,G;131,T;132,C;

AMPL3507873 13,T;38,T;39,C;54,A;59,A;86,T/G;

AMPL3507874 2,C;31,C;97,T;99,T;105,G;108,T;122,T;161,A;

AMPL3507877 12,T;24,A;27,T;28,A;34,C;39,A;46,T;68,C;70,A;90,A;110,G;126,C;
134,C;

AMPL3507878 8,T;10,A;37,G;59,A;73,G;77,G;78,G;90,C;91,T;103,G;115,T;130,C;

AMPL3507879 50,A;90,C;91,C;116,C;127,T/G;134,G/C;143,G/C;155,G/T;163,C/T;169,
A;181,C/T;

AMPL3507880 66,C/T;105,A/C;124,A/G;

AMPL3507881 84,T;122,G;

AMPL3507882 40,G;43,A;61,T;

AMPL3507883 20,C/T;31,T;68,C;74,G;84,C/A;104,T;142,T;144,G;

AMPL3507886 41,A;47,T;81,C;91,C;99,A;125,A/T;

AMPL3507887 2,T;35,C;45,A/G;62,C;65,G/A;92,A/G;101,GTG/C;

AMPL3507888 4,C/T;50,A/G;65,A;70,C;79,T/A;82,T/C;94,A/G;100,A/G;107,T/A;

133,T;

AMPL3507889    34,T;111,G;154,C;159,G;160,G;

AMPL3507890    19,C/T;26,C;33,G;60,G/A;139,C/T;

AMPL3507891    29,A;61,C;

AMPL3507892    23,A;28,A;55,A;69,A;72,A;122,T;136,G;180,G;181,A;

AMPL3507893    42,T/A;51,T/C;77,T;140,G/T;147,T/C;161,A/G;177,T/A;197,C/G;

AMPL3507894    165,A/G;182,A/G;

AMPL3507895    65,A;92,C;141,G/T;

AMPL3507896    6,C;32,C;77,A;85,A;107,C;126,C;135,T;

AMPL3507897    1,C;7,G;9,C;31,C;91,C;104,T;123,A;132,T;

AMPL3507898    133,T/G;152,G/A;

AMPL3507899    1,G;29,T/C;39,C/T;55,C;108,G/T;115,A;125,C;140,C/A;

AMPL3507900    23,A/G;62,A/G;63,G/A;73,T;86,T/C;161,C/T;183,G/A;190,A/G;

AMPL3507901    68,T;98,A;116,C;

AMPL3507902    38,C;57,A/G;65,C;66,G;92,A/T;104,C/A;118,T/A;176,G;

AMPL3507903    101,A;105,A;121,A;161,C;173,T;

AMPL3507904    3,T;5,C;13,G/A;54,C;83,G/T;85,C;92,C;104,C;147,A;182,G;

AMPL3507906    7,T;9,G;30,G;41,A;42,A;48,T;69,G;71,A;78,G;88,A;91,G;108,A;115,
               G;122,A;126,A;141,A;

AMPL3507909    2,A/C;9,C;13,A;15,C/T;28,G/C;32,T/C;34,A/G;53,T;84,C/T;97,C/T;
               99,A/C;135,C/G;148,T/G;150,T/C;

AMPL3507910    33,T;105,A;129,C;164,A;

AMPL3507911    33,G;34,T;49,C;50,G;71,A;77,C;89,A;92,G;126,A;130,C;133,C;134,A;
               151,A;173,T;180,A;181,C;185,T;189,C;190,G;196,C;200,C;

AMPL3507912    19,T;33,T;38,A;43,T;46,G;71,G;73,A;108,A;124,A;126,G;132,A;143,
               C;160,T;

AMPL3507913    21,T;58,T;90,T;107,G;109,A;111,A;113,A;128,A;134,G;

AMPL3507914    37,C/G;52,G;56,T/A;64,G/T;115,T/C;

AMPL3507915    22,A/G;31,C/T;39,T/C;51,C/T;52,T/C;59,A/G;66,T/C;87,A/G;99,A/G;
               103,C/T;128,T/C;134,A/C;135,A/T;138,A/G;159,G/T;

AMPL3507916    24,A;31,T;43,T;49,G;90,G;110,T;132,A/C;160,A;170,G;174,G/T;

AMPL3507918    15,A;63,A;72,G;76,T;86,C;87,G;90,A;129,G;

AMPL3507919    10,G;22,G;34,T;64,T;74,A;105,G;114,G;133,C;153,T;169,G;184,C;
               188,A;

AMPL3507920    18,A;24,A;32,A;67,T;74,C;

AMPL3507921    7,C;30,G;38,G;43,A;182,G;

AMPL3507922    146,C/A;

AMPL3507923    69,A/T;79,C/T;125,C/T;140,T/C;144,C/T;152,T/G;

AMPL3507924    46,C;51,G;131,T;143,C;166,G;

AMPL3507925    28,G;43,C/T;66,C;71,G/A;

# FD105-6

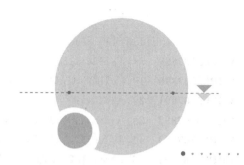

AMPL3507571  6,T;10,T;18,C;19,T;20,G;30,G;37,A;40,C/T;

AMPL3507806  31,A/T;55,C;136,C/A;139,T/G;158,A;

AMPL3507807  28,C;31,G;89,T;96,A;129,C;

AMPL3507808  75,A;114,C;124,T;132,T;134,G;139,G;171,C;172,T;

AMPL3507809  45,A;47,G;49,A;65,A;76,T;81,A;91,T;115,A;

AMPL3507810  33,T;53,T;74,G;90,C;98,G;154,G;

AMPL3507811  30,G;97,A/G;104,G/A;

AMPL3507812  6,T/C;53,T/C;83,C/T;90,A/T;109,C/A;113,T/A;154,C/T;155,C;

AMPL3507813  14,A/T;86,G;127,A;

AMPL3507814  63,A;67,G/A;70,T;72,A;94,A/G;119,G/A;134,C;157,G/A;

AMPL3507815  9,A/T;155,A/C;163,A;

AMPL3507816  93,A/G;105,C/G;150,G/A;166,T/C;171,T/C;

AMPL3507817  38,G/A;87,G/C;96,C;102,A;116,C/T;166,T/C;183,C/T;186,G;188,G/A;

AMPL3507818  8,A/G;37,A;40,T;41,G/A;49,T;55,T;56,G/A;57,G;100,G/A;104,G/T;
108,T/C;113,G;118,T;

AMPL3507819  87,G;97,T/C;139,A;155,C;

AMPL3507821  41,C/G;45,G/A;59,A;91,T/G;141,A/G;144,T/C;

AMPL3507822  1,G;8,A;11,A;70,C;94,C;108,A;

AMPL3507823  11,C;110,A;123,A;

AMPL3507824  3,G;56,G;65,A;68,T;117,T;

AMPL3507826  55,T;61,C;74,T;98,C;122,G;129,G;139,A;180,C;

AMPL3507827  9,T/C;48,A;65,G/T;77,C/T;95,T;124,T;132,T/C;135,G/A;140,G/A;

AMPL3507828  73,G/T;107,A/G;109,G;143,T;159,G;

AMPL3507829  6,T;14,T/A;56,A/G;70,A/G;71,T/A;127,A;

AMPL3507831  7,C;16,T/C;19,C;66,T/C;75,G/A;88,C/T;113,C/T;130,T/G;140,G/C;
164,T;

AMPL3507832  23,T/C;59,A/G;78,C/G;116,T;

AMPL3507833  26,T/A;30,G/T;49,G;69,T/G;75,A;97,A/C;132,T/A;

AMPL3507834  126,T;145,G;

AMPL3507835  12,G;38,G;93,A;98,G;99,T;129,C;150,T;

AMPL3507836  8,A;32,T;40,G;44,G;63,T;71,A;113,T;142,A;

AMPL3507837  1,A;5,G;6,T;7,C;24,T;30,C;59,C;66,C;67,C;78,A;79,A;80,A;111,T;
139,G;164,A;

AMPL3507838  3,G;15,G;20,A;23,A;50,A;52,G;59,A;64,C;78,T;

AMPL3507839    59,G/C;114,T/C;151,C/T;

AMPL3507840    77,G;

AMPL3507841    13,C/T;14,A/G;34,G/A;60,G/T;99,G;

AMPL3507842    13,T;17,T;20,T;64,C;97,A;144,C;158,A;159,G;163,T;

AMPL3507844    2,T/C;6,G;26,C/T;35,C/T;63,G/A;65,A;68,T/G;96,C;97,C;119,T;130,A;137,G/A;158,T;

AMPL3507845    57,A;161,A;

AMPL3507846    5,A;21,G/A;24,A/G;26,A;94,G;112,A;127,G;128,A;149,C/G;175,T/A;

AMPL3507848    38,G/A;78,A/C;

AMPL3507849    16,C/A;19,A/C;23,C/T;24,G/A;33,G;35,G/A;39,T/G;68,G/C;72,T/G;74,G/T;97,T;128,G/T;134,G/A;142,C;144,T;157,G/A;

AMPL3507850    2,A;16,C;35,A;39,A;60,C;93,C;110,G;114,T;125,C;128,A;130,C;

AMPL3507851    61,T;91,T;92,G;131,A;151,A;154,A;162,G;165,G;166,T;168,C;

AMPL3507852    8,A;26,C;33,T;43,A;56,T;62,C;93,G;124,A;

AMPL3507853    2,T;71,G;88,T;149,G;180,C;193,A;

AMPL3507854    34,C/T;36,G;37,T/C;44,G;55,A;70,C/A;84,A;92,A/G;99,T;102,T/G;110,T/C;112,T/A;114,T/G;126,C/A;139,C/T;153,T/C;158,A/T;164,C/A;170,C/G;171,G/A;174,A/G;177,G/T;180,C;181,T;187,C;188,G/T;192,T/C;

AMPL3507855    26,C;36,C;90,T;

AMPL3507856    11,A;92,C;102,C;

AMPL3507857    33,G;70,G/C;82,T/A;123,C;

AMPL3507858    26,G;45,T;84,C;143,A;152,A;176,A;

AMPL3507860    30,G;97,T;101,T;128,A;176,C;

AMPL3507861    28,T;43,A;69,C;93,C;105,G;124,T;128,T;

AMPL3507862    2,A;4,C/G;63,G/A;83,C;88,C/T;106,C/T;115,C;124,A/C;154,C/T;

AMPL3507863    13,G/A;45,G/C;69,A/G;145,A/T;177,A/G;

AMPL3507864    17,C;95,G/A;120,T;

AMPL3507865    19,C;21,T;35,A;43,G;56,A/C;57,T/C;75,C;85,G;100,G/C;101,T;116,C/A;127,C/G;161,C/T;171,G/A;172,T/C;

AMPL3507867    21,C;27,A;38,T;45,C;54,C;88,T;93,C;112,C;122,A;132,C;

AMPL3507868    45,C;51,G;108,T;166,T;186,G;

AMPL3507871    7,C/T;95,G/C;115,G/T;144,T/C;

AMPL3507872    10,C;52,G;131,T;132,C;

AMPL3507873    13,T;38,T;39,C;54,A;59,A;86,T;

AMPL3507874    2,C;31,C;97,T;99,T;105,G;108,T;122,T;161,A;

AMPL3507875    44,G;45,G;68,G;110,G;125,A;137,G;151,A;184,C;

AMPL3507876    96,C;114,G;144,A;178,C;

AMPL3507877    12,T;24,A;27,T;28,A;34,C;39,A;46,T;68,C;70,A;90,A;110,G;126,C;134,C;

AMPL3507878    8,C;10,A;37,A;59,G;73,T;77,G;78,G;90,T;91,C;103,G;115,C;130,C;

AMPL3507879    50,A;90,C/T;91,C/T;116,C/G;127,T/G;134,G/C;143,G;155,G;163,C/T;

169,A/G;181,C/T;

AMPL3507880   66,T;105,A;124,A;

AMPL3507881   84,T;122,A;

AMPL3507883   20,T/C;31,T;68,C;74,G;84,A/C;104,T;142,T;144,G;

AMPL3507885   36,C/G;51,A;54,G/A;65,G/N;66,G/N;71,C/N;78,C/N;110,G/A;112,C/T;115,G/A;124,G/T;131,T/A;135,G/A;146,A/G;

AMPL3507886   41,A;47,T;81,C;91,C;99,A;125,A;

AMPL3507887   2,A/T;35,C;45,G;62,T/C;65,G;92,A;101,G;

AMPL3507888   4,C/T;50,A/G;65,A;70,C;79,T/A;82,T/C;94,A/G;100,A/G;107,T/A;133,T;

AMPL3507889   34,T;111,A;154,A;159,G;160,G;

AMPL3507890   19,C;26,T;33,A;60,G;139,C;

AMPL3507891   29,A;61,C;

AMPL3507892   23,A;28,A;55,A;69,A;72,A;122,T;136,G;180,G;181,A;

AMPL3507893   42,A;51,C;77,T;140,T;147,C;161,G;177,A;197,G;

AMPL3507894   165,A;182,A;

AMPL3507895   65,A;92,C;141,T;

AMPL3507896   6,T;32,C/T;77,T;85,T;107,C/A;126,G;135,T/G;

AMPL3507897   1,C;7,A/G;9,C;31,C;91,C;104,C/T;123,A;132,T;

AMPL3507898   133,T;152,G;

AMPL3507899   1,G;29,C;39,T;55,C;108,G/T;115,A;125,T/C;140,C/A;

AMPL3507900   23,A/G;62,A/G;63,G/A;73,T;86,T/C;161,C/T;183,G/A;190,A/G;

AMPL3507901   68,T;98,A;116,C/A;

AMPL3507902   38,C;57,G;65,C;66,G;92,T;104,A;118,A;176,G;

AMPL3507904   3,T/C;5,C;13,G;54,C;83,G;85,C;92,C/T;104,C;147,A;182,G;

AMPL3507909   2,A;9,C/G;13,G;15,C;28,G;32,T;34,A;53,T/C;84,C;97,C;99,C;135,G;148,G;150,T;

AMPL3507910   33,C;105,G;129,A;164,G;

AMPL3507911   33,G;34,T;49,C;50,G;71,A;77,C;89,A;92,G;126,A;130,C;133,C;134,A;151,A;173,T;180,A;181,C;185,T;189,C;190,G;196,C;200,C;

AMPL3507912   19,C/T;33,T;38,G;43,C;46,A;71,G/C;73,A;108,A/G;124,A/T;126,G/A;132,A/G;143,C/A;160,T/G;

AMPL3507913   21,T;58,T;90,C;107,A;109,T;111,T;113,G;128,A;134,G;

AMPL3507914   37,G;52,G;56,A;64,T;115,C;

AMPL3507915   22,G;31,C;39,T;51,C;52,T;59,A;66,T;87,A;99,G;103,C;128,T;134,C;135,A;138,A;159,G;

AMPL3507916   24,G/A;31,C/T;43,C/T;49,T/G;90,A/G;110,A/T;132,C/A;160,A;170,G;174,A/G;

AMPL3507918   15,A/T;63,A;72,G;76,T;86,C;87,G/A;90,A;129,G;

AMPL3507919   10,G;22,G;34,T;64,T;74,A;105,G;114,G;133,C;153,T;169,G;184,C;188,A;

AMPL3507920   18,C;24,A;32,C;67,T;74,G;

AMPL3507921   7,C;30,G;38,G;43,A;182,G;

# FD310-2

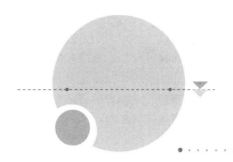

AMPL3507571  6,T/G;10,T/G;18,C;19,T/C;20,G/A;30,G/A;37,A/T;40,T;

AMPL3507806  31,A/T;55,C;136,C/A;139,T/G;158,A;

AMPL3507807  28,C;31,G;89,T;96,A;129,C;

AMPL3507808  75,A;114,C;124,T;132,T;134,G;139,G;171,C;172,T;

AMPL3507809  45,A/G;47,G/C;49,A;65,A/C;76,T/C;81,A/T;91,T/A;115,A;

AMPL3507810  33,T/C;53,T/C;74,G;90,C/T;98,G;154,G;

AMPL3507811  30,G;97,A/G;104,G/A;

AMPL3507812  6,C/T;53,C/T;83,T/C;90,T/A;109,A/C;113,A/T;154,T/C;155,C;

AMPL3507813  14,T;86,G;127,A;

AMPL3507814  63,G/A;67,G;70,G/T;72,A;94,A;119,G;134,C;157,G;

AMPL3507815  9,A/T;155,A/C;163,A;

AMPL3507816  93,G;105,G;150,A;166,C;171,C;

AMPL3507817  38,A;87,C;96,C;102,A;116,T;166,C;183,T;186,G;188,A;

AMPL3507818  8,A;37,A;40,T;41,G;49,A/T;55,G/T;56,A/G;57,T/G;100,A/G;104,T/G;
108,C/T;113,G;118,T;

AMPL3507819  87,A/G;97,C;139,G/A;155,T/C;

AMPL3507821  41,G/C;45,A/G;59,A/T;91,G;141,G/A;144,C;

AMPL3507822  1,G/C;8,A;11,T/A;70,C;94,C;108,G/A;

AMPL3507824  3,G;56,G;65,G/A;68,C/T;117,C/T;

AMPL3507826  55,T/C;61,C/T;74,T/C;98,C;122,G;129,G/A;139,A/G;180,C/T;

AMPL3507827  9,C;48,A;65,T;77,T;95,T;124,T;132,C;135,A;140,A;

AMPL3507828  73,T;107,G;109,G;143,T;159,G;

AMPL3507831  7,C;16,C;19,C;66,C;75,A;88,T;113,T;130,G;140,C;164,T;

AMPL3507832  23,C/T;59,A;78,G/C;116,T/C;

AMPL3507833  26,T;30,G;49,G;69,T;75,A;97,A;132,T;

AMPL3507834  126,C/T;145,A/G;

AMPL3507835  12,G/A;38,G/T;93,A/T;98,G/C;99,T/G;129,C/A;150,T/A;

AMPL3507836  8,G;32,C;40,T;44,A;63,T;71,G;113,C;142,G;

AMPL3507837  1,A;5,G;6,T;7,C;24,T;30,C;59,C;66,C;67,C;78,A;79,A;80,A;111,T;
139,G;164,A;

AMPL3507838  3,A/G;15,A/G;20,G/A;23,G/A;50,A;52,A/G;59,C/A;64,C;78,G/T;

AMPL3507839  59,C/G;114,C/T;151,T/C;

AMPL3507840  77,G;

AMPL3507841  13,T;14,G;34,A;60,T;99,G;

AMPL3507842 13,C/T;17,C/T;20,A/T;64,C;97,A;144,C;158,A;159,G;163,T;

AMPL3507844 2,T;6,G;26,C;35,C;63,G;65,A;68,T;96,C;97,C;119,T;130,A;137,G;
158,T;

AMPL3507845 57,A;161,A;

AMPL3507846 5,A;21,A;24,G;26,A;94,G;112,A;127,C/G;128,T/A;149,G;175,T/A;

AMPL3507848 38,A/G;78,C/A;

AMPL3507849 16,A/C;19,C/A;23,T/C;24,A/G;33,G;35,A/G;39,G/T;68,C/G;72,G/T;
74,T/G;97,T;128,T/G;134,A/G;142,C;144,T;157,A/G;

AMPL3507851 61,T;91,T;92,G;131,A;151,A;154,A;162,G;165,G;166,T;168,C;

AMPL3507852 8,A;26,C/G;33,T/G;43,A;56,T/C;62,C/T;93,G/C;124,A/G;

AMPL3507853 2,T;71,G;88,T;149,G;180,C;193,A;

AMPL3507854 34,C/T;36,G;37,T/C;44,G;55,A;70,C/A;84,A;92,A/G;99,T;102,T/G;
110,T/C;112,T/A;114,T/G;126,C/A;139,C/T;153,T/C;158,A/T;164,C/
A;170,C/G;171,G/A;174,A/G;177,G/T;180,C;181,T;187,C;188,G/T;192,
T/C;

AMPL3507855 26,C/T;36,C/T;90,T/C;

AMPL3507856 11,A/G;92,C/T;102,C/T;

AMPL3507857 33,G;70,C;82,A;123,C;

AMPL3507858 26,G/T;45,T/G;84,C;143,A/G;152,A/G;176,A/C;

AMPL3507860 30,G;97,C/T;101,G/T;128,G/A;176,T/C;

AMPL3507861 28,T;43,A;69,C;93,C;105,G;124,T;128,T;

AMPL3507862 2,A;4,G/C;63,A/G;83,C;88,T/C;106,T/C;115,C;124,C/A;154,T/C;

AMPL3507863 13,G/A;45,G/C;69,A/G;145,A/T;177,A/G;

AMPL3507864 17,T;95,G;120,T/C;

AMPL3507865 19,C;21,T;35,A;43,G;56,C;57,C;75,C;85,G;100,C;101,T;116,A;127,G;
161,T;171,A;172,C;

AMPL3507867 21,C/T;27,G;38,T/C;45,T/C;54,C;88,C;93,T/C;112,C;122,A/G;132,G;

AMPL3507868 45,C/T;51,G;108,T/C;166,T/C;186,G;

AMPL3507871 7,C;95,G;115,G;144,T;

AMPL3507872 10,C/T;52,G;131,T;132,C/T;

AMPL3507873 13,T/C;38,T;39,C/T;54,A/G;59,A;86,T/G;

AMPL3507874 2,C;31,C;97,T;99,T;105,G;108,T;122,T;161,A;

AMPL3507875 44,G;45,G;68,G;110,G;125,A;137,G;151,A;184,C;

AMPL3507876 96,C;114,G;144,A;178,C;

AMPL3507877 12,T;24,A;27,T;28,A;34,C;39,A;46,T;68,C;70,A;90,A;110,G;126,C;
134,C;

AMPL3507878 8,C;10,A;37,A;59,G;73,T;77,G;78,G;90,T;91,C;103,G;115,C;130,C;

AMPL3507879 50,G/A;90,C;91,C;116,C;127,G;134,C;143,G/C;155,G/T;163,T;169,G/
A;181,T;

AMPL3507880 66,T;105,C/A;124,G/A;

AMPL3507881 84,T;122,G;

AMPL3507883 20,C/T;31,T;68,C/T;74,G;84,C/A;104,T;142,T;144,G;

AMPL3507885 36,C/G;51,A;54,G/A;65,G/N;66,G/N;71,C/N;78,C/N;110,G/A;112,C/T;115,G/A;124,G/T;131,T/A;135,G/A;146,A/G;

AMPL3507886 41,A/G;47,T/C;81,C/G;91,C/T;99,A/G;125,A;

AMPL3507887 2,T;35,C;45,G;62,C;65,A/G;92,G/A;101,C/G;

AMPL3507888 4,T/C;50,G/A;65,A;70,C;79,A/T;82,C/T;94,G/A;100,G/A;107,A/T;133,T;

AMPL3507889 34,T;111,A/G;154,A/C;159,A/G;160,T/G;

AMPL3507890 19,T;26,C;33,G;60,A;139,T;

AMPL3507891 29,A;61,T/C;

AMPL3507892 23,A;28,A;55,A;69,A;72,A;122,T;136,G;180,G;181,A;

AMPL3507893 42,T;51,T;77,T;140,G;147,T;161,A;177,T;197,C;

AMPL3507894 165,G/A;182,G/A;

AMPL3507895 65,A;92,C;141,T/G;

AMPL3507896 6,T;32,C;77,T/A;85,T/A;107,C;126,G/C;135,T;

AMPL3507897 1,C;7,G;9,C;31,C;91,C;104,T;123,A;132,T;

AMPL3507898 133,T;152,G;

AMPL3507899 1,G;29,C;39,T;55,C;108,T/G;115,A;125,C/T;140,A/C;

AMPL3507900 23,A/G;62,A/G;63,G/A;73,T;86,T/C;161,C/T;183,G/A;190,A/G;

AMPL3507901 68,T;98,A;116,A;

AMPL3507902 38,C/A;57,A;65,C;66,G;92,A;104,C;118,T;176,G;

AMPL3507903 101,A;105,A;121,A;161,C;173,T;

AMPL3507904 3,T;5,C;13,G;54,C/T;83,G;85,C/T;92,C;104,C/T;147,A/G;182,G;

AMPL3507909 2,A;9,C;13,A;15,C;28,G;32,T;34,A;53,T;84,C;97,C;99,A;135,C;148,T;150,T;

AMPL3507910 33,T;105,A;129,C;164,A;

AMPL3507911 33,G;34,C;49,C;50,G;71,G;77,C;89,A;92,G;126,G;130,T;133,C;134,A;151,A;173,G;180,A;181,C;185,C;189,C;190,G;196,C;200,C;

AMPL3507912 19,T/C;33,T;38,A/G;43,T/C;46,G/A;71,C/G;73,A;108,A;124,T/A;126,G;132,A;143,C;160,T;

AMPL3507913 21,A/T;58,C/T;90,C/T;107,A;109,T/A;111,T/A;113,G/A;128,A;134,G;

AMPL3507914 37,C;52,G;56,T;64,G;115,T;

AMPL3507915 22,G/A;31,T/C;39,C/T;51,T/C;52,C/T;59,G/A;66,C/T;87,G/A;99,G/A;103,T/C;128,C/T;134,C/A;135,T/A;138,G/A;159,T/G;

AMPL3507916 24,G/A;31,C/T;43,C/T;49,T;90,A;110,A/T;132,C;160,A/G;170,G/T;174,A;

AMPL3507918 15,T;63,A;72,G;76,T;86,C;87,A;90,A;129,G;

AMPL3507919 10,G;22,T/G;34,C/T;64,G/T;74,G/A;105,A/G;114,A/G;133,T/C;153,G/T;169,G;184,T/C;188,T/A;

AMPL3507920 18,C;24,A;32,C;67,T;74,G;

AMPL3507921 7,C;30,G/A;38,G/A;43,A/G;182,G/A;

AMPL3507922 146,C;

AMPL3507923 69,A;79,T;125,C;140,T;144,C;152,T;

# FD326

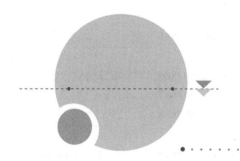

AMPL3507571　6,G/T;10,G/T;18,C;19,C/T;20,A/G;30,A/G;37,T/A;40,T;
AMPL3507806　31,T;55,C;136,A;139,G;158,A;
AMPL3507807　28,A;31,C;89,C;96,G;129,A;
AMPL3507808　75,A;114,C;124,T;132,T;134,G;139,G;171,C;172,T;
AMPL3507809　45,G;47,C;49,A;65,C;76,C;81,T;91,A;115,A;
AMPL3507810　33,C;53,C;74,G;90,T;98,G;154,G;
AMPL3507811　30,G;97,A/G;104,G/A;
AMPL3507812　6,T/C;53,T/C;83,C/T;90,A/T;109,C/A;113,T/A;154,C/T;155,A/C;
AMPL3507813　14,T;86,G/A;127,A/G;
AMPL3507814　63,A/G;67,G;70,T/G;72,G/A;94,A;119,G/A;134,T/C;157,G;
AMPL3507815　9,A;155,C;163,A;
AMPL3507816　93,A/G;105,C/G;150,G/A;166,T/C;171,T/C;
AMPL3507817　38,G/A;87,G/C;96,C;102,A;116,C/T;166,T/C;183,C/T;186,G;188,G/A;
AMPL3507818　8,A;37,A;40,T;41,G;49,T;55,T;56,G;57,G;100,G;104,G;108,T;113,G;
　　　　　　　118,T;
AMPL3507819　87,A;97,C;139,G;155,T;
AMPL3507821　41,C;45,G;59,A;91,T;141,A;144,T;
AMPL3507822　1,G;8,A;11,T/A;70,C;94,C;108,G/A;
AMPL3507823　11,C;110,A;123,A;
AMPL3507824　3,A/G;56,G;65,G/A;68,C/T;117,C/T;
AMPL3507826　55,T/C;61,C/T;74,T/C;98,C;122,G;129,G/A;139,A/G;180,C/T;
AMPL3507827　9,T/C;48,A;65,G/T;77,C/T;95,T;124,T;132,T/C;135,G/A;140,G/A;
AMPL3507828　73,T;107,G;109,G;143,T;159,G;
AMPL3507829　6,T;14,T/A;56,A/G;70,A/G;71,T/A;127,A;
AMPL3507831　7,C;16,T/C;19,C;66,T/C;75,G/A;88,C/T;113,C/T;130,T/G;140,G/C;
　　　　　　　164,T;
AMPL3507832　23,T/C;59,A;78,C/G;116,C/T;
AMPL3507833　26,T;30,G;49,G;69,T;75,A;97,A;132,T;
AMPL3507834　126,T/C;145,G/A;
AMPL3507835　12,G/A;38,G/T;93,A/T;98,G/C;99,T/G;129,C/A;150,T/A;
AMPL3507836　8,A/G;32,T/C;40,G/T;44,G/A;63,T;71,A/G;113,T/C;142,A/G;
AMPL3507837　1,A;5,G;6,T;7,C;24,T;30,C;59,C;66,C;67,C;78,A;79,A;80,A;111,T;
　　　　　　　139,G;164,A;
AMPL3507838　3,G;15,G;20,A;23,A;50,A;52,G;59,A;64,C;78,T;

AMPL3507839  59,C;114,C;151,T;

AMPL3507840  77,C/G;

AMPL3507841  13,C/T;14,A/G;34,G/A;60,G/T;99,G;

AMPL3507842  13,C;17,T;20,T;64,C/T;97,A/G;144,C/T;158,A/C;159,G/T;163,T/A;

AMPL3507844  2,T;6,G;26,C;35,C;63,G;65,A;68,T;96,C;97,C;119,T;130,A;137,G;
158,T;

AMPL3507845  57,A;161,A;

AMPL3507846  5,G/A;21,A;24,G;26,A;94,C/G;112,G/A;127,G;128,A;149,G;175,A;

AMPL3507848  38,A/G;78,C/A;

AMPL3507849  16,T/C;19,C/A;23,T/C;24,A/G;33,G;35,A/G;39,G/T;68,C/G;72,G/T;
74,T/G;97,T;128,G;134,G;142,A/C;144,C/T;157,A/G;

AMPL3507850  2,A;16,C;35,A;39,G;60,C;93,C;110,G;114,C;125,C;128,A;130,C;

AMPL3507851  61,T;91,T;92,G;131,A;151,A;154,A;162,G;165,G;166,T;168,C;

AMPL3507852  8,A;26,C;33,T;43,A;56,C/T;62,T/C;93,C/G;124,G/A;

AMPL3507853  2,A/T;71,A/G;88,C/T;149,C/G;180,T/C;193,T/A;

AMPL3507854  34,T;36,G;37,T/C;44,G;55,A;70,A;84,A;92,A/G;99,C/T;102,T/G;110,
T/C;112,T/A;114,T/G;126,A;139,T;153,C;158,T;164,A;170,G;171,A;
174,G;177,G/T;180,C;181,T;187,C;188,G/T;192,C;

AMPL3507855  26,C/T;36,C/T;90,T/C;

AMPL3507856  11,A/G;92,C/T;102,C/T;

AMPL3507857  33,A;70,C;82,A;123,T;

AMPL3507858  26,T/G;45,G/T;84,C;143,G/A;152,G/A;176,C/A;

AMPL3507860  30,G;97,C/T;101,G/T;128,G/A;176,T/C;

AMPL3507861  28,C;43,G;69,G;93,C;105,T;124,C;128,A;

AMPL3507862  2,A;4,G/C;63,A/G;83,C;88,T/C;106,T/C;115,C;124,C/A;154,T/C;

AMPL3507863  13,A;45,C;69,A/G;145,A/T;177,A/G;

AMPL3507864  17,T;95,G;120,T/C;

AMPL3507865  19,C;21,T;35,A;43,G;56,A/C;57,T/C;75,C;85,G;100,G/C;101,T;116,C/
A;127,C/G;161,C/T;171,G/A;172,T/C;

AMPL3507866  8,T;66,G;74,T;147,C;172,T;

AMPL3507867  21,C;27,G;38,T;45,T;54,C;88,C;93,T;112,C;122,A;132,G;

AMPL3507868  45,C/T;51,G;108,T/C;166,T/C;186,G;

AMPL3507871  7,C;95,G;115,G;144,T;

AMPL3507872  10,T;52,G;131,T;132,T;

AMPL3507873  13,T;38,T;39,C;54,A;59,A;86,T;

AMPL3507874  2,T;31,A;97,T;99,T;105,G;108,T;122,C;161,G;

AMPL3507876  96,C;114,C;144,G;178,C;

AMPL3507877  12,G/T;24,G/A;27,T;28,G/A;34,G/C;39,G/A;46,A/T;68,A/C;70,A;90,
A/G;110,T/G;126,C;134,A;

AMPL3507878  8,T;10,G;37,G;59,G;73,T;77,A;78,A;90,C;91,C;103,A;115,C;130,C;

AMPL3507879  50,A;90,C;91,C;116,C;127,T/G;134,G/C;143,G/C;155,G/T;163,C/T;169,
A;181,C/T;

AMPL3507880　66,T;105,C/A;124,G/A;

AMPL3507881　84,T;122,A;

AMPL3507882　40,A/G;43,T/A;61,C/T;

AMPL3507883　20,T;31,T;68,C/T;74,G;84,A;104,T;142,T;144,G;

AMPL3507885　36,C/G;51,A;54,G/A;65,G/N;66,G/N;71,C/N;78,C/N;110,G/A;112,C/T;115,G/A;124,G/T;131,T/A;135,G/A;146,A/G;

AMPL3507886　41,A;47,T;81,C;91,C;99,A;125,A/T;

AMPL3507887　2,T;35,C;45,G;62,C;65,A/G;92,G/A;101,C/G;

AMPL3507888　4,T;50,G;65,A;70,C;79,A;82,C;94,G;100,G;107,A;133,T;

AMPL3507889　34,T;111,A;154,A;159,G;160,G;

AMPL3507891　29,A;61,T;

AMPL3507892　23,G/A;28,G/A;55,G/A;69,G/A;72,G/A;122,C/T;136,G;180,G;181,A;

AMPL3507893　42,T;51,T;77,T;140,G;147,T;161,A;177,T;197,C;

AMPL3507894　165,A/G;182,A/G;

AMPL3507895　65,A;92,C;141,T;

AMPL3507896　6,C/T;32,C;77,A/T;85,A/T;107,C;126,C/G;135,T;

AMPL3507897　1,A;7,A;9,G;31,T;91,T;104,C;123,G;132,G;

AMPL3507898　133,T/G;152,G/A;

AMPL3507899　1,G;29,C;39,T;55,C;108,T/G;115,A;125,C/T;140,C;

AMPL3507900　23,A;62,A;63,G;73,T;86,T;161,C;183,G;190,A;

AMPL3507901　68,T;98,A;116,A/C;

AMPL3507902　38,C;57,A/G;65,C;66,G;92,A/T;104,C/A;118,T/A;176,G;

AMPL3507903　101,A;105,A;121,A;161,C;173,T;

AMPL3507904　3,T/C;5,C;13,G;54,T;83,G;85,T;92,C;104,T/C;147,G/A;182,G;

AMPL3507909　2,A;9,G/C;13,G/A;15,C;28,G;32,T;34,A;53,C/T;84,C;97,C;99,C/A;135,G/C;148,G/T;150,T;

AMPL3507911　33,G;34,C;49,C;50,G;71,G;77,C;89,A;92,G;126,G;130,T;133,C;134,A;151,A;173,G;180,A;181,C;185,C;189,C;190,G;196,C;200,C;

AMPL3507912　19,C/T;33,T;38,G;43,C;46,A;71,G/C;73,A;108,A/G;124,A/T;126,G/A;132,A/G;143,C/A;160,T/G;

AMPL3507913　21,T;58,T;90,T;107,G;109,A;111,A;113,A;128,A;134,G;

AMPL3507914　37,C;52,G;56,T;64,G;115,T;

AMPL3507915　22,G;31,T/C;39,C/T;51,T/C;52,C/T;59,G/A;66,C/T;87,G/A;99,G;103,T/C;128,C/T;134,C;135,T/A;138,G/A;159,T/G;

AMPL3507916　24,G/A;31,C/T;43,C/T;49,T;90,A;110,A/T;132,C;160,A/G;170,G/T;174,A;

AMPL3507918　15,T;63,A;72,G;76,T;86,C;87,A;90,A;129,G;

AMPL3507919　10,A/G;22,T/G;34,C/T;64,G/T;74,G/A;105,A/G;114,A/G;133,T/C;153,G/T;169,G;184,T/C;188,T/A;

AMPL3507920　18,T/A;24,A;32,C/A;67,T;74,C;

AMPL3507921　7,C;30,G;38,G;43,A;182,G;

# FD57

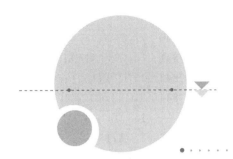

AMPL3507571  6,T;10,T;18,C;19,T;20,G;30,G;37,A;40,C/T;

AMPL3507806  31,T;55,C;136,A;139,G;158,A;

AMPL3507807  28,C/A;31,G/C;89,T/C;96,A/G;129,C/A;

AMPL3507808  75,A;114,C;124,T;132,T;134,G;139,G;171,C;172,T;

AMPL3507809  45,A/G;47,G/C;49,A;65,A/C;76,T/C;81,A/T;91,T/A;115,A;

AMPL3507810  33,T/C;53,T/C;74,G;90,C/T;98,G;154,G;

AMPL3507811  30,G;97,G/A;104,A/G;

AMPL3507812  6,T/C;53,T/C;83,C/T;90,A/T;109,C/A;113,T/A;154,C/T;155,C;

AMPL3507813  14,A/T;86,G;127,A;

AMPL3507814  63,A;67,A/G;70,T;72,A/G;94,G/A;119,A/G;134,C/T;157,A/G;

AMPL3507815  9,A;155,C/A;163,A;

AMPL3507816  93,A;105,C;150,G;166,T;171,T;

AMPL3507817  38,G;87,G;96,C;102,A;116,C;166,T;183,C;186,G;188,G;

AMPL3507818  8,G/A;37,A;40,T;41,A;49,T;55,T;56,A;57,G;100,A/G;104,T;108,C;
113,G;118,T;

AMPL3507819  87,G;97,C/T;139,A;155,C;

AMPL3507821  41,C;45,G;59,A;91,T;141,A;144,T;

AMPL3507822  1,G;8,A/G;11,A/T;70,C;94,C;108,A/G;

AMPL3507823  11,C;110,A;123,A;

AMPL3507824  3,G;56,G;65,A;68,T;117,T;

AMPL3507826  55,T;61,C;74,T;98,C;122,G;129,G;139,A;180,C;

AMPL3507827  9,T;48,A;65,G;77,C;95,T;124,T;132,T;135,G;140,G;

AMPL3507828  73,G;107,A;109,G;143,T;159,G;

AMPL3507829  6,T;14,T/A;56,A/G;70,A/G;71,T/A;127,A;

AMPL3507831  7,C;16,T/C;19,C;66,T/C;75,G/A;88,C/T;113,C/T;130,T/G;140,G/C;
164,T;

AMPL3507832  23,T;59,A;78,C;116,T;

AMPL3507833  26,T/A;30,T;49,G;69,G;75,A;97,C;132,A;

AMPL3507834  126,T;145,G;

AMPL3507836  8,A;32,T;40,G;44,G;63,T;71,A;113,T;142,A;

AMPL3507837  1,A;5,G;6,T;7,C;24,T;30,C;59,C;66,C;67,C;78,A;79,A;80,A;111,T;
139,G;164,A;

AMPL3507838  3,A/G;15,A/G;20,G/A;23,G/A;50,A;52,A/G;59,C/A;64,C;78,G/T;

AMPL3507839  59,C;114,C;151,T;

AMPL3507840 　77,C/G;

AMPL3507841 　13,C;14,G/A;34,G;60,G;99,A/G;

AMPL3507842 　13,C/T;17,T;20,T;64,T/C;97,G/A;144,T/C;158,C/A;159,T/G;163,A/T;

AMPL3507844 　2,C;6,G;26,T;35,T;63,A;65,A;68,G;96,C;97,C;119,T;130,A;137,A;
158,T;

AMPL3507845 　57,A;161,A;

AMPL3507846 　5,A;21,G/A;24,A/G;26,A;94,G;112,A;127,G;128,A;149,C/G;175,T/A;

AMPL3507848 　38,A;78,C;

AMPL3507849 　16,C/A;19,A/C;23,T;24,G/A;33,G;35,G/A;39,G;68,G/C;72,T/G;74,G/
T;97,T;128,G/T;134,G/A;142,C;144,T;157,A;

AMPL3507850 　2,A;16,C;35,A;39,A;60,C;93,C;110,G;114,T;125,C;128,A;130,C;

AMPL3507851 　61,T;91,T;92,G;131,A/G;151,A/G;154,A/C;162,G/C;165,G;166,T/A;
168,C/G;

AMPL3507852 　8,A;26,C;33,T;43,A;56,C/T;62,C;93,G;124,A;

AMPL3507853 　2,T/A;71,G/A;88,T/C;149,G/C;180,C/T;193,A/T;

AMPL3507854 　34,C;36,G;37,T;44,G;55,A;70,C;84,A;92,A;99,T;102,T;110,T;112,T;
114,T;126,C;139,C;153,T;158,A;164,C;170,C;171,G;174,A;177,G;180,C;
181,T;187,C;188,G;192,T;

AMPL3507855 　26,C;36,C;90,T;

AMPL3507856 　11,A;92,C;102,C;

AMPL3507857 　33,G;70,G/C;82,T/A;123,C;

AMPL3507858 　26,G;45,T;84,C;143,A;152,A;176,A;

AMPL3507860 　30,G;97,C/T;101,G/T;128,G/A;176,T/C;

AMPL3507861 　28,T;43,A;69,C;93,C;105,G;124,T;128,T;

AMPL3507862 　2,A;4,G/C;63,A/G;83,C;88,T/C;106,T/C;115,C;124,C/A;154,T/C;

AMPL3507863 　13,A;45,C;69,G;145,T;177,G;

AMPL3507864 　17,T;95,G;120,C/T;

AMPL3507865 　19,C;21,T;35,A;43,G;56,A/C;57,T/C;75,C;85,G;100,G/C;101,T;116,C/
A;127,C/G;161,C/T;171,G/A;172,T/C;

AMPL3507867 　21,C;27,A;38,T;45,C;54,C;88,T;93,C;112,C;122,A;132,C;

AMPL3507868 　45,C;51,G;108,T;166,T;186,G;

AMPL3507871 　7,C/T;95,G/C;115,G/T;144,T/C;

AMPL3507872 　10,C;52,G;131,T;132,C;

AMPL3507873 　13,T;38,T;39,C;54,A;59,A;86,T;

AMPL3507874 　2,C;31,C;97,T;99,T;105,G;108,T;122,T;161,A;

AMPL3507875 　44,G;45,G;68,G;110,G;125,A;137,G;151,A;184,C;

AMPL3507876 　96,C;114,G;144,A;178,C;

AMPL3507877 　12,T;24,A;27,T;28,A;34,C;39,A;46,T;68,C;70,A;90,A;110,G;126,C;
134,C;

AMPL3507878 　8,C;10,A;37,A;59,G;73,T;77,G;78,G;90,T;91,C;103,G;115,C;130,C;

AMPL3507879 　50,A;90,C;91,C;116,C;127,T/G;134,G/C;143,G/C;155,G/T;163,C/T;169,
A;181,C/T;

| | |
|---|---|
| **AMPL3507880** | 66,T;105,A;124,A; |
| **AMPL3507881** | 84,T;122,G; |
| **AMPL3507882** | 40,G;43,A;61,T; |
| **AMPL3507883** | 20,C;31,T;68,C;74,G;84,C;104,T;142,T;144,G; |
| **AMPL3507886** | 41,G/A;47,C/T;81,G/C;91,T/C;99,G/A;125,A/T; |
| **AMPL3507887** | 2,T;35,C;45,G;62,C;65,A;92,G;101,C; |
| **AMPL3507888** | 4,C/T;50,A/G;65,A;70,C;79,T/A;82,T/C;94,A/G;100,A/G;107,T/A; 133,T; |
| **AMPL3507889** | 34,T;111,G;154,C;159,G;160,G; |
| **AMPL3507890** | 19,C;26,T;33,A;60,G;139,C; |
| **AMPL3507891** | 29,A;61,C; |
| **AMPL3507892** | 23,A;28,A;55,A;69,A;72,A;122,T;136,G;180,G;181,A; |
| **AMPL3507893** | 42,T/A;51,T/C;77,T;140,G/T;147,T/C;161,A/G;177,T/A;197,C/G; |
| **AMPL3507894** | 165,G;182,G; |
| **AMPL3507895** | 65,T/A;92,T/C;141,T; |
| **AMPL3507896** | 6,T;32,C;77,T/A;85,T/A;107,C;126,G/C;135,T; |
| **AMPL3507897** | 1,C;7,A/G;9,C;31,C;91,C;104,C/T;123,A;132,T; |
| **AMPL3507898** | 133,G;152,A; |
| **AMPL3507899** | 1,G;29,C/T;39,T/C;55,C;108,G;115,A;125,T/C;140,C; |
| **AMPL3507900** | 23,A/G;62,A/G;63,G/A;73,T;86,T/C;161,C/T;183,G/A;190,A/G; |
| **AMPL3507901** | 68,T;98,A;116,A/C; |
| **AMPL3507902** | 38,A/C;57,A/G;65,C;66,G;92,A/T;104,C/A;118,T/A;176,G; |
| **AMPL3507904** | 3,T/C;5,C;13,G;54,C;83,G;85,C;92,C/T;104,C;147,A;182,G; |
| **AMPL3507909** | 2,A;9,C;13,G/A;15,C;28,G;32,T;34,A;53,T;84,C;97,C;99,C/A;135,G/ C;148,G/T;150,T; |
| **AMPL3507910** | 33,C;105,G;129,A;164,G; |
| **AMPL3507911** | 33,G;34,C;49,C;50,G;71,G;77,C;89,A;92,G;126,G;130,C;133,C;134,A; 151,A;173,G;180,A;181,T;185,C;189,C;190,G;196,C;200,C; |
| **AMPL3507912** | 19,T;33,T;38,G/A;43,C/T;46,A/G;71,C/G;73,A;108,G/A;124,T/A;126, A/G;132,G/A;143,A/C;160,G/T; |
| **AMPL3507914** | 37,G;52,G;56,A;64,T;115,C; |
| **AMPL3507915** | 22,A/G;31,C;39,T;51,C;52,T;59,A;66,T;87,A;99,A/G;103,C;128,T; 134,A/C;135,A;138,A;159,G; |
| **AMPL3507916** | 24,A;31,T;43,T;49,T/G;90,A/G;110,T;132,C/A;160,G/A;170,T/G;174, A/G; |
| **AMPL3507918** | 15,A/T;63,A;72,G;76,T;86,C;87,G/A;90,A;129,G; |
| **AMPL3507919** | 10,G;22,G;34,T;64,T;74,A;105,G;114,G;133,C;153,T;169,G;184,C; 188,A; |
| **AMPL3507920** | 18,C;24,A;32,C;67,T;74,G; |
| **AMPL3507921** | 7,C;30,G;38,G;43,A;182,G; |
| **AMPL3507922** | 146,C/A; |
| **AMPL3507923** | 69,A;79,T;125,C;140,T;144,C;152,T; |

# FD73

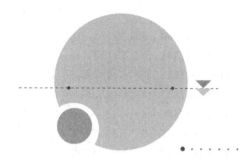

**AMPL3507571**  6,G;10,G;18,C;19,C;20,A;30,A;37,T;40,T;

**AMPL3507806**  31,A;55,C;136,C;139,T;158,A;

**AMPL3507807**  28,A/C;31,C/G;89,C/T;96,G/A;129,A/C;

**AMPL3507808**  75,A;114,C;124,T;132,T;134,G;139,G;171,C;172,T;

**AMPL3507809**  45,A/G;47,G/C;49,A;65,A/C;76,T/C;81,A/T;91,T/A;115,A;

**AMPL3507810**  33,C/T;53,C/T;74,G;90,C;98,A/G;154,G;

**AMPL3507811**  30,G;97,G/A;104,A/G;

**AMPL3507812**  6,T/C;53,T/C;83,C/T;90,A/T;109,C/A;113,T/A;154,C/T;155,C;

**AMPL3507813**  14,T;86,G;127,A;

**AMPL3507814**  63,G/A;67,G;70,G/T;72,A;94,A;119,G;134,C;157,G;

**AMPL3507815**  9,T/A;155,C/A;163,A;

**AMPL3507816**  93,G;105,G;150,A;166,C;171,C;

**AMPL3507817**  38,A;87,C;96,C;102,A;116,T;166,C;183,T;186,G;188,A;

**AMPL3507818**  8,A;37,A;40,T;41,G;49,T/A;55,T/G;56,G/A;57,G/T;100,G/A;104,G/T; 108,T/C;113,G;118,T;

**AMPL3507819**  87,G/A;97,C;139,A/G;155,C/T;

**AMPL3507821**  41,G;45,A;59,A;91,G;141,G;144,C;

**AMPL3507822**  1,G;8,A;11,T/A;70,C;94,C;108,G/A;

**AMPL3507823**  11,C;110,A;123,A;

**AMPL3507824**  3,G;56,G;65,G/A;68,C/T;117,C/T;

**AMPL3507826**  55,T/C;61,C/T;74,T/C;98,C;122,G;129,G/A;139,A/G;180,C/T;

**AMPL3507827**  9,C;48,A;65,T;77,T;95,T;124,T;132,C;135,A;140,A;

**AMPL3507828**  73,T;107,A/G;109,C/G;143,C/T;159,C/G;

**AMPL3507829**  6,T;14,T/A;56,A/G;70,A/G;71,T/A;127,A;

**AMPL3507831**  7,C;16,C;19,C;66,C;75,A;88,T;113,T;130,G;140,C;164,T;

**AMPL3507832**  23,C/T;59,A;78,G/C;116,T/C;

**AMPL3507833**  26,T;30,G;49,G/A;69,T;75,A;97,A;132,T;

**AMPL3507834**  126,C/T;145,A/G;

**AMPL3507835**  12,G/A;38,G/T;93,A/T;98,G/C;99,T/G;129,C/A;150,T/A;

**AMPL3507836**  8,A/G;32,T/C;40,G/T;44,G/A;63,T;71,A/G;113,T/C;142,A/G;

**AMPL3507837**  1,A;5,G;6,T;7,C;24,T;30,C;59,C;66,C;67,C;78,A;79,A;80,A;111,T; 139,G;164,A;

**AMPL3507838**  3,A/G;15,A/G;20,G/A;23,G/A;50,A;52,A/G;59,C/A;64,C;78,G/T;

**AMPL3507839**  59,G;114,T;151,C;

**AMPL3507840**  77,C/G;

**AMPL3507841**  13,T;14,G;34,A;60,T;99,G;

**AMPL3507842**  13,C;17,C;20,A;64,C;97,A;144,C;158,A;159,G;163,T;

**AMPL3507844**  2,T;6,G;26,C;35,C;63,G;65,A;68,T;96,C;97,C;119,T;130,A;137,G;
158,T;

**AMPL3507845**  57,G/A;161,G/A;

**AMPL3507846**  5,A;21,A;24,G;26,A;94,G;112,A;127,G;128,A;149,G;175,A;

**AMPL3507848**  38,A;78,C;

**AMPL3507849**  16,A;19,C;23,T;24,A;33,G;35,A;39,G;68,C;72,G;74,T;97,T;128,T;134,
A;142,C;144,T;157,A;

**AMPL3507851**  61,T;91,T/C;92,G/T;131,A/G;151,A/G;154,A/C;162,G/C;165,G/C;166,
T/A;168,C/G;

**AMPL3507852**  8,A;26,C/G;33,T/G;43,A;56,C;62,T;93,C;124,G;

**AMPL3507853**  2,T;71,G;88,T;149,G;180,C;193,A;

**AMPL3507854**  34,C;36,G;37,T;44,G;55,A;70,C;84,A;92,A;99,T;102,T;110,T;112,T;
114,T;126,C;139,C;153,T;158,A;164,C;170,C;171,G;174,A;177,G;180,C;
181,T;187,C;188,G;192,T;

**AMPL3507855**  26,C/T;36,C/T;90,T/C;

**AMPL3507856**  11,A/G;92,C/T;102,C/T;

**AMPL3507857**  33,G;70,G/C;82,T/A;123,C;

**AMPL3507858**  26,T/G;45,G/T;84,C;143,G/A;152,G/A;176,C/A;

**AMPL3507860**  30,G;97,T/C;101,T/G;128,A/G;176,C/T;

**AMPL3507861**  28,T;43,A;69,C;93,C;105,G;124,T;128,T;

**AMPL3507862**  2,A/C;4,C/G;63,G;83,C/T;88,C/T;106,C/T;115,C;124,A;154,C/T;

**AMPL3507863**  13,G/A;45,G/C;69,A/G;145,A/T;177,A/G;

**AMPL3507864**  17,C/T;95,G;120,T/C;

**AMPL3507865**  19,C;21,T;35,A;43,G;56,C;57,C;75,C;85,G;100,C;101,T;116,A;127,G;
161,T;171,A;172,C;

**AMPL3507866**  8,T;66,G;74,T;147,C;172,T;

**AMPL3507867**  21,C;27,G;38,T;45,T;54,C;88,C;93,T;112,C;122,A;132,G;

**AMPL3507868**  45,T/C;51,A/G;108,T;166,T;186,A/G;

**AMPL3507871**  7,C;95,G;115,G;144,T;

**AMPL3507872**  10,C/T;52,G;131,T;132,C/T;

**AMPL3507873**  13,T/C;38,T;39,C/T;54,A/G;59,A;86,T/G;

**AMPL3507874**  2,C;31,C;97,T;99,T;105,G;108,T;122,T;161,A;

**AMPL3507875**  44,G;45,G;68,G/C;110,G/T;125,A;137,G;151,A;184,C/T;

**AMPL3507876**  96,C;114,G;144,A;178,C;

**AMPL3507877**  12,TAT/T;24,G/A;27,A/T;28,G/A;34,C;39,A;46,T;68,C;70,G/A;90,A;
110,G;126,C;134,C;

**AMPL3507878**  8,C;10,A;37,A;59,G;73,T;77,G;78,G;90,T;91,C;103,G;115,C;130,C;

**AMPL3507879**  50,G/A;90,C;91,C;116,C;127,G;134,C;143,G/C;155,G/T;163,T;169,G/
A;181,T;

**AMPL3507880**  66,C/T;105,A;124,A;

AMPL3507882    40,G;43,A;61,T;

AMPL3507883    20,T;31,T;68,C/T;74,G;84,A;104,T;142,T;144,G;

AMPL3507885    36,C/G;51,A;54,G/A;65,G/N;66,G/N;71,C/N;78,C/N;110,G/A;112,C/T;115,G/A;124,G/T;131,T/A;135,G/A;146,A/G;

AMPL3507886    41,G/A;47,C/T;81,G/C;91,T/C;99,G/A;125,A;

AMPL3507887    2,T;35,C;45,G;62,C;65,A/G;92,G/A;101,C/G;

AMPL3507888    4,T/C;50,G/A;65,A;70,C;79,A/T;82,C/T;94,G/A;100,G/A;107,A/T;133,T;

AMPL3507889    34,T;111,A;154,A;159,G;160,G;

AMPL3507890    19,T;26,C;33,G;60,A;139,T;

AMPL3507891    29,A;61,C/T;

AMPL3507892    23,A;28,A;55,A;69,A;72,A;122,T;136,G;180,G;181,A;

AMPL3507893    42,A;51,C;77,T;140,T;147,C;161,G;177,A;197,G;

AMPL3507894    165,A/G;182,A/G;

AMPL3507895    65,A;92,C;141,T/G;

AMPL3507896    6,T;32,C;77,T/A;85,T/A;107,C;126,G/C;135,T;

AMPL3507897    1,C;7,G;9,C;31,C;91,C;104,T;123,A;132,T;

AMPL3507898    133,T;152,G;

AMPL3507899    1,G;29,C;39,T;55,C;108,G/T;115,A;125,T/C;140,C/A;

AMPL3507900    23,G/A;62,G/A;63,A/G;73,T;86,C/T;161,T/C;183,A/G;190,G/A;

AMPL3507901    68,T;98,A;116,A;

AMPL3507902    38,C;57,A/G;65,C;66,G;92,A/T;104,C/A;118,T/A;176,G;

AMPL3507903    101,A;105,A;121,A;161,C;173,T;

AMPL3507904    3,T/C;5,C;13,G/A;54,C;83,G/T;85,C;92,C;104,C;147,A;182,G;

AMPL3507906    7,T;9,G;30,G;41,A;42,A;48,T;69,G;71,A;78,G;88,A;91,G;108,A;115,G;122,A;126,A;141,A;

AMPL3507909    2,A;9,C;13,A;15,C;28,G;32,T;34,A;53,T;84,C;97,C;99,A;135,C;148,T;150,T;

AMPL3507910    33,T;105,A;129,C;164,A;

AMPL3507911    33,G;34,C;49,C;50,G;71,G;77,C;89,A;92,G;126,G;130,C;133,C;134,A;151,A;173,G;180,A;181,T;185,C;189,C;190,G;196,C;200,C;

AMPL3507912    19,C/T;33,T;38,G/A;43,C/T;46,A/G;71,G/C;73,A;108,A;124,A/T;126,G;132,A;143,C;160,T;

AMPL3507913    21,T;58,T;90,T;107,A;109,A;111,A;113,A;128,A;134,G;

AMPL3507914    37,G/C;52,G;56,A/T;64,T/G;115,C/T;

AMPL3507915    22,G;31,T;39,C;51,T;52,C;59,G;66,C;87,G;99,G;103,T;128,C;134,C;135,T;138,G;159,T;

AMPL3507916    24,A/G;31,T/C;43,T/C;49,T;90,A;110,T/A;132,C;160,G/A;170,T/G;174,A;

AMPL3507918    15,T;63,A;72,G;76,T;86,C;87,A;90,A;129,G;

AMPL3507919    10,G;22,T/G;34,C/T;64,G/T;74,G/A;105,A/G;114,A/G;133,T/C;153,G/T;169,G;184,T/C;188,T/A;

# FLD-1

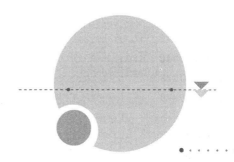

AMPL3507571  6,T/G;10,T/G;18,C;19,T/C;20,G/A;30,G/A;37,A/T;40,C/T;
AMPL3507806  31,T;55,C;136,C/A;139,T/G;158,A;
AMPL3507807  28,C/A;31,G/C;89,T;96,A;129,C;
AMPL3507808  75,T/A;114,T;124,A/T;132,C;134,C;139,C;171,C/G;172,A/T;
AMPL3507809  45,G;47,C;49,A;65,C;76,C;81,T;91,A;115,A;
AMPL3507810  33,C/T;53,C/T;74,G;90,T/C;98,G;154,G;
AMPL3507811  30,G;97,G;104,A;
AMPL3507812  6,C;53,C;83,T;90,T;109,A;113,A;154,T;155,C;
AMPL3507813  14,T;86,A/G;127,G/A;
AMPL3507814  63,A;67,G/A;70,T;72,A;94,A/G;119,G/A;134,C;157,G/A;
AMPL3507815  9,A/T;155,C;163,A;
AMPL3507816  93,A/G;105,C/G;150,G/A;166,T/C;171,T/C;
AMPL3507817  38,A;87,C;96,A/C;102,G/A;116,T;166,T/C;183,T;186,A/G;188,G/A;
AMPL3507818  8,A;37,A;40,T;41,G/A;49,A/T;55,G/T;56,A;57,T/G;100,A/G;104,T;
             108,C;113,G;118,T;
AMPL3507819  87,A/G;97,C;139,G/A;155,T/C;
AMPL3507821  41,G;45,A;59,A;91,G;141,G;144,C;
AMPL3507822  1,G;8,A/G;11,A/T;70,C;94,C;108,A/G;
AMPL3507823  11,C;110,A;123,A;
AMPL3507824  3,G;56,G;65,G;68,C;117,C;
AMPL3507826  55,C/T;61,C;74,T;98,T/C;122,A/G;129,G;139,G/A;180,T/C;
AMPL3507827  9,C;48,A;65,T;77,T;95,T;124,T;132,C;135,A;140,A;
AMPL3507828  73,T/G;107,A;109,C/G;143,C/T;159,C/G;
AMPL3507831  7,C;16,C;19,C;66,C;75,A;88,T;113,T;130,G;140,C;164,T;
AMPL3507832  23,T/C;59,A/G;78,C/G;116,T;
AMPL3507833  26,T;30,G;49,A;69,T;75,A;97,A;132,T;
AMPL3507834  126,T/C;145,G/A;
AMPL3507835  12,G;38,G;93,A;98,G;99,T;129,C;150,T;
AMPL3507836  8,A;32,T;40,G;44,G;63,T;71,A;113,T;142,A;
AMPL3507838  3,A;15,A;20,G;23,G;50,G/A;52,A;59,C;64,C;78,G;
AMPL3507839  59,C;114,C;151,T;
AMPL3507840  77,C/G;
AMPL3507841  13,T;14,G;34,A;60,T;99,G;
AMPL3507842  13,C/T;17,C/T;20,A/T;64,C;97,A;144,C;158,A;159,G;163,T;

AMPL3507845　57,G/A;161,G/A;

AMPL3507846　5,A;21,A;24,G;26,A;94,G;112,A;127,G;128,A;149,G;175,A;

AMPL3507848　38,G;78,A;

AMPL3507849　16,T/C;19,C/A;23,T;24,A/G;33,G;35,A/G;39,G;68,C/G;72,G/T;74,T;
97,T;128,G;134,G;142,A/C;144,C/T;157,A;

AMPL3507850　2,A;16,C;35,A;39,G;60,C;93,C;110,G;114,C;125,C;128,A;130,C;

AMPL3507851　61,T;91,C/T;92,T/G;131,G/A;151,G/A;154,C/A;162,C/G;165,C/G;166,
A/T;168,G/C;

AMPL3507852　8,A;26,C/G;33,T/G;43,A;56,C;62,T;93,C;124,G;

AMPL3507853　2,T;71,G;88,T;149,G;180,C;193,A;

AMPL3507854　34,T;36,G;37,C;44,G;55,A;70,A;84,A;92,G;99,T;102,G;110,C;112,A;
114,G;126,A;139,T;153,C;158,T;164,A;170,G;171,A;174,G;177,T;180,
C;181,T;187,C;188,T;192,C;

AMPL3507855　26,C;36,C;90,T;

AMPL3507856　11,A;92,C;102,C;

AMPL3507857　33,G/A;70,G/C;82,T/A;123,C/T;

AMPL3507858　26,T;45,G;84,C;143,G;152,G;176,C;

AMPL3507860　30,G;97,C;101,G;128,G;176,T;

AMPL3507861　28,T;43,A;69,C;93,C;105,G;124,T;128,T;

AMPL3507862　2,A;4,C/G;63,G/A;83,C;88,C/T;106,C/T;115,C;124,A/C;154,C/T;

AMPL3507863　13,G/A;45,G/C;69,A/G;145,A/T;177,A/G;

AMPL3507864　17,C;95,G/A;120,T;

AMPL3507865　19,C/T;21,T/A;35,A;43,G/A;56,C/A;57,C;75,C/T;85,G/C;100,C/G;101,
T/C;116,A/C;127,G/C;161,T;171,A;172,C/T;

AMPL3507866　8,T;66,C;74,C;147,A;172,T;

AMPL3507867　21,T;27,G;38,C;45,C;54,C;88,C;93,C;112,C;122,G;132,G;

AMPL3507868　45,C/T;51,G;108,T/C;166,T/C;186,G;

AMPL3507871　7,C/T;95,G/C;115,T;144,T/C;

AMPL3507872　10,C;52,G/T;131,A/T;132,C;

AMPL3507873　13,T;38,T;39,C;54,A;59,A;86,G/T;

AMPL3507874　2,T;31,A;97,T;99,T;105,G;108,C;122,C;161,A;

AMPL3507877　12,T;24,A;27,T;28,A;34,C;39,A;46,T;68,C;70,A;90,A;110,G;126,C;
134,C;

AMPL3507878　8,C;10,A;37,A;59,G;73,T;77,G;78,G;90,T;91,C;103,G;115,C;130,C;

AMPL3507879　50,A;90,C;91,C;116,C;127,T/G;134,G/C;143,G/C;155,G/T;163,C/T;169,
A;181,C/T;

AMPL3507880　66,C;105,A;124,A;

AMPL3507881　84,T;122,G;

AMPL3507882　40,G;43,A;61,T;

AMPL3507883　20,T/C;31,T;68,C;74,G;84,A/C;104,T;142,T;144,G;

AMPL3507886　41,G/A;47,C/T;81,G/C;91,T/C;99,G/A;125,A;

AMPL3507887　2,T;35,C;45,A/G;62,C;65,G;92,A;101,GTG/G;

AMPL3507888  4,T;50,G;65,A;70,C;79,A;82,C;94,G;100,G;107,A;133,T;

AMPL3507889  34,T;111,G;154,A/C;159,G;160,G;

AMPL3507890  19,C/T;26,C;33,G;60,G/A;139,C/T;

AMPL3507891  29,A;61,T;

AMPL3507892  23,A;28,A;55,A;69,A;72,A;122,T;136,G;180,G;181,A;

AMPL3507893  42,T/A;51,T/C;77,T;140,G/T;147,T/C;161,A/G;177,T/A;197,C/G;

AMPL3507894  165,G/A;182,G/A;

AMPL3507895  65,A;92,C;141,G/T;

AMPL3507896  6,C;32,C;77,A;85,A;107,C;126,C;135,T;

AMPL3507897  1,C;7,G;9,C;31,C;91,C;104,T;123,A;132,T;

AMPL3507898  133,T;152,G;

AMPL3507899  1,G;29,C;39,T;55,C;108,T/G;115,A;125,C/T;140,A/C;

AMPL3507900  23,A/G;62,A/G;63,G/A;73,T;86,T/C;161,C/T;183,G/A;190,A/G;

AMPL3507901  68,T;98,A;116,C;

AMPL3507902  38,C;57,A/G;65,C;66,G;92,A/T;104,C/A;118,T/A;176,G;

AMPL3507904  3,T;5,C;13,G/A;54,C;83,G/T;85,C;92,C;104,C;147,A;182,G;

AMPL3507907  5,C;25,T;26,A;32,T;34,T;35,A;36,T;37,A;46,T;47,G;49,A;120,A;

AMPL3507909  2,A/C;9,C;13,A;15,C/T;28,G/C;32,T/C;34,A/G;53,T;84,C/T;97,C/T;
99,A/C;135,C/G;148,T/G;150,T/C;

AMPL3507910  33,T;105,A;129,C;164,A;

AMPL3507911  33,G/A;34,C;49,C/T;50,G/A;71,G;77,C/T;89,A/G;92,G/A;126,G;130,
T/C;133,C/T;134,A/C;151,A/C;173,G;180,A/G;181,C;185,C;189,C/A;
190,G/A;196,C/A;200,C/T;

AMPL3507912  19,C/T;33,T;38,G/A;43,C/T;46,A/G;71,G/C;73,A;108,A;124,A/T;126,
G;132,A;143,C;160,T;

AMPL3507913  21,T;58,T;90,C;107,A;109,T;111,T;113,G;128,A;134,G;

AMPL3507914  37,G;52,G;56,A;64,T;115,C;

AMPL3507915  22,A/G;31,C/T;39,T/C;51,C/T;52,T/C;59,A/G;66,T/C;87,A/G;99,A/G;
103,C/T;128,T/C;134,A/C;135,A/T;138,A/G;159,G/T;

AMPL3507916  24,A;31,T;43,T;49,G;90,G;110,T;132,A/C;160,A;170,G;174,G/T;

AMPL3507918  15,A;63,A;72,G;76,T;86,C;87,G;90,A;129,G;

AMPL3507919  10,G;22,G;34,T;64,T;74,A;105,G;114,G;133,C;153,T;169,G;184,C;
188,A;

AMPL3507920  18,A/C;24,A;32,A/C;67,T;74,C/G;

AMPL3507921  7,C;30,G;38,G;43,A;182,G;

AMPL3507922  146,C/A;

AMPL3507923  69,A/T;79,C/T;125,C/T;140,T/C;144,C/T;152,T/G;

AMPL3507924  46,C;51,G;131,T;143,C;166,G;

# FLD-12

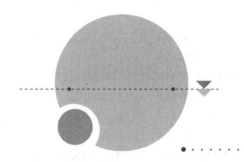

AMPL3507571  6,G/T;10,G/T;18,C;19,C/T;20,A/G;30,A/G;37,T/A;40,T/C;

AMPL3507806  31,T/A;55,C;136,A/C;139,G/T;158,A;

AMPL3507807  28,A;31,C;89,C/T;96,G/A;129,A/C;

AMPL3507808  75,A/T;114,C/T;124,T/A;132,T/C;134,G/C;139,G/C;171,C;172,T/A;

AMPL3507809  45,A/G;47,G/C;49,A;65,A/C;76,T/C;81,A/T;91,T/A;115,A;

AMPL3507810  33,C;53,C;74,G;90,T;98,G;154,G;

AMPL3507811  30,G;97,A;104,G;

AMPL3507812  6,T/C;53,T/C;83,C/T;90,A/T;109,C/A;113,T/A;154,C/T;155,C;

AMPL3507813  14,T;86,G;127,A;

AMPL3507814  63,G/A;67,G;70,G/T;72,A/G;94,A;119,G;134,C/T;157,G;

AMPL3507815  9,T/A;155,C/A;163,A;

AMPL3507816  93,G;105,G;150,A;166,C;171,C;

AMPL3507817  38,A;87,C;96,A/C;102,G/A;116,T;166,T/C;183,T;186,A/G;188,G/A;

AMPL3507818  8,A;37,A;40,T;41,G;49,T/A;55,T/G;56,G/A;57,G/T;100,G/A;104,G/T;
108,T/C;113,G;118,T;

AMPL3507819  87,G/A;97,T/C;139,A/G;155,C/T;

AMPL3507821  41,G/C;45,A/G;59,A/T;91,G;141,G/A;144,C;

AMPL3507822  1,G;8,A;11,A;70,C;94,T/C;108,A;

AMPL3507823  11,C/T;110,A/C;123,A/G;

AMPL3507824  3,G;56,G;65,G/A;68,C/T;117,C/T;

AMPL3507826  55,T/C;61,C/T;74,T/C;98,C;122,G;129,G/A;139,A/G;180,C/T;

AMPL3507827  9,T/C;48,A;65,G/T;77,C/T;95,T;124,T;132,T/C;135,G/A;140,G/A;

AMPL3507828  73,T;107,G/A;109,G/C;143,T/C;159,G/C;

AMPL3507829  6,T;14,T;56,A;70,A;71,T;127,A;

AMPL3507831  7,C;16,T;19,C;66,T;75,G;88,C;113,C;130,T;140,G;164,T;

AMPL3507832  23,T/C;59,A/G;78,C/G;116,C/T;

AMPL3507834  126,C/T;145,A/G;

AMPL3507836  8,G/A;32,C/T;40,T/G;44,A/G;63,T;71,G/A;113,C/T;142,G/A;

AMPL3507837  1,A;5,G;6,T;7,C;24,T;30,C;59,C;66,C;67,C;78,A;79,A;80,A;111,T;
139,G;164,A;

AMPL3507838  3,A/G;15,A/G;20,G/A;23,G/A;50,A;52,A/G;59,C/A;64,C;78,G/T;

AMPL3507839  59,C/G;114,C/T;151,T/C;

AMPL3507840  77,C/G;

AMPL3507841  13,C/T;14,A/G;34,G/A;60,G/T;99,G;

AMPL3507842    13,C/T;17,C/T;20,A/T;64,C;97,A;144,C;158,A;159,G;163,T;

AMPL3507845    57,A;161,A;

AMPL3507846    5,A;21,A/G;24,G/A;26,A;94,G;112,A;127,G;128,A;149,G/C;175,A/T;

AMPL3507848    38,A;78,C;

AMPL3507849    16,A;19,C;23,T;24,A;33,G;35,A;39,G;68,C;72,G;74,T;97,T;128,T;134,
A;142,C;144,T;157,A;

AMPL3507851    61,T/C;91,T;92,G;131,A;151,A/G;154,A/G;162,G;165,G;166,T/A;168,
C/G;

AMPL3507852    8,A;26,C/G;33,T/G;43,A;56,T/C;62,C/T;93,G/C;124,A/G;

AMPL3507853    2,T/A;71,G/A;88,T/C;149,G/C;180,C/T;193,A/T;

AMPL3507854    34,C;36,G;37,T;44,G;55,A;70,C;84,A;92,A;99,T;102,T;110,T;112,T;
114,T;126,C;139,C;153,T;158,A;164,C;170,C;171,G;174,A;177,G;180,C;
181,T;187,C;188,G;192,T;

AMPL3507855    26,C/T;36,C/T;90,T/C;

AMPL3507856    11,A/G;92,C/T;102,C/T;

AMPL3507857    33,G;70,G;82,T;123,C;

AMPL3507858    26,G/T;45,T/G;84,C;143,A/G;152,A/G;176,A/C;

AMPL3507860    30,G;97,T;101,T;128,A;176,C;

AMPL3507861    28,T;43,A;69,C;93,C;105,G;124,T;128,T;

AMPL3507862    2,C/A;4,G;63,G/A;83,T/C;88,T;106,T;115,C;124,A/C;154,T;

AMPL3507863    13,G/A;45,G/C;69,A;145,A;177,A;

AMPL3507864    17,T;95,G;120,T/C;

AMPL3507865    19,C;21,T;35,A;43,G;56,A;57,T;75,C;85,G;100,G;101,T;116,C;127,C;
161,C;171,G;172,T;

AMPL3507866    8,T;66,G;74,T;147,C;172,T;

AMPL3507867    21,C/T;27,A/G;38,T/C;45,C;54,C;88,T/C;93,C;112,C;122,A/G;132,
C/G;

AMPL3507868    45,T/C;51,A/G;108,T;166,T;186,A/G;

AMPL3507871    7,C/T;95,G/C;115,G/T;144,T/C;

AMPL3507872    10,C/T;52,G;131,T;132,C/T;

AMPL3507873    13,T;38,T;39,C;54,A;59,A;86,T;

AMPL3507874    2,T;31,A;97,T;99,T;105,G;108,T;122,C;161,G;

AMPL3507876    96,C;114,G;144,A;178,C;

AMPL3507877    12,TAT/T;24,G/A;27,A/T;28,G/A;34,C;39,A;46,T;68,C;70,G/A;90,A;
110,G;126,C;134,C;

AMPL3507878    8,C;10,A;37,A;59,G;73,T;77,G;78,G;90,T;91,C;103,G;115,C;130,C;

AMPL3507879    50,A;90,C;91,C;116,C;127,T;134,G;143,G;155,G;163,C;169,A;181,C;

AMPL3507880    66,C/T;105,A;124,A;

AMPL3507882    40,G;43,A;61,T;

AMPL3507883    20,C/T;31,T;68,C/T;74,G;84,C/A;104,T;142,T;144,G;

AMPL3507886    41,G;47,C;81,G;91,T;99,G;125,A;

AMPL3507887    2,T;35,C;45,G;62,C;65,A;92,G;101,C;

AMPL3507888    4,C/T;50,A/G;65,A;70,C;79,T/A;82,T/C;94,A/G;100,A/G;107,T/A;
133,T;

AMPL3507889    34,T;111,A;154,A;159,G;160,G;

AMPL3507890    19,C;26,T;33,A;60,G;139,C;

AMPL3507891    29,C/A;61,T;

AMPL3507892    23,A;28,G/A;55,G/A;69,G/A;72,G/A;122,T;136,A/G;180,A/G;181,
T/A;

AMPL3507893    42,A;51,C;77,T;140,T;147,C;161,G;177,A;197,G;

AMPL3507894    165,G;182,G;

AMPL3507895    65,A;92,A/C;141,T;

AMPL3507896    6,T;32,C/T;77,A/T;85,A/T;107,C/A;126,C/G;135,T/G;

AMPL3507898    133,T;152,G;

AMPL3507899    1,G;29,C;39,T;55,C;108,T;115,A;125,C;140,A;

AMPL3507900    23,A;62,A;63,G;73,T;86,T;161,C;183,G;190,A;

AMPL3507901    68,T;98,A;116,A/C;

AMPL3507902    38,C;57,A/G;65,C;66,G;92,A/T;104,C/A;118,T/A;176,G;

AMPL3507903    101,A;105,A;121,A;161,C;173,T;

AMPL3507904    3,C;5,C;13,G/A;54,C;83,G/T;85,C;92,T/C;104,C;147,A;182,G;

AMPL3507907    5,G;25,G;26,G;32,G;34,C;35,T;36,G;37,G;46,G;47,C;49,A;120,G;

AMPL3507909    2,A;9,C;13,G/A;15,C;28,G;32,T;34,A;53,T;84,C;97,C;99,C/A;135,G/
C;148,G/T;150,T;

AMPL3507910    33,C/T;105,G/A;129,A/C;164,G/A;

AMPL3507911    33,G;34,T;49,C;50,G;71,A;77,C;89,A;92,G;126,A;130,C;133,C;134,A;
151,A;173,T;180,A;181,C;185,T;189,C;190,G;196,C;200,C;

AMPL3507912    19,T;33,T;38,A/G;43,T/C;46,G/A;71,C;73,A;108,A/G;124,T;126,G/A;
132,A/G;143,C/A;160,T/G;

AMPL3507913    21,T;58,T;90,C;107,A;109,T;111,T;113,G;128,A;134,G;

AMPL3507914    37,G;52,G;56,A;64,T;115,C;

AMPL3507915    22,G;31,T/C;39,C/T;51,T/C;52,C/T;59,G/A;66,C/T;87,G/A;99,G;103,
T/C;128,C/T;134,C;135,T/A;138,G/A;159,T/G;

AMPL3507916    24,A/G;31,T/C;43,T/C;49,T;90,A;110,T/A;132,C;160,G/A;170,T/G;
174,A;

AMPL3507918    15,T/A;63,A;72,G;76,T;86,C;87,A/G;90,A;129,G;

AMPL3507919    10,G;22,T/G;34,C/T;64,G/T;74,G/A;105,A/G;114,A/G;133,T/C;153,G/
T;169,G;184,T/C;188,T/A;

AMPL3507920    18,C/A;24,A;32,C/A;67,T;74,G/C;

AMPL3507921    7,C;30,A;38,A;43,G;182,A;

AMPL3507922    146,C/A;

AMPL3507923    69,A;79,T;125,C;140,T;144,C;152,T;

AMPL3507924    46,C;51,G;131,T;143,C;166,G;

AMPL3507925    28,G;43,T;66,C;71,A;

# FLD 附加 1

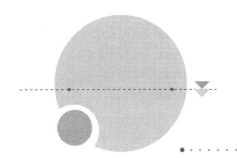

AMPL3507571    6,G;10,G;18,C;19,C;20,A;30,A;37,T;40,T;

AMPL3507806    31,A/T;55,C;136,C/A;139,T/G;158,A;

AMPL3507807    28,C;31,G;89,T;96,A;129,C;

AMPL3507808    75,A;114,C;124,T;132,T;134,G;139,G;171,C;172,T;

AMPL3507809    45,A/G;47,G/C;49,A;65,A/C;76,T/C;81,A/T;91,T/A;115,A;

AMPL3507810    33,C/T;53,C/T;74,G;90,T/C;98,G;154,G;

AMPL3507811    30,G;97,G/A;104,A/G;

AMPL3507812    6,T/C;53,T/C;83,C/T;90,A/T;109,C/A;113,T/A;154,C/T;155,C;

AMPL3507813    14,T;86,G;127,A;

AMPL3507814    63,G/A;67,G;70,G/T;72,A;94,A;119,G;134,C;157,G;

AMPL3507815    9,T/A;155,C/A;163,A;

AMPL3507816    93,G;105,G;150,A;166,C;171,C;

AMPL3507817    38,A;87,C;96,C;102,A;116,T;166,C;183,T;186,G;188,A;

AMPL3507818    8,A;37,A;40,T;41,G;49,T/A;55,T/G;56,G/A;57,G/T;100,G/A;104,G/T;
               108,T/C;113,G;118,T;

AMPL3507819    87,A;97,C;139,G;155,T;

AMPL3507821    41,G;45,A;59,A;91,G;141,G;144,C;

AMPL3507822    1,G;8,A;11,T/A;70,C;94,C;108,G/A;

AMPL3507823    11,C;110,A;123,A;

AMPL3507824    3,A/G;56,G;65,G;68,C;117,C;

AMPL3507826    55,T/C;61,C/T;74,T/C;98,C;122,G;129,G/A;139,A/G;180,C/T;

AMPL3507827    9,C;48,A;65,T;77,T;95,T;124,T;132,C;135,A;140,A;

AMPL3507828    73,T;107,G/A;109,G/C;143,T/C;159,G/C;

AMPL3507829    6,T;14,T;56,A;70,A;71,T;127,A;

AMPL3507831    7,C;16,C;19,C;66,C;75,A;88,T;113,C/T;130,G;140,C;164,T;

AMPL3507832    23,T/C;59,A/G;78,C/G;116,C/T;

AMPL3507833    26,T;30,G;49,G/A;69,T;75,A;97,A;132,T;

AMPL3507834    126,C/T;145,A/G;

AMPL3507835    12,G/A;38,G/T;93,A/T;98,G/C;99,T/G;129,C/A;150,T/A;

AMPL3507836    8,G;32,C;40,T;44,A;63,T;71,G;113,C;142,G;

AMPL3507837    1,A;5,G;6,T;7,C;24,T;30,C;59,C;66,C;67,C;78,A;79,A;80,A;111,T;
               139,G;164,A;

AMPL3507838    3,G/A;15,G/A;20,G;23,A/G;50,A;52,G/A;59,A/C;64,T/C;78,T/G;

AMPL3507839    59,G/C;114,T/C;151,C/T;

AMPL3507840　77,C/G;

AMPL3507841　13,T;14,G;34,A;60,T;99,G;

AMPL3507842　13,C;17,C;20,A;64,C;97,A;144,C;158,A;159,G;163,T;

AMPL3507844　2,T;6,G;26,C;35,C;63,G;65,A;68,T;96,C;97,C;119,T;130,A;137,G;
158,T;

AMPL3507845　57,G/A;161,G/A;

AMPL3507846　5,A;21,A;24,G;26,A;94,G;112,A;127,C/G;128,T/A;149,G;175,T/A;

AMPL3507848　38,A;78,C;

AMPL3507849　16,A/C;19,C/A;23,T;24,A/G;33,G;35,A/G;39,G;68,C/G;72,G/T;74,T/
G;97,T;128,T/G;134,A/G;142,C;144,T;157,A;

AMPL3507851　61,T;91,C/T;92,T/G;131,G/A;151,G/A;154,C/A;162,C/G;165,C/G;166,
A/T;168,G/C;

AMPL3507852　8,A;26,C/G;33,T/G;43,C/A;56,C;62,C/T;93,G/C;124,A/G;

AMPL3507853　2,T;71,G;88,T;149,G;180,C;193,A;

AMPL3507854　34,T;36,G;37,C;44,G;55,A;70,A;84,A;92,G;99,T;102,G;110,C;112,A;
114,G;126,A;139,T;153,C;158,T;164,A;170,G;171,A;174,G;177,T;180,
C;181,T;187,C;188,T;192,C;

AMPL3507855　26,T;36,T;90,C;

AMPL3507856　11,G;92,T;102,T;

AMPL3507857　33,G;70,G/C;82,T/A;123,C;

AMPL3507858　26,G/T;45,T/G;84,C;143,A/G;152,A/G;176,A/C;

AMPL3507860　30,G;97,C/T;101,G/T;128,G/A;176,T/C;

AMPL3507861　28,T;43,A;69,C;93,C;105,G;124,T;128,T;

AMPL3507862　2,A;4,G;63,A;83,C;88,T;106,T;115,C;124,C;154,T;

AMPL3507863　13,G;45,G;69,A;145,A;177,A;

AMPL3507864　17,T/C;95,G/A;120,T;

AMPL3507865　19,C;21,T;35,A;43,G;56,A;57,T;75,C;85,G;100,G;101,T;116,C;127,C;
161,C;171,G;172,T;

AMPL3507866　8,T;66,G;74,T;147,C;172,T;

AMPL3507867　21,C/T;27,G;38,T/C;45,T/C;54,C;88,C;93,T/C;112,C;122,A/G;132,G;

AMPL3507868　45,T;51,A/G;108,T/C;166,T/C;186,A/G;

AMPL3507871　7,C;95,G;115,T/G;144,T;

AMPL3507872　10,T;52,G;131,T;132,T;

AMPL3507873　13,T/C;38,T;39,C/T;54,A/G;59,A;86,T/G;

AMPL3507874　2,T;31,A;97,T;99,T;105,G;108,T;122,C;161,G;

AMPL3507875　44,G;45,A/G;68,G;110,G;125,A;137,G;151,A;184,C;

AMPL3507876　96,C;114,G;144,A;178,C;

AMPL3507877　12,T;24,A;27,T;28,A;34,C;39,A;46,T;68,C;70,A;90,G/A;110,G;126,C;
134,A/C;

AMPL3507878　8,T/C;10,G/A;37,G/A;59,G;73,T;77,A/G;78,A/G;90,C/T;91,C;103,A/
G;115,C;130,C;

AMPL3507879　50,A;90,C;91,C;116,C;127,T;134,G;143,G;155,G;163,C;169,A;181,C;

AMPL3507880　66,T;105,C;124,G;

AMPL3507881　84,C/T;122,T/G;

AMPL3507882　40,G;43,A;61,T;

AMPL3507883　20,T/C;31,T/A;68,T/C;74,G/A;84,A;104,T/A;142,T/C;144,G/T;

AMPL3507885　36,C/G;51,G/A;54,A;65,C/N;66,T/N;71,T/N;78,T/N;110,A;112,T;115,
　　　　　　　A;124,T;131,A;135,A;146,G;

AMPL3507886　41,G/A;47,C/T;81,G/C;91,T/C;99,G/A;125,A;

AMPL3507887　2,T;35,C;45,G/A;62,C;65,A/G;92,G/A;101,C/GTG;

AMPL3507888　4,C/T;50,A/G;65,A;70,C;79,T/A;82,T/C;94,A/G;100,A/G;107,T/A;
　　　　　　　133,T;

AMPL3507889　34,T;111,A;154,A;159,G;160,G;

AMPL3507890　19,C;26,T;33,A;60,G;139,C;

AMPL3507891　29,C/A;61,T;

AMPL3507892　23,A/G;28,G;55,G;69,G;72,G;122,T/C;136,A/G;180,A/G;181,T/A;

AMPL3507893　42,T;51,T;77,T;140,G;147,T;161,A;177,T;197,C;

AMPL3507894　165,A;182,A;

AMPL3507895　65,A;92,C;141,T/G;

AMPL3507896　6,T;32,C/T;77,A/T;85,A/T;107,C/A;126,C/G;135,T/G;

AMPL3507897　1,A;7,A;9,G;31,T;91,T;104,C;123,G;132,G;

AMPL3507898　133,T;152,G;

AMPL3507899　1,G;29,C;39,T;55,C;108,T/G;115,A;125,C/T;140,A/C;

AMPL3507900　23,A/G;62,A/G;63,G/A;73,T;86,T/C;161,C/T;183,G/A;190,A/G;

AMPL3507901　68,T;98,A;116,C;

AMPL3507902　38,C/A;57,A;65,C;66,G;92,A;104,C;118,T;176,G;

AMPL3507904　3,T/C;5,C;13,G;54,T/C;83,G;85,T/C;92,C/T;104,T/C;147,G/A;182,G;

AMPL3507909　2,A;9,C/G;13,A/G;15,C;28,G;32,T;34,A;53,T/C;84,C;97,C;99,A/C;
　　　　　　　135,C/G;148,T/G;150,T;

AMPL3507910　33,T;105,A;129,C;164,A;

AMPL3507911　33,G;34,T;49,C;50,G;71,A;77,C;89,A;92,G;126,A;130,C;133,C;134,A;
　　　　　　　151,A;173,T;180,A;181,C;185,T;189,C;190,G;196,C;200,C;

AMPL3507913　21,T;58,T;90,C/T;107,A;109,T/A;111,T/A;113,G/A;128,A;134,G;

AMPL3507914　37,C/G;52,G;56,T/C;64,G/T;115,T/C;

AMPL3507915　22,G;31,T;39,C;51,T;52,C;59,G;66,C;87,G;99,G;103,T;128,C;134,C;
　　　　　　　135,T;138,G;159,T;

AMPL3507916　24,G/A;31,C/T;43,C/T;49,T;90,A;110,A/T;132,C;160,A/G;170,G/T;
　　　　　　　174,A;

AMPL3507918　15,A;63,A;72,G;76,T;86,C;87,G;90,A;129,G;

AMPL3507919　10,A/G;22,T/G;34,C/T;64,G/T;74,G/A;105,A/G;114,A/G;133,T/C;153,
　　　　　　　G/T;169,G;184,T/C;188,T/A;

AMPL3507920　18,C;24,A;32,C;67,T;74,G;

AMPL3507921　7,C;30,A/G;38,A/G;43,G/A;182,A/G;

# SG09

AMPL3507806  31,A/T;55,C;136,C/A;139,T/G;158,A;

AMPL3507807  28,C;31,G;89,T;96,A;129,C;

AMPL3507808  75,A;114,C;124,T;132,T;134,G;139,G;171,C;172,T;

AMPL3507809  45,A;47,G;49,A;65,A;76,T;81,A;91,T;115,A;

AMPL3507810  33,T;53,T;74,G;90,C;98,G;154,G;

AMPL3507811  30,G;97,G;104,A;

AMPL3507812  6,C;53,C;83,T;90,T;109,A;113,A;154,T;155,C;

AMPL3507814  63,A;67,G;70,T;72,A/G;94,A;119,G;134,C/T;157,G;

AMPL3507815  9,A/T;155,C;163,A;

AMPL3507816  93,G/A;105,G/C;150,A/G;166,C/T;171,C/T;

AMPL3507817  38,G/A;87,G/C;96,C;102,A;116,C/T;166,T/C;183,C/T;186,G;188,G/A;

AMPL3507818  8,A;37,A;40,T;41,G;49,T;55,T;56,G;57,G;100,G;104,G;108,T;113,G;
118,T;

AMPL3507819  87,G;97,T/C;139,A;155,C;

AMPL3507821  41,G;45,A;59,A;91,G;141,G;144,C;

AMPL3507822  1,G/C;8,A;11,A;70,C;94,T/C;108,A;

AMPL3507823  11,T;110,C;123,G;

AMPL3507824  3,G;56,G;65,A;68,T;117,T;

AMPL3507826  55,T;61,C;74,T;98,C;122,G;129,G;139,A;180,C;

AMPL3507827  9,T;48,A;65,G;77,C;95,T;124,T;132,T;135,G;140,G;

AMPL3507828  73,T/G;107,G/A;109,G;143,T;159,G;

AMPL3507831  7,C;16,C;19,C;66,C;75,A;88,T;113,T;130,G;140,C;164,T;

AMPL3507832  23,C;59,A;78,G;116,T;

AMPL3507833  26,T;30,G;49,G;69,T;75,A;97,A;132,T;

AMPL3507834  126,T;145,G;

AMPL3507835  12,G;38,G;93,A;98,G;99,T;129,C;150,T;

AMPL3507836  8,A;32,T;40,G;44,G;63,T;71,A;113,T;142,A;

AMPL3507838  3,A/G;15,A/G;20,G/A;23,G/A;50,A;52,A/G;59,C/A;64,C;78,G/T;

AMPL3507839  59,C;114,C;151,T;

AMPL3507840  77,C/G;

AMPL3507841  13,C;14,A;34,G;60,G;99,G;

AMPL3507844  2,C/T;6,G;26,T/C;35,T/C;63,A/G;65,A;68,G/T;96,C;97,C;119,T;130,
A;137,A/G;158,T;

AMPL3507845  57,A;161,A;

**AMPL3507848** 38,G;78,A;

**AMPL3507849** 16,C;19,A;23,C;24,G;33,G;35,G;39,T;68,G;72,T;74,G;97,T;128,G;134,
G;142,C;144,T;157,G;

**AMPL3507850** 2,A;16,C;35,A;39,G;60,C;93,C;110,G;114,C;125,C;128,A;130,C;

**AMPL3507851** 61,C/T;91,T;92,G;131,A;151,G/A;154,G/A;162,G;165,G;166,A/T;168,
G/C;

**AMPL3507852** 8,G/A;26,C;33,T;43,A;56,C/T;62,T/C;93,C/G;124,G/A;

**AMPL3507853** 2,A;71,A;88,C;149,C;180,T;193,T;

**AMPL3507854** 34,C;36,G;37,T;44,G;55,A;70,C;84,A;92,A;99,T;102,T;110,T;112,T;
114,T;126,C;139,C;153,T;158,A;164,C;170,C;171,G;174,A;177,G;180,C;
181,T;187,C;188,G;192,T;

**AMPL3507855** 26,C;36,C;90,T;

**AMPL3507856** 11,A;92,C;102,C;

**AMPL3507857** 33,A/G;70,C;82,A;123,T/C;

**AMPL3507858** 26,G;45,T;84,C;143,A;152,A;176,A;

**AMPL3507860** 30,A/G;97,C;101,G;128,G;176,T;

**AMPL3507861** 28,C/T;43,G/A;69,G/C;93,C;105,T/G;124,C/T;128,A/T;

**AMPL3507862** 2,A;4,C/G;63,G;83,C;88,C;106,C/T;115,C/T;124,A;154,C/T;

**AMPL3507863** 13,A;45,C;69,G;145,T;177,G;

**AMPL3507864** 17,T;95,G;120,T/C;

**AMPL3507865** 19,T/C;21,A/T;35,A;43,A/G;56,A/C;57,C;75,T/C;85,C/G;100,G/C;101,
C/T;116,C/A;127,C/G;161,T;171,A;172,T/C;

**AMPL3507866** 8,T;66,G;74,T;147,C;172,T;

**AMPL3507867** 21,T/C;27,G/A;38,C/T;45,C;54,C;88,C/T;93,C;112,C;122,G/A;132,
G/C;

**AMPL3507868** 45,C/T;51,G;108,T/C;166,T/C;186,G;

**AMPL3507871** 7,C;95,G;115,G;144,T;

**AMPL3507872** 10,C;52,G;131,T;132,C;

**AMPL3507873** 13,T;38,T;39,C;54,A;59,A;86,T;

**AMPL3507874** 2,C;31,C;97,T;99,T;105,G;108,T;122,T;161,A;

**AMPL3507875** 44,G;45,G;68,G;110,G;125,A;137,G;151,A;184,C;

**AMPL3507876** 96,C;114,C;144,G;178,C;

**AMPL3507877** 12,T;24,A;27,T;28,A;34,C;39,A;46,T;68,C;70,A;90,G/A;110,G;126,C;
134,A/C;

**AMPL3507878** 8,T;10,A;37,G;59,A;73,G;77,G;78,G;90,C;91,T;103,G;115,T;130,C;

**AMPL3507879** 50,A;90,C/T;91,C/T;116,C/G;127,T/G;134,G/C;143,G;155,G;163,C/T;
169,A/G;181,C/T;

**AMPL3507880** 66,T;105,A;124,A;

**AMPL3507881** 84,T;122,A/G;

**AMPL3507883** 20,C;31,T;68,C;74,G;84,C;104,T;142,T;144,G;

**AMPL3507886** 41,A;47,T;81,C;91,C;99,A;125,T;

**AMPL3507887** 2,T;35,C;45,G;62,C;65,A/G;92,G/A;101,C/G;

AMPL3507888　　4,T;50,G;65,A;70,C;79,A;82,C;94,G;100,G;107,A;133,T;

AMPL3507889　　34,T;111,G;154,C;159,G;160,G;

AMPL3507890　　19,C;26,C;33,G;60,G;139,C;

AMPL3507891　　29,A;61,C;

AMPL3507892　　23,A;28,A;55,A;69,A;72,A;122,T;136,G;180,G;181,A;

AMPL3507893　　42,T;51,T;77,T;140,G;147,T;161,A;177,T;197,C;

AMPL3507894　　165,G;182,G;

AMPL3507895　　65,T;92,T;141,T;

AMPL3507896　　6,T;32,C;77,T;85,T;107,C;126,G;135,T;

AMPL3507897　　1,C;7,G;9,C;31,C;91,C;104,T;123,A;132,T;

AMPL3507898　　133,G/T;152,A/G;

AMPL3507899　　1,G/C;29,C/T;39,T/C;55,C;108,G;115,A;125,T/C;140,C;

AMPL3507900　　23,G;62,G;63,A;73,T;86,C;161,T;183,A;190,G;

AMPL3507901　　68,T/C;98,A/G;116,A;

AMPL3507902　　38,A/C;57,A;65,C;66,G;92,A;104,C;118,T;176,G;

AMPL3507903　　101,G;105,G;121,C;161,C;173,T;

AMPL3507904　　3,C;5,C/T;13,A/G;54,C;83,T/G;85,C;92,C;104,C;147,A;182,G;

AMPL3507909　　2,A;9,C;13,A;15,C;28,G;32,T;34,A;53,T;84,C;97,C;99,A;135,C;148,T;
　　　　　　　　150,T;

AMPL3507910　　33,T;105,A;129,C;164,A;

AMPL3507912　　19,C/T;33,T;38,G/A;43,C/T;46,A;71,G/C;73,A/T;108,A;124,A/T;126,
　　　　　　　　G;132,A;143,C;160,T;

AMPL3507913　　21,T;58,T;90,C;107,A;109,T;111,T;113,G;128,A;134,G;

AMPL3507914　　37,G;52,A/G;56,C/A;64,T;115,C;

AMPL3507916　　24,A;31,T;43,T;49,T;90,A;110,T;132,C;160,G;170,T;174,A;

AMPL3507918　　15,T;63,A;72,G;76,T;86,C;87,A;90,A;129,G;

AMPL3507919　　10,G;22,G;34,T;64,T;74,A;105,G;114,G;133,C;153,T;169,G;184,C;
　　　　　　　　188,A;

AMPL3507920　　18,C;24,A;32,C;67,T;74,G;

AMPL3507921　　7,C;30,G;38,G;43,A;182,G;

AMPL3507922　　146,C;

AMPL3507923　　69,A;79,T;125,C;140,T;144,C;152,T;

AMPL3507924　　46,T/C;51,C/G;131,A/T;143,T/C;166,A/G;

AMPL3507925　　28,G;43,T/C;66,C;71,A/G;

AMPL3507927　　12,C;27,A;32,T;42,A;53,A;

AMPL3507928　　1,C;16,T;45,G;50,T;64,A;69,A;75,T;77,C;88,T;91,G;96,G;99,T;108,
　　　　　　　　G;109,G;119,C;126,C;127,C;133,G;138,A;143,A;155,G;162,C;163,C;164,
　　　　　　　　T;166,G;

AMPL3507929　　22,T;56,A;67,G;86,T/C;88,G;92,T;100,T/C;101,G;

# SG20

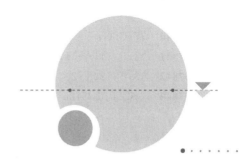

AMPL3507571  6,T;10,T;18,C;19,T;20,G;30,G;37,A;40,T/C;

AMPL3507806  31,T/A;55,C;136,A/C;139,G/T;158,A;

AMPL3507807  28,C;31,G;89,T;96,A;129,C;

AMPL3507808  75,A;114,C;124,T;132,T;134,G;139,G;171,C;172,T;

AMPL3507809  45,A;47,G;49,A;65,A;76,T;81,A;91,T;115,A;

AMPL3507810  33,T;53,T;74,G;90,C;98,G;154,G;

AMPL3507811  30,G;97,G;104,A;

AMPL3507812  6,C;53,C;83,T;90,T;109,A;113,A;154,T;155,C;

AMPL3507813  14,T;86,G/A;127,A/G;

AMPL3507814  63,A;67,G;70,T;72,A/G;94,A;119,G;134,C/T;157,G;

AMPL3507815  9,A/T;155,C;163,A;

AMPL3507816  93,A/G;105,C/G;150,G/A;166,T/C;171,T/C;

AMPL3507817  38,G/A;87,G/C;96,C;102,A;116,C/T;166,T/C;183,C/T;186,G;188,G/A;

AMPL3507818  8,A;37,A;40,T;41,G;49,T;55,T;56,G;57,G;100,G;104,G;108,T;113,G;
118,T;

AMPL3507819  87,G;97,C/T;139,A;155,C;

AMPL3507821  41,G;45,A;59,A;91,G;141,G;144,C;

AMPL3507822  1,G/C;8,A;11,A;70,C;94,T/C;108,A;

AMPL3507823  11,T;110,C;123,G;

AMPL3507824  3,G;56,G;65,A;68,T;117,T;

AMPL3507826  55,T;61,C;74,T;98,C;122,G;129,G;139,A;180,C;

AMPL3507827  9,T;48,A;65,G;77,C;95,T;124,T;132,T;135,G;140,G;

AMPL3507828  73,G/T;107,A/G;109,G;143,T;159,G;

AMPL3507829  6,T;14,A/T;56,G/A;70,G/A;71,A/T;127,A;

AMPL3507831  7,C;16,C;19,C;66,C;75,A;88,T;113,T;130,G;140,C;164,T;

AMPL3507832  23,C;59,A;78,G;116,T;

AMPL3507833  26,T;30,G;49,G;69,T;75,A;97,A;132,T;

AMPL3507834  126,T;145,G;

AMPL3507835  12,G;38,G;93,A;98,G;99,T;129,C;150,T;

AMPL3507836  8,A;32,T;40,G;44,G;63,T;71,A;113,T;142,A;

AMPL3507837  1,G;5,A;6,C;7,C;24,A;30,T;59,C;66,T;67,C;78,G;79,G;80,A;111,C;
139,A;164,A;

AMPL3507838  3,A/G;15,A/G;20,G/A;23,G/A;50,A;52,A/G;59,C/A;64,C;78,G/T;

AMPL3507839  59,C;114,C;151,T;

AMPL3507840    77,C/G;

AMPL3507841    13,C;14,A;34,G;60,G;99,G;

AMPL3507842    13,T;17,T;20,T;64,C;97,A;144,C;158,A;159,G;163,T;

AMPL3507844    2,C/T;6,G;26,T/C;35,T/C;63,A/G;65,A;68,G/T;96,C;97,C;119,T;130, A;137,A/G;158,T;

AMPL3507845    57,A;161,A;

AMPL3507848    38,G;78,A;

AMPL3507849    16,C;19,A;23,C;24,G;33,G;35,G;39,T;68,G;72,T;74,G;97,T;128,G;134, G;142,C;144,T;157,G;

AMPL3507850    2,A;16,C;35,A;39,G;60,C;93,C;110,G;114,C;125,C;128,A;130,C;

AMPL3507851    61,T/C;91,T;92,G;131,A;151,A/G;154,A/G;162,G;165,G;166,T/A;168, C/G;

AMPL3507852    8,G/A;26,C;33,T;43,A;56,C/T;62,T/C;93,C/G;124,G/A;

AMPL3507853    2,A;71,A;88,C;149,C;180,T;193,T;

AMPL3507854    34,C;36,G;37,T;44,G;55,A;70,C;84,A;92,A;99,T;102,T;110,T;112,T; 114,T;126,C;139,C;153,T;158,A;164,C;170,C;171,G;174,A;177,G;180,C; 181,T;187,C;188,G;192,T;

AMPL3507855    26,C;36,C;90,T;

AMPL3507856    11,A;92,C;102,C;

AMPL3507857    33,A/G;70,C;82,A;123,T/C;

AMPL3507858    26,G;45,T;84,C;143,A;152,A;176,A;

AMPL3507860    30,G/A;97,C;101,G;128,G;176,T;

AMPL3507861    28,T/C;43,A/G;69,C/G;93,C;105,G/T;124,T/C;128,T/A;

AMPL3507862    2,A;4,C/G;63,G;83,C;88,C;106,C/T;115,C/T;124,A;154,C/T;

AMPL3507863    13,A;45,C;69,G;145,T;177,G;

AMPL3507864    17,T;95,G;120,C/T;

AMPL3507865    19,T/C;21,A/T;35,A;43,A/G;56,A/C;57,C;75,T/C;85,C/G;100,G/C;101, C/T;116,C/A;127,C/G;161,T;171,A;172,T/C;

AMPL3507866    8,T;66,G;74,T;147,C;172,T;

AMPL3507867    21,C/T;27,A/G;38,T/C;45,C;54,C;88,T/C;93,C;112,C;122,A/G;132, C/G;

AMPL3507868    45,C/T;51,G;108,T/C;166,T/C;186,G;

AMPL3507871    7,C;95,G;115,G;144,T;

AMPL3507872    10,C;52,G;131,T;132,C;

AMPL3507873    13,T;38,T;39,C;54,A;59,A;86,T;

AMPL3507874    2,C;31,C;97,T;99,T;105,G;108,T;122,T;161,A;

AMPL3507875    44,G;45,G;68,G;110,G;125,A;137,G;151,A;184,C;

AMPL3507876    96,C;114,C;144,G;178,C;

AMPL3507877    12,T;24,A;27,T;28,A;34,C;39,A;46,T;68,C;70,A;90,G/A;110,G;126,C; 134,A/C;

AMPL3507878    8,T;10,A;37,G;59,A;73,G;77,G;78,G;90,C;91,T;103,G;115,T;130,C;

AMPL3507879    50,A;90,C/T;91,C/T;116,C/G;127,T/G;134,G/C;143,G;155,G;163,C/T;

169,A/G;181,C/T;

AMPL3507880    66,T;105,A;124,A;

AMPL3507881    84,T;122,G/A;

AMPL3507883    20,C;31,T;68,C;74,G;84,C;104,T;142,T;144,G;

AMPL3507886    41,A;47,T;81,C;91,C;99,A;125,T;

AMPL3507887    2,T;35,C;45,G;62,C;65,A/G;92,G/A;101,C/G;

AMPL3507888    4,T;50,G;65,A;70,C;79,A;82,C;94,G;100,G;107,A;133,T;

AMPL3507889    34,T;111,G;154,C;159,G;160,G;

AMPL3507890    19,C;26,C;33,G;60,G;139,C;

AMPL3507891    29,A;61,C;

AMPL3507892    23,A;28,A;55,A;69,A;72,A;122,T;136,G;180,G;181,A;

AMPL3507893    42,T;51,T;77,T;140,G;147,T;161,A;177,T;197,C;

AMPL3507894    165,G;182,G;

AMPL3507895    65,T;92,T;141,T;

AMPL3507896    6,T;32,C;77,T;85,T;107,C;126,G;135,T;

AMPL3507897    1,C;7,G;9,C;31,C;91,C;104,T;123,A;132,T;

AMPL3507898    133,G/T;152,A/G;

AMPL3507899    1,C/G;29,T/C;39,C/T;55,C;108,G;115,A;125,C/T;140,C;

AMPL3507900    23,G;62,G;63,A;73,T;86,C;161,T;183,A;190,G;

AMPL3507901    68,T/C;98,A/G;116,A;

AMPL3507902    38,C/A;57,A;65,C;66,G;92,A;104,C;118,T;176,G;

AMPL3507903    101,G;105,G;121,C;161,C;173,T;

AMPL3507904    3,C;5,C/T;13,A/G;54,C;83,T/G;85,C;92,C;104,C;147,A;182,G;

AMPL3507909    2,A;9,C;13,A;15,C;28,G;32,T;34,A;53,T;84,C;97,C;99,A;135,C;148,T;
150,T;

AMPL3507910    33,T;105,A;129,C;164,A;

AMPL3507911    33,G;34,C;49,C;50,G;71,G;77,C;89,A;92,G;126,G;130,T;133,C;134,A;
151,A;173,G;180,A;181,C;185,C;189,C;190,G;196,C;200,C;

AMPL3507912    19,C/T;33,T;38,G/A;43,C/T;46,A;71,G/C;73,A/T;108,A;124,A/T;126,
G;132,A;143,C;160,T;

AMPL3507913    21,T;58,T;90,C;107,A;109,T;111,T;113,G;128,A;134,G;

AMPL3507914    37,G;52,G/A;56,A/C;64,T;115,C;

AMPL3507915    22,A/G;31,C;39,T;51,C;52,T;59,A;66,T;87,A;99,A/G;103,C;128,T;
134,A/C;135,A;138,A;159,G;

AMPL3507916    24,A;31,T;43,T;49,T;90,A;110,T;132,C;160,G;170,T;174,A;

AMPL3507918    15,T;63,A;72,G;76,T;86,C;87,A;90,A;129,G;

AMPL3507919    10,G;22,G;34,T;64,T;74,A;105,G;114,G;133,C;153,T;169,G;184,C;
188,A;

AMPL3507920    18,C;24,A;32,C;67,T;74,G;

AMPL3507921    7,C;30,G;38,G;43,A;182,G;

# SZ19-11

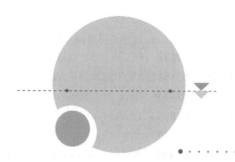

AMPL3507571    6,G/T;10,G;18,C;19,C/T;20,A/G;30,A/G;37,T/A;40,T;

AMPL3507806    31,T/A;55,C;136,A/C;139,G/T;158,A;

AMPL3507807    28,A/C;31,C/G;89,C/T;96,G/A;129,A/C;

AMPL3507808    75,A/T;114,C/T;124,T/A;132,T/C;134,G/C;139,G/C;171,C;172,T/A;

AMPL3507809    45,A/G;47,G/C;49,A;65,A/C;76,T/C;81,A/T;91,T/A;115,A;

AMPL3507810    33,C/T;53,C/T;74,G;90,C;98,A/G;154,G;

AMPL3507811    30,G;97,A/G;104,G/A;

AMPL3507812    6,C/T;53,C/T;83,T/C;90,T/A;109,A/C;113,A/T;154,T/C;155,C;

AMPL3507813    14,T;86,G;127,A;

AMPL3507814    63,G/A;67,G;70,G/T;72,A/G;94,A;119,G;134,C/T;157,G;

AMPL3507815    9,T/A;155,C/A;163,A;

AMPL3507816    93,A;105,C;150,G;166,T;171,T;

AMPL3507817    38,G/A;87,G/C;96,C/A;102,A/G;116,C/T;166,T;183,C/T;186,G/A;
               188,G;

AMPL3507818    8,A;37,A;40,T;41,G;49,A;55,G;56,A;57,T;100,A;104,T;108,C;113,G;
               118,T;

AMPL3507819    87,A;97,C;139,G;155,T;

AMPL3507821    41,C;45,G;59,T;91,G;141,A;144,C;

AMPL3507822    1,G;8,A;11,A;70,C;94,T/C;108,A;

AMPL3507823    11,C/T;110,A/C;123,A/G;

AMPL3507824    3,A/G;56,G;65,G;68,C;117,C;

AMPL3507826    55,T/C;61,C/T;74,T/C;98,C;122,G;129,G/A;139,A/G;180,C/T;

AMPL3507827    9,C;48,A;65,T;77,T;95,T;124,T;132,C;135,A;140,A;

AMPL3507828    73,T;107,G/A;109,G;143,T;159,G;

AMPL3507831    7,C;16,T/C;19,C;66,T/C;75,G/A;88,C/T;113,C/T;130,T/G;140,G/C;
               164,T;

AMPL3507832    23,C/T;59,A;78,G/C;116,T/C;

AMPL3507833    26,T;30,T;49,G;69,G;75,G;97,C;132,A;

AMPL3507834    126,C;145,A;

AMPL3507835    12,G;38,G;93,A;98,G;99,T;129,C;150,T;

AMPL3507836    8,A;32,T;40,G;44,G;63,T;71,A;113,T;142,A;

AMPL3507837    1,A;5,G;6,T;7,C;24,T;30,C;59,C;66,C;67,C;78,A;79,A;80,A;111,T;
               139,G;164,A;

AMPL3507838    3,G/A;15,G/A;20,A/G;23,A/G;50,A;52,G/A;59,A/C;64,C;78,T/G;

**AMPL3507839**  59,G;114,T;151,C;

**AMPL3507840**  77,G;

**AMPL3507841**  13,C/T;14,A/G;34,G/A;60,G/T;99,G;

**AMPL3507842**  13,C;17,C;20,A;64,C;97,A;144,C;158,A;159,G;163,T;

**AMPL3507844**  2,T;6,G;26,C;35,C;63,G;65,A;68,T;96,C;97,C;119,T;130,A;137,G; 158,T;

**AMPL3507845**  57,A;161,A;

**AMPL3507846**  5,A;21,A;24,G;26,A;94,G;112,A;127,C/G;128,T/A;149,G;175,T/A;

**AMPL3507848**  38,A;78,C;

**AMPL3507849**  16,A/T;19,C;23,T;24,A;33,G;35,A;39,G;68,C;72,G;74,T;97,T;128,T/ G;134,A/G;142,C/A;144,T/C;157,A;

**AMPL3507850**  2,A;16,C;35,A;39,G;60,C;93,C;110,G;114,C;125,C;128,A;130,C;

**AMPL3507851**  61,T;91,C/T;92,T/G;131,G/A;151,G/A;154,C/A;162,C/G;165,C/G;166, A/T;168,G/C;

**AMPL3507852**  8,A;26,C/G;33,T/G;43,A;56,C;62,T;93,C;124,G;

**AMPL3507853**  2,T;71,G;88,T;149,G;180,C;193,A;

**AMPL3507854**  34,C/T;36,G;37,T/C;44,G;55,A;70,C/A;84,A;92,A/G;99,T;102,T/G; 110,T/C;112,T/A;114,T/G;126,C/A;139,C/T;153,T/C;158,A/T;164,C/ A;170,C/G;171,G/A;174,A/G;177,G/T;180,C;181,T;187,C;188,G/T;192, T/C;

**AMPL3507855**  26,T;36,T;90,C;

**AMPL3507856**  11,G;92,T;102,T;

**AMPL3507857**  33,A/G;70,C/G;82,A/T;123,T/C;

**AMPL3507858**  26,T;45,G;84,T/C;143,G;152,G;176,C;

**AMPL3507860**  30,G;97,C/T;101,G/T;128,G/A;176,T/C;

**AMPL3507861**  28,T;43,A;69,C;93,C;105,G;124,T;128,T;

**AMPL3507862**  2,A/C;4,C/G;63,G;83,C/T;88,C/T;106,C/T;115,C;124,A;154,C/T;

**AMPL3507863**  13,G/A;45,G/C;69,A/G;145,A/T;177,A/G;

**AMPL3507864**  17,T;95,G;120,T;

**AMPL3507865**  19,C;21,T;35,A;43,G;56,C;57,C;75,C;85,G;100,C;101,T;116,A;127,G; 161,T;171,A;172,C;

**AMPL3507866**  8,T;66,G;74,T;147,C;172,T;

**AMPL3507867**  21,C/T;27,G;38,T/C;45,T/C;54,C;88,C;93,T/C;112,C;122,A/G;132,G;

**AMPL3507868**  45,T;51,A/G;108,T/C;166,T/C;186,A/G;

**AMPL3507871**  7,C;95,G;115,G;144,T;

**AMPL3507872**  10,T;52,G;131,T;132,T;

**AMPL3507873**  13,T;38,T;39,C;54,A;59,A;86,T;

**AMPL3507874**  2,T;31,A;97,T;99,T;105,G;108,T/C;122,C;161,G/A;

**AMPL3507876**  96,C;114,G;144,A;178,C;

**AMPL3507877**  12,T;24,A;27,T;28,A;34,C;39,A;46,T;68,C;70,A;90,G/A;110,G;126,C; 134,A/C;

**AMPL3507878**  8,T/C;10,G/A;37,G/A;59,G;73,T;77,A/G;78,A/G;90,C/T;91,C;103,A/

G;115,C;130,C;

AMPL3507879　50,A/G;90,C;91,C;116,C;127,G;134,G/C;143,G;155,G;163,C/T;169,A/G;181,C/T;

AMPL3507880　66,T;105,C;124,G;

AMPL3507881　84,T;122,G;

AMPL3507882　40,G;43,A;61,T;

AMPL3507883　20,C/T;31,T;68,C/T;74,G;84,C/A;104,T;142,T;144,G;

AMPL3507886　41,G;47,C;81,G;91,T;99,G;125,A;

AMPL3507887　2,T;35,C;45,G/A;62,C;65,A/G;92,G/A;101,C/GTG;

AMPL3507888　4,C/T;50,A/G;65,A;70,C;79,T/A;82,T/C;94,A/G;100,A/G;107,T/A;133,T;

AMPL3507889　34,T;111,A;154,A;159,G;160,G;

AMPL3507890　19,C;26,C/T;33,G/A;60,G;139,C;

AMPL3507891　29,A/C;61,T;

AMPL3507892　23,A;28,G/A;55,G/A;69,G/A;72,G/A;122,T;136,A/G;180,A/G;181,T/A;

AMPL3507893　42,T;51,T;77,T;140,G;147,T;161,A;177,T;197,C;

AMPL3507894　165,A;182,A;

AMPL3507895　65,A;92,T/C;141,T/G;

AMPL3507896　6,T;32,C/T;77,A/T;85,A/T;107,C/A;126,C/G;135,T/G;

AMPL3507897　1,C;7,G;9,C;31,C;91,C;104,T;123,A;132,T;

AMPL3507898　133,T;152,G;

AMPL3507899　1,G;29,C;39,T;55,C;108,T/G;115,A;125,C/T;140,A/C;

AMPL3507900　23,A;62,A;63,G;73,T;86,T;161,C;183,G;190,A;

AMPL3507901　68,T;98,A;116,C;

AMPL3507902　38,C;57,A/G;65,C;66,G;92,A/T;104,C/A;118,T/A;176,G;

AMPL3507904　3,T/C;5,C;13,G;54,T/C;83,G;85,T/C;92,C/T;104,T/C;147,G/A;182,G;

AMPL3507906　7,T;9,G;30,G;41,A;42,A;48,T;69,G;71,A;78,G;88,A;91,G;108,A;115,G;122,A;126,A;141,A;

AMPL3507909　2,A;9,G/C;13,G/A;15,C;28,G;32,T;34,A;53,C/T;84,C;97,C;99,C/A;135,G/C;148,G/T;150,T;

AMPL3507910　33,T;105,A;129,C;164,A;

AMPL3507911　33,G;34,C;49,C;50,G;71,G;77,C;89,A;92,G;126,G;130,T;133,C;134,A;151,A;173,G;180,A;181,C;185,C;189,C;190,G;196,C;200,C;

AMPL3507912　19,T;33,T/A;38,A;43,T;46,G/A;71,C;73,A/T;108,A;124,T;126,G;132,A;143,C;160,T;

AMPL3507913　21,T;58,T;90,T;107,A/G;109,A;111,A;113,A;128,A;134,G;

AMPL3507914　37,C;52,G;56,T;64,G;115,T;

AMPL3507915　22,G/A;31,T/C;39,C/T;51,T/C;52,C/T;59,G/A;66,C/T;87,G/A;99,G/A;103,T/C;128,C/T;134,C/A;135,T/A;138,G/A;159,T/G;

AMPL3507916　24,A;31,T;43,T;49,G/T;90,G/A;110,T;132,A/C;160,A/G;170,G/T;174,G/A;

AMPL3507918    15,A/T;63,A;72,G;76,T;86,C;87,G/A;90,A;129,G;

AMPL3507919    10,G;22,T;34,C;64,G;74,G;105,A;114,A;133,T;153,G;169,G;184,T;
188,T;

AMPL3507920    18,A;24,A;32,A;67,T;74,C;

AMPL3507921    7,C;30,A;38,A;43,G;182,A;

# SZ19-13

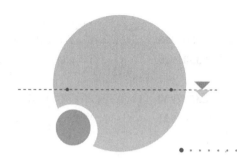

| | |
|---|---|
| **AMPL3507571** | 6,G;10,G;18,C;19,C;20,A;30,A;37,T;40,T; |
| **AMPL3507806** | 31,A/T;55,C;136,C/A;139,T/G;158,A; |
| **AMPL3507807** | 28,A;31,C;89,C;96,G;129,A; |
| **AMPL3507808** | 75,A;114,C;124,T;132,T;134,G;139,G;171,C;172,T; |
| **AMPL3507809** | 45,G;47,C;49,A;65,C;76,C;81,T;91,A;115,A; |
| **AMPL3507810** | 33,C;53,C;74,G;90,C/T;98,A/G;154,G; |
| **AMPL3507811** | 30,G;97,A;104,G; |
| **AMPL3507812** | 6,T;53,T;83,C;90,A;109,C;113,T;154,C;155,C; |
| **AMPL3507813** | 14,T;86,A/G;127,G/A; |
| **AMPL3507814** | 63,G;67,G;70,G;72,A;94,A;119,G/A;134,C;157,G; |
| **AMPL3507815** | 9,A;155,C/A;163,A; |
| **AMPL3507816** | 93,G;105,G;150,A;166,C;171,C; |
| **AMPL3507817** | 38,A;87,C;96,C;102,A;116,T;166,C;183,T;186,G;188,A; |
| **AMPL3507818** | 8,A;37,A;40,T;41,G;49,A;55,G;56,A;57,T;100,A;104,T;108,C;113,G;<br>118,T; |
| **AMPL3507819** | 87,A;97,C;139,G;155,T; |
| **AMPL3507821** | 41,C;45,G;59,T/A;91,G;141,A;144,C; |
| **AMPL3507822** | 1,G;8,A;11,T;70,C;94,C;108,G; |
| **AMPL3507823** | 11,T;110,C;123,G; |
| **AMPL3507824** | 3,G;56,G;65,G/A;68,C/T;117,C/T; |
| **AMPL3507826** | 55,C;61,T;74,C;98,C;122,G;129,A;139,G;180,T; |
| **AMPL3507827** | 9,C;48,A;65,T;77,T;95,T;124,T;132,C;135,A;140,A; |
| **AMPL3507828** | 73,T;107,G;109,G;143,T;159,G; |
| **AMPL3507829** | 6,T;14,T/A;56,A/G;70,A/G;71,T/A;127,A; |
| **AMPL3507831** | 7,C;16,C;19,C;66,C;75,A;88,T;113,T;130,G;140,C;164,T; |
| **AMPL3507832** | 23,T;59,A;78,C;116,C/T; |
| **AMPL3507833** | 26,T;30,T;49,G;69,G;75,G;97,C;132,A; |
| **AMPL3507834** | 126,C;145,A; |
| **AMPL3507835** | 12,A;38,T;93,T;98,C;99,G;129,A;150,A; |
| **AMPL3507836** | 8,A;32,T;40,G;44,G;63,T;71,A;113,T;142,A; |
| **AMPL3507837** | 1,A;5,G;6,T;7,C;24,T;30,C;59,C;66,C;67,C;78,A;79,A;80,A;111,T;<br>139,G;164,A; |

AMPL3507838　3,G/A;15,G/A;20,A/G;23,A/G;50,A;52,G/A;59,A/C;64,C;78,T/G;

AMPL3507839　59,G;114,T;151,C;

AMPL3507840　77,G;

AMPL3507841　13,T;14,G;34,A;60,T;99,G;

AMPL3507842　13,C;17,C/T;20,A/T;64,C/T;97,A/G;144,C/T;158,A/C;159,G/T;163,
T/A;

AMPL3507844　2,C;6,C;26,CAATG;35,C;63,G;65,G;68,G;96,T;97,T;119,C;130,T;137,
G;158,C;

AMPL3507845　57,G/A;161,G/A;

AMPL3507846　5,A/G;21,A;24,G;26,A;94,G/C;112,A/G;127,C/G;128,T/A;149,G;175,
T/A;

AMPL3507848　38,A;78,C;

AMPL3507849　16,A/T;19,C;23,T;24,A;33,G;35,A;39,G;68,C;72,G;74,T;97,T;128,T/
G;134,A/G;142,C/A;144,T/C;157,A;

AMPL3507850　2,A;16,C;35,A;39,G;60,C;93,C;110,G;114,C;125,C;128,A;130,C;

AMPL3507851　61,T;91,T;92,G;131,A;151,A;154,A;162,G;165,G;166,T;168,C;

AMPL3507852　8,A;26,C/G;33,T/G;43,A;56,C;62,T;93,C;124,G;

AMPL3507853　2,A;71,A;88,C;149,C;180,T;193,T;

AMPL3507854　34,T/C;36,G;37,C/T;44,G;55,A;70,A/C;84,A;92,G/A;99,T;102,G/T;
110,C/T;112,A/T;114,G/T;126,A/C;139,T/C;153,C/T;158,T/A;164,A/
C;170,G/C;171,A/G;174,G/A;177,T/G;180,C;181,T;187,C;188,T/G;192,
C/T;

AMPL3507855　26,T;36,T;90,C;

AMPL3507856　11,G;92,T;102,T;

AMPL3507857　33,G;70,G;82,T;123,C;

AMPL3507858　26,T;45,G;84,C;143,G;152,G;176,C;

AMPL3507860　30,G;97,T;101,T;128,A;176,C;

AMPL3507861　28,C;43,G;69,G;93,C;105,T;124,C;128,A;

AMPL3507862　2,C/A;4,G;63,G/A;83,T/C;88,T;106,T;115,C;124,A/C;154,T;

AMPL3507863　13,A;45,C;69,A;145,A;177,A;

AMPL3507864　17,T;95,G;120,T;

AMPL3507865　19,C;21,T;35,A;43,G;56,A;57,T;75,C;85,G;100,G;101,T;116,C;127,C;
161,C;171,G;172,T;

AMPL3507867　21,C;27,G;38,T;45,T;54,C;88,C;93,T;112,C;122,A;132,G;

AMPL3507868　45,T;51,A/G;108,T/C;166,T/C;186,A/G;

AMPL3507871　7,C;95,G;115,G;144,T;

AMPL3507872　10,T;52,G;131,T;132,T;

AMPL3507873　13,C;38,T;39,T;54,G;59,A;86,G;

AMPL3507874　2,T;31,A;97,T;99,T;105,G;108,T;122,C;161,G;

AMPL3507876　96,C;114,G;144,A;178,C;

AMPL3507877　12,T;24,A;27,T;28,A;34,C;39,A;46,T;68,C;70,A;90,G/A;110,G;126,C;

134,A/C；

AMPL3507878 8,T/C;10,G/A;37,G/A;59,G;73,T;77,A/G;78,A/G;90,C/T;91,C;103,A/G;115,C;130,C；

AMPL3507879 50,A;90,C;91,C;116,C;127,T;134,G;143,G;155,G;163,C;169,A;181,C；

AMPL3507880 66,T;105,C;124,G；

AMPL3507881 84,C;122,T；

AMPL3507882 40,A/G;43,T/A;61,C/T；

AMPL3507883 20,T;31,T;68,C;74,G;84,A;104,T;142,T;144,G；

AMPL3507885 36,C/G;51,A;54,G/A;65,G/N;66,G/N;71,C/N;78,C/N;110,G/A;112,C/T;115,G/A;124,G/T;131,T/A;135,G/A;146,A/G；

AMPL3507886 41,G/A;47,C/T;81,G/C;91,T/C;99,G/A;125,A；

AMPL3507887 2,T;35,C;45,G;62,C;65,A/G;92,G/A;101,C/G；

AMPL3507888 4,T;50,G;65,A;70,C;79,A;82,C;94,G;100,G;107,A;133,T；

AMPL3507889 34,T;111,A;154,A;159,A;160,T；

AMPL3507890 19,C;26,T;33,A;60,G;139,C；

AMPL3507891 29,A;61,T；

AMPL3507892 23,G;28,G;55,G;69,G;72,G;122,C;136,G;180,G;181,A；

AMPL3507893 42,T;51,T;77,T;140,G;147,T;161,A;177,T;197,C；

AMPL3507894 165,A;182,A；

AMPL3507895 65,A;92,C/A;141,T；

AMPL3507896 6,T;32,C;77,A;85,A;107,C;126,C;135,T；

AMPL3507897 1,A;7,A;9,G;31,T;91,T;104,C;123,G;132,G；

AMPL3507898 133,T;152,G；

AMPL3507899 1,G;29,C;39,T;55,C;108,T;115,A;125,C;140,A/C；

AMPL3507900 23,A;62,A;63,G;73,T;86,T;161,C;183,G;190,A；

AMPL3507901 68,T;98,A;116,C；

AMPL3507902 38,C;57,A;65,C;66,G;92,A;104,C;118,T;176,G；

AMPL3507903 101,A;105,A;121,A;161,C;173,T；

AMPL3507904 3,C/T;5,C;13,G;54,T;83,G;85,T;92,C;104,C/T;147,A/G;182,G；

AMPL3507906 7,T;9,G;30,G;41,A;42,A;48,T;69,G;71,A;78,G;88,A;91,G;108,A;115,G;122,A;126,A;141,A；

AMPL3507909 2,A;9,C;13,A;15,C;28,G;32,T;34,A;53,T;84,C;97,C;99,A;135,C;148,T;150,T；

AMPL3507911 33,G;34,C;49,C;50,G;71,G;77,C;89,A;92,G;126,G;130,T;133,C;134,A;151,A;173,G;180,A;181,C;185,C;189,C;190,G;196,C;200,C；

AMPL3507912 19,T;33,T;38,A/G;43,T/C;46,G/A;71,C;73,A;108,A/G;124,T;126,G/A;132,A/G;143,C/A;160,T/G；

AMPL3507913 21,T;58,T;90,C/T;107,A;109,T/A;111,T/A;113,G/A;128,G/A;134,A/G；

AMPL3507914 37,C/G;52,G;56,T/A;64,G/T;115,T/C；

AMPL3507915 22,A/G;31,C;39,T;51,C;52,T;59,A;66,T;87,A;99,A/G;103,C;128,T;134,A/C;135,A;138,A;159,G；

**AMPL3507916**  24,A/G;31,T/C;43,T/C;49,T;90,A;110,T/A;132,C;160,G/A;170,T/G;
174,A;

**AMPL3507918**  15,T;63,A;72,G;76,T;86,C;87,A;90,A;129,G;

**AMPL3507919**  10,A/G;22,T;34,C;64,G;74,G;105,A;114,A;133,T;153,G;169,G;184,T;
188,T;

**AMPL3507920**  18,A/T;24,A;32,A/C;67,T;74,C;

# SZ19-4

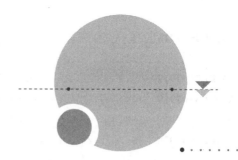

**AMPL3507571**  6,G;10,G;18,C;19,C;20,A;30,A;37,T;40,T;

**AMPL3507806**  31,A/T;55,C;136,C/A;139,T/G;158,A;

**AMPL3507807**  28,A;31,C;89,C;96,G;129,A;

**AMPL3507808**  75,A;114,C;124,T;132,T;134,G;139,G;171,C;172,T;

**AMPL3507809**  45,G;47,C;49,A;65,C;76,C;81,T;91,A;115,A;

**AMPL3507810**  33,C;53,C;74,G;90,T/C;98,G/A;154,G;

**AMPL3507811**  30,G;97,A;104,G;

**AMPL3507812**  6,T;53,T;83,C;90,A;109,C;113,T;154,C;155,C;

**AMPL3507813**  14,T;86,G/A;127,A/G;

**AMPL3507814**  63,G;67,G;70,G;72,A;94,A;119,G/A;134,C;157,G;

**AMPL3507815**  9,A;155,A/C;163,A;

**AMPL3507816**  93,G;105,G;150,A;166,C;171,C;

**AMPL3507817**  38,A;87,C;96,C;102,A;116,T;166,C;183,T;186,G;188,A;

**AMPL3507818**  8,A;37,A;40,T;41,G;49,A;55,G;56,A;57,T;100,A;104,T;108,C;113,G;
118,T;

**AMPL3507819**  87,A;97,C;139,G;155,T;

**AMPL3507821**  41,C;45,G;59,T/A;91,G;141,A;144,C;

**AMPL3507822**  1,G;8,A;11,T;70,C;94,C;108,G;

**AMPL3507823**  11,T;110,C;123,G;

**AMPL3507824**  3,G;56,G;65,G/A;68,C/T;117,C/T;

**AMPL3507826**  55,C;61,T;74,C;98,C;122,G;129,A;139,G;180,T;

**AMPL3507827**  9,C;48,A;65,T;77,T;95,T;124,T;132,C;135,A;140,A;

**AMPL3507828**  73,T;107,G;109,G;143,T;159,G;

**AMPL3507829**  6,T;14,T/A;56,A/G;70,A/G;71,T/A;127,A;

**AMPL3507831**  7,C;16,C;19,C;66,C;75,A;88,T;113,T;130,G;140,C;164,T;

**AMPL3507832**  23,T;59,A;78,C;116,C/T;

**AMPL3507833**  26,T;30,T;49,G;69,G;75,G;97,C;132,A;

**AMPL3507834**  126,C;145,A;

**AMPL3507835**  12,A;38,T;93,T;98,C;99,G;129,A;150,A;

**AMPL3507836**  8,A;32,T;40,G;44,G;63,T;71,A;113,T;142,A;

**AMPL3507837**  1,A;5,G;6,T;7,C;24,T;30,C;59,C;66,C;67,C;78,A;79,A;80,A;111,T;
139,G;164,A;

**AMPL3507838**  3,A/G;15,A/G;20,G/A;23,G/A;50,A;52,A/G;59,C/A;64,C;78,G/T;

**AMPL3507839**  59,G;114,T;151,C;

**AMPL3507840**  77,G;

**AMPL3507841**  13,T;14,G;34,A;60,T;99,G;

**AMPL3507842**  13,C;17,C/T;20,A/T;64,C/T;97,A/G;144,C/T;158,A/C;159,G/T;163, T/A;

**AMPL3507844**  2,C;6,C;26,CAATG;35,C;63,G;65,G;68,G;96,T;97,T;119,C;130,T;137, G;158,C;

**AMPL3507845**  57,G/A;161,G/A;

**AMPL3507846**  5,A/G;21,A;24,G;26,A;94,G/C;112,A/G;127,C/G;128,T/A;149,G;175, T/A;

**AMPL3507848**  38,A;78,C;

**AMPL3507849**  16,T/A;19,C;23,T;24,A;33,G;35,A;39,G;68,C;72,G;74,T;97,T;128,G/ T;134,G/A;142,A/C;144,C/T;157,A;

**AMPL3507850**  2,A;16,C;35,A;39,G;60,C;93,C;110,G;114,C;125,C;128,A;130,C;

**AMPL3507851**  61,T;91,T;92,G;131,A;151,A;154,A;162,G;165,G;166,T;168,C;

**AMPL3507852**  8,A;26,C/G;33,T/G;43,A;56,C;62,T;93,C;124,G;

**AMPL3507853**  2,A;71,A;88,C;149,C;180,T;193,T;

**AMPL3507854**  34,C/T;36,G;37,T/C;44,G;55,A;70,C/A;84,A;92,A/G;99,T;102,T/G; 110,T/C;112,T/A;114,T/G;126,C/A;139,C/T;153,T/C;158,A/T;164,C/ A;170,C/G;171,G/A;174,A/G;177,G/T;180,C;181,T;187,C;188,G/T;192, T/C;

**AMPL3507855**  26,T;36,T;90,C;

**AMPL3507856**  11,G;92,T;102,T;

**AMPL3507857**  33,G;70,G;82,T;123,C;

**AMPL3507858**  26,T;45,G;84,C;143,G;152,G;176,C;

**AMPL3507860**  30,G;97,T;101,T;128,A;176,C;

**AMPL3507861**  28,C;43,G;69,G;93,C;105,T;124,C;128,A;

**AMPL3507862**  2,C/A;4,G;63,G/A;83,T/C;88,T;106,T;115,C;124,A/C;154,T;

**AMPL3507863**  13,A;45,C;69,A;145,A;177,A;

**AMPL3507864**  17,T;95,G;120,T;

**AMPL3507865**  19,C;21,T;35,A;43,G;56,A;57,T;75,C;85,G;100,G;101,T;116,C;127,C; 161,C;171,G;172,T;

**AMPL3507867**  21,C;27,G;38,T;45,T;54,C;88,C;93,T;112,C;122,A;132,G;

**AMPL3507868**  45,T;51,A/G;108,T/C;166,T/C;186,A/G;

**AMPL3507871**  7,C;95,G;115,G;144,T;

**AMPL3507872**  10,T;52,G;131,T;132,T;

**AMPL3507873**  13,C;38,T;39,T;54,G;59,A;86,G;

**AMPL3507874**  2,T;31,A;97,T;99,T;105,G;108,T;122,C;161,G;

**AMPL3507876**  96,C;114,G;144,A;178,C;

**AMPL3507877**  12,T;24,A;27,T;28,A;34,C;39,A;46,T;68,C;70,A;90,G/A;110,G;126,C;

134,A/C；

AMPL3507878　8,T/C;10,G/A;37,G/A;59,G;73,T;77,A/G;78,A/G;90,C/T;91,C;103,A/G;115,C;130,C；

AMPL3507879　50,A;90,C;91,C;116,C;127,T;134,G;143,G;155,G;163,C;169,A;181,C；

AMPL3507880　66,T;105,C;124,G；

AMPL3507881　84,C;122,T；

AMPL3507882　40,A/G;43,T/A;61,C/T；

AMPL3507883　20,T;31,T;68,C;74,G;84,A;104,T;142,T;144,G；

AMPL3507885　36,C/G;51,A;54,G/A;65,G/N;66,G/N;71,C/N;78,C/N;110,G/A;112,C/T;115,G/A;124,G/T;131,T/A;135,G/A;146,A/G；

AMPL3507886　41,G/A;47,C/T;81,G/C;91,T/C;99,G/A;125,A；

AMPL3507887　2,T;35,C;45,G;62,C;65,A/G;92,G/A;101,C/G；

AMPL3507888　4,T;50,G;65,A;70,C;79,A;82,C;94,G;100,G;107,A;133,T；

AMPL3507889　34,T;111,A;154,A;159,G;160,G；

AMPL3507890　19,C;26,T;33,A;60,G;139,C；

AMPL3507891　29,A;61,T；

AMPL3507892　23,G;28,G;55,G;69,G;72,G;122,C;136,G;180,G;181,A；

AMPL3507893　42,T;51,T;77,T;140,G;147,T;161,A;177,T;197,C；

AMPL3507894　165,A;182,A；

AMPL3507895　65,A;92,A/C;141,T；

AMPL3507896　6,T;32,C;77,A;85,A;107,C;126,C;135,T；

AMPL3507897　1,A;7,A;9,G;31,T;91,T;104,C;123,G;132,G；

AMPL3507898　133,T;152,G；

AMPL3507899　1,G;29,C;39,T;55,C;108,T;115,A;125,C;140,C/A；

AMPL3507900　23,A;62,A;63,G;73,T;86,T;161,C;183,G;190,A；

AMPL3507901　68,T;98,A;116,C；

AMPL3507902　38,C;57,A;65,C;66,G;92,A;104,C;118,T;176,G；

AMPL3507903　101,A;105,A;121,A;161,C;173,T；

AMPL3507904　3,T/C;5,C;13,G;54,T;83,G;85,T;92,C;104,T/C;147,G/A;182,G；

AMPL3507906　7,T;9,G;30,G;41,A;42,A;48,T;69,G;71,A;78,G;88,A;91,G;108,A;115,G;122,A;126,A;141,A；

AMPL3507909　2,A;9,C;13,A;15,C;28,G;32,T;34,A;53,T;84,C;97,C;99,A;135,C;148,T;150,T；

AMPL3507911　33,G;34,C;49,C;50,G;71,G;77,C;89,A;92,G;126,G;130,T;133,C;134,A;151,A;173,G;180,A;181,C;185,C;189,C;190,G;196,C;200,C；

AMPL3507912　19,T;33,T;38,A/G;43,T/C;46,G/A;71,C;73,A;108,A/G;124,T;126,G/A;132,A/G;143,C/A;160,T/G；

AMPL3507913　21,T;58,T;90,T/C;107,A;109,A/T;111,A/T;113,A/G;128,A/G;134,G/A；

AMPL3507914　37,C/G;52,G;56,T/A;64,G/T;115,T/C；

AMPL3507915　22,A/G;31,C;39,T;51,C;52,T;59,A;66,T;87,A;99,A/G;103,C;128,T;134,A/C;135,A;138,A;159,G；

**AMPL3507916**  24,A/G;31,T/C;43,T/C;49,T;90,A;110,T/A;132,C;160,G/A;170,T/G;
174,A;

**AMPL3507918**  15,T;63,A;72,G;76,T;86,C;87,A;90,A;129,G;

**AMPL3507919**  10,A/G;22,T;34,C;64,G;74,G;105,A;114,A;133,T;153,G;169,G;184,T;
188,T;

**AMPL3507920**  18,A/T;24,A;32,A/C;67,T;74,C;

# 八月鲜

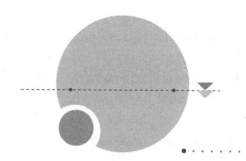

AMPL3507571 6,G/T;10,G/T;18,C;19,C/T;20,A/G;30,A/G;37,T/A;40,T/C;
AMPL3507806 31,T;55,C;136,A;139,G;158,A;
AMPL3507807 28,C/A;31,G/C;89,T/C;96,A/G;129,C/A;
AMPL3507808 75,A;114,C;124,T;132,T;134,G;139,G;171,C;172,T;
AMPL3507809 45,A;47,G;49,A;65,A;76,T;81,A;91,T;115,A;
AMPL3507810 33,T;53,T;74,G;90,C;98,G;154,G/A;
AMPL3507811 30,G;97,G;104,A;
AMPL3507812 6,C;53,C;83,T;90,T;109,A;113,A;154,T;155,C;
AMPL3507813 14,T;86,A;127,G;
AMPL3507814 63,A;67,G;70,T;72,A;94,A;119,G;134,C;157,G;
AMPL3507815 9,T;155,C;163,A;
AMPL3507816 93,G;105,G;150,A;166,C;171,C;
AMPL3507817 38,A;87,C;96,A/C;102,G/A;116,T;166,T/C;183,T;186,A/G;188,G/A;
AMPL3507818 8,A;37,A;40,T;41,G;49,T;55,T;56,G;57,G;100,G;104,G;108,T;113,G;
118,T;
AMPL3507819 87,A/G;97,C/T;139,G/A;155,T/C;
AMPL3507821 41,C/G;45,G/A;59,A;91,T/G;141,A/G;144,T/C;
AMPL3507822 1,G;8,A;11,A;70,C;94,T;108,A;
AMPL3507823 11,T;110,C;123,G;
AMPL3507824 3,G/A;56,G;65,A/G;68,T/C;117,T/C;
AMPL3507826 55,T;61,C;74,T;98,C;122,G;129,G;139,A;180,C;
AMPL3507827 9,T;48,A;65,G;77,C;95,T;124,T;132,T;135,G;140,G;
AMPL3507828 73,T;107,G;109,G;143,T;159,G;
AMPL3507829 6,T;14,T;56,A;70,A;71,T;127,A;
AMPL3507831 7,C;16,T/C;19,C;66,T/C;75,G/A;88,C/T;113,C/T;130,T/G;140,G/C;
164,T;
AMPL3507832 23,T/C;59,A;78,C/G;116,T;
AMPL3507833 26,T;30,G;49,G;69,T;75,A;97,A;132,T;
AMPL3507834 126,T;145,G;
AMPL3507835 12,A;38,T;93,T;98,C;99,G;129,A;150,A;
AMPL3507836 8,G/A;32,C/T;40,T/G;44,A/G;63,T;71,G/A;113,C/T;142,G/A;
AMPL3507837 1,G;5,A;6,C;7,T;24,A;30,T;59,T;66,C;67,T;78,G;79,G;80,G;111,C;
139,C;164,G;

AMPL3507838　　3,A/G;15,A/G;20,G;23,G/A;50,A;52,A/G;59,C/A;64,C;78,G/T;

AMPL3507839　　59,C;114,C;151,T;

AMPL3507840　　77,C;

AMPL3507841　　13,C;14,A/G;34,G;60,G;99,G/A;

AMPL3507842　　13,T;17,T;20,T;64,C;97,A;144,C;158,A;159,G;163,T;

AMPL3507844　　2,T;6,G;26,C;35,C;63,G;65,A;68,T;96,C;97,C;119,T;130,A;137,G;
　　　　　　　　158,T;

AMPL3507845　　57,A/G;161,A/G;

AMPL3507846　　5,A;21,A;24,G;26,A;94,G;112,A;127,C/G;128,T/A;149,G;175,T/A;

AMPL3507848　　38,G;78,A;

AMPL3507849　　16,T/C;19,C/A;23,T/C;24,A/G;33,G;35,A/G;39,G/T;68,C/G;72,G/T;
　　　　　　　　74,T/G;97,T;128,G;134,G;142,A/C;144,C/T;157,A/G;

AMPL3507850　　2,A;16,C;35,A;39,G;60,C;93,C;110,G;114,C;125,C;128,A;130,C;

AMPL3507851　　61,C;91,T;92,G;131,A;151,G;154,G;162,G;165,G;166,A;168,G;

AMPL3507852　　8,A;26,G;33,G;43,A;56,C;62,T;93,C;124,G;

AMPL3507853　　2,A;71,A;88,C;149,C;180,T;193,T;

AMPL3507854　　34,C;36,G;37,T;44,G;55,A;70,C;84,A;92,A;99,T;102,T;110,T;112,T;
　　　　　　　　114,T;126,C;139,C;153,T;158,A;164,C;170,C;171,G;174,A;177,G;180,C;
　　　　　　　　181,T;187,C;188,G;192,T;

AMPL3507855　　26,C;36,C;90,T;

AMPL3507856　　11,A;92,C;102,C;

AMPL3507857　　33,A;70,C;82,A;123,T;

AMPL3507858　　26,T;45,G;84,C;143,G;152,G;176,C;

AMPL3507860　　30,G;97,C/T;101,G/T;128,G/A;176,T/C;

AMPL3507861　　28,T;43,A;69,C;93,C;105,G;124,T;128,T;

AMPL3507862　　2,A;4,G;63,G;83,C;88,C;106,T;115,T;124,A;154,T;

AMPL3507863　　13,A;45,C;69,G;145,T;177,G;

AMPL3507864　　17,T;95,G;120,T;

AMPL3507865　　19,T;21,A;35,A;43,A;56,A;57,C;75,T;85,C;100,G;101,C;116,C;127,C;
　　　　　　　　161,T;171,A;172,T;

AMPL3507866　　8,T;66,G;74,T;147,C;172,T;

AMPL3507867　　21,C;27,A;38,T;45,C;54,C;88,T;93,C;112,C;122,A;132,C;

AMPL3507868　　45,T;51,G;108,C;166,C;186,G;

AMPL3507871　　7,C;95,G;115,T/G;144,T;

AMPL3507872　　10,T;52,G;131,T;132,T;

AMPL3507873　　13,T;38,T;39,C;54,A;59,A/G;86,T/G;

AMPL3507874　　2,T;31,A;97,T;99,T;105,G;108,T;122,C;161,G;

AMPL3507875　　44,G;45,G;68,G;110,G/T;125,A/G;137,G/A;151,A;184,C/T;

AMPL3507876　　96,C;114,C;144,G;178,C;

AMPL3507877　　12,T;24,A;27,T;28,A;34,C;39,A;46,T;68,C;70,A;90,A;110,G;126,C;
　　　　　　　　134,C;

AMPL3507878　　8,C;10,A;37,A;59,G;73,T;77,G;78,G;90,T;91,C;103,G;115,C;130,C;

AMPL3507879 50,A;90,C;91,C;116,C;127,T;134,G;143,G;155,G;163,C;169,A;181,C;

AMPL3507880 66,T;105,A;124,A;

AMPL3507881 84,T;122,A;

AMPL3507883 20,T;31,T;68,C;74,G;84,A;104,T;142,T;144,G;

AMPL3507885 36,C;51,A;54,G;65,G;66,G;71,C;78,C;110,G;112,C;115,G;124,G;131,T;
135,G;146,A;

AMPL3507886 41,A;47,T;81,C;91,C;99,A;125,A/T;

AMPL3507887 2,T;35,C;45,G/A;62,C;65,A/G;92,G/A;101,C/GTG;

AMPL3507888 4,C/T;50,A/G;65,G/A;70,A/C;79,A;82,C;94,G;100,G;107,G/A;133,
C/T;

AMPL3507889 34,T;111,G;154,C;159,G;160,G;

AMPL3507890 19,T;26,C;33,G;60,A;139,T;

AMPL3507891 29,A;61,C/T;

AMPL3507892 23,A;28,A;55,A;69,A;72,A;122,T;136,G;180,G;181,A;

AMPL3507893 42,A;51,C;77,T;140,T;147,C;161,G;177,A;197,G;

AMPL3507894 165,G;182,G;

AMPL3507895 65,T;92,T;141,T;

AMPL3507896 6,T;32,C;77,T;85,T;107,C;126,G;135,T;

AMPL3507897 1,C;7,G;9,C;31,C;91,C;104,T;123,A;132,T;

AMPL3507898 133,G;152,A;

AMPL3507899 1,G;29,C;39,T;55,C;108,T/G;115,A;125,C/T;140,A/C;

AMPL3507900 23,A/G;62,A/G;63,G/A;73,T;86,T/C;161,C/T;183,G/A;190,A/G;

AMPL3507901 68,C;98,G;116,A;

AMPL3507902 38,A/C;57,A/G;65,C;66,G;92,A/T;104,C/A;118,T/A;176,G;

AMPL3507903 101,G/A;105,G/A;121,C/A;161,C;173,T;

AMPL3507904 3,C;5,T;13,G;54,C;83,G;85,C;92,C;104,C;147,A;182,G;

AMPL3507909 2,A;9,C;13,A;15,C;28,G;32,T;34,A;53,T;84,C;97,C;99,A;135,C;148,T;
150,T;

AMPL3507910 33,T;105,A;129,C;164,A;

AMPL3507911 33,G;34,C;49,C;50,G;71,G;77,C;89,A;92,G;126,G;130,T;133,C;134,A;
151,A;173,G;180,A;181,C;185,C;189,C;190,G;196,C;200,C;

AMPL3507912 19,T;33,T;38,A;43,T;46,A;71,C;73,T;108,A;124,T;126,G;132,A;143,C;
160,T;

AMPL3507913 21,T;58,T;90,C;107,A;109,T;111,T;113,G;128,A;134,G;

AMPL3507914 37,G;52,G/A;56,A/C;64,T;115,C;

AMPL3507915 22,A/G;31,C/T;39,T/C;51,C/T;52,T/C;59,A/G;66,T/C;87,A/G;99,A/G;
103,C/T;128,T/C;134,A/C;135,A/T;138,A/G;159,G/T;

AMPL3507916 24,A;31,T;43,T;49,T/G;90,A/G;110,T;132,C;160,G/A;170,T/G;174,
A/T;

AMPL3507918 15,T;63,A;72,G;76,T;86,C;87,A;90,A;129,G;

AMPL3507919 10,G;22,G;34,T;64,T;74,A;105,G;114,G;133,C;153,T;169,G;184,C;
188,A;

# 白壳早

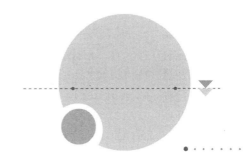

AMPL3507571 6,T;10,T;18,C;19,T;20,G;30,G;37,A;40,C/T;

AMPL3507806 31,T;55,A;136,C;139,T;158,G;

AMPL3507807 28,C/A;31,G/C;89,T/C;96,A/G;129,C/A;

AMPL3507808 75,A/T;114,C/T;124,T/A;132,T/C;134,G/C;139,G/C;171,C;172,T/A;

AMPL3507809 45,A/G;47,G/C;49,A;65,A/C;76,T/C;81,A/T;91,T/A;115,A;

AMPL3507810 33,T;53,T;74,G;90,C;98,G;154,G;

AMPL3507811 30,G;97,G;104,A;

AMPL3507812 6,T;53,T;83,C;90,A;109,C;113,T;154,C;155,C;

AMPL3507813 14,T;86,A/G;127,G/A;

AMPL3507814 63,A/G;67,G;70,T/G;72,A;94,A;119,G;134,C;157,G;

AMPL3507815 9,T/A;155,C;163,A;

AMPL3507816 93,G;105,G;150,A;166,C;171,C;

AMPL3507817 38,A;87,C;96,C/A;102,A/G;116,T;166,C/T;183,T;186,G/A;188,A/G;

AMPL3507818 8,A;37,A;40,T;41,G/A;49,A/T;55,G/T;56,A;57,T/G;100,A/G;104,T;
108,C;113,G;118,T;

AMPL3507819 87,A/G;97,C;139,G/A;155,T/C;

AMPL3507821 41,C;45,G;59,A;91,T/G;141,A;144,T/C;

AMPL3507822 1,G;8,A;11,T/A;70,C;94,C;108,G/A;

AMPL3507823 11,C;110,A;123,A;

AMPL3507824 3,G/A;56,G;65,A/G;68,T/C;117,T/C;

AMPL3507826 55,T;61,C;74,T;98,C;122,G;129,G;139,A;180,C;

AMPL3507827 9,T;48,A;65,G;77,C;95,T;124,T;132,T;135,G;140,G;

AMPL3507828 73,T;107,A/G;109,C/G;143,C/T;159,C/G;

AMPL3507829 6,T;14,A;56,G;70,G;71,A;127,A;

AMPL3507831 7,C;16,T;19,C;66,T;75,G;88,C;113,C;130,T;140,G;164,T;

AMPL3507832 23,T/C;59,A/G;78,C/G;116,T;

AMPL3507833 26,T;30,T;49,G;69,G;75,G/A;97,C;132,A;

AMPL3507834 126,C;145,A;

AMPL3507835 12,A;38,T;93,T;98,C;99,G;129,A;150,A;

AMPL3507836 8,G/A;32,C/T;40,T/G;44,A/G;63,T;71,G/A;113,C/T;142,G/A;

AMPL3507837 1,A;5,G;6,T;7,C;24,T;30,C;59,C;66,C;67,C;78,A;79,A;80,A;111,T;
139,G;164,A;

AMPL3507838 3,A/G;15,A/G;20,G/A;23,G/A;50,A;52,A/G;59,C/A;64,C;78,G/T;

AMPL3507839 59,C/G;114,C/T;151,T/C;

AMPL3507840　77,G；

AMPL3507841　13,C；14,A/G；34,G；60,G；99,G/A；

AMPL3507842　13,T；17,T；20,T；64,C；97,A；144,C；158,A；159,G；163,T；

AMPL3507845　57,A/G；161,A/G；

AMPL3507846　5,A；21,A；24,G；26,A；94,G；112,A；127,G；128,A；149,G；175,A；

AMPL3507848　38,A/G；78,C/A；

AMPL3507849　16,C/A；19,A/C；23,C/T；24,G/A；33,G；35,G/A；39,T/G；68,G/C；72,T/G；74,G/T；97,T；128,G/T；134,G/A；142,C；144,T；157,G/A；

AMPL3507851　61,T/C；91,T；92,G；131,A；151,A/G；154,A/G；162,G；165,G；166,T/A；168,C/G；

AMPL3507852　8,A；26,C；33,T；43,A；56,C/T；62,T/C；93,C/G；124,G/A；

AMPL3507853　2,T；71,G；88,T；149,G；180,C；193,A；

AMPL3507854　34,C；36,G；37,T；44,G；55,A；70,C；84,A；92,A；99,T；102,T；110,T；112,T；114,T；126,C；139,C；153,T；158,A；164,C；170,C；171,G；174,A；177,G；180,C；181,T；187,C；188,G；192,T；

AMPL3507855　26,C；36,C；90,T；

AMPL3507856　11,A；92,C；102,C；

AMPL3507857　33,A/G；70,C；82,A；123,T/C；

AMPL3507858　26,T；45,G；84,C/T；143,G；152,G；176,C；

AMPL3507860　30,G/A；97,T/C；101,T/G；128,A/G；176,C/T；

AMPL3507861　28,C/T；43,G/A；69,G/C；93,C；105,T/G；124,C/T；128,A/T；

AMPL3507862　2,A；4,C；63,G；83,C；88,C；106,C；115,C；124,A；154,C；

AMPL3507863　13,A；45,C；69,A；145,A；177,A；

AMPL3507864　17,C；95,G；120,T；

AMPL3507865　19,C/T；21,T/A；35,A；43,G/A；56,A；57,T/C；75,C/T；85,G/C；100,G；101,T/C；116,C；127,C；161,C/T；171,G/A；172,T；

AMPL3507866　8,T；66,C；74,C；147,A；172,T；

AMPL3507867　21,C/T；27,G；38,T/C；45,T/C；54,C；88,C；93,T/C；112,C；122,A/G；132,G；

AMPL3507868　45,T/C；51,G；108,C/T；166,C/T；186,G；

AMPL3507871　7,C；95,G；115,T；144,T；

AMPL3507872　10,C；52,G；131,T；132,C；

AMPL3507873　13,T；38,T；39,C；54,A；59,A；86,T；

AMPL3507874　2,C；31,C；97,T；99,T；105,G；108,T；122,T；161,A；

AMPL3507875　44,G；45,G；68,G/C；110,G/T；125,A；137,G；151,A；184,C/T；

AMPL3507877　12,G/T；24,G/A；27,T；28,G/A；34,G/C；39,G/A；46,A/T；68,A/C；70,A；90,A；110,T/G；126,C；134,A/C；

AMPL3507878　8,T；10,A；37,G；59,A；73,G；77,G；78,G；90,C；91,T；103,G；115,T；130,C；

AMPL3507879　50,A；90,C；91,C；116,C；127,T；134,G；143,G；155,G；163,C；169,A；181,C；

AMPL3507880　66,T；105,A/C；124,A/G；

AMPL3507881　84,T；122,G；

AMPL3507882　40,G；43,A；61,T；

AMPL3507883　20,C；31,T；68,C；74,G；84,C；104,T；142,T；144,G；

AMPL3507886    41,A;47,T;81,C;91,C;99,A;125,T/A;

AMPL3507887    2,T;35,C;45,G/A;62,C;65,A/G;92,G/A;101,C/GTG;

AMPL3507888    4,C;50,A;65,G;70,A;79,A;82,C;94,G;100,G;107,G;133,C;

AMPL3507889    34,T;111,A;154,A;159,G;160,G;

AMPL3507890    19,T;26,C;33,G;60,A;139,T;

AMPL3507891    29,A;61,T/C;

AMPL3507892    23,A;28,A;55,A;69,A;72,A;122,T;136,G;180,G;181,A;

AMPL3507893    42,T;51,T;77,T;140,G;147,T;161,A;177,T;197,C;

AMPL3507894    165,G;182,G;

AMPL3507895    65,A;92,C;141,T/G;

AMPL3507896    6,C;32,C;77,A;85,A;107,C;126,C;135,T;

AMPL3507897    1,A;7,A;9,G;31,T;91,T;104,C;123,G;132,G;

AMPL3507898    133,T/G;152,G/A;

AMPL3507899    1,G/C;29,T;39,C;55,C;108,G;115,A;125,C;140,C;

AMPL3507900    23,A/G;62,G;63,A;73,T;86,T/C;161,C/T;183,G/A;190,G;

AMPL3507901    68,T/C;98,A/G;116,C/A;

AMPL3507902    38,A/C;57,A/G;65,C;66,G;92,A/T;104,C/A;118,T/A;176,G;

AMPL3507904    3,C;5,C;13,A;54,C;83,T;85,C;92,C;104,C;147,A;182,G;

AMPL3507906    7,T;9,G;30,G;41,A;42,A;48,T;69,G;71,A;78,G;88,A;91,G;108,A;115,G;122,A;126,A;141,A;

AMPL3507907    5,G;25,G;26,G;32,G;34,C;35,T;36,G;37,G;46,G;47,C;49,A;120,G;

AMPL3507909    2,A;9,C;13,G;15,C;28,G;32,T;34,A;53,T;84,C;97,C;99,C;135,G;148,G;150,T;

AMPL3507910    33,C;105,G;129,A;164,G;

AMPL3507911    33,A;34,C;49,T;50,A;71,G;77,T;89,G;92,A;126,G;130,C;133,T;134,C;151,C;173,G;180,G;181,C;185,C;189,A;190,A;196,A;200,T;

AMPL3507912    19,T;33,T;38,A;43,T;46,A;71,C;73,T;108,A;124,T;126,G;132,A;143,C;160,T;

AMPL3507913    21,T;58,T;90,T;107,G/A;109,A;111,A;113,A;128,A;134,G;

AMPL3507914    37,C;52,G;56,T;64,G;115,T;

AMPL3507915    22,A/G;31,C;39,T;51,C;52,T;59,A;66,T;87,A;99,A/G;103,C;128,T;134,A/C;135,A;138,A;159,G;

AMPL3507916    24,A;31,T;43,T;49,G;90,G;110,T;132,A;160,A;170,G;174,G;

AMPL3507918    15,A;63,A;72,G;76,T;86,C;87,G;90,A;129,A/G;

AMPL3507919    10,G;22,G;34,T;64,T;74,A;105,G;114,G;133,C;153,T;169,G;184,C;188,A;

AMPL3507920    18,A/C;24,A;32,A/C;67,T;74,C/G;

AMPL3507921    7,C;30,G;38,G;43,A;182,G;

# 白乾焦核

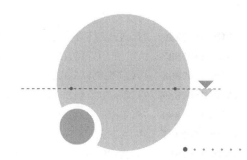

AMPL3507571    6,T;10,T;18,C;19,T;20,G;30,G;37,A;40,T/C；

AMPL3507806    31,T/A;55,C;136,C;139,T;158,A；

AMPL3507807    28,A;31,C;89,C;96,G;129,A；

AMPL3507808    75,A;114,C;124,T;132,T;134,G;139,G;171,C;172,T；

AMPL3507809    45,G;47,C;49,C/A;65,A/C;76,C;81,T;91,A;115,A；

AMPL3507810    33,C;53,C;74,G;90,C/T;98,A/G;154,G；

AMPL3507811    30,G/C;97,A;104,G；

AMPL3507812    6,T/C;53,T/C;83,C/T;90,A/T;109,C/A;113,T/A;154,C/T;155,C；

AMPL3507813    14,T;86,G;127,A；

AMPL3507814    63,G/A;67,G;70,G/T;72,A;94,A;119,G;134,C;157,G；

AMPL3507815    9,A;155,A;163,A；

AMPL3507816    93,A;105,C;150,G;166,T;171,T；

AMPL3507817    38,G;87,G;96,C;102,A;116,C;166,T;183,C;186,G;188,G；

AMPL3507818    8,A;37,A;40,T;41,G;49,A/T;55,G/T;56,A/G;57,T/G;100,A/G;104,T/G;
108,C/T;113,G;118,T；

AMPL3507819    87,G/A;97,C;139,A/G;155,C/T；

AMPL3507821    41,C/G;45,G/A;59,A;91,T/G;141,A/G;144,T/C；

AMPL3507822    1,G;8,A;11,T/A;70,C;94,C;108,G/A；

AMPL3507823    11,C;110,A;123,A；

AMPL3507824    3,G/A;56,G/A;65,A;68,T;117,T；

AMPL3507826    55,C/T;61,C;74,T;98,T/C;122,A/G;129,G;139,G/A;180,T/C；

AMPL3507827    9,T/C;48,A;65,G/T;77,C/T;95,T;124,T;132,T/C;135,G/A;140,G/A；

AMPL3507828    73,T;107,A/G;109,C/G;143,C/T;159,C/G；

AMPL3507831    7,C;16,C;19,C;66,C;75,A;88,T;113,T;130,G;140,C;164,T；

AMPL3507832    23,T;59,A;78,C;116,C；

AMPL3507833    26,T;30,G;49,G/A;69,T;75,A;97,A;132,T；

AMPL3507834    126,C;145,A；

AMPL3507835    12,G;38,G;93,A;98,G;99,T;129,C;150,T；

AMPL3507836    8,G/A;32,C/T;40,T/G;44,A/G;63,T;71,G/A;113,C/T;142,G；

AMPL3507837    1,A;5,G;6,T;7,C;24,T;30,C;59,C;66,C;67,C;78,A;79,A;80,A;111,T;
139,G;164,A；

AMPL3507838    3,A;15,A;20,G;23,G;50,G;52,A;59,C;64,C;78,G；

AMPL3507839　59,G/C;114,T/C;151,C/T;

AMPL3507840　77,G;

AMPL3507841　13,C;14,A;34,G;60,G;99,G;

AMPL3507842　13,C;17,T;20,T;64,C/T;97,A/G;144,C/T;158,A/C;159,G/T;163,T/A;

AMPL3507844　2,T;6,G;26,C;35,C;63,G;65,A;68,T;96,C;97,C;119,T;130,A;137,G;
158,T;

AMPL3507845　57,A/G;161,A/G;

AMPL3507846　5,A;21,A;24,G;26,A;94,G;112,A;127,C/G;128,T/A;149,G;175,T/A;

AMPL3507848　38,G;78,A;

AMPL3507849　16,C;19,A;23,T/C;24,G;33,G;35,G;39,G/T;68,G;72,T;74,G;97,T;128,
G;134,G;142,C;144,T;157,A/G;

AMPL3507850　2,A;16,C;35,A;39,G;60,C;93,C;110,G;114,C;125,C;128,A;130,C;

AMPL3507851　61,T;91,T;92,G;131,A;151,A;154,A;162,G;165,G;166,T;168,C;

AMPL3507852　8,A;26,C/G;33,T/G;43,A;56,T/C;62,C/T;93,G/C;124,A/G;

AMPL3507853　2,A/T;71,A/G;88,C/T;149,C/G;180,T/C;193,T/A;

AMPL3507854　34,C/T;36,G;37,T/C;44,G;55,A;70,C/A;84,A;92,A/G;99,T;102,T/G;
110,T/C;112,T/A;114,T/G;126,C/A;139,C/T;153,T/C;158,A/T;164,C/
A;170,C/G;171,G/A;174,A/G;177,G/T;180,C;181,T;187,C;188,G/T;192,
T/C;

AMPL3507855　26,C;36,C;90,T;

AMPL3507856　11,A;92,C;102,C;

AMPL3507857　33,A/G;70,C/G;82,A/T;123,T/C;

AMPL3507858　26,G/T;45,T/G;84,C;143,A/G;152,A/G;176,A/C;

AMPL3507860　30,G;97,C/T;101,G/T;128,G/A;176,T/C;

AMPL3507861　28,C/T;43,G/A;69,G/C;93,C/T;105,T/G;124,C/T;128,A/T;

AMPL3507862　2,C/A;4,G;63,G;83,T/C;88,T/C;106,T;115,C/T;124,A;154,T;

AMPL3507863　13,A;45,C;69,G/A;145,T/A;177,G/A;

AMPL3507864　17,C/T;95,G;120,T;

AMPL3507865　19,C;21,T;35,A;43,G;56,C/A;57,C/T;75,C;85,G;100,C/G;101,T;116,A/
C;127,G/C;161,T/C;171,A/G;172,C/T;

AMPL3507867　21,C/T;27,G;38,T/C;45,T/C;54,C;88,C;93,T/C;112,C/T;122,A/G;
132,G;

AMPL3507868　45,T;51,A/G;108,T/C;166,T/C;186,A/G;

AMPL3507871　7,C;95,G;115,G;144,T;

AMPL3507872　10,T;52,G;131,T;132,T;

AMPL3507873　13,C;38,T;39,T;54,G;59,A;86,G;

AMPL3507874　2,T;31,A;97,T;99,T;105,G;108,C;122,C;161,A;

AMPL3507875　44,G;45,G;68,G;110,G/T;125,A/G;137,G/A;151,A;184,C/T;

AMPL3507876　96,C;114,C/G;144,G/A;178,C;

AMPL3507877　12,T/G;24,A/G;27,T;28,A/G;34,C/G;39,A/G;46,T/A;68,C/A;70,A;90,
G/A;110,G;126,C/G;134,A/C;

AMPL3507878　8,C;10,A;37,A;59,G;73,T;77,G;78,G;90,T;91,C;103,G;115,C;130,C;

AMPL3507879　50,A;90,C;91,C;116,C;127,T/G;134,G/C;143,G/C;155,G/T;163,C/T;169,A;181,C/T;

AMPL3507880　66,T/C;105,A;124,A;

AMPL3507881　84,T;122,G;

AMPL3507882　40,G;43,A;61,T;

AMPL3507883　20,C/T;31,T;68,C/T;74,G;84,C/A;104,T;142,T;144,G;

AMPL3507885　36,C/G;51,A;54,A;65,C/N;66,T/N;71,T/N;78,T/N;110,A;112,T;115,A;124,T;131,A;135,A;146,G;

AMPL3507886　41,A;47,T;81,C;91,C;99,A;125,T;

AMPL3507887　2,T;35,C;45,G/A;62,C;65,A/G;92,G/A;101,C/GTG;

AMPL3507888　4,T/C;50,G/A;65,A;70,C;79,A/T;82,C/T;94,G/A;100,G/A;107,A/T;133,T;

AMPL3507889　34,T;111,A;154,A;159,G;160,G;

AMPL3507890　19,T;26,C;33,G;60,A;139,T;

AMPL3507891　29,A;61,T;

AMPL3507892　23,A;28,A;55,A;69,A;72,A;122,T;136,G;180,G;181,A;

AMPL3507893　42,T/A;51,T/C;77,T/C;140,G/T;147,T/C;161,A/G;177,T/A;197,C/G;

AMPL3507894　165,A/G;182,A/G;

AMPL3507895　65,A;92,C/T;141,T;

AMPL3507896　6,C/T;32,C;77,A/T;85,A/T;107,C;126,C/G;135,T;

AMPL3507898　133,T/G;152,G/A;

AMPL3507899　1,C/G;29,T;39,C/T;55,C/A;108,G;115,A/G;125,C/T;140,C;

AMPL3507900　23,A/G;62,A/G;63,G/A;73,T;86,T/C;161,C/T;183,G/A;190,A/G;

AMPL3507901　68,T;98,A;116,A/C;

AMPL3507902　38,C;57,G/A;65,C;66,G;92,T/A;104,A/C;118,A/T;176,G;

AMPL3507904　3,T/C;5,C;13,G/A;54,C;83,G/T;85,C;92,C;104,C;147,A;182,G;

AMPL3507907　5,G;25,G;26,G;32,G;34,C;35,T;36,G;37,G;46,G;47,C;49,A;120,G;

AMPL3507909　2,A;9,C;13,A;15,C;28,G;32,T;34,A;53,T;84,C;97,C;99,A;135,C;148,T;150,T;

AMPL3507911　33,G;34,C;49,C;50,G;71,G;77,C;89,A;92,G;126,G;130,T;133,C;134,A;151,A;173,G;180,A;181,C;185,C;189,C;190,G;196,C;200,C;

AMPL3507912　19,C;33,T;38,G;43,C;46,A;71,G;73,A;108,A;124,A;126,G;132,A;143,C;160,T;

AMPL3507913　21,T/A;58,T/C;90,T/C;107,G/A;109,A/T;111,A/T;113,A/G;128,A;134,G;

AMPL3507914　37,G/C;52,A/G;56,C/T;64,T/G;115,C/T;

AMPL3507915　22,G/A;31,T/C;39,C/T;51,T/C;52,C/T;59,G/A;66,C/T;87,G/A;99,G/A;103,T/C;128,C/T;134,C/A;135,T/A;138,G/A;159,T/G;

AMPL3507916　24,G/A;31,C/T;43,C/T;49,T/G;90,A/G;110,A/T;132,C;160,A;170,G;174,A/T;

**AMPL3507918**  15,A/T;63,A;72,G;76,T;86,C;87,G/A;90,A;129,G;

**AMPL3507919**  10,G;22,G;34,T;64,T;74,A;105,G;114,G;133,C;153,T;169,G;184,C;
188,A;

**AMPL3507920**  18,A;24,A;32,A;67,T;74,C;

**AMPL3507921**  7,C;30,G;38,G;43,A;182,G;

**AMPL3507922**  146,C/A;

# 柴螺

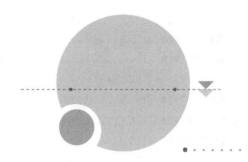

AMPL3507571  6,T;10,T;18,C;19,T;20,G;30,G;37,A;40,C/T;

AMPL3507806  31,T/A;55,A/C;136,C;139,T;158,G/A;

AMPL3507807  28,C/A;31,G/C;89,T/C;96,A/G;129,C/A;

AMPL3507808  75,A/T;114,C/T;124,T/A;132,T/C;134,G/C;139,G/C;171,C;172,T/A;

AMPL3507809  45,A;47,G;49,A;65,A;76,T;81,A;91,T;115,A;

AMPL3507810  33,T;53,T;74,G;90,C;98,G;154,G;

AMPL3507811  30,G;97,G;104,A;

AMPL3507812  6,C/T;53,C/T;83,T/C;90,T/A;109,A/C;113,A/T;154,T/C;155,C;

AMPL3507813  14,T;86,G;127,A;

AMPL3507814  63,A;67,G;70,T;72,A;94,A;119,G;134,C;157,G;

AMPL3507815  9,A/T;155,C;163,A;

AMPL3507816  93,G/A;105,G/C;150,A/G;166,C/T;171,C/T;

AMPL3507817  38,G/A;87,G/C;96,C;102,A;116,C/T;166,T/C;183,C/T;186,G;188,G/A;

AMPL3507818  8,A;37,A;40,T;41,G/A;49,T;55,T;56,G/A;57,G;100,G;104,G/T;108,T/C;113,G;118,T;

AMPL3507819  87,A/G;97,C;139,G/A;155,T/C;

AMPL3507821  41,G/C;45,A/G;59,A;91,G;141,G/A;144,C;

AMPL3507822  1,G;8,A;11,T/A;70,C;94,C;108,G/A;

AMPL3507823  11,C;110,A;123,A;

AMPL3507824  3,G/A;56,G;65,A/G;68,T/C;117,T/C;

AMPL3507826  55,T;61,C;74,T;98,C;122,G;129,G;139,A;180,C;

AMPL3507827  9,T;48,A;65,G;77,C;95,T;124,T;132,T;135,G;140,G;

AMPL3507828  73,G;107,A;109,G;143,T;159,G;

AMPL3507831  7,C;16,C;19,C;66,C;75,A;88,T;113,C/T;130,G;140,C;164,T;

AMPL3507832  23,C;59,G/A;78,G;116,T;

AMPL3507833  26,T;30,G/T;49,G;69,T/G;75,A;97,A/C;132,T/A;

AMPL3507834  126,T/C;145,G/A;

AMPL3507835  12,G;38,G;93,A;98,G;99,T;129,C;150,T;

AMPL3507836  8,A;32,T;40,G;44,G;63,T;71,A;113,T;142,A;

AMPL3507837  1,A;5,G;6,T;7,C;24,T;30,C;59,C;66,C;67,C;78,A;79,A;80,A;111,T;139,G;164,A;

AMPL3507838  3,A/G;15,A/G;20,G/A;23,G/A;50,G/A;52,A/G;59,C/A;64,C;78,G/T;

AMPL3507839  59,G/C;114,T/C;151,C/T;

AMPL3507840  77,C;

AMPL3507841 13,C;14,A;34,G;60,G;99,G;

AMPL3507842 13,T;17,T;20,T;64,C;97,A;144,C;158,A;159,G;163,T;

AMPL3507844 2,C;6,G;26,T;35,T;63,A;65,A;68,G;96,C;97,C;119,T;130,A;137,A;
158,T;

AMPL3507845 57,A;161,A;

AMPL3507846 5,A;21,A;24,G;26,A;94,G;112,A;127,G;128,A;149,G;175,A;

AMPL3507848 38,A;78,C;

AMPL3507849 16,T/A;19,C;23,T;24,A;33,G;35,A;39,G;68,C;72,G;74,T;97,T;128,G/
T;134,G/A;142,A/C;144,C/T;157,A;

AMPL3507850 2,A;16,C;35,A;39,G;60,C;93,C;110,G;114,C;125,C;128,A;130,C;

AMPL3507851 61,T/C;91,T;92,G;131,A;151,A/G;154,A/G;162,G;165,G;166,T/A;168,
C/G;

AMPL3507852 8,A;26,C;33,T;43,A;56,T/C;62,C/T;93,G/C;124,A/G;

AMPL3507853 2,T;71,G;88,T;149,G;180,C;193,A;

AMPL3507854 34,C/T;36,G;37,T/C;44,G/T;55,A;70,C/A;84,A/C;92,A/G;99,T;102,T;
110,T;112,T;114,T;126,C/A;139,C/T;153,T;158,A/T;164,C/A;170,C;
171,G;174,A;177,G/A;180,C/A;181,T/C;187,C;188,G;192,T;

AMPL3507855 26,C;36,C;90,T;

AMPL3507856 11,A;92,C;102,C;

AMPL3507857 33,A;70,C;82,A;123,T;

AMPL3507858 26,T/G;45,G/T;84,C;143,G/A;152,G/A;176,C/A;

AMPL3507860 30,A/G;97,C;101,G;128,G;176,T;

AMPL3507861 28,T;43,A;69,C;93,T/C;105,G;124,T;128,T;

AMPL3507862 2,A;4,C/G;63,G/A;83,C;88,C/T;106,C/T;115,C;124,A/C;154,C/T;

AMPL3507863 13,A;45,C;69,G;145,T;177,G;

AMPL3507864 17,C;95,A/G;120,T;

AMPL3507865 19,C;21,T;35,A;43,G;56,C;57,C;75,C;85,G;100,C;101,T;116,A;127,G;
161,T;171,A;172,C;

AMPL3507866 8,T;66,G/C;74,T/C;147,C/A;172,T;

AMPL3507867 21,C/T;27,G;38,T/C;45,T/C;54,C;88,C;93,T/C;112,C;122,A/G;132,G;

AMPL3507868 45,C;51,G;108,T;166,T;186,G;

AMPL3507871 7,C;95,G;115,G;144,T;

AMPL3507872 10,C;52,G;131,T;132,C;

AMPL3507873 13,T;38,T;39,C;54,A;59,A;86,T;

AMPL3507875 44,G;45,G;68,G;110,G;125,A;137,G;151,A;184,C;

AMPL3507876 96,C;114,G;144,A;178,C;

AMPL3507877 12,G/T;24,G/A;27,T;28,G/A;34,G/C;39,G/A;46,A/T;68,A/C;70,A;90,
A;110,T/G;126,C;134,A/C;

AMPL3507878 8,T;10,A;37,G;59,A;73,G;77,G;78,G;90,C;91,T;103,G;115,T;130,C;

AMPL3507879 50,A;90,T/C;91,T/C;116,G/C;127,G;134,C;143,G/C;155,G/T;163,T;
169,G/A;181,T;

AMPL3507880 66,T;105,C/A;124,G/A;

AMPL3507881    84,T;122,A;

AMPL3507883    20,C;31,T/A;68,C;74,G/A;84,C/A;104,T/A;142,T/C;144,G/T;

AMPL3507885    36,C;51,A;54,G;65,G;66,G;71,C;78,C;110,G;112,C;115,G;124,G;131,T; 135,G;146,A;

AMPL3507886    41,A;47,T;81,C;91,C;99,A;125,T/A;

AMPL3507887    2,T;35,C;45,G;62,C;65,A/G;92,G/A;101,C/G;

AMPL3507888    4,C/T;50,A/G;65,A;70,C;79,T/A;82,T/C;94,A/G;100,A/G;107,T/A; 133,T;

AMPL3507889    34,T;111,A;154,A;159,G;160,G;

AMPL3507890    19,T;26,C;33,G;60,A;139,T;

AMPL3507891    29,A;61,T/C;

AMPL3507892    23,A;28,A;55,A;69,A;72,A;122,T;136,G;180,G;181,A;

AMPL3507893    42,T;51,T;77,T;140,G;147,T;161,A;177,T;197,C;

AMPL3507894    165,G;182,G;

AMPL3507895    65,A;92,C;141,T;

AMPL3507896    6,T;32,C;77,T;85,T;107,C;126,G;135,T;

AMPL3507897    1,C;7,G;9,C;31,C;91,C;104,T;123,A;132,T;

AMPL3507898    133,T;152,G;

AMPL3507899    1,C/G;29,T/C;39,C/T;55,C;108,G/T;115,A;125,C;140,C/A;

AMPL3507900    23,G;62,G;63,A;73,T;86,C;161,T;183,A;190,G;

AMPL3507901    68,T;98,A;116,C/A;

AMPL3507902    38,C/A;57,A;65,C;66,G;92,A;104,C;118,T;176,G;

AMPL3507903    101,G;105,G;121,C;161,C;173,T;

AMPL3507904    3,T/C;5,C;13,G/A;54,C;83,G/T;85,C;92,C;104,C;147,A;182,G;

AMPL3507909    2,A;9,C;13,G/A;15,C;28,G;32,T;34,A;53,T;84,C;97,C;99,C/A;135,G/ C;148,G/T;150,T;

AMPL3507910    33,C;105,G;129,A;164,G;

AMPL3507911    33,G;34,C;49,C;50,G;71,G;77,C;89,A;92,G;126,G;130,C;133,C;134,A; 151,A;173,G;180,A;181,T;185,C;189,C;190,G;196,C;200,C;

AMPL3507912    19,T;33,A;38,A;43,T;46,A;71,C;73,T;108,A;124,T;126,G;132,A;143,C; 160,T;

AMPL3507913    21,T;58,T;90,C;107,A;109,T;111,T;113,G;128,A;134,G;

AMPL3507914    37,G;52,G;56,A;64,T;115,C;

AMPL3507915    22,A;31,C;39,T;51,C;52,T;59,A;66,T;87,A;99,A;103,C;128,T;134,A; 135,A;138,A;159,G;

AMPL3507916    24,A;31,T;43,T;49,G;90,G;110,T;132,A/C;160,A;170,G;174,G/T;

AMPL3507918    15,A;63,A;72,G;76,T;86,C;87,G;90,A;129,A/G;

AMPL3507919    10,G;22,G;34,T;64,T;74,A;105,G;114,G;133,C;153,T;169,G;184,C; 188,A;

AMPL3507920    18,A;24,A;32,A;67,T;74,C;

AMPL3507921    7,C;30,G;38,G;43,A;182,G;

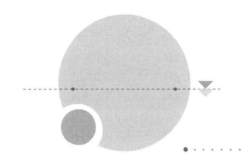

# 处署本

AMPL3507571    6,G;10,G;18,C;19,C;20,A;30,A;37,T;40,T;
AMPL3507806    31,T;55,C;136,A;139,G;158,A;
AMPL3507807    28,A/C;31,C/G;89,T;96,A;129,C;
AMPL3507808    75,A/T;114,C/T;124,T/A;132,T/C;134,G/C;139,G/C;171,C;172,T/A;
AMPL3507809    45,G;47,C;49,A;65,C;76,C;81,T;91,A;115,A/G;
AMPL3507810    33,C;53,C;74,G;90,T;98,G;154,G;
AMPL3507811    30,G;97,A;104,G;
AMPL3507812    6,T;53,T;83,C;90,A;109,C;113,T;154,C;155,C;
AMPL3507813    14,T;86,A/G;127,G/A;
AMPL3507814    63,G;67,G;70,G;72,A;94,A;119,G/A;134,C;157,G;
AMPL3507815    9,A;155,C/A;163,A;
AMPL3507816    93,G;105,G;150,A;166,C;171,C;
AMPL3507817    38,A;87,C;96,C;102,A;116,T;166,C;183,T;186,G;188,A;
AMPL3507818    8,A;37,A;40,T;41,G;49,A;55,G;56,A;57,T;100,A;104,T;108,C;113,G;
               118,T;
AMPL3507819    87,A;97,C;139,G;155,T;
AMPL3507821    41,C/G;45,G/A;59,A;91,G;141,A/G;144,C;
AMPL3507822    1,G;8,A;11,T;70,C;94,C;108,G;
AMPL3507823    11,T;110,C;123,G;
AMPL3507824    3,G;56,G;65,G/A;68,C/T;117,C/T;
AMPL3507826    55,T/C;61,C/T;74,T/C;98,C;122,G;129,G/A;139,A/G;180,C/T;
AMPL3507827    9,T/C;48,A;65,G/T;77,C/T;95,T;124,T;132,T/C;135,G/A;140,G/A;
AMPL3507828    73,T;107,G/A;109,G/C;143,T/C;159,G/C;
AMPL3507829    6,T;14,T/A;56,A/G;70,A/G;71,T/A;127,A;
AMPL3507831    7,C;16,C;19,C;66,C;75,A;88,T;113,T;130,G;140,C;164,T;
AMPL3507832    23,T;59,A;78,C;116,C/T;
AMPL3507833    26,T;30,G/T;49,A/G;69,T/G;75,A/G;97,A/C;132,T/A;
AMPL3507834    126,C/T;145,A/G;
AMPL3507835    12,A;38,T;93,T;98,C;99,G;129,A;150,A;
AMPL3507836    8,G/A;32,C/T;40,T/G;44,A/G;63,T;71,G/A;113,C/T;142,G/A;
AMPL3507837    1,A;5,G;6,T;7,C;24,T;30,C;59,C;66,C;67,C;78,A;79,A;80,A;111,T;
               139,G;164,A;
AMPL3507838    3,A/G;15,A/G;20,G/A;23,G/A;50,A;52,A/G;59,C/A;64,C;78,G/T;
AMPL3507839    59,G;114,T;151,C;

AMPL3507840    77,G;

AMPL3507841    13,T;14,G;34,A;60,T;99,G;

AMPL3507842    13,C;17,C;20,A;64,C;97,A;144,C;158,A;159,G;163,T;

AMPL3507844    2,C;6,C;26,CAATG;35,C;63,G;65,G;68,G;96,T;97,T;119,C;130,T;137,
G;158,C;

AMPL3507845    57,G;161,G;

AMPL3507846    5,A;21,A;24,G;26,A;94,G;112,A;127,C;128,T;149,G;175,T;

AMPL3507848    38,A;78,C;

AMPL3507849    16,A/T;19,C;23,T;24,A;33,G;35,A;39,G;68,C;72,G;74,T;97,T;128,T/
G;134,A/G;142,C/A;144,T/C;157,A;

AMPL3507850    2,A;16,C;35,A;39,G;60,C;93,C;110,G;114,C;125,C;128,A;130,C;

AMPL3507851    61,T;91,T;92,G;131,G/A;151,G/A;154,C/A;162,C/G;165,G;166,A/T;
168,G/C;

AMPL3507852    8,A;26,C/G;33,T/G;43,A;56,C;62,T;93,C;124,G;

AMPL3507853    2,A;71,A;88,C;149,C;180,T;193,T;

AMPL3507854    34,C;36,G;37,T;44,G;55,A;70,C;84,A;92,A;99,T;102,T;110,T;112,T;
114,T;126,C;139,C;153,T;158,A;164,C;170,C;171,G;174,A;177,G;180,C;
181,T;187,C;188,G;192,T;

AMPL3507855    26,T;36,T;90,C;

AMPL3507856    11,G;92,T;102,T;

AMPL3507857    33,A/G;70,C;82,A;123,T/C;

AMPL3507858    26,T;45,G;84,C;143,G;152,G;176,C;

AMPL3507860    30,G;97,C/T;101,G/T;128,G/A;176,T/C;

AMPL3507861    28,C;43,G;69,G;93,C;105,T;124,C;128,A;

AMPL3507862    2,A;4,G;63,A;83,C;88,T;106,T;115,C;124,C;154,T;

AMPL3507863    13,A/G;45,C/G;69,A;145,A;177,A;

AMPL3507864    17,T;95,G;120,T/C;

AMPL3507865    19,C;21,T;35,A;43,G;56,C/A;57,C/T;75,C;85,G;100,C/G;101,T;116,A/
C;127,G/C;161,T/C;171,A/G;172,C/T;

AMPL3507867    21,C;27,G;38,T;45,T;54,C;88,C;93,T;112,C;122,A;132,G;

AMPL3507868    45,T;51,G;108,C;166,C;186,G;

AMPL3507871    7,C;95,G;115,G;144,T;

AMPL3507872    10,T;52,G;131,T;132,T;

AMPL3507873    13,C;38,T;39,T;54,G;59,A;86,G;

AMPL3507874    2,T;31,A;97,T;99,T;105,G;108,T;122,C;161,G;

AMPL3507876    96,C;114,G;144,A;178,C;

AMPL3507877    12,T/TAT;24,A/G;27,T/A;28,A/G;34,C;39,A;46,T;68,C;70,A/G;90,G/
A;110,G;126,C;134,A/C;

AMPL3507878    8,C;10,A;37,A;59,G;73,T;77,G;78,G;90,T;91,C;103,G;115,C;130,C;

AMPL3507879    50,A/G;90,C;91,C;116,C;127,T/G;134,G/C;143,G;155,G;163,C/T;169,
A/G;181,C/T;

AMPL3507880    66,T;105,C;124,G;

AMPL3507881    84,C;122,T;

AMPL3507883  20,T;31,T;68,C;74,G;84,A;104,T;142,T;144,G;

AMPL3507885  36,C/G;51,A;54,G/A;65,G/N;66,G/N;71,C/N;78,C/N;110,G/A;112,C/T;115,G/A;124,G/T;131,T/A;135,G/A;146,A/G;

AMPL3507886  41,G/A;47,C/T;81,G/C;91,T/C;99,G/A;125,A;

AMPL3507887  2,T;35,C;45,G;62,C;65,A/G;92,G/A;101,C/G;

AMPL3507888  4,T;50,G;65,A;70,C;79,A;82,C;94,G;100,G;107,A;133,T;

AMPL3507889  34,T;111,A;154,A;159,A;160,T;

AMPL3507890  19,T;26,C;33,G;60,A;139,T;

AMPL3507891  29,A;61,T;

AMPL3507892  23,G;28,G;55,G;69,G;72,G;122,C;136,G;180,G;181,A;

AMPL3507893  42,T/A;51,T/C;77,T;140,G/T;147,T/C;161,A/G;177,T/A;197,C/G;

AMPL3507894  165,G/A;182,G/A;

AMPL3507895  65,A;92,C/A;141,T;

AMPL3507896  6,C/T;32,C;77,A;85,A;107,C;126,C;135,T;

AMPL3507897  1,A;7,A;9,G;31,T;91,T;104,C;123,G;132,G;

AMPL3507898  133,T;152,G;

AMPL3507899  1,G;29,C;39,T;55,C;108,T;115,A;125,C;140,C;

AMPL3507900  23,A;62,A;63,G;73,T;86,T;161,C;183,G;190,A;

AMPL3507901  68,T;98,A;116,C;

AMPL3507902  38,C;57,A;65,C;66,G;92,A;104,C;118,T;176,G;

AMPL3507903  101,A;105,A;121,A;161,C;173,T;

AMPL3507904  3,T/C;5,C;13,G/A;54,T/C;83,G/T;85,T/C;92,C;104,T/C;147,G/A;182,G;

AMPL3507906  7,T;9,G;30,G;41,A;42,A;48,T;69,G;71,A;78,G;88,A;91,G;108,A;115,G;122,A;126,A;141,A;

AMPL3507909  2,A;9,C;13,A;15,C;28,G;32,T;34,A;53,T;84,C;97,C;99,A;135,C;148,T;150,T;

AMPL3507911  33,G;34,C;49,C;50,G;71,G;77,C;89,A;92,G;126,G;130,T;133,C;134,A;151,A;173,G;180,A;181,C;185,C;189,C;190,G;196,C;200,C;

AMPL3507912  19,T;33,T;38,A/G;43,T/C;46,G/A;71,C;73,A;108,A/G;124,T;126,G/A;132,A/G;143,C/A;160,T/G;

AMPL3507913  21,T;58,T;90,T;107,A/G;109,A;111,A;113,A;128,A;134,G;

AMPL3507914  37,C;52,G;56,T;64,G;115,T;

AMPL3507915  22,G/A;31,T/C;39,C/T;51,T/C;52,C/T;59,G/A;66,C/T;87,G/A;99,G/A;103,T/C;128,C/T;134,C/A;135,T/A;138,G/A;159,T/G;

AMPL3507916  24,A/G;31,T/C;43,T/C;49,T;90,A;110,T/A;132,C;160,G/A;170,T/G;174,A;

AMPL3507918  15,T;63,A;72,G;76,T;86,C;87,A;90,A;129,G;

AMPL3507919  10,G/A;22,T;34,C;64,G;74,G;105,A;114,A;133,T;153,G;169,G;184,T;188,T;

AMPL3507920  18,C/T;24,A;32,C;67,T;74,G/C;

AMPL3507921  7,C;30,G;38,G;43,A;182,G;

# 磁灶早白

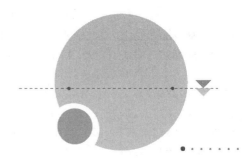

AMPL3507571　6,G/T;10,G/T;18,C;19,C/T;20,A/G;30,A/G;37,T/A;40,T;

AMPL3507806　31,A/T;55,C;136,C/A;139,T/G;158,A;

AMPL3507807　28,C;31,G;89,T;96,A;129,C;

AMPL3507808　75,A;114,C/T;124,T;132,T/C;134,G/C;139,G/C;171,C/G;172,T;

AMPL3507809　45,G/A;47,C/G;49,A;65,C/A;76,C/T;81,T/A;91,A/T;115,A;

AMPL3507810　33,C/T;53,C/T;74,G;90,T/C;98,G;154,G;

AMPL3507811　30,G;97,G;104,A;

AMPL3507812　6,C;53,C;83,T;90,T;109,A;113,A;154,T;155,C;

AMPL3507813　14,T;86,G/A;127,A/G;

AMPL3507814　63,A;67,G;70,T;72,A;94,A;119,G;134,C;157,G;

AMPL3507815　9,T;155,C;163,A;

AMPL3507816　93,G;105,G;150,A;166,C;171,C;

AMPL3507817　38,A;87,C;96,C;102,A;116,T;166,C;183,T;186,G;188,A;

AMPL3507818　8,A;37,A;40,T;41,G;49,A/T;55,G/T;56,A/G;57,T/G;100,A/G;104,T/G;
　　　　　　　108,C/T;113,G;118,T;

AMPL3507819　87,G/A;97,C;139,A/G;155,C/T;

AMPL3507821　41,G/C;45,A/G;59,A;91,G;141,G/A;144,C;

AMPL3507822　1,G;8,A;11,A;70,C;94,C;108,A;

AMPL3507823　11,C;110,A;123,A;

AMPL3507824　3,G;56,G;65,A;68,T;117,T;

AMPL3507826　55,T;61,C;74,T;98,C;122,G;129,G;139,A;180,C;

AMPL3507827　9,T;48,A;65,G;77,C;95,T;124,T;132,T;135,G;140,G;

AMPL3507828　73,T;107,G/A;109,G/C;143,T/C;159,G/C;

AMPL3507829　6,T;14,A/T;56,G/A;70,G/A;71,A/T;127,A;

AMPL3507831　7,C;16,T/C;19,C;66,T/C;75,G/A;88,C/T;113,C/T;130,T/G;140,G/C;
　　　　　　　164,T;

AMPL3507832　23,C/T;59,A;78,G/C;116,T/C;

AMPL3507833　26,T;30,G/T;49,G;69,T/G;75,A/G;97,A/C;132,T/A;

AMPL3507834　126,C;145,A;

AMPL3507835　12,G/A;38,G/T;93,A/T;98,G/C;99,T/G;129,C/A;150,T/A;

AMPL3507836　8,A;32,T;40,G;44,G;63,T;71,A;113,T;142,A;

AMPL3507838　3,A;15,A;20,G;23,G;50,G;52,A;59,C;64,C;78,G;

AMPL3507839　59,G;114,T;151,C;

AMPL3507840　77,G;

AMPL3507841 13,C;14,G/A;34,G;60,G;99,A/G;

AMPL3507842 13,C/T;17,C/T;20,A/T;64,C;97,A;144,C;158,A;159,G;163,T;

AMPL3507844 2,T;6,G;26,C;35,C;63,G;65,A;68,T;96,C;97,C;119,T;130,A;137,G;
158,T;

AMPL3507845 57,A;161,A;

AMPL3507846 5,A;21,A;24,G;26,A;94,G;112,A;127,G;128,A;149,G;175,A;

AMPL3507848 38,A/G;78,C/A;

AMPL3507849 16,C;19,A;23,T/C;24,G;33,G;35,G;39,G/T;68,G;72,T;74,G;97,T;128,
G;134,G;142,C;144,T;157,A/G;

AMPL3507851 61,T;91,T/C;92,G/T;131,A/G;151,A/G;154,A/C;162,G/C;165,G/C;166,
T/A;168,C/G;

AMPL3507852 8,A;26,C/G;33,T/G;43,A;56,T/C;62,C/T;93,G/C;124,A/G;

AMPL3507853 2,T;71,G;88,T;149,G;180,C;193,A;

AMPL3507854 34,C;36,G;37,T;44,G;55,A;70,C;84,A;92,A;99,T;102,T;110,T;112,T;
114,T;126,C;139,C;153,T;158,A;164,C;170,C;171,G;174,A;177,G;180,C;
181,T;187,C;188,G;192,T;

AMPL3507855 26,C;36,C;90,T;

AMPL3507856 11,A;92,C;102,C;

AMPL3507857 33,A/G;70,C;82,A;123,T/C;

AMPL3507858 26,G;45,T;84,C;143,A;152,A;176,A;

AMPL3507860 30,G;97,C/T;101,G/T;128,G/A;176,T/C;

AMPL3507861 28,T;43,A;69,C;93,C;105,G;124,T;128,T;

AMPL3507862 2,A;4,C;63,G;83,C;88,C;106,C;115,C;124,A;154,C;

AMPL3507863 13,A;45,C;69,G;145,T;177,G;

AMPL3507864 17,C;95,G/A;120,T;

AMPL3507865 19,C;21,T;35,A;43,G;56,C/A;57,C/T;75,C;85,G;100,C/G;101,T;116,A/
C;127,G/C;161,T/C;171,A/G;172,C/T;

AMPL3507866 8,T;66,G/C;74,T/C;147,C/A;172,T;

AMPL3507867 21,T;27,G;38,C;45,C;54,C;88,C;93,C;112,C;122,G;132,G;

AMPL3507868 45,C/T;51,G;108,T/C;166,T/C;186,G;

AMPL3507871 7,C;95,G;115,G;144,T;

AMPL3507872 10,C;52,G;131,T;132,C;

AMPL3507873 13,T;38,T;39,C;54,A;59,A;86,T;

AMPL3507875 44,G;45,G;68,G;110,G;125,A;137,G;151,A;184,C;

AMPL3507877 12,G/T;24,G/A;27,T;28,G/A;34,G/C;39,G/A;46,A/T;68,A/C;70,A;90,
A;110,T/G;126,C;134,A/C;

AMPL3507878 8,T;10,A;37,G;59,A;73,G;77,G;78,G;90,C;91,T;103,G;115,T;130,C;

AMPL3507879 50,A;90,C;91,C;116,C;127,T/G;134,G/C;143,G/C;155,G/T;163,C/T;169,
A;181,C/T;

AMPL3507880 66,T;105,A;124,A;

AMPL3507881 84,T;122,A;

AMPL3507882 40,G;43,A;61,T;

| | |
|---|---|
| **AMPL3507883** | 20,C/T;31,T;68,C;74,G;84,C/A;104,T;142,T;144,G; |
| **AMPL3507885** | 36,C/G;51,G/A;54,A;65,C/N;66,T/N;71,T/N;78,T/N;110,A;112,T;115,A;124,T;131,A;135,A;146,G; |
| **AMPL3507886** | 41,A/G;47,T/C;81,C/G;91,C/T;99,A/G;125,A; |
| **AMPL3507887** | 2,T;35,C;45,A/G;62,C;65,G;92,A;101,GTG/G; |
| **AMPL3507888** | 4,T;50,G;65,A;70,C;79,A;82,C;94,G;100,G;107,A;133,T; |
| **AMPL3507889** | 34,T;111,A;154,A;159,G;160,G; |
| **AMPL3507891** | 29,A;61,T/C; |
| **AMPL3507892** | 23,A;28,A;55,A;69,A;72,A;122,T;136,G;180,G;181,A; |
| **AMPL3507893** | 42,T/A;51,T/C;77,T;140,G/T;147,T/C;161,A/G;177,T/A;197,C/G; |
| **AMPL3507894** | 165,A/G;182,A/G; |
| **AMPL3507895** | 65,A;92,C;141,T; |
| **AMPL3507896** | 6,T;32,C;77,T;85,T;107,C;126,G;135,T; |
| **AMPL3507898** | 133,G/T;152,A/G; |
| **AMPL3507899** | 1,G/C;29,T;39,C;55,C;108,G;115,A;125,C;140,C; |
| **AMPL3507900** | 23,A/G;62,A/G;63,G/A;73,T;86,T/C;161,C/T;183,G/A;190,A/G; |
| **AMPL3507901** | 68,T;98,A;116,C/A; |
| **AMPL3507902** | 38,A/C;57,A/G;65,C;66,G;92,A/T;104,C/A;118,T/A;176,G; |
| **AMPL3507903** | 101,G;105,G;121,C;161,C;173,T; |
| **AMPL3507904** | 3,T;5,C;13,G;54,C;83,G;85,C;92,C;104,C;147,A;182,G; |
| **AMPL3507906** | 7,T;9,G;30,G;41,A;42,A;48,T;69,G;71,A;78,G;88,A;91,G;108,A;115,G;122,A;126,A;141,A; |
| **AMPL3507909** | 2,A;9,C;13,G/A;15,C;28,G;32,T;34,A;53,T;84,C;97,C;99,C/A;135,G/C;148,G/T;150,T; |
| **AMPL3507910** | 33,C;105,G;129,A;164,G; |
| **AMPL3507911** | 33,G;34,C;49,C;50,G;71,G;77,C;89,A;92,G;126,G;130,C;133,C;134,A;151,A;173,G;180,A;181,T;185,C;189,C;190,G;196,C;200,C; |
| **AMPL3507912** | 19,T/C;33,T;38,A/G;43,T/C;46,G/A;71,G;73,A;108,A;124,A;126,G;132,A;143,C;160,T; |
| **AMPL3507913** | 21,T;58,T;90,T;107,G;109,A;111,A;113,A;128,A;134,G; |
| **AMPL3507914** | 37,C/G;52,G;56,T/A;64,G/T;115,T/C; |
| **AMPL3507915** | 22,G;31,T;39,C;51,T;52,C;59,G;66,C;87,G;99,G;103,T;128,C;134,C;135,T;138,G;159,T; |
| **AMPL3507916** | 24,A;31,T;43,T;49,T;90,A;110,T;132,C;160,G;170,T;174,A; |
| **AMPL3507918** | 15,A/T;63,A;72,G;76,T;86,C;87,G/A;90,A;129,G; |
| **AMPL3507919** | 10,G;22,G;34,T;64,T;74,A;105,G;114,G;133,C;153,T;169,G;184,C;188,A; |
| **AMPL3507920** | 18,A/C;24,A;32,A/C;67,T;74,C/G; |
| **AMPL3507921** | 7,C;30,G;38,G;43,A;182,G; |
| **AMPL3507922** | 146,C; |
| **AMPL3507923** | 69,T;79,T;125,T;140,C;144,T;152,G; |

# 大鼻龙

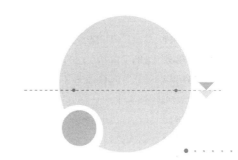

AMPL3507571    6,T;10,T;18,C;19,T;20,G;30,G;37,A;40,T/C;

AMPL3507806    31,A/T;55,C;136,C/A;139,T/G;158,A;

AMPL3507807    28,C;31,G;89,T;96,A;129,C;

AMPL3507808    75,A;114,C;124,T;132,T;134,G;139,G;171,C;172,T;

AMPL3507809    45,A;47,G;49,A;65,A;76,T;81,A;91,T;115,A;

AMPL3507810    33,T;53,T;74,G;90,C;98,G;154,G;

AMPL3507811    30,G;97,A/G;104,G/A;

AMPL3507812    6,T/C;53,T/C;83,C/T;90,A/T;109,C/A;113,T/A;154,C/T;155,C;

AMPL3507813    14,A/T;86,G;127,A;

AMPL3507814    63,A;67,G/A;70,T;72,A;94,A/G;119,G/A;134,C;157,G/A;

AMPL3507815    9,A/T;155,A/C;163,A;

AMPL3507816    93,A/G;105,C/G;150,G/A;166,T/C;171,T/C;

AMPL3507817    38,G/A;87,G/C;96,C;102,A;116,C/T;166,T/C;183,C/T;186,G;188,G/A;

AMPL3507818    8,G/A;37,A;40,T;41,A;49,T;55,T;56,A;57,G;100,A/G;104,T;108,C;
113,G;118,T;

AMPL3507819    87,G/A;97,C;139,A/G;155,C/T;

AMPL3507821    41,C;45,G;59,A;91,T;141,A;144,T;

AMPL3507822    1,G;8,A/G;11,A/T;70,C;94,C;108,A/G;

AMPL3507823    11,C;110,A;123,A;

AMPL3507824    3,G;56,G;65,A;68,T;117,T;

AMPL3507826    55,T;61,C;74,T;98,C;122,G;129,G;139,A;180,C;

AMPL3507827    9,T/C;48,A;65,G/T;77,C/T;95,T;124,T;132,T/C;135,G/A;140,G/A;

AMPL3507828    73,G;107,A;109,G;143,T;159,G;

AMPL3507829    6,T;14,T;56,A;70,A;71,T;127,A;

AMPL3507831    7,C;16,C;19,C;66,C;75,A;88,T;113,T;130,G;140,C;164,T;

AMPL3507832    23,T/C;59,A/G;78,C/G;116,T;

AMPL3507833    26,A/T;30,T;49,G;69,G;75,A;97,C;132,A;

AMPL3507834    126,T;145,G;

AMPL3507836    8,A;32,T;40,G;44,G;63,T;71,A;113,T;142,A;

AMPL3507837    1,A;5,G;6,T;7,C;24,T;30,C;59,C;66,C;67,C;78,A;79,A;80,A;111,T;
139,G;164,A;

AMPL3507838    3,G;15,G;20,A;23,A;50,A;52,G;59,A;64,C;78,T;

AMPL3507839    59,C;114,C;151,T;

AMPL3507840    77,G;

AMPL3507841 13,C/T;14,A/G;34,G/A;60,G/T;99,G;

AMPL3507842 13,T;17,T;20,T;64,C;97,A;144,C;158,A;159,G;163,T;

AMPL3507844 2,C;6,G;26,T;35,T;63,A;65,A;68,G;96,C;97,C;119,T;130,A;137,A; 158,T;

AMPL3507845 57,A;161,A;

AMPL3507846 5,A;21,A/G;24,G/A;26,A;94,G;112,A;127,G;128,A;149,G/C;175,A/T;

AMPL3507848 38,G;78,A;

AMPL3507849 16,C;19,A;23,T/C;24,G;33,G;35,G;39,G/T;68,G;72,T;74,G;97,T;128, G;134,G;142,C;144,T;157,A/G;

AMPL3507850 2,A;16,C;35,A;39,A;60,C;93,C;110,G;114,T;125,C;128,A;130,C;

AMPL3507851 61,T;91,T;92,G;131,A;151,A;154,A;162,G;165,G;166,T;168,C;

AMPL3507852 8,A;26,C;33,T;43,A;56,T/C;62,C;93,G;124,A;

AMPL3507853 2,T;71,G;88,T;149,G;180,C;193,A;

AMPL3507854 34,C/T;36,G;37,T/C;44,G;55,A;70,C/A;84,A;92,A/G;99,T;102,T/G; 110,T/C;112,T/A;114,T/G;126,C/A;139,C/T;153,T/C;158,A/T;164,C/ A;170,C/G;171,G/A;174,A/G;177,G/T;180,C;181,T;187,C;188,G/T;192, T/C;

AMPL3507855 26,C;36,C;90,T;

AMPL3507856 11,A;92,C;102,C;

AMPL3507857 33,G;70,G/C;82,T/A;123,C;

AMPL3507858 26,G;45,T;84,C;143,A;152,A;176,A;

AMPL3507860 30,G;97,C/T;101,G/T;128,G/A;176,T/C;

AMPL3507861 28,T;43,A;69,C;93,C;105,G;124,T;128,T;

AMPL3507862 2,A;4,C/G;63,G/A;83,C;88,C/T;106,C/T;115,C;124,A/C;154,C/T;

AMPL3507863 13,A;45,C;69,G;145,T;177,G;

AMPL3507864 17,C;95,G/A;120,T;

AMPL3507865 19,C;21,T;35,A;43,G;56,C/A;57,C/T;75,C;85,G;100,C/G;101,T;116,A/ C;127,G/C;161,T/C;171,A/G;172,C/T;

AMPL3507867 21,C;27,G;38,T;45,T;54,C;88,C;93,T;112,C;122,A;132,G;

AMPL3507868 45,C;51,G;108,T;166,T;186,G;

AMPL3507871 7,T/C;95,C/G;115,T/G;144,C/T;

AMPL3507872 10,C;52,G;131,T;132,C;

AMPL3507873 13,T;38,T;39,C;54,A;59,A;86,T;

AMPL3507874 2,C;31,C;97,T;99,T;105,G;108,T;122,T;161,A;

AMPL3507875 44,G;45,G;68,G;110,G;125,A;137,G;151,A;184,C;

AMPL3507876 96,C;114,G;144,A;178,C;

AMPL3507877 12,G/T;24,G/A;27,T;28,G/A;34,G/C;39,G/A;46,A/T;68,A/C;70,A;90, A;110,G;126,G/C;134,C;

AMPL3507878 8,T/C;10,G/A;37,G/A;59,G;73,T;77,A/G;78,A/G;90,C/T;91,C;103,A/ G;115,C;130,C;

AMPL3507879 50,A;90,T/C;91,T/C;116,G/C;127,G/T;134,C/G;143,G;155,G;163,T/C; 169,G/A;181,T/C;

AMPL3507880    66,T;105,A;124,A;

AMPL3507881    84,T;122,G;

AMPL3507883    20,C;31,T;68,C;74,G;84,C;104,T;142,T;144,G;

AMPL3507886    41,A;47,T;81,C;91,C;99,A;125,A;

AMPL3507887    2,A/T;35,C;45,G;62,T/C;65,G;92,A;101,G;

AMPL3507888    4,C/T;50,A/G;65,A;70,C;79,T/A;82,T/C;94,A/G;100,A/G;107,T/A;
133,T;

AMPL3507889    34,T;111,G;154,C;159,G;160,G;

AMPL3507890    19,C;26,T;33,A;60,G;139,C;

AMPL3507891    29,A;61,C/T;

AMPL3507892    23,A;28,A;55,A;69,A;72,A;122,T;136,G;180,G;181,A;

AMPL3507893    42,A;51,C;77,T;140,T;147,C;161,G;177,A;197,G;

AMPL3507894    165,A;182,A;

AMPL3507895    65,A;92,C;141,T;

AMPL3507896    6,T;32,C;77,A/T;85,A/T;107,C;126,C/G;135,T;

AMPL3507897    1,C;7,G/A;9,C;31,C;91,C;104,T/C;123,A;132,T;

AMPL3507898    133,T;152,G;

AMPL3507899    1,G;29,C;39,T;55,C;108,T/G;115,A;125,C/T;140,A/C;

AMPL3507900    23,G/A;62,G/A;63,A/G;73,T;86,C/T;161,T/C;183,A/G;190,G/A;

AMPL3507901    68,T;98,A;116,C;

AMPL3507902    38,A/C;57,A/G;65,C;66,G;92,A/T;104,C/A;118,T/A;176,G;

AMPL3507904    3,T/C;5,C;13,G;54,C;83,G;85,C;92,C/T;104,C;147,A;182,G;

AMPL3507909    2,A;9,C/G;13,G;15,C;28,G;32,T;34,A;53,T/C;84,C;97,C;99,C;135,G;
148,G;150,T;

AMPL3507910    33,C;105,G;129,A;164,G;

AMPL3507911    33,G;34,T;49,C;50,G;71,A;77,C;89,A;92,G;126,A;130,C;133,C;134,A;
151,A;173,T;180,A;181,C;185,T;189,C;190,G;196,C;200,C;

AMPL3507912    19,T;33,T;38,G/A;43,C/T;46,A/G;71,C/G;73,A;108,G/A;124,T/A;126,
A/G;132,G/A;143,A/C;160,G/T;

AMPL3507913    21,A;58,C;90,C;107,A;109,T;111,T;113,G;128,A;134,G;

AMPL3507914    37,C/G;52,G;56,T/A;64,G/T;115,T/C;

AMPL3507915    22,A/G;31,C;39,T;51,C;52,T;59,A;66,T;87,A;99,A/G;103,C;128,T;
134,A/C;135,A;138,A;159,G;

AMPL3507916    24,G/A;31,C/T;43,C/T;49,T/G;90,A/G;110,A/T;132,C/A;160,A;170,G;
174,A/G;

AMPL3507918    15,A/T;63,A;72,G;76,T;86,C;87,G/A;90,A;129,G;

AMPL3507919    10,G;22,G;34,T;64,T;74,A;105,G;114,G;133,C;153,T;169,G;184,C;
188,A;

AMPL3507920    18,C;24,A;32,C;67,T;74,G;

AMPL3507921    7,C;30,G;38,G;43,A;182,G;

AMPL3507922    146,A;

AMPL3507923    69,A;79,C/T;125,C;140,T;144,C;152,T;

# 大乌圆

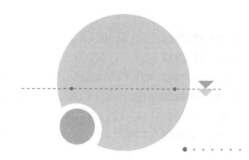

AMPL3507571    6,T;10,T;18,C;19,T;20,G;30,G;37,A;40,T/C;

AMPL3507806    31,T;55,A;136,C;139,T;158,G;

AMPL3507807    28,A;31,C;89,C;96,G;129,A;

AMPL3507808    75,T;114,T;124,A;132,C;134,C;139,C;171,C;172,A;

AMPL3507809    45,G;47,C;49,A;65,C;76,C;81,T;91,A;115,A;

AMPL3507810    33,T;53,T;74,G;90,C;98,G;154,G;

AMPL3507811    30,C;97,A;104,G;

AMPL3507812    6,C;53,C;83,T;90,T;109,A;113,A;154,T;155,C;

AMPL3507813    14,T;86,A;127,G;

AMPL3507814    63,A;67,G;70,T;72,A;94,A;119,G;134,C;157,G;

AMPL3507815    9,A/T;155,A/C;163,A;

AMPL3507816    93,A/G;105,C/G;150,G/A;166,T/C;171,T/C;

AMPL3507817    38,A;87,C;96,A;102,G;116,T;166,T;183,T;186,A;188,G;

AMPL3507818    8,A;37,A;40,T;41,G;49,A/T;55,G/T;56,A/G;57,T/G;100,A/G;104,T/G; 108,C/T;113,G;118,T;

AMPL3507819    87,A;97,C;139,G;155,T;

AMPL3507821    41,G;45,A;59,A;91,G;141,G;144,C;

AMPL3507822    1,G;8,A;11,T/A;70,C;94,C;108,G/A;

AMPL3507823    11,C;110,A;123,A;

AMPL3507824    3,A/G;56,G;65,G/A;68,C/T;117,C/T;

AMPL3507826    55,T;61,C;74,T;98,C;122,G;129,G;139,A;180,C;

AMPL3507827    9,T;48,A;65,G;77,C;95,T;124,T;132,T;135,G;140,G;

AMPL3507828    73,G/T;107,A/G;109,G;143,T;159,G;

AMPL3507829    6,T;14,A;56,G;70,G;71,A;127,A;

AMPL3507831    7,C;16,T;19,C;66,T;75,G;88,C;113,C;130,T;140,G;164,T;

AMPL3507832    23,C;59,A/G;78,G;116,T;

AMPL3507833    26,T;30,G;49,G;69,T;75,A;97,A;132,T;

AMPL3507834    126,T;145,G;

AMPL3507835    12,G;38,G;93,A;98,G;99,T;129,C;150,T;

AMPL3507836    8,G/A;32,C/T;40,T/G;44,A/G;63,T;71,G/A;113,C/T;142,G/A;

AMPL3507837    1,A;5,G;6,T;7,C;24,T;30,C;59,C;66,C;67,C;78,A;79,A;80,A;111,T; 139,G;164,A;

AMPL3507838    3,A;15,A;20,G;23,G;50,A/G;52,A;59,C;64,C;78,G;

AMPL3507839    59,G;114,T;151,C;

AMPL3507840　77,G;

AMPL3507841　13,C;14,A;34,G;60,G;99,G;

AMPL3507842　13,T;17,T;20,T;64,C;97,A;144,C;158,A;159,G;163,T;

AMPL3507844　2,C/T;6,G;26,T/C;35,T/C;63,A/G;65,A;68,G/T;96,C;97,C;119,T;130,A;137,A/G;158,T;

AMPL3507845　57,G;161,G;

AMPL3507846　5,A;21,A;24,G;26,A;94,G;112,A;127,G;128,A;149,G;175,A;

AMPL3507848　38,A;78,C;

AMPL3507849　16,A;19,C;23,T;24,A;33,G;35,A;39,G;68,C;72,G;74,T;97,T;128,T;134,A;142,C;144,T;157,A;

AMPL3507851　61,C;91,T;92,G;131,A;151,G;154,G;162,G;165,G;166,A;168,G;

AMPL3507852　8,A;26,C/G;33,T/G;43,A;56,C;62,T;93,C;124,G;

AMPL3507853　2,T;71,G;88,T;149,G;180,C;193,A;

AMPL3507854　34,C/T;36,G;37,T/C;44,G/T;55,A;70,C/A;84,A/C;92,A/G;99,T;102,T;110,T;112,T;114,T;126,C/A;139,C/T;153,T;158,A/T;164,C/A;170,C;171,G;174,A;177,G/A;180,C/A;181,T/C;187,C;188,G;192,T;

AMPL3507855　26,C;36,C;90,T;

AMPL3507856　11,A;92,C;102,C;

AMPL3507857　33,A;70,C;82,A;123,T;

AMPL3507858　26,T;45,G;84,C/T;143,G;152,G;176,C;

AMPL3507860　30,A/G;97,C/T;101,G/T;128,G/A;176,T/C;

AMPL3507861　28,T/C;43,A/G;69,C/G;93,C;105,G/T;124,T/C;128,T/A;

AMPL3507862　2,A;4,C;63,G;83,C;88,C;106,C;115,C;124,A;154,C;

AMPL3507863　13,A;45,C;69,A/G;145,A/T;177,A/G;

AMPL3507864　17,T/C;95,G/A;120,T;

AMPL3507865　19,C/T;21,T/A;35,A;43,G/A;56,A;57,T/C;75,C/T;85,G/C;100,G;101,T/C;116,C;127,C;161,C/T;171,G/A;172,T;

AMPL3507866　8,T;66,C;74,C;147,A;172,T;

AMPL3507867　21,C/T;27,G;38,T/C;45,T/C;54,C;88,C;93,T/C;112,C;122,A/G;132,G;

AMPL3507868　45,T;51,G;108,C;166,C;186,G;

AMPL3507871　7,T/C;95,C/G;115,T/G;144,C/T;

AMPL3507872　10,C/T;52,G;131,T;132,C/T;

AMPL3507873　13,T;38,T;39,C;54,A;59,A;86,T;

AMPL3507874　2,T/C;31,A/C;97,T;99,T;105,G;108,T;122,C/T;161,G/A;

AMPL3507877　12,G;24,G;27,T;28,G;34,G;39,G;46,A;68,A;70,A;90,A;110,T;126,C;134,A;

AMPL3507878　8,T;10,A;37,G;59,A;73,G;77,G;78,G;90,C;91,T;103,G;115,T;130,C;

AMPL3507879　50,A;90,C;91,C;116,C;127,T;134,G;143,G;155,G;163,C;169,A;181,C;

AMPL3507880　66,T;105,A;124,A;

AMPL3507883　20,C;31,T;68,C;74,G;84,C;104,T;142,T;144,G;

AMPL3507885　36,C;51,A;54,G;65,G;66,G;71,C;78,C;110,G;112,C;115,G;124,G;131,T;135,G;146,A;

AMPL3507886    41,A;47,T;81,C;91,C;99,A;125,A/T;

AMPL3507887    2,T;35,C;45,G/A;62,C;65,A/G;92,G/A;101,C/GTG;

AMPL3507888    4,C/T;50,A/G;65,G/A;70,A/C;79,A;82,C;94,G;100,G;107,G/A;133,C/T;

AMPL3507889    34,C/T;111,G/A;154,A;159,G;160,G;

AMPL3507890    19,T;26,C;33,G;60,A;139,T;

AMPL3507891    29,A;61,C;

AMPL3507892    23,A;28,A;55,A;69,A;72,A;122,T;136,G;180,G;181,A;

AMPL3507893    42,A/T;51,C/T;77,T;140,T/G;147,C/T;161,G/A;177,A/T;197,G/C;

AMPL3507894    165,G;182,G;

AMPL3507895    65,A;92,C;141,T/G;

AMPL3507896    6,T;32,C;77,T/A;85,T/A;107,C;126,G/C;135,T;

AMPL3507898    133,T;152,G;

AMPL3507899    1,G;29,T/C;39,C/T;55,C;108,G/T;115,A;125,C;140,C/A;

AMPL3507900    23,G/A;62,G/A;63,A/G;73,T;86,C/T;161,T/C;183,A/G;190,G/A;

AMPL3507901    68,T;98,A;116,C/A;

AMPL3507902    38,C;57,G;65,C;66,G;92,T;104,A;118,A;176,G;

AMPL3507903    101,G;105,G;121,C;161,C;173,T;

AMPL3507904    3,C;5,C;13,G/A;54,C;83,G/T;85,C;92,T/C;104,C;147,A;182,G;

AMPL3507906    7,T;9,G;30,G;41,A;42,A;48,T;69,G;71,A;78,G;88,A;91,G;108,A;115,G;122,A;126,A;141,A;

AMPL3507909    2,A;9,C;13,G/A;15,C;28,G;32,T;34,A;53,T;84,C;97,C;99,C/A;135,G/C;148,G/T;150,T;

AMPL3507910    33,C;105,G;129,A;164,G;

AMPL3507911    33,G;34,C;49,C;50,G;71,G;77,C;89,A;92,G;126,G;130,C;133,C;134,A;151,A;173,G;180,A;181,T;185,C;189,C;190,G;196,C;200,C;

AMPL3507912    19,T;33,T/A;38,A;43,T;46,G/A;71,G/C;73,A/T;108,A;124,A/T;126,G;132,A;143,C;160,T;

AMPL3507913    21,T;58,T;90,C/T;107,A;109,T/A;111,T/A;113,G/A;128,A;134,G;

AMPL3507914    37,C/G;52,G;56,T/A;64,G/T;115,T/C;

AMPL3507915    22,A/G;31,C/T;39,T/C;51,C/T;52,T/C;59,A/G;66,T/C;87,A/G;99,A/G;103,C/T;128,T/C;134,A/C;135,A/T;138,A/G;159,G/T;

AMPL3507916    24,A;31,T;43,T;49,G;90,G;110,T;132,A;160,A;170,G;174,G;

AMPL3507918    15,A;63,A;72,G;76,T;86,C;87,G;90,A;129,G;

AMPL3507919    10,G;22,G;34,T;64,T;74,A;105,G;114,G;133,C;153,T;169,G;184,C;188,A;

AMPL3507920    18,A;24,A;32,A;67,T;74,C;

AMPL3507921    7,C;30,G;38,G;43,A;182,G;

AMPL3507922    146,C;

AMPL3507923    69,T;79,T;125,T;140,C;144,T;152,G;

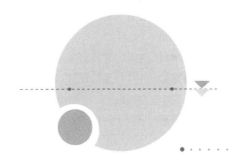

# 地 5-1

AMPL3507571  6,T/G;10,T/G;18,C;19,T/C;20,G/A;30,G/A;37,A/T;40,T;

AMPL3507806  31,T;55,C;136,A;139,G;158,A;

AMPL3507807  28,C/A;31,G/C;89,T/C;96,A/G;129,C/A;

AMPL3507808  75,A;114,C;124,T;132,T;134,G;139,G;171,C;172,T;

AMPL3507809  45,G;47,C;49,A;65,C;76,C;81,T;91,A;115,A;

AMPL3507810  33,C;53,C;74,G;90,C/T;98,A/G;154,G;

AMPL3507811  30,G/C;97,A;104,G;

AMPL3507812  6,T/C;53,T/C;83,C/T;90,A/T;109,C/A;113,T/A;154,C/T;155,C;

AMPL3507813  14,T;86,G;127,A;

AMPL3507814  63,G/A;67,G;70,G/T;72,A;94,A;119,G;134,C;157,G;

AMPL3507815  9,A;155,A;163,A;

AMPL3507816  93,A;105,C;150,G;166,T;171,T;

AMPL3507817  38,G;87,G;96,C;102,A;116,C;166,T;183,C;186,G;188,G;

AMPL3507818  8,A;37,A;40,T;41,G;49,A/T;55,G/T;56,A/G;57,T/G;100,A/G;104,T/G;
108,C/T;113,G;118,T;

AMPL3507819  87,G/A;97,C;139,A/G;155,C/T;

AMPL3507821  41,C/G;45,G/A;59,T/A;91,G;141,A/G;144,C;

AMPL3507822  1,G;8,A;11,A;70,C;94,T/C;108,A;

AMPL3507823  11,T/C;110,C/A;123,G/A;

AMPL3507824  3,G/A;56,G;65,G;68,C;117,C;

AMPL3507826  55,C/T;61,C;74,T;98,T/C;122,A/G;129,G;139,G/A;180,T/C;

AMPL3507827  9,T/C;48,A;65,G/T;77,C/T;95,T;124,T;132,T/C;135,G/A;140,G/A;

AMPL3507828  73,T;107,G;109,G;143,T;159,G;

AMPL3507831  7,C;16,T/C;19,C;66,T/C;75,G/A;88,C/T;113,C/T;130,T/G;140,G/C;
164,T;

AMPL3507832  23,T;59,A;78,C;116,C/T;

AMPL3507833  26,T;30,G;49,G;69,T;75,A;97,A;132,T;

AMPL3507834  126,T/C;145,G/A;

AMPL3507835  12,A;38,T;93,T;98,C;99,G;129,A;150,A;

AMPL3507836  8,G;32,C;40,T;44,A;63,T;71,G;113,C;142,G;

AMPL3507837  1,A;5,G;6,T;7,C;24,T;30,C;59,C;66,C;67,C;78,A;79,A;80,A;111,T;
139,G;164,A;

AMPL3507838  3,A;15,A;20,G;23,G;50,G/A;52,A;59,C;64,C;78,G;

AMPL3507839  59,G/C;114,T/C;151,C/T;

AMPL3507840　77,G;

AMPL3507841　13,C/T;14,A/G;34,G/A;60,G/T;99,G;

AMPL3507842　13,C;17,C/T;20,A/T;64,C/T;97,A/G;144,C/T;158,A/C;159,G/T;163, T/A;

AMPL3507844　2,T;6,G;26,C;35,C;63,G;65,A;68,T;96,C;97,C;119,T;130,A;137,G; 158,T;

AMPL3507845　57,A/G;161,A/G;

AMPL3507846　5,A;21,A;24,G;26,A;94,G;112,A;127,G;128,A;149,G;175,A;

AMPL3507848　38,A/G;78,C/A;

AMPL3507849　16,A/C;19,C/A;23,T/C;24,A/G;33,G;35,A/G;39,G/T;68,C/G;72,G/T; 74,T/G;97,T;128,T/G;134,A/G;142,C;144,T;157,A/G;

AMPL3507851　61,T;91,T;92,G;131,G/A;151,G/A;154,C/A;162,C/G;165,G;166,A/T; 168,G/C;

AMPL3507852　8,A;26,C/G;33,T/G;43,A;56,T/C;62,C/T;93,G/C;124,A/G;

AMPL3507853　2,A;71,A;88,C;149,C;180,T;193,T;

AMPL3507854　34,C/T;36,G;37,T/C;44,G;55,A;70,C/A;84,A;92,A/G;99,T;102,T/G; 110,T/C;112,T/A;114,T/G;126,C/A;139,C/T;153,T/C;158,A/T;164,C/ A;170,C/G;171,G/A;174,A/G;177,G/T;180,C;181,T;187,C;188,G/T;192, T/C;

AMPL3507855　26,C/T;36,C/T;90,T/C;

AMPL3507856　11,A/G;92,C/T;102,C/T;

AMPL3507857　33,A/G;70,C;82,A;123,T/C;

AMPL3507858　26,T/G;45,G/T;84,T/C;143,G/A;152,G/A;176,C/A;

AMPL3507860　30,G;97,T;101,T;128,A;176,C;

AMPL3507861　28,C/T;43,G/A;69,G/C;93,C;105,T/G;124,C/T;128,A/T;

AMPL3507862　2,A;4,G;63,G/A;83,C;88,C/T;106,T;115,T/C;124,A/C;154,T;

AMPL3507863　13,A;45,C;69,G/A;145,T/A;177,G/A;

AMPL3507864　17,T/C;95,G;120,C/T;

AMPL3507865　19,C;21,T;35,A;43,G;56,C;57,C;75,C;85,G;100,C;101,T;116,A;127,G; 161,T;171,A;172,C;

AMPL3507867　21,C/T;27,G;38,T/C;45,T/C;54,C;88,C;93,T/C;112,C;122,A/G;132,G;

AMPL3507868　45,T;51,G;108,C;166,C;186,G;

AMPL3507871　7,C;95,G;115,G;144,T;

AMPL3507872　10,T;52,G;131,T;132,T;

AMPL3507873　13,C;38,T;39,T;54,G;59,A;86,G;

AMPL3507874　2,T;31,A;97,T;99,T;105,G;108,T/C;122,C;161,G/A;

AMPL3507876　96,C;114,G/C;144,A/G;178,C;

AMPL3507877　12,T/TAT;24,A/G;27,T/A;28,A/G;34,C;39,A;46,T;68,C;70,A/G;90,G/ A;110,G;126,C;134,A/C;

AMPL3507878　8,C;10,A;37,A;59,G;73,T;77,G;78,G;90,T;91,C;103,G;115,C;130,C;

AMPL3507879　50,A/G;90,C;91,C;116,C;127,G;134,C;143,C/G;155,T/G;163,T;169,A/ G;181,T;

AMPL3507880　66,C/T;105,A/C;124,A/G;

AMPL3507881　84,T/C;122,G/T;

AMPL3507882　40,G;43,A;61,T;

AMPL3507883　20,T;31,T;68,C;74,G;84,A;104,T;142,T;144,G;

AMPL3507885　36,C;51,A;54,G/A;65,G/C;66,G/T;71,C/T;78,C/T;110,G/A;112,C/T;
115,G/A;124,G/T;131,T/A;135,G/A;146,A/G;

AMPL3507886　41,A;47,T;81,C;91,C;99,A;125,T;

AMPL3507887　2,T;35,C;45,A/G;62,C;65,G/A;92,A/G;101,GTG/C;

AMPL3507888　4,T;50,G;65,A;70,C;79,A;82,C;94,G;100,G;107,A;133,T;

AMPL3507889　34,T;111,A;154,A;159,G;160,G;

AMPL3507890　19,C;26,T;33,A;60,G;139,C;

AMPL3507891　29,A/C;61,T;

AMPL3507892　23,A;28,G/A;55,G/A;69,G/A;72,G/A;122,T;136,A/G;180,A/G;181,
T/A;

AMPL3507893　42,T/A;51,T/C;77,T;140,G/T;147,T/C;161,A/G;177,T/A;197,C/G;

AMPL3507894　165,G;182,G;

AMPL3507895　65,A;92,T;141,T;

AMPL3507896　6,T;32,C;77,A/T;85,A/T;107,C;126,C/G;135,T;

AMPL3507897　1,C;7,G;9,C;31,C;91,C;104,T;123,A;132,T;

AMPL3507898　133,T/G;152,G/A;

AMPL3507899　1,G;29,C/T;39,T;55,C/A;108,T/G;115,A/G;125,C/T;140,C;

AMPL3507900　23,G/A;62,G/A;63,A/G;73,T;86,C/T;161,T/C;183,A/G;190,G/A;

AMPL3507901　68,T/C;98,A/G;116,A;

AMPL3507902　38,A/C;57,A;65,C;66,G;92,A;104,C;118,T;176,G;

AMPL3507904　3,T;5,C;13,G;54,T/C;83,G;85,T/C;92,C;104,T/C;147,G/A;182,G;

AMPL3507906　7,T;9,G;30,G;41,A/C;42,A;48,T;69,G;71,A;78,G;88,A;91,G;108,A;
115,G/C;122,A;126,A;141,A/G;

AMPL3507907　5,G;25,G;26,G;32,G;34,C;35,T;36,G;37,G;46,G;47,C;49,A;120,G;

AMPL3507909　2,A;9,C;13,A;15,C;28,G;32,T;34,A;53,T;84,C;97,C;99,A;135,C;148,T;
150,T;

AMPL3507910　33,T;105,A;129,C;164,A;

AMPL3507911　33,G;34,C;49,C;50,G;71,G;77,C;89,A;92,G;126,G;130,T;133,C;134,A;
151,A;173,G;180,A;181,C;185,C;189,C;190,G;196,C;200,C;

AMPL3507912　19,C/T;33,T;38,G/A;43,C/T;46,A/G;71,G/C;73,A;108,A;124,A/T;126,
G;132,A;143,C;160,T;

AMPL3507913　21,A;58,C;90,C;107,A;109,T;111,T;113,G;128,A;134,G;

AMPL3507914　37,C/G;52,G;56,T/A;64,G/T;115,T/C;

AMPL3507915　22,A/G;31,C;39,T;51,C;52,T;59,A;66,T;87,A;99,A/G;103,C;128,T;
134,A/C;135,A;138,A;159,G;

AMPL3507916　24,G/A;31,C/T;43,C/T;49,T/G;90,A/G;110,A/T;132,C/A;160,A;170,G;
174,A/G;

AMPL3507918　15,A/T;63,A;72,G;76,T;86,C;87,G/A;90,A;129,G;

**AMPL3507919** 10,G;22,G/T;34,T/C;64,T/G;74,A/G;105,G/A;114,G/A;133,C/T;153,T/G;169,G;184,C/T;188,A/T;

**AMPL3507920** 18,C;24,A;32,C;67,T;74,G;

**AMPL3507921** 7,C;30,G;38,G;43,A;182,G;

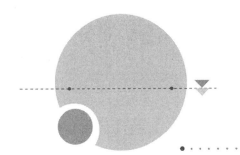

地 5-2

AMPL3507571   6,G;10,G;18,C;19,C;20,A;30,A;37,T;40,T;
AMPL3507806   31,T;55,C;136,A;139,G;158,A;
AMPL3507807   28,A/C;31,C/G;89,C/T;96,G/A;129,A/C;
AMPL3507808   75,A;114,C;124,T;132,T;134,G;139,G;171,C;172,T;
AMPL3507809   45,G;47,C;49,A;65,C;76,C;81,T;91,A;115,A;
AMPL3507810   33,C;53,C;74,G;90,T;98,G;154,G;
AMPL3507811   30,G;97,G/A;104,A/G;
AMPL3507812   6,C/T;53,C/T;83,T/C;90,T/A;109,A/C;113,A/T;154,T/C;155,C;
AMPL3507813   14,T;86,G;127,A;
AMPL3507814   63,G/A;67,G;70,G/T;72,A/G;94,A;119,G;134,C/T;157,G;
AMPL3507815   9,A;155,C/A;163,A;
AMPL3507816   93,G/A;105,G/C;150,A/G;166,C/T;171,C/T;
AMPL3507817   38,A/G;87,C/G;96,C;102,A;116,T/C;166,C/T;183,T/C;186,G;188,A/G;
AMPL3507818   8,A;37,A;40,T;41,G;49,T/A;55,T/G;56,G/A;57,G/T;100,G/A;104,G/T;
              108,T/C;113,G;118,T;
AMPL3507819   87,A;97,C;139,G;155,T;
AMPL3507821   41,C/G;45,G/A;59,T/A;91,G;141,A/G;144,C;
AMPL3507822   1,G;8,A;11,T/A;70,C;94,C;108,G/A;
AMPL3507823   11,C;110,A;123,A;
AMPL3507824   3,G;56,G;65,G/A;68,C/T;117,C/T;
AMPL3507826   55,C/T;61,C;74,T;98,T/C;122,A/G;129,G;139,G/A;180,T/C;
AMPL3507827   9,T/C;48,A;65,G/T;77,C/T;95,T;124,T;132,T/C;135,G/A;140,G/A;
AMPL3507828   73,T;107,G;109,G;143,T;159,G;
AMPL3507831   7,C;16,T/C;19,C;66,T/C;75,G/A;88,C/T;113,C/T;130,T/G;140,G/C;
              164,T;
AMPL3507832   23,T;59,A;78,C;116,C/T;
AMPL3507833   26,T;30,G;49,G;69,T;75,A;97,A;132,T;
AMPL3507834   126,T/C;145,G/A;
AMPL3507835   12,G/A;38,G/T;93,A/T;98,G/C;99,T/G;129,C/A;150,T/A;
AMPL3507836   8,A;32,T;40,G;44,G;63,T;71,A;113,T;142,A;
AMPL3507837   1,A;5,G;6,T;7,C;24,T;30,C;59,C;66,C;67,C;78,A;79,A;80,A;111,T;
              139,G;164,A;
AMPL3507838   3,A/G;15,A/G;20,G/A;23,G/A;50,A;52,A/G;59,C/A;64,C;78,G/T;
AMPL3507839   59,C/G;114,C/T;151,T/C;

AMPL3507840 77,C/G;

AMPL3507841 13,C/T;14,A/G;34,G/A;60,G/T;99,G;

AMPL3507842 13,C;17,C/T;20,A/T;64,C/T;97,A/G;144,C/T;158,A/C;159,G/T;163,
T/A;

AMPL3507844 2,T;6,G;26,C;35,C;63,G;65,A;68,T;96,C;97,C;119,T;130,A;137,G;
158,T;

AMPL3507845 57,A;161,A;

AMPL3507846 5,A;21,A;24,G;26,A;94,G;112,A;127,G/C;128,A/T;149,G;175,A/T;

AMPL3507849 16,T/C;19,C/A;23,T;24,A/G;33,G/A;35,A/G;39,G;68,C;72,G;74,T;97,
T/C;128,G;134,G;142,A/C;144,C/T;157,A;

AMPL3507850 2,A;16,C;35,A;39,G;60,C;93,C;110,G;114,C;125,C;128,A;130,C;

AMPL3507851 61,T;91,T;92,G;131,G/A;151,G/A;154,C/A;162,C/G;165,G;166,A/T;
168,G/C;

AMPL3507852 8,A;26,G;33,G;43,A;56,C;62,T;93,C;124,G;

AMPL3507853 2,A;71,A;88,C;149,C;180,T;193,T;

AMPL3507854 34,T/C;36,G;37,C/T;44,G;55,A;70,A/C;84,A;92,G/A;99,T;102,G/T;
110,C/T;112,A/T;114,G/T;126,A/C;139,T/C;153,C/T;158,T/A;164,A/
C;170,G/C;171,A/G;174,G/A;177,T/G;180,C;181,T;187,C;188,T/G;192,
C/T;

AMPL3507855 26,C/T;36,C/T;90,T/C;

AMPL3507856 11,A/G;92,C/T;102,C/T;

AMPL3507857 33,A/G;70,C;82,A;123,T/C;

AMPL3507858 26,G/T;45,T/G;84,C;143,A/G;152,A/G;176,A/C;

AMPL3507860 30,G;97,T;101,T;128,A;176,C;

AMPL3507861 28,T;43,A;69,C;93,C;105,G;124,T;128,T;

AMPL3507862 2,A;4,G;63,G/A;83,C;88,C/T;106,T;115,T/C;124,A/C;154,T;

AMPL3507863 13,G/A;45,G/C;69,A/G;145,A/T;177,A/G;

AMPL3507864 17,T/C;95,G;120,C/T;

AMPL3507865 19,C;21,T;35,A;43,G;56,A/C;57,T/C;75,C;85,G;100,G/C;101,T;116,C/
A;127,C/G;161,C/T;171,G/A;172,T/C;

AMPL3507867 21,C/T;27,G;38,T/C;45,T/C;54,C;88,C;93,T/C;112,C;122,A/G;132,G;

AMPL3507868 45,T;51,G;108,C;166,C;186,G;

AMPL3507871 7,C;95,G;115,G;144,T;

AMPL3507872 10,T/C;52,G;131,T;132,T/C;

AMPL3507873 13,C;38,T;39,T;54,G;59,A;86,G;

AMPL3507874 2,T;31,A;97,T;99,T;105,G;108,C;122,C;161,A;

AMPL3507875 44,G;45,G;68,G;110,T/G;125,G/A;137,A/G;151,A;184,T/C;

AMPL3507876 96,C;114,G/C;144,A/G;178,C;

AMPL3507877 12,T;24,A;27,T;28,A;34,C;39,A;46,T;68,C;70,A;90,G/A;110,G;126,C;
134,A/C;

AMPL3507878 8,T/C;10,G/A;37,G/A;59,G;73,T;77,A/G;78,A/G;90,C/T;91,C;103,A/
G;115,C;130,C;

AMPL3507879　50,A;90,C;91,C;116,C;127,T/G;134,G/C;143,G/C;155,G/T;163,C/T;169,A;181,C/T;

AMPL3507880　66,T;105,A/C;124,A/G;

AMPL3507881　84,T;122,G;

AMPL3507882　40,G;43,A;61,T;

AMPL3507883　20,T;31,T;68,C/T;74,G;84,A;104,T;142,T;144,G;

AMPL3507885　36,C;51,A;54,G/A;65,G/C;66,G/T;71,C/T;78,C/T;110,G/A;112,C/T;115,G/A;124,G/T;131,T/A;135,G/A;146,A/G;

AMPL3507886　41,G/A;47,C/T;81,G/C;91,T/C;99,G/A;125,A/T;

AMPL3507887　2,T;35,C;45,G;62,C;65,A;92,G;101,C;

AMPL3507888　4,C/T;50,A/G;65,A;70,C;79,T/A;82,T/C;94,A/G;100,A/G;107,T/A;133,T;

AMPL3507889　34,T;111,A;154,A;159,A;160,T;

AMPL3507890　19,T;26,C;33,G;60,A;139,T;

AMPL3507891　29,A;61,T/C;

AMPL3507892　23,A;28,A;55,A;69,A;72,A;122,T;136,G;180,G;181,A;

AMPL3507893　42,T/A;51,T/C;77,T;140,G/T;147,T/C;161,A/G;177,T/A;197,C/G;

AMPL3507894　165,G;182,G;

AMPL3507895　65,A;92,T;141,T;

AMPL3507896　6,T;32,C;77,T/A;85,T/A;107,C;126,G/C;135,T;

AMPL3507897　1,A;7,A;9,G;31,T;91,T;104,C;123,G;132,G;

AMPL3507898　133,T/G;152,G/A;

AMPL3507899　1,G;29,C/T;39,T;55,C/A;108,T/G;115,A/G;125,C/T;140,C;

AMPL3507900　23,A;62,A;63,G;73,T;86,T;161,C;183,G;190,A;

AMPL3507901　68,T;98,A;116,C/A;

AMPL3507902　38,C;57,A/G;65,C;66,G;92,A/T;104,C/A;118,T/A;176,G;

AMPL3507903　101,A;105,A;121,A;161,C;173,T;

AMPL3507904　3,T;5,C;13,G;54,C/T;83,G;85,C/T;92,C;104,C/T;147,A/G;182,G;

AMPL3507909　2,A;9,C;13,A;15,C;28,G;32,T;34,A;53,T;84,C;97,C;99,A;135,C;148,T;150,T;

AMPL3507910　33,T;105,A;129,C;164,A;

AMPL3507911　33,G;34,C;49,C;50,G;71,G;77,C;89,A;92,G;126,G;130,T;133,C;134,A;151,A;173,G;180,A;181,C;185,C;189,C;190,G;196,C;200,C;

AMPL3507912　19,T;33,A/T;38,A;43,T;46,A;71,C;73,T;108,A;124,T;126,G;132,A;143,C;160,T;

AMPL3507913　21,A/T;58,C/T;90,C/T;107,A;109,T/A;111,T/A;113,G/A;128,A;134,G;

AMPL3507914　37,C;52,G;56,T;64,G;115,T;

AMPL3507915　22,G;31,T/C;39,C/T;51,T/C;52,C/T;59,G/A;66,C/T;87,G/A;99,G;103,T/C;128,C/T;134,C;135,T/A;138,G/A;159,T/G;

AMPL3507916　24,G;31,C;43,C;49,T;90,A;110,A;132,C;160,A;170,G;174,A;

AMPL3507918　15,A/T;63,A;72,G;76,T;86,C;87,G/A;90,A;129,G;

**AMPL3507919**　10,G;22,G;34,T;64,T;74,A;105,G;114,G;133,C;153,T;169,G;184,C;
188,A;

**AMPL3507920**　18,C;24,A;32,C;67,T;74,G;

**AMPL3507921**　7,C;30,G;38,G;43,A;182,G;

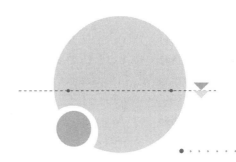

AMPL3507571 6,G;10,G;18,C;19,C;20,A;30,A;37,T;40,T;

AMPL3507806 31,T/A;55,C;136,C;139,T;158,A;

AMPL3507807 28,A;31,C;89,C;96,G;129,A;

AMPL3507808 75,A;114,C;124,T;132,T;134,G;139,G;171,C;172,T;

AMPL3507809 45,G;47,C;49,C/A;65,A/C;76,C;81,T;91,A;115,A;

AMPL3507810 33,C;53,C;74,G;90,T/C;98,G/A;154,G;

AMPL3507811 30,G/C;97,A;104,G;

AMPL3507812 6,T/C;53,T/C;83,C/T;90,A/T;109,C/A;113,T/A;154,C/T;155,C;

AMPL3507813 14,T;86,G;127,A;

AMPL3507814 63,G/A;67,G;70,G/T;72,A;94,A;119,G;134,C;157,G;

AMPL3507815 9,A;155,A;163,A;

AMPL3507816 93,G/A;105,G/C;150,A/G;166,C/T;171,C/T;

AMPL3507817 38,A/G;87,C/G;96,C;102,A;116,T/C;166,C/T;183,T/C;186,G;188,A/G;

AMPL3507818 8,A;37,A;40,T;41,G;49,T/A;55,T/G;56,G/A;57,G/T;100,G/A;104,G/T;
108,T/C;113,G;118,T;

AMPL3507819 87,A;97,C;139,G;155,T;

AMPL3507821 41,C/G;45,G/A;59,A;91,T/G;141,A/G;144,T/C;

AMPL3507822 1,G;8,A;11,A;70,C;94,T/C;108,A;

AMPL3507823 11,C/T;110,A/C;123,A/G;

AMPL3507824 3,G;56,G;65,G/A;68,C/T;117,C/T;

AMPL3507826 55,C;61,C/T;74,T/C;98,T/C;122,A/G;129,G/A;139,G;180,T;

AMPL3507827 9,C;48,A;65,T;77,T;95,T;124,T;132,C;135,A;140,A;

AMPL3507828 73,T;107,A/G;109,C/G;143,C/T;159,C/G;

AMPL3507831 7,C;16,T;19,C;66,T;75,G;88,C;113,C;130,T;140,G;164,T;

AMPL3507832 23,T;59,A;78,C;116,C;

AMPL3507833 26,T;30,G;49,A/G;69,T;75,A;97,A;132,T;

AMPL3507834 126,T/C;145,G/A;

AMPL3507835 12,A;38,T;93,T;98,C;99,G;129,A;150,A;

AMPL3507836 8,G;32,C;40,T;44,A;63,T;71,G;113,C;142,G;

AMPL3507837 1,A;5,G;6,T;7,C;24,T;30,C;59,C;66,C;67,C;78,A;79,A;80,A;111,T;
139,G;164,A;

AMPL3507838 3,G/A;15,G/A;20,A/G;23,A/G;50,A;52,G/A;59,A/C;64,C;78,T/G;

AMPL3507839 59,C/G;114,C/T;151,T/C;

AMPL3507840 77,G;

AMPL3507841 13,C/T;14,A/G;34,G/A;60,G/T;99,G;

AMPL3507842 13,C;17,C/T;20,A/T;64,C;97,A;144,C;158,A;159,G;163,T;

AMPL3507844 2,T;6,G;26,C;35,C;63,G;65,A;68,T;96,C;97,C;119,T;130,A;137,G;
158,T;

AMPL3507845 57,A/G;161,A/G;

AMPL3507846 5,A;21,A;24,G;26,A;94,G;112,A;127,G;128,A;149,G;175,A;

AMPL3507848 38,A;78,C;

AMPL3507849 16,A/C;19,C/A;23,T;24,A/G;33,G/A;35,A/G;39,G;68,C;72,G;74,T;97,
T/C;128,T/G;134,A/G;142,C;144,T;157,A;

AMPL3507850 2,A;16,C;35,A;39,G;60,C;93,C;110,G;114,C;125,C;128,A;130,C;

AMPL3507851 61,T;91,T;92,G;131,A;151,A;154,A;162,G;165,G;166,T;168,C;

AMPL3507852 8,A;26,G;33,G;43,A;56,C;62,T;93,C;124,G;

AMPL3507853 2,T;71,G;88,T;149,G;180,C;193,A;

AMPL3507854 34,C;36,G;37,T;44,G;55,A;70,C;84,A;92,A;99,T;102,T;110,T;112,T;
114,T;126,C;139,C;153,T;158,A;164,C;170,C;171,G;174,A;177,G;180,C;
181,T;187,C;188,G;192,T;

AMPL3507855 26,C/T;36,C/T;90,T/C;

AMPL3507856 11,A/G;92,C/T;102,C/T;

AMPL3507857 33,A/G;70,C;82,A;123,T/C;

AMPL3507858 26,G/T;45,T/G;84,C/T;143,A/G;152,A/G;176,A/C;

AMPL3507860 30,G;97,C/T;101,G/T;128,G/A;176,T/C;

AMPL3507861 28,T/C;43,A/G;69,C/G;93,C;105,G/T;124,T/C;128,T/A;

AMPL3507862 2,A;4,G/C;63,A/G;83,C;88,T/C;106,T/C;115,C;124,C/A;154,T/C;

AMPL3507863 13,A;45,C;69,G/A;145,T/A;177,G/A;

AMPL3507864 17,T/C;95,G;120,T;

AMPL3507865 19,C;21,T;35,A;43,G;56,A/C;57,T/C;75,C;85,G;100,G/C;101,T;116,C/
A;127,C/G;161,C/T;171,G/A;172,T/C;

AMPL3507866 8,T;66,G;74,T;147,C;172,T;

AMPL3507867 21,C;27,G;38,T;45,T;54,C;88,C;93,T;112,C;122,A;132,G;

AMPL3507868 45,C/T;51,G;108,T/C;166,T/C;186,G;

AMPL3507871 7,C;95,G;115,G;144,T;

AMPL3507872 10,T;52,G;131,T;132,T;

AMPL3507873 13,T;38,T;39,C;54,A;59,A;86,T;

AMPL3507874 2,T;31,A;97,T;99,T;105,G;108,C/T;122,C;161,A/G;

AMPL3507876 96,C;114,G;144,A;178,C;

AMPL3507877 12,G/TAT;24,G;27,T/A;28,G;34,G/C;39,G/A;46,A/T;68,A/C;70,A/G;
90,A;110,T/G;126,C;134,A/C;

AMPL3507878 8,C/T;10,A;37,A/G;59,G/A;73,T/G;77,G;78,G;90,T/C;91,C/T;103,G;
115,C/T;130,C;

AMPL3507879 50,A;90,C;91,C;116,C;127,T/G;134,G/C;143,G/C;155,G/T;163,C/T;169,
A;181,C/T;

AMPL3507880 66,C/T;105,A;124,A;

AMPL3507881  84,T/C;122,G/T;

AMPL3507882  40,G;43,A;61,T;

AMPL3507883  20,T;31,T;68,T;74,G;84,A;104,T;142,T;144,G;

AMPL3507885  36,C/G;51,A;54,G/A;65,G/N;66,G/N;71,C/N;78,C/N;110,G/A;112,C/
T;115,G/A;124,G/T;131,T/A;135,G/A;146,A/G;

AMPL3507886  41,G/A;47,C/T;81,G/C;91,T/C;99,G/A;125,A/T;

AMPL3507887  2,T;35,C;45,G;62,C;65,A;92,G;101,C;

AMPL3507888  4,T;50,G;65,A;70,C;79,A;82,C;94,G;100,G;107,A;133,T;

AMPL3507889  34,T;111,A;154,A;159,G;160,G;

AMPL3507890  19,C;26,T;33,A;60,G;139,C;

AMPL3507891  29,A/C;61,T;

AMPL3507892  23,A;28,G/A;55,G/A;69,G/A;72,G/A;122,T;136,A/G;180,A/G;181,
T/A;

AMPL3507893  42,T;51,T;77,T;140,G;147,T;161,A;177,T;197,C;

AMPL3507894  165,A/G;182,A/G;

AMPL3507895  65,A;92,C;141,G/T;

AMPL3507896  6,T;32,C;77,T/A;85,T/A;107,C;126,G/C;135,T;

AMPL3507897  1,A;7,A;9,G;31,T;91,T;104,C;123,G;132,G;

AMPL3507898  133,T/G;152,G/A;

AMPL3507899  1,G;29,C/T;39,T;55,C/A;108,T/G;115,A/G;125,C/T;140,A/C;

AMPL3507900  23,A;62,A;63,G;73,T;86,T;161,C;183,G;190,A;

AMPL3507901  68,C/T;98,G/A;116,A;

AMPL3507902  38,C;57,A/G;65,C;66,G;92,A/T;104,C/A;118,T/A;176,G;

AMPL3507903  101,A;105,A;121,A;161,C;173,T;

AMPL3507904  3,T/C;5,C;13,G/A;54,C;83,G/T;85,C;92,C;104,C;147,A;182,G;

AMPL3507906  7,T;9,G;30,G;41,A/C;42,A;48,T;69,G;71,A;78,G;88,A;91,G;108,A;
115,G/C;122,A;126,A;141,A/G;

AMPL3507907  5,G;25,G;26,G;32,G;34,C;35,T;36,G;37,G;46,G;47,C;49,A;120,G;

AMPL3507909  2,A;9,C;13,A;15,C;28,G;32,T;34,A;53,T;84,C;97,C;99,A;135,C;148,T;
150,T;

AMPL3507910  33,T;105,A;129,C;164,A;

AMPL3507911  33,G;34,C;49,C;50,G;71,G;77,C;89,A;92,G;126,G;130,T;133,C;134,A;
151,A;173,G;180,A;181,C;185,C;189,C;190,G;196,C;200,C;

AMPL3507912  19,T/C;33,T;38,A/G;43,T/C;46,G/A;71,C/G;73,A;108,A;124,T/A;126,
G;132,A;143,C;160,T;

AMPL3507913  21,T/A;58,T/C;90,T/C;107,A;109,A/T;111,A/T;113,A/G;128,A;134,G;

AMPL3507914  37,C;52,G;56,T;64,G;115,T;

AMPL3507915  22,G;31,T;39,C;51,T;52,C;59,G;66,C;87,G;99,G;103,T;128,C;134,C;
135,T;138,G;159,T;

AMPL3507916  24,A/G;31,T/C;43,T/C;49,G/T;90,G/A;110,T/A;132,A/C;160,A;170,G;
174,G/A;

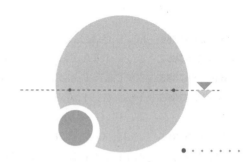

# 地 6-17

AMPL3507571   6,G;10,G;18,C;19,C;20,A;30,A;37,T;40,T;

AMPL3507806   31,A;55,C;136,C;139,T;158,A;

AMPL3507807   28,A/C;31,C/G;89,C/T;96,G/A;129,A/C;

AMPL3507808   75,A;114,C;124,T;132,T;134,G;139,G;171,C;172,T;

AMPL3507809   45,A/G;47,G/C;49,A;65,A/C;76,T/C;81,A/T;91,T/A;115,A;

AMPL3507810   33,C/T;53,C/T;74,G;90,C;98,A/G;154,G;

AMPL3507811   30,G;97,G/A;104,A/G;

AMPL3507812   6,T/C;53,T/C;83,C/T;90,A/T;109,C/A;113,T/A;154,C/T;155,C;

AMPL3507813   14,T;86,G;127,A;

AMPL3507814   63,G/A;67,G;70,G/T;72,A;94,A;119,G;134,C;157,G;

AMPL3507815   9,T/A;155,C/A;163,A;

AMPL3507816   93,G;105,G;150,A;166,C;171,C;

AMPL3507817   38,A;87,C;96,C;102,A;116,T;166,C;183,T;186,G;188,A;

AMPL3507818   8,A;37,A;40,T;41,G;49,A/T;55,G/T;56,A/G;57,T/G;100,A/G;104,T/G;
108,C/T;113,G;118,T;

AMPL3507819   87,A/G;97,C;139,G/A;155,T/C;

AMPL3507821   41,G;45,A;59,A;91,G;141,G;144,C;

AMPL3507822   1,G;8,A;11,T/A;70,C;94,C;108,G/A;

AMPL3507823   11,C;110,A;123,A;

AMPL3507824   3,G;56,G;65,G/A;68,C/T;117,C/T;

AMPL3507826   55,T/C;61,C/T;74,T/C;98,C;122,G;129,G/A;139,A/G;180,C/T;

AMPL3507827   9,C;48,A;65,T;77,T;95,T;124,T;132,C;135,A;140,A;

AMPL3507828   73,T;107,A/G;109,C/G;143,C/T;159,C/G;

AMPL3507829   6,T;14,T/A;56,A/G;70,A/G;71,T/A;127,A;

AMPL3507831   7,C;16,C;19,C;66,C;75,A;88,T;113,T;130,G;140,C;164,T;

AMPL3507832   23,T/C;59,A;78,C/G;116,C/T;

AMPL3507833   26,T;30,G;49,G/A;69,T;75,A;97,A;132,T;

AMPL3507834   126,T/C;145,G/A;

AMPL3507835   12,G/A;38,G/T;93,A/T;98,G/C;99,T/G;129,C/A;150,T/A;

AMPL3507836   8,G/A;32,C/T;40,T/G;44,A/G;63,T;71,G/A;113,C/T;142,G/A;

AMPL3507837   1,A;5,G;6,T;7,C;24,T;30,C;59,C;66,C;67,C;78,A;79,A;80,A;111,T;
139,G;164,A;

AMPL3507838   3,A/G;15,A/G;20,G/A;23,G/A;50,A;52,A/G;59,C/A;64,C;78,G/T;

AMPL3507839   59,G;114,T;151,C;

AMPL3507840     77,C/G;

AMPL3507841     13,T;14,G;34,A;60,T;99,G;

AMPL3507842     13,C;17,C;20,A;64,C;97,A;144,C;158,A;159,G;163,T;

AMPL3507844     2,T;6,G;26,C;35,C;63,G;65,A;68,T;96,C;97,C;119,T;130,A;137,G;
158,T;

AMPL3507845     57,A/G;161,A/G;

AMPL3507846     5,A;21,A;24,G;26,A;94,G;112,A;127,G;128,A;149,G;175,A;

AMPL3507848     38,A;78,C;

AMPL3507849     16,A;19,C;23,T;24,A;33,G;35,A;39,G;68,C;72,G;74,T;97,T;128,T;134,
A;142,C;144,T;157,A;

AMPL3507851     61,T;91,C/T;92,T/G;131,G/A;151,G/A;154,C/A;162,C/G;165,C/G;166,
A/T;168,G/C;

AMPL3507852     8,A;26,C/G;33,T/G;43,A;56,C;62,T;93,C;124,G;

AMPL3507853     2,T;71,G;88,T;149,G;180,C;193,A;

AMPL3507854     34,C;36,G;37,T;44,G;55,A;70,C;84,A;92,A;99,T;102,T;110,T;112,T;
114,T;126,C;139,C;153,T;158,A;164,C;170,C;171,G;174,A;177,G;180,C;
181,T;187,C;188,G;192,T;

AMPL3507855     26,C/T;36,C/T;90,T/C;

AMPL3507856     11,A/G;92,C/T;102,C/T;

AMPL3507857     33,G;70,C/G;82,A/T;123,C;

AMPL3507858     26,T/G;45,G/T;84,C;143,G/A;152,G/A;176,C/A;

AMPL3507860     30,G;97,C/T;101,G/T;128,G/A;176,T/C;

AMPL3507861     28,T;43,A;69,C;93,C;105,G;124,T;128,T;

AMPL3507862     2,A/C;4,C/G;63,G;83,C/T;88,C/T;106,C/T;115,C;124,A;154,C/T;

AMPL3507863     13,G/A;45,G/C;69,A/G;145,A/T;177,A/G;

AMPL3507864     17,C/T;95,G;120,T/C;

AMPL3507865     19,C;21,T;35,A;43,G;56,C;57,C;75,C;85,G;100,C;101,T;116,A;127,G;
161,T;171,A;172,C;

AMPL3507867     21,C;27,G;38,T;45,T;54,C;88,C;93,T;112,C;122,A;132,G;

AMPL3507868     45,C/T;51,G/A;108,T;166,T;186,G/A;

AMPL3507871     7,C;95,G;115,G;144,T;

AMPL3507872     10,C/T;52,G;131,T;132,C/T;

AMPL3507873     13,T/C;38,T;39,C/T;54,A/G;59,A;86,T/G;

AMPL3507874     2,C;31,C;97,T;99,T;105,G;108,T;122,T;161,A;

AMPL3507875     44,G;45,G;68,G/C;110,G/T;125,A;137,G;151,A;184,C/T;

AMPL3507876     96,C;114,G;144,A;178,C;

AMPL3507877     12,TAT/T;24,G/A;27,A/T;28,G/A;34,C;39,A;46,T;68,C;70,G/A;90,A;
110,G;126,C;134,C;

AMPL3507878     8,C;10,A;37,A;59,G;73,T;77,G;78,G;90,T;91,C;103,G;115,C;130,C;

AMPL3507879     50,G/A;90,C;91,C;116,C;127,G;134,C;143,G/C;155,G/T;163,T;169,G/
A;181,T;

AMPL3507880     66,C/T;105,A;124,A;

AMPL3507882 40,G;43,A;61,T;

AMPL3507883 20,T;31,T;68,C/T;74,G;84,A;104,T;142,T;144,G;

AMPL3507885 36,C/G;51,A;54,G/A;65,G/N;66,G/N;71,C/N;78,C/N;110,G/A;112,C/T;115,G/A;124,G/T;131,T/A;135,G/A;146,A/G;

AMPL3507886 41,G/A;47,C/T;81,G/C;91,T/C;99,G/A;125,A;

AMPL3507887 2,T;35,C;45,G;62,C;65,A/G;92,G/A;101,C/G;

AMPL3507888 4,C/T;50,A/G;65,A;70,C;79,T/A;82,T/C;94,A/G;100,A/G;107,T/A;133,T;

AMPL3507889 34,T;111,A;154,A;159,G;160,G;

AMPL3507890 19,T;26,C;33,G;60,A;139,T;

AMPL3507891 29,A;61,T/C;

AMPL3507892 23,A;28,A;55,A;69,A;72,A;122,T;136,G;180,G;181,A;

AMPL3507893 42,A;51,C;77,T;140,T;147,C;161,G;177,A;197,G;

AMPL3507894 165,A/G;182,A/G;

AMPL3507895 65,A;92,C;141,G/T;

AMPL3507896 6,T;32,C;77,A/T;85,A/T;107,C;126,C/G;135,T;

AMPL3507897 1,C;7,G;9,C;31,C;91,C;104,T;123,A;132,T;

AMPL3507898 133,T;152,G;

AMPL3507899 1,G;29,C;39,T;55,C;108,G/T;115,A;125,T/C;140,C/A;

AMPL3507900 23,G/A;62,G/A;63,A/G;73,T;86,C/T;161,T/C;183,A/G;190,G/A;

AMPL3507901 68,T;98,A;116,A;

AMPL3507902 38,C;57,A/G;65,C;66,G;92,A/T;104,C/A;118,T/A;176,G;

AMPL3507903 101,A;105,A;121,A;161,C;173,T;

AMPL3507904 3,T/C;5,C;13,G/A;54,C;83,G/T;85,C;92,C;104,C;147,A;182,G;

AMPL3507906 7,T;9,G;30,G;41,A;42,A;48,T;69,G;71,A;78,G;88,A;91,G;108,A;115,G;122,A;126,A;141,A;

AMPL3507909 2,A;9,C;13,A;15,C;28,G;32,T;34,A;53,T;84,C;97,C;99,A;135,C;148,T;150,T;

AMPL3507910 33,T;105,A;129,C;164,A;

AMPL3507911 33,G;34,C;49,C;50,G;71,G;77,C;89,A;92,G;126,G;130,C;133,C;134,A;151,A;173,G;180,A;181,T;185,C;189,C;190,G;196,C;200,C;

AMPL3507912 19,C/T;33,T;38,G/A;43,C/T;46,A/G;71,G/C;73,A;108,A;124,A/T;126,G;132,A;143,C;160,T;

AMPL3507913 21,T;58,T;90,T;107,A;109,A;111,A;113,A;128,A;134,G;

AMPL3507914 37,C/G;52,G;56,T/A;64,G/T;115,T/C;

AMPL3507915 22,G;31,T;39,C;51,T;52,C;59,G;66,C;87,G;99,G;103,T;128,C;134,C;135,T;138,G;159,T;

AMPL3507916 24,G/A;31,C/T;43,C/T;49,T;90,A;110,A/T;132,C;160,A/G;170,G/T;174,A;

AMPL3507918 15,T;63,A;72,G;76,T;86,C;87,A;90,A;129,G;

AMPL3507919 10,G;22,G/T;34,T/C;64,T/G;74,A/G;105,G/A;114,G/A;133,C/T;153,T/G;169,G;184,C/T;188,A/T;

AMPL3507920 18,C/A;24,A;32,C/A;67,T;74,G/C;

# 地 6-4

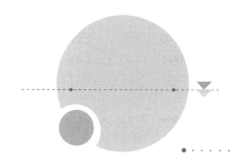

AMPL3507571    6,T/G;10,T/G;18,C;19,T/C;20,G/A;30,G/A;37,A/T;40,T;

AMPL3507806    31,T;55,C;136,A;139,G;158,A;

AMPL3507807    28,A/C;31,C/G;89,C/T;96,G/A;129,A/C;

AMPL3507808    75,A;114,C;124,T;132,T;134,G;139,G;171,C;172,T;

AMPL3507809    45,A;47,G;49,A;65,A;76,T;81,A;91,T;115,A;

AMPL3507810    33,T;53,T;74,G/A;90,C;98,G;154,G/A;

AMPL3507811    30,C/G;97,A/G;104,G/A;

AMPL3507812    6,C;53,C;83,T;90,T;109,A;113,A;154,T;155,C;

AMPL3507813    14,T;86,G;127,A;

AMPL3507814    63,A;67,G;70,T;72,A;94,A;119,G;134,C;157,G;

AMPL3507815    9,T;155,C;163,A;

AMPL3507816    93,G;105,G;150,A;166,C;171,C;

AMPL3507817    38,A;87,C;96,A/C;102,G/A;116,T;166,T/C;183,T;186,A/G;188,G/A;

AMPL3507818    8,A;37,A;40,T;41,A;49,T;55,T;56,A;57,G;100,G;104,T;108,C;113,G;
               118,T;

AMPL3507819    87,G;97,C;139,A;155,C;

AMPL3507821    41,C;45,G;59,A;91,T;141,A;144,T;

AMPL3507822    1,G/C;8,A;11,A;70,C;94,T/C;108,A;

AMPL3507823    11,T;110,C;123,G;

AMPL3507824    3,G;56,G;65,A;68,T;117,T;

AMPL3507826    55,T;61,C;74,T;98,C;122,G;129,G;139,A;180,C;

AMPL3507827    9,T/C;48,A;65,G/T;77,C/T;95,T;124,T;132,T/C;135,G/A;140,G/A;

AMPL3507828    73,G/T;107,A/G;109,G;143,T;159,G;

AMPL3507829    6,T;14,T/A;56,A/G;70,A/G;71,T/A;127,A;

AMPL3507831    7,C;16,C;19,C;66,C;75,A;88,T;113,T;130,G;140,C;164,T;

AMPL3507832    23,T/C;59,A;78,C/G;116,T;

AMPL3507833    26,T;30,T;49,G;69,G;75,A;97,C;132,A;

AMPL3507834    126,T;145,G;

AMPL3507835    12,G;38,G;93,A;98,G;99,T;129,C;150,T;

AMPL3507836    8,A;32,T;40,G;44,G;63,T;71,A;113,T;142,A;

AMPL3507837    1,A;5,G;6,T;7,C;24,T;30,C;59,C;66,C;67,C;78,A;79,A;80,A;111,T;
               139,G;164,A;

AMPL3507838    3,A/G;15,A/G;20,G/A;23,G/A;50,A;52,A/G;59,C/A;64,C;78,G/T;

AMPL3507839    59,C;114,C;151,T;

AMPL3507840 77,C/G；

AMPL3507841 13,C/T；14,G；34,G/A；60,G/T；99,A/G；

AMPL3507842 13,C；17,C/T；20,A/T；64,C/T；97,A/G；144,C/T；158,A/C；159,G/T；163, T/A；

AMPL3507844 2,T/C；6,G；26,C/T；35,C/T；63,G/A；65,A；68,T/G；96,C；97,C；119,T；130, A；137,G/A；158,T；

AMPL3507845 57,A/G；161,A/G；

AMPL3507846 5,A；21,A；24,G；26,A；94,G；112,A；127,C/G；128,T/A；149,G；175,T/A；

AMPL3507848 38,G；78,A；

AMPL3507849 16,T/C；19,C/A；23,T/C；24,A/G；33,G；35,A/G；39,G/T；68,C/G；72,G/T； 74,T/G；97,T；128,G；134,G；142,A/C；144,C/T；157,A/G；

AMPL3507850 2,A；16,C；35,A；39,G；60,C；93,C；110,G；114,C；125,C；128,A；130,C；

AMPL3507851 61,T；91,C/T；92,T/G；131,G；151,G；154,C；162,C；165,C/G；166,A；168,G；

AMPL3507852 8,A；26,C/G；33,T/G；43,A；56,T/C；62,C/T；93,G/C；124,A/G；

AMPL3507853 2,A/T；71,A/G；88,C/T；149,C/G；180,T/C；193,T/A；

AMPL3507854 34,C；36,G；37,T；44,G；55,A；70,C；84,A；92,A；99,T；102,T；110,T；112,T； 114,T；126,C；139,C；153,T；158,A；164,C；170,C；171,G；174,A；177,G；180,C； 181,T；187,C；188,G；192,T；

AMPL3507855 26,C；36,C；90,T；

AMPL3507856 11,A；92,C；102,C；

AMPL3507857 33,A/G；70,C；82,A；123,T/C；

AMPL3507858 26,G/T；45,T/G；84,C；143,A/G；152,A/G；176,A/C；

AMPL3507860 30,G；97,C/T；101,G/T；128,G/A；176,T/C；

AMPL3507861 28,T；43,A；69,C；93,C；105,G；124,T；128,T；

AMPL3507862 2,A；4,C/G；63,G；83,C；88,C；106,C/T；115,C/T；124,A；154,C/T；

AMPL3507863 13,A；45,C；69,G；145,T；177,G；

AMPL3507864 17,C/T；95,G；120,T；

AMPL3507865 19,T/C；21,A/T；35,A；43,A/G；56,A/C；57,C；75,T/C；85,C/G；100,G/C；101, C/T；116,C/A；127,C/G；161,T；171,A；172,T/C；

AMPL3507867 21,C/T；27,A/G；38,T/C；45,C；54,C；88,T/C；93,C；112,C；122,A/G；132, C/G；

AMPL3507868 45,C/T；51,G；108,T/C；166,T/C；186,G；

AMPL3507871 7,C/T；95,G/C；115,G/T；144,T/C；

AMPL3507872 10,C；52,G；131,T；132,C；

AMPL3507873 13,T；38,T；39,C；54,A；59,G/A；86,G/T；

AMPL3507874 2,T/C；31,A/C；97,T；99,T；105,G；108,T；122,C/T；161,G/A；

AMPL3507875 44,G；45,G；68,G；110,G/T；125,A/G；137,G/A；151,A；184,C/T；

AMPL3507876 96,C；114,C；144,G；178,C；

AMPL3507877 12,G/T；24,G/A；27,T；28,G/A；34,G/C；39,G/A；46,A/T；68,A/C；70,A；90, A；110,T/G；126,C；134,A/C；

AMPL3507878 8,T；10,A；37,G；59,A；73,G；77,G；78,G；90,C；91,T；103,G；115,T；130,C；

AMPL3507879 50,A；90,T/C；91,T/C；116,G/C；127,G/T；134,C/G；143,G；155,G；163,T/C；

169,G/A;181,T/C;

| | |
|---|---|
| AMPL3507880 | 66,T;105,A;124,A; |
| AMPL3507881 | 84,T;122,G; |
| AMPL3507882 | 40,G;43,A;61,T; |
| AMPL3507883 | 20,T/C;31,T;68,C;74,G;84,A/C;104,T;142,T;144,G; |
| AMPL3507885 | 36,C;51,A;54,G;65,G;66,G;71,C;78,C;110,G;112,C;115,G;124,G;131,T;135,G;146,A; |
| AMPL3507886 | 41,A;47,T;81,C;91,C;99,A;125,A/T; |
| AMPL3507887 | 2,T;35,C;45,G;62,C;65,A/G;92,G/A;101,C/G; |
| AMPL3507888 | 4,C/T;50,A/G;65,G/A;70,A/C;79,A;82,C;94,G;100,G;107,G/A;133,C/T; |
| AMPL3507889 | 34,T;111,G/A;154,C/A;159,G;160,G; |
| AMPL3507891 | 29,A;61,C; |
| AMPL3507892 | 23,A;28,A;55,A;69,A;72,A;122,T;136,G;180,G;181,A; |
| AMPL3507893 | 42,A/T;51,C/T;77,T;140,T/G;147,C/T;161,G/A;177,A/T;197,G/C; |
| AMPL3507894 | 165,A;182,A; |
| AMPL3507895 | 65,T/A;92,T/C;141,T; |
| AMPL3507896 | 6,T;32,C;77,T;85,T;107,C;126,G;135,T; |
| AMPL3507897 | 1,C;7,G;9,C;31,C;91,C;104,T;123,A;132,T; |
| AMPL3507898 | 133,T/G;152,G/A; |
| AMPL3507899 | 1,G;29,C;39,T;55,C;108,G/T;115,A;125,T/C;140,C/A; |
| AMPL3507900 | 23,G/A;62,G/A;63,A/G;73,T;86,C/T;161,T/C;183,A/G;190,G/A; |
| AMPL3507901 | 68,T/C;98,A/G;116,C/A; |
| AMPL3507902 | 38,C;57,A/G;65,C;66,A/G;92,A/T;104,C/A;118,T/A;176,A/G; |
| AMPL3507903 | 101,G;105,G;121,C;161,C;173,T; |
| AMPL3507904 | 3,C;5,C;13,G/A;54,C;83,G/T;85,C;92,T/C;104,C;147,A;182,G; |
| AMPL3507909 | 2,A;9,G/C;13,G;15,C;28,G;32,T;34,A;53,C/T;84,C;97,C;99,C;135,G;148,G;150,T; |
| AMPL3507910 | 33,C;105,G;129,A;164,G; |
| AMPL3507911 | 33,G;34,T;49,C;50,G;71,A;77,C;89,A;92,G;126,A;130,C;133,C;134,A;151,A;173,T;180,A;181,C;185,T;189,C;190,G;196,C;200,C; |
| AMPL3507912 | 19,C/T;33,T;38,G/A;43,C/T;46,A/G;71,G;73,A;108,A;124,A;126,G;132,A;143,C;160,T; |
| AMPL3507913 | 21,A;58,C;90,C;107,A;109,T;111,T;113,G;128,A;134,G; |
| AMPL3507914 | 37,G/C;52,G;56,A/T;64,T/G;115,C/T; |
| AMPL3507915 | 22,A;31,C;39,T;51,C;52,T;59,A;66,T;87,A;99,A;103,C;128,T;134,A;135,A;138,A;159,G; |
| AMPL3507916 | 24,A;31,T;43,T;49,T;90,A;110,T;132,C;160,G;170,T;174,A; |
| AMPL3507918 | 15,T;63,A;72,G;76,T;86,C;87,A;90,A;129,G; |
| AMPL3507919 | 10,G;22,G;34,T;64,T;74,A;105,G;114,G;133,C;153,T;169,G;184,C;188,A; |
| AMPL3507920 | 18,C;24,A;32,C;67,T;74,G; |

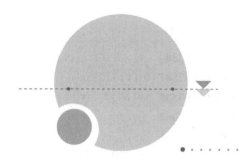

# 地 6-44

AMPL3507571  6,G;10,G;18,C;19,C;20,A;30,A;37,T;40,T;

AMPL3507806  31,A;55,C;136,C;139,T;158,A;

AMPL3507807  28,A/C;31,C/G;89,C/T;96,G/A;129,A/C;

AMPL3507808  75,A;114,C;124,T;132,T;134,G;139,G;171,C;172,T;

AMPL3507809  45,A/G;47,G/C;49,A;65,A/C;76,T/C;81,A/T;91,T/A;115,A;

AMPL3507810  33,C/T;53,C/T;74,G;90,C;98,A/G;154,G;

AMPL3507811  30,C/G;97,A;104,G;

AMPL3507812  6,T;53,T;83,C;90,A;109,C;113,T;154,C;155,A;

AMPL3507813  14,T;86,A/G;127,G/A;

AMPL3507814  63,G;67,G;70,G;72,A;94,A;119,G;134,C;157,G;

AMPL3507815  9,A;155,A/C;163,A;

AMPL3507816  93,A;105,C;150,G;166,T;171,T;

AMPL3507817  38,A/G;87,C/G;96,A/C;102,G/A;116,T/C;166,T;183,T/C;186,A/G;
188,G;

AMPL3507818  8,A;37,A;40,T;41,G;49,T/A;55,T/G;56,G/A;57,G/T;100,G/A;104,G/T;
108,T/C;113,G;118,T;

AMPL3507819  87,A;97,C;139,G;155,T;

AMPL3507821  41,C/G;45,G/A;59,T/A;91,G;141,A/G;144,C;

AMPL3507822  1,G;8,A;11,T;70,C;94,C;108,G;

AMPL3507823  11,C;110,A;123,A;

AMPL3507824  3,G;56,G;65,G;68,C;117,C;

AMPL3507826  55,T;61,C;74,T;98,C;122,G;129,G;139,A;180,C;

AMPL3507827  9,T/C;48,A;65,G/T;77,C/T;95,T;124,T;132,T/C;135,G/A;140,G/A;

AMPL3507828  73,T;107,G;109,G;143,T;159,G;

AMPL3507831  7,C;16,T;19,C/T;66,T/C;75,G/A;88,C/T;113,C;130,T/G;140,G;164,
T/G;

AMPL3507832  23,T/C;59,A;78,C/G;116,C/T;

AMPL3507833  26,T;30,G;49,G;69,T;75,A;97,A;132,T;

AMPL3507834  126,T;145,G;

AMPL3507835  12,G/A;38,G/T;93,A/T;98,G/C;99,T/G;129,C/A;150,T/A;

AMPL3507836  8,G/A;32,C/T;40,T/G;44,A/G;63,T;71,G/A;113,C/T;142,G/A;

AMPL3507837  1,G;5,A;6,C;7,C;24,A;30,T;59,C;66,T;67,C;78,G;79,G;80,A;111,C;
139,A;164,A;

AMPL3507838  3,A/G;15,A/G;20,G;23,G/A;50,A;52,A/G;59,C/A;64,C;78,G/T;

AMPL3507839　59,G/C;114,T/C;151,C/T;

AMPL3507840　77,C/G;

AMPL3507841　13,T;14,G;34,A;60,T;99,G;

AMPL3507842　13,C;17,C;20,A;64,C;97,A;144,C;158,A;159,G;163,T;

AMPL3507844　2,T;6,G;26,C;35,C;63,G;65,A;68,T;96,C;97,C;119,T;130,A;137,G;
158,T;

AMPL3507845　57,G/A;161,G/A;

AMPL3507846　5,A;21,A;24,G;26,A;94,G;112,A;127,C/G;128,T/A;149,G;175,T/A;

AMPL3507849　16,T;19,C;23,T;24,A;33,G;35,A;39,G;68,C;72,G;74,T;97,T;128,G;134,
G;142,A;144,C;157,A;

AMPL3507850　2,A;16,C;35,A;39,G;60,C;93,C;110,G;114,C;125,C;128,A;130,C;

AMPL3507851　61,T;91,C/T;92,T/G;131,G/A;151,G/A;154,C/A;162,C/G;165,C/G;166,
A/T;168,G/C;

AMPL3507852　8,A;26,G;33,G;43,A;56,C;62,T;93,C;124,G;

AMPL3507853　2,T;71,G;88,T;149,G;180,C;193,A;

AMPL3507854　34,T/C;36,G;37,C/T;44,G;55,A;70,A/C;84,A;92,G/A;99,T;102,G/T;
110,C/T;112,A/T;114,G/T;126,A/C;139,T/C;153,C/T;158,T/A;164,A/
C;170,G/C;171,A/G;174,G/A;177,T/G;180,C;181,T;187,C;188,T/G;192,
C/T;

AMPL3507855　26,T;36,T;90,C;

AMPL3507856　11,G;92,T;102,T;

AMPL3507857　33,G;70,G;82,T;123,C;

AMPL3507858　26,T/G;45,G/T;84,T/C;143,G/A;152,G/A;176,C/A;

AMPL3507860　30,G;97,C/T;101,G/T;128,G/A;176,T/C;

AMPL3507861　28,T;43,A;69,C;93,C;105,G;124,T;128,T;

AMPL3507862　2,C/A;4,G;63,G/A;83,T/C;88,T;106,T;115,C;124,A/C;154,T;

AMPL3507863　13,G;45,G;69,A;145,A;177,A;

AMPL3507864　17,C/T;95,A/G;120,T/C;

AMPL3507865　19,T/C;21,A/T;35,A;43,A/G;56,A/C;57,C;75,T/C;85,C/G;100,G/C;101,
C/T;116,C/A;127,C/G;161,T;171,A;172,T/C;

AMPL3507866　8,T;66,G;74,T;147,C;172,T;

AMPL3507867　21,T;27,G;38,C;45,C;54,C;88,C;93,C;112,C;122,G;132,G;

AMPL3507868　45,T;51,A;108,T;166,T;186,A;

AMPL3507871　7,C;95,G;115,G;144,T;

AMPL3507872　10,T;52,G;131,T;132,T;

AMPL3507873　13,T/C;38,T;39,C/T;54,A/G;59,A;86,T/G;

AMPL3507874　2,T;31,A;97,T;99,T;105,G;108,T;122,C;161,G;

AMPL3507875　44,G;45,A/G;68,G;110,G;125,A;137,G;151,A;184,C;

AMPL3507876　96,C;114,G;144,A;178,C;

AMPL3507877　12,T;24,A;27,T;28,A;34,C;39,A;46,T;68,C;70,A;90,G/A;110,G;126,C;
134,A/C;

AMPL3507878    8,T/C;10,G/A;37,G/A;59,G;73,T;77,A/G;78,A/G;90,C/T;91,C;103,A/G;115,C;130,C;

AMPL3507879    50,G/A;90,C/T;91,C/T;116,C/G;127,G;134,C;143,G;155,G;163,T;169,G;181,T;

AMPL3507880    66,C/T;105,A/C;124,A/G;

AMPL3507881    84,T/C;122,G/T;

AMPL3507882    40,G;43,A;61,T;

AMPL3507883    20,C/T;31,A/T;68,C/T;74,A/G;84,A;104,A/T;142,C/T;144,T/G;

AMPL3507886    41,G/A;47,C/T;81,G/C;91,T/C;99,G/A;125,A/T;

AMPL3507887    2,T;35,C;45,G;62,C;65,A;92,G;101,C;

AMPL3507888    4,C/T;50,A/G;65,A;70,C;79,T/A;82,T/C;94,A/G;100,A/G;107,T/A;133,T;

AMPL3507889    34,T;111,A;154,A;159,G;160,G;

AMPL3507890    19,T;26,C;33,G;60,A;139,T;

AMPL3507891    29,A;61,T/C;

AMPL3507893    42,T/A;51,T/C;77,T;140,G/T;147,T/C;161,A/G;177,T/A;197,C/G;

AMPL3507894    165,A/G;182,A/G;

AMPL3507895    65,A;92,C;141,T/G;

AMPL3507896    6,T;32,C;77,A;85,A;107,C;126,C;135,T;

AMPL3507897    1,C;7,G;9,C;31,C;91,C;104,T;123,A;132,T;

AMPL3507898    133,T;152,G;

AMPL3507899    1,G;29,C;39,T;55,C;108,T/G;115,A;125,C/T;140,C;

AMPL3507900    23,A;62,G/A;63,A/G;73,T;86,T;161,C;183,G;190,G/A;

AMPL3507901    68,T;98,A;116,C;

AMPL3507902    38,A/C;57,A;65,C;66,G;92,A;104,C;118,T;176,G;

AMPL3507903    101,A;105,A;121,A;161,C;173,T;

AMPL3507904    3,T;5,C;13,G;54,T/C;83,G;85,T/C;92,C;104,T/C;147,G/A;182,G;

AMPL3507909    2,A;9,G/C;13,G/A;15,C;28,G;32,T;34,A;53,C/T;84,C;97,C;99,C/A;135,G/C;148,G/T;150,T;

AMPL3507910    33,T;105,A;129,C;164,A;

AMPL3507911    33,G;34,C;49,C;50,G;71,G;77,C;89,A;92,G;126,G;130,T;133,C;134,A;151,A;173,G;180,A;181,C;185,C;189,C;190,G;196,C;200,C;

AMPL3507912    19,T;33,T/A;38,A;43,T;46,G/A;71,G/C;73,A/T;108,A;124,A/T;126,G;132,A;143,C;160,T;

AMPL3507913    21,T;58,T;90,C/T;107,A;109,T/A;111,T/A;113,G/A;128,A;134,G;

AMPL3507914    37,C/G;52,G;56,T/C;64,G/T;115,T/C;

AMPL3507915    22,G;31,T;39,C;51,T;52,C;59,G;66,C;87,G;99,G;103,T;128,C;134,C;135,T;138,G;159,T;

AMPL3507916    24,A;31,T;43,T;49,T/G;90,A/G;110,T;132,C/A;160,G/A;170,T/G;174,A/G;

AMPL3507918    15,T;63,A;72,G;76,T;86,C;87,A;90,A;129,G;

| | |
|---|---|
| **AMPL3507919** | 10,G;22,T;34,C;64,G;74,G;105,A;114,A;133,T;153,G;169,G;184,T; 188,T; |
| **AMPL3507920** | 18,C/A;24,A;32,C/A;67,T;74,G/C; |
| **AMPL3507921** | 7,C;30,G;38,G;43,A;182,G; |
| **AMPL3507923** | 69,A;79,C/T;125,C;140,T;144,C;152,T; |

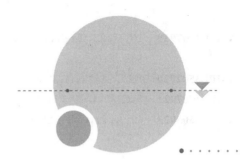

# 地 6-53

AMPL3507571　6,G/T;10,G/T;18,C;19,C/T;20,A/G;30,A/G;37,T/A;40,T;

AMPL3507806　31,T;55,C;136,A;139,G;158,A;

AMPL3507807　28,A/C;31,C/G;89,C/T;96,G/A;129,A/C;

AMPL3507808　75,A;114,C;124,T;132,T;134,G;139,G;171,C;172,T;

AMPL3507809　45,A/G;47,G/C;49,A;65,A/C;76,T/C;81,A/T;91,T/A;115,A;

AMPL3507810　33,C/T;53,C/T;74,G;90,T/C;98,G;154,G;

AMPL3507811　30,G;97,G;104,A;

AMPL3507812　6,C;53,C;83,T;90,T;109,A;113,A;154,T;155,C;

AMPL3507813　14,T;86,G;127,A;

AMPL3507814　63,A;67,G;70,T;72,A;94,A;119,G;134,C;157,G;

AMPL3507815　9,T;155,C;163,A;

AMPL3507816　93,G;105,G;150,A;166,C;171,C;

AMPL3507817　38,A;87,C;96,C;102,A;116,T;166,C;183,T;186,G;188,A;

AMPL3507818　8,A;37,A;40,T;41,G;49,T;55,T;56,G;57,G;100,G;104,G;108,T;113,G;
　　　　　　　118,T;

AMPL3507819　87,A/G;97,C;139,G/A;155,T/C;

AMPL3507821　41,G;45,A;59,A;91,G;141,G;144,C;

AMPL3507822　1,G;8,A;11,A;70,C;94,C;108,A;

AMPL3507823　11,C;110,A;123,A;

AMPL3507824　3,G/A;56,G;65,A/G;68,T/C;117,T/C;

AMPL3507826　55,T;61,C;74,T;98,C;122,G;129,G;139,A;180,C;

AMPL3507827　9,C;48,A;65,T;77,T;95,T;124,T;132,C;135,A;140,A;

AMPL3507828　73,T/G;107,G/A;109,G;143,T;159,G;

AMPL3507829　6,T;14,T;56,A;70,A;71,T;127,A;

AMPL3507831　7,C;16,C/T;19,C/T;66,C;75,A;88,T;113,T/C;130,G;140,C/G;164,T/G;

AMPL3507832　23,C;59,A/G;78,G;116,T;

AMPL3507833　26,T;30,G;49,G;69,T;75,A;97,A;132,T;

AMPL3507834　126,T;145,G;

AMPL3507835　12,G;38,G;93,A;98,G;99,T;129,C;150,T;

AMPL3507836　8,G;32,C;40,T;44,A;63,T;71,G;113,C;142,G;

AMPL3507837　1,A;5,G;6,T;7,C;24,T;30,C;59,C;66,C;67,C;78,A;79,A;80,A;111,T;
　　　　　　　139,G;164,A;

AMPL3507838　3,G;15,G;20,G/A;23,A;50,A;52,G;59,A;64,T/C;78,T;

AMPL3507839　59,C;114,C;151,T;

AMPL3507840　77,C/G;

AMPL3507841　13,T;14,G;34,A;60,T;99,G;

AMPL3507842　13,C;17,C/T;20,A/T;64,C/T;97,A/G;144,C/T;158,A/C;159,G/T;163,
T/A;

AMPL3507844　2,T;6,G;26,C;35,C;63,G;65,A;68,T;96,C;97,C;119,T;130,A;137,G;
158,T;

AMPL3507845　57,A;161,A;

AMPL3507846　5,A;21,A;24,G;26,A;94,G;112,A;127,G;128,A;149,G;175,A;

AMPL3507848　38,G;78,A;

AMPL3507849　16,C;19,A;23,C;24,G;33,G;35,G;39,T;68,G;72,T;74,G;97,T;128,G;134,
G;142,C;144,T;157,G;

AMPL3507850　2,A;16,C;35,A;39,G;60,C;93,C;110,G;114,C;125,C;128,A;130,C;

AMPL3507851　61,T;91,C/T;92,T/G;131,G;151,G;154,C;162,C;165,C/G;166,A;168,G;

AMPL3507852　8,A;26,C/G;33,T/G;43,A;56,T/C;62,C/T;93,G/C;124,A/G;

AMPL3507853　2,A/T;71,A/G;88,C/T;149,C/G;180,T/C;193,T/A;

AMPL3507854　34,T;36,G;37,C;44,G;55,A;70,A;84,A;92,G;99,T;102,G;110,C;112,A;
114,G;126,A;139,T;153,C;158,T;164,A;170,G;171,A;174,G;177,T;180,
C;181,T;187,C;188,T;192,C;

AMPL3507855　26,C/T;36,C/T;90,T/C;

AMPL3507856　11,A/G;92,C/T;102,C/T;

AMPL3507857　33,G/A;70,C;82,A;123,C/T;

AMPL3507858　26,T/G;45,G/T;84,T/C;143,G/A;152,G/A;176,C/A;

AMPL3507860　30,G;97,T;101,T;128,A;176,C;

AMPL3507861　28,T;43,A;69,C;93,C;105,G;124,T;128,T;

AMPL3507862　2,A;4,G/C;63,A/G;83,C;88,T/C;106,T/C;115,C;124,C/A;154,T/C;

AMPL3507863　13,G/A;45,G/C;69,A/G;145,A/T;177,A/G;

AMPL3507864　17,T/C;95,G/A;120,C/T;

AMPL3507865　19,T/C;21,A/T;35,A;43,A/G;56,A/C;57,C;75,T/C;85,C/G;100,G/C;101,
C/T;116,C/A;127,C/G;161,T;171,A;172,T/C;

AMPL3507866　8,T;66,G;74,T;147,C;172,T;

AMPL3507867　21,T;27,G;38,C;45,C;54,C;88,C;93,C;112,C;122,G;132,G;

AMPL3507868　45,C;51,G;108,T;166,T;186,G;

AMPL3507871　7,C;95,G;115,G/T;144,T;

AMPL3507872　10,C;52,G;131,T;132,C;

AMPL3507873　13,T;38,T;39,C;54,A;59,A;86,T;

AMPL3507874　2,C/T;31,C/A;97,T;99,T;105,G;108,T;122,T/C;161,A/G;

AMPL3507875　44,G;45,G/A;68,G;110,G;125,A;137,G;151,A;184,C;

AMPL3507876　96,C;114,G;144,A;178,C;

AMPL3507877　12,T/G;24,A/G;27,T;28,A/G;34,C/G;39,A/G;46,T/A;68,C/A;70,A;90,
G/A;110,G;126,C/G;134,A/C;

AMPL3507878　8,T;10,G;37,G;59,G;73,T;77,A;78,A;90,C;91,C;103,A;115,C;130,C;

AMPL3507879　50,A;90,T;91,T;116,G;127,G;134,C;143,G;155,G;163,T;169,G;181,T;

AMPL3507880    66,T;105,C/A;124,G/A;

AMPL3507881    84,T;122,G;

AMPL3507882    40,G;43,A;61,T;

AMPL3507883    20,T/C;31,T/A;68,C;74,G/A;84,A;104,T/A;142,T/C;144,G/T;

AMPL3507885    36,C;51,A;54,G;65,G;66,G;71,C;78,C;110,G;112,C;115,G;124,G;131,T;
135,G;146,A;

AMPL3507886    41,A;47,T;81,C;91,C;99,A;125,A;

AMPL3507887    2,T;35,C;45,A/G;62,C;65,G;92,A;101,GTG/G;

AMPL3507888    4,C/T;50,A/G;65,G/A;70,A/C;79,A;82,C;94,G;100,G;107,G/A;133,
C/T;

AMPL3507889    34,T;111,A;154,A;159,G;160,G;

AMPL3507891    29,A;61,C;

AMPL3507892    23,A;28,A;55,A;69,A;72,A;122,T;136,G;180,G;181,A;

AMPL3507893    42,T;51,T;77,T;140,G;147,T;161,A;177,T;197,C;

AMPL3507894    165,G/A;182,G/A;

AMPL3507895    65,A;92,C;141,T;

AMPL3507896    6,T;32,C/T;77,T;85,T;107,C/A;126,G;135,T/G;

AMPL3507897    1,C;7,G;9,C;31,C;91,C;104,T;123,A;132,T;

AMPL3507898    133,T;152,G;

AMPL3507899    1,G;29,C;39,T;55,C;108,G;115,A;125,T;140,C;

AMPL3507900    23,A/G;62,G;63,A;73,T;86,T/C;161,C/T;183,G/A;190,G;

AMPL3507901    68,T;98,A;116,C;

AMPL3507902    38,A;57,A;65,C;66,G;92,A;104,C;118,T;176,G;

AMPL3507903    101,G;105,G;121,C;161,C;173,C;

AMPL3507904    3,C/T;5,C;13,G;54,C;83,G;85,C;92,T/C;104,C;147,A;182,G;

AMPL3507909    2,A;9,G;13,G;15,C;28,G;32,T;34,A;53,C;84,C;97,C;99,C;135,G;148,G;
150,T;

AMPL3507910    33,C;105,G;129,A;164,G;

AMPL3507911    33,G;34,T;49,C;50,G;71,A;77,C;89,A;92,G;126,A;130,C;133,C;134,A;
151,A;173,T;180,A;181,C;185,T;189,C;190,G;196,C;200,C;

AMPL3507912    19,T;33,T;38,A;43,T;46,G;71,G;73,A;108,A;124,A;126,G;132,A;143,
C;160,T;

AMPL3507913    21,T/A;58,T/C;90,C;107,A;109,T;111,T;113,G;128,A;134,G;

AMPL3507914    37,G/C;52,G;56,A/T;64,T/G;115,C/T;

AMPL3507915    22,A/G;31,C;39,T;51,C;52,T;59,A;66,T;87,A;99,A/G;103,C;128,T;
134,A/C;135,A;138,A;159,G;

AMPL3507916    24,A;31,T;43,T;49,T;90,A;110,T;132,C;160,G;170,T;174,A;

AMPL3507918    15,A/T;63,A;72,G;76,T;86,C;87,G/A;90,A;129,G;

AMPL3507919    10,A/G;22,T/G;34,C/T;64,G/T;74,G/A;105,A/G;114,A/G;133,T/C;153,
G/T;169,G;184,T/C;188,T/A;

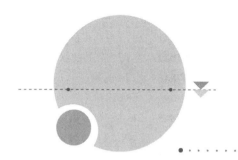

# 地 6-57

AMPL3507571　6,G;10,G;18,C;19,C;20,A;30,A;37,T;40,T;

AMPL3507806　31,T/A;55,C;136,A/C;139,G/T;158,A;

AMPL3507807　28,C/A;31,G/C;89,T/C;96,A/G;129,C/A;

AMPL3507808　75,A;114,C;124,T;132,T;134,G;139,G;171,C;172,T;

AMPL3507809　45,A/G;47,G/C;49,A;65,A/C;76,T/C;81,A/T;91,T/A;115,A;

AMPL3507810　33,C/T;53,C/T;74,G;90,C;98,A/G;154,G;

AMPL3507811　30,G;97,G/A;104,A/G;

AMPL3507812　6,T/C;53,T/C;83,C/T;90,A/T;109,C/A;113,T/A;154,C/T;155,C;

AMPL3507813　14,T;86,G;127,A;

AMPL3507814　63,G/A;67,G;70,G/T;72,A;94,A;119,G;134,C;157,G;

AMPL3507815　9,T/A;155,C/A;163,A;

AMPL3507816　93,G/A;105,G/C;150,A/G;166,C/T;171,C/T;

AMPL3507817　38,G/A;87,G/C;96,C;102,A;116,C/T;166,T/C;183,C/T;186,G;188,G/A;

AMPL3507818　8,A;37,A;40,T;41,G;49,A/T;55,G/T;56,A/G;57,T/G;100,A/G;104,T/G;
108,C/T;113,G;118,T;

AMPL3507819　87,A;97,C;139,G;155,T;

AMPL3507821　41,C/G;45,G/A;59,T/A;91,G;141,A/G;144,C;

AMPL3507822　1,G;8,A;11,T/A;70,C;94,C;108,G/A;

AMPL3507823　11,C;110,A;123,A;

AMPL3507824　3,G/A;56,G;65,G;68,C;117,C;

AMPL3507826　55,T;61,C;74,T;98,C;122,G;129,G;139,A;180,C;

AMPL3507827　9,T/C;48,A;65,G/T;77,C/T;95,T;124,T;132,T/C;135,G/A;140,G/A;

AMPL3507828　73,T;107,G;109,G;143,T;159,G;

AMPL3507831　7,C;16,C;19,C;66,C;75,A;88,T;113,C/T;130,G;140,C;164,T;

AMPL3507832　23,T/C;59,A/G;78,C/G;116,C/T;

AMPL3507833　26,T;30,G;49,G;69,T;75,A;97,A;132,T;

AMPL3507834　126,T;145,G;

AMPL3507835　12,G/A;38,G/T;93,A/T;98,G/C;99,T/G;129,C/A;150,T/A;

AMPL3507836　8,G/A;32,C/T;40,T/G;44,A/G;63,T;71,G/A;113,C/T;142,G/A;

AMPL3507837　1,G;5,A;6,C;7,C;24,A;30,T;59,C;66,T;67,C;78,G;79,G;80,A;111,C;
139,A;164,A;

AMPL3507838　3,A/G;15,A/G;20,G;23,G/A;50,A;52,A/G;59,C/A;64,C;78,G/T;

AMPL3507839　59,G/C;114,T/C;151,C/T;

AMPL3507840　77,G;

AMPL3507841    13,T;14,G;34,A;60,T;99,G;

AMPL3507842    13,C;17,C;20,A;64,C;97,A;144,C;158,A;159,G;163,T;

AMPL3507844    2,T;6,G;26,C;35,C;63,G;65,A;68,T;96,C;97,C;119,T;130,A;137,G;
158,T;

AMPL3507845    57,A;161,A;

AMPL3507846    5,A;21,A;24,G;26,A;94,G;112,A;127,C/G;128,T/A;149,G;175,T/A;

AMPL3507848    38,A;78,C;

AMPL3507849    16,A;19,C;23,T;24,A;33,G;35,A;39,G;68,C;72,G;74,T;97,T;128,T;134,
A;142,C;144,T;157,A;

AMPL3507850    2,A;16,C;35,A;39,G;60,C;93,C;110,G;114,C;125,C;128,A;130,C;

AMPL3507851    61,T;91,C/T;92,T/G;131,G/A;151,G/A;154,C/A;162,C/G;165,C/G;166,
A/T;168,G/C;

AMPL3507852    8,A;26,G;33,G;43,A;56,C;62,T;93,C;124,G;

AMPL3507853    2,A/T;71,A/G;88,C/T;149,C/G;180,T/C;193,T/A;

AMPL3507854    34,T;36,G;37,C;44,G;55,A;70,A;84,A;92,G;99,T;102,G;110,C;112,A;
114,G;126,A;139,T;153,C;158,T;164,A;170,G;171,A;174,G;177,T;180,
C;181,T;187,C;188,T;192,C;

AMPL3507855    26,T;36,T;90,C;

AMPL3507856    11,G;92,T;102,T;

AMPL3507857    33,G;70,G/C;82,T/A;123,C;

AMPL3507858    26,T/G;45,G/T;84,T/C;143,G/A;152,G/A;176,C/A;

AMPL3507860    30,G;97,T;101,T;128,A;176,C;

AMPL3507861    28,C/T;43,G/A;69,G/C;93,C;105,T/G;124,C/T;128,A/T;

AMPL3507862    2,A;4,G;63,A;83,C;88,T;106,T;115,C;124,C;154,T;

AMPL3507863    13,G;45,G;69,A;145,A;177,A;

AMPL3507864    17,T;95,G;120,T;

AMPL3507865    19,T/C;21,A/T;35,A;43,A/G;56,A;57,C/T;75,T/C;85,C/G;100,G;101,
C/T;116,C;127,C;161,T/C;171,A/G;172,T;

AMPL3507866    8,T;66,G;74,T;147,C;172,T;

AMPL3507867    21,C;27,G;38,T;45,T;54,C;88,C;93,T;112,C;122,A;132,G;

AMPL3507868    45,C/T;51,G;108,T/C;166,T/C;186,G;

AMPL3507871    7,C;95,G;115,T/G;144,T;

AMPL3507872    10,T;52,G;131,T;132,T;

AMPL3507873    13,T;38,T;39,C;54,A;59,A;86,T;

AMPL3507874    2,T;31,A;97,T;99,T;105,G;108,T;122,C;161,G;

AMPL3507876    96,C;114,G;144,A;178,C;

AMPL3507877    12,T/TAT;24,A/G;27,T/A;28,A/G;34,C;39,A;46,T;68,C;70,A/G;90,G/
A;110,G;126,C;134,A/C;

AMPL3507878    8,C;10,A;37,A;59,G;73,T;77,G;78,G;90,T;91,C;103,G;115,C;130,C;

AMPL3507879    50,A;90,T/C;91,T/C;116,G/C;127,G/T;134,C/G;143,G;155,G;163,T/C;
169,G/A;181,T/C;

AMPL3507880    66,T;105,C;124,G;

AMPL3507881 84,T;122,G;

AMPL3507882 40,G;43,A;61,T;

AMPL3507883 20,T/C;31,T;68,C;74,G;84,A/C;104,T;142,T;144,G;

AMPL3507885 36,C;51,A/G;54,G/A;65,G/C;66,G/T;71,C/T;78,C/T;110,G/A;112,C/T;
115,G/A;124,G/T;131,T/A;135,G/A;146,A/G;

AMPL3507886 41,A;47,T;81,C;91,C;99,A;125,A;

AMPL3507887 2,T;35,C;45,A;62,C;65,G;92,A;101,GTG;

AMPL3507888 4,T;50,G;65,A;70,C;79,A;82,C;94,G;100,G;107,A;133,T;

AMPL3507889 34,T;111,A;154,A;159,G;160,G;

AMPL3507890 19,T;26,C;33,G;60,A;139,T;

AMPL3507891 29,A/C;61,C/T;

AMPL3507892 23,A;28,G;55,G;69,G;72,G;122,T;136,A;180,A;181,T;

AMPL3507893 42,T/A;51,T/C;77,T/C;140,G/T;147,T/C;161,A/G;177,T/A;197,C/G;

AMPL3507894 165,A;182,A;

AMPL3507895 65,A;92,A/C;141,T;

AMPL3507896 6,T;32,C/T;77,A/T;85,A/T;107,C/A;126,C/G;135,T/G;

AMPL3507898 133,T/G;152,G/A;

AMPL3507899 1,G;29,C;39,T;55,C;108,T;115,A;125,C;140,C;

AMPL3507900 23,A/G;62,A/G;63,G/A;73,T;86,T/C;161,C/T;183,G/A;190,A/G;

AMPL3507901 68,T;98,A;116,C;

AMPL3507902 38,C/A;57,A;65,C;66,G;92,A;104,C;118,T;176,G;

AMPL3507903 101,G;105,G;121,C;161,C;173,C;

AMPL3507904 3,T/C;5,C;13,G;54,T/C;83,G;85,T/C;92,C/T;104,T/C;147,G/A;182,G;

AMPL3507909 2,A;9,G/C;13,G/A;15,C;28,G;32,T;34,A;53,C/T;84,C;97,C;99,C/A;
135,G/C;148,G/T;150,T;

AMPL3507910 33,C/T;105,G/A;129,A/C;164,G/A;

AMPL3507911 33,G;34,T;49,C;50,G;71,A;77,C;89,A;92,G;126,A;130,C;133,C;134,A;
151,A;173,T;180,A;181,C;185,T;189,C;190,G;196,C;200,C;

AMPL3507912 19,T;33,T;38,A;43,T;46,G;71,C/G;73,A;108,A;124,T/A;126,G;132,A;
143,C;160,T;

AMPL3507913 21,T;58,T;90,C;107,A;109,T;111,T;113,G;128,A;134,G;

AMPL3507914 37,G;52,G;56,A/C;64,T;115,C;

AMPL3507915 22,A;31,C;39,T;51,C;52,T;59,A;66,T;87,A;99,A;103,C;128,T;134,A;
135,A;138,A;159,G;

AMPL3507916 24,A;31,T;43,T;49,T/G;90,A/G;110,T;132,C/A;160,G/A;170,T/G;174,
A/G;

AMPL3507918 15,T/A;63,A;72,G;76,T;86,C;87,A/G;90,A;129,G;

AMPL3507919 10,G;22,G;34,T;64,T;74,A;105,G;114,G;133,C;153,T;169,G;184,C;
188,A;

AMPL3507920 18,C;24,A;32,C;67,T;74,G;

AMPL3507921 7,C;30,G/A;38,G/A;43,A/G;182,G/A;

# 东壁

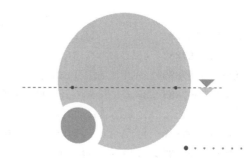

| | |
|---|---|
| **AMPL3507571** | 6,G;10,G;18,C;19,C;20,A;30,A;37,T;40,T; |
| **AMPL3507806** | 31,T/A;55,C;136,A/C;139,G/T;158,A; |
| **AMPL3507807** | 28,A/C;31,C/G;89,C/T;96,G/A;129,A/C; |
| **AMPL3507808** | 75,A;114,C;124,T;132,T;134,G;139,G;171,C;172,T; |
| **AMPL3507809** | 45,G;47,C;49,A;65,C;76,C;81,T;91,A;115,A; |
| **AMPL3507810** | 33,C;53,C;74,G;90,C/T;98,A/G;154,G; |
| **AMPL3507811** | 30,G;97,A;104,G; |
| **AMPL3507812** | 6,T;53,T;83,C;90,A;109,C;113,T;154,C;155,C; |
| **AMPL3507813** | 14,T;86,G;127,A; |
| **AMPL3507814** | 63,G;67,G;70,G;72,A;94,A;119,G;134,C;157,G; |
| **AMPL3507815** | 9,A;155,A;163,A; |
| **AMPL3507816** | 93,A/G;105,C/G;150,G/A;166,T/C;171,T/C; |
| **AMPL3507817** | 38,A/G;87,C/G;96,C;102,A;116,T/C;166,C/T;183,T/C;186,G;188,A/G; |
| **AMPL3507818** | 8,A;37,A;40,T;41,G;49,A;55,G;56,A;57,T;100,A;104,T;108,C;113,G;<br>118,T; |
| **AMPL3507819** | 87,A;97,C;139,G;155,T; |
| **AMPL3507821** | 41,C/G;45,G/A;59,T/A;91,G;141,A/G;144,C; |
| **AMPL3507822** | 1,G;8,A;11,T/A;70,C;94,C/T;108,G/A; |
| **AMPL3507823** | 11,T;110,C;123,G; |
| **AMPL3507824** | 3,G;56,G;65,G;68,C;117,C; |
| **AMPL3507826** | 55,T/C;61,C/T;74,T/C;98,C;122,G;129,G/A;139,A/G;180,C/T; |
| **AMPL3507827** | 9,T/C;48,A;65,G/T;77,C/T;95,T;124,T;132,T/C;135,G/A;140,G/A; |
| **AMPL3507828** | 73,T;107,G/A;109,G/C;143,T/C;159,G/C; |
| **AMPL3507831** | 7,C;16,T/C;19,C;66,T/C;75,G/A;88,C/T;113,C/T;130,T/G;140,G/C;<br>164,T; |
| **AMPL3507832** | 23,T;59,A;78,C;116,C; |
| **AMPL3507833** | 26,T;30,G;49,A;69,T;75,A;97,A;132,T; |
| **AMPL3507834** | 126,C/T;145,A/G; |
| **AMPL3507835** | 12,A;38,T;93,T;98,C;99,G;129,A;150,A; |
| **AMPL3507836** | 8,A/G;32,T/C;40,G/T;44,G/A;63,T;71,A/G;113,T/C;142,A/G; |
| **AMPL3507838** | 3,A;15,A;20,G;23,G;50,A;52,A;59,C;64,C;78,G; |
| **AMPL3507839** | 59,G;114,T;151,C; |
| **AMPL3507840** | 77,C/G; |
| **AMPL3507841** | 13,T;14,G;34,A;60,T;99,G; |

AMPL3507842 13,C;17,C;20,A;64,C;97,A;144,C;158,A;159,G;163,T;

AMPL3507845 57,G/A;161,G/A;

AMPL3507846 5,A;21,A;24,G;26,A;94,G;112,A;127,C/G;128,T/A;149,G;175,T/A;

AMPL3507848 38,A;78,C;

AMPL3507849 16,T/A;19,C;23,T;24,A;33,G;35,A;39,G;68,C;72,G;74,T;97,T;128,G/T;134,G/A;142,A/C;144,C/T;157,A;

AMPL3507850 2,A;16,C;35,A;39,G;60,C;93,C;110,G;114,C;125,C;128,A;130,C;

AMPL3507851 61,T;91,T;92,G;131,A;151,A;154,A;162,G;165,G;166,T;168,C;

AMPL3507852 8,A;26,G;33,G;43,A;56,C;62,T;93,C;124,G;

AMPL3507853 2,A/T;71,A/G;88,C/T;149,C/G;180,T/C;193,T/A;

AMPL3507854 34,T/C;36,G;37,C/T;44,G;55,A;70,A/C;84,A;92,G/A;99,T;102,G/T;110,C/T;112,A/T;114,G/T;126,A/C;139,T/C;153,C/T;158,T/A;164,A/C;170,G/C;171,A/G;174,G/A;177,T/G;180,C;181,T;187,C;188,T/G;192,C/T;

AMPL3507855 26,T;36,T;90,C;

AMPL3507856 11,G;92,T;102,T;

AMPL3507857 33,G;70,G/C;82,T/A;123,C;

AMPL3507858 26,T;45,G;84,C/T;143,G;152,G;176,C;

AMPL3507860 30,G;97,T;101,T;128,A;176,C;

AMPL3507861 28,C/T;43,G/A;69,G/C;93,C;105,T/G;124,C/T;128,A/T;

AMPL3507862 2,A/C;4,G;63,A/G;83,C/T;88,T;106,T;115,C;124,C/A;154,T;

AMPL3507863 13,G/A;45,G/C;69,A;145,A;177,A;

AMPL3507864 17,T;95,G;120,T/C;

AMPL3507865 19,C;21,T;35,A;43,G;56,A/C;57,T/C;75,C;85,G;100,G/C;101,T;116,C/A;127,C/G;161,C/T;171,G/A;172,T/C;

AMPL3507866 8,T;66,G;74,T;147,C;172,T;

AMPL3507867 21,C/T;27,G;38,T/C;45,T/C;54,C;88,C;93,T/C;112,C;122,A/G;132,G;

AMPL3507868 45,T;51,A/G;108,T/C;166,T/C;186,A/G;

AMPL3507871 7,C;95,G;115,G;144,T;

AMPL3507872 10,T;52,G;131,T;132,T;

AMPL3507873 13,T/C;38,T;39,C/T;54,A/G;59,A;86,T/G;

AMPL3507874 2,T;31,A;97,T;99,T;105,G;108,T;122,C;161,G;

AMPL3507876 96,C;114,G;144,A;178,C;

AMPL3507877 12,TAT/T;24,G/A;27,A/T;28,G/A;34,C;39,A;46,T;68,C;70,G/A;90,A;110,G;126,C;134,C;

AMPL3507878 8,C;10,A;37,A;59,G;73,T;77,G;78,G;90,T;91,C;103,G;115,C;130,C;

AMPL3507879 50,G/A;90,C;91,C;116,C;127,G/T;134,C/G;143,G;155,G;163,T/C;169,G/A;181,T/C;

AMPL3507880 66,C/T;105,A/C;124,A/G;

AMPL3507881 84,C;122,T;

AMPL3507882 40,G;43,A;61,T;

AMPL3507883 20,T;31,T;68,C/T;74,G;84,A;104,T;142,T;144,G;

AMPL3507885  36,C/G;51,A;54,G/A;65,G/N;66,G/N;71,C/N;78,C/N;110,G/A;112,C/T;115,G/A;124,G/T;131,T/A;135,G/A;146,A/G;

AMPL3507886  41,G;47,C;81,G;91,T;99,G;125,A;

AMPL3507887  2,T;35,C;45,A/G;62,C;65,G/A;92,A/G;101,GTG/C;

AMPL3507888  4,C/T;50,A/G;65,A;70,C;79,T/A;82,T/C;94,A/G;100,A/G;107,T/A;133,T;

AMPL3507889  34,T;111,A;154,A;159,G;160,G;

AMPL3507890  19,T/C;26,C/T;33,G/A;60,A/G;139,T/C;

AMPL3507891  29,A/C;61,T;

AMPL3507892  23,A;28,G;55,G;69,G;72,G;122,T;136,A;180,A;181,T;

AMPL3507893  42,A/T;51,C/T;77,T;140,T/G;147,C/T;161,G/A;177,A/T;197,G/C;

AMPL3507894  165,A/G;182,A/G;

AMPL3507895  65,A;92,A/C;141,T/G;

AMPL3507896  6,T;32,C;77,A;85,A;107,C;126,C;135,T;

AMPL3507898  133,T;152,G;

AMPL3507899  1,G;29,C;39,T;55,C;108,T;115,A;125,C;140,A/C;

AMPL3507900  23,A;62,A;63,G;73,T;86,T;161,C;183,G;190,A;

AMPL3507901  68,T;98,A;116,C/A;

AMPL3507902  38,C;57,A;65,C;66,G;92,A;104,C;118,T;176,G;

AMPL3507903  101,A;105,A;121,A;161,C;173,T;

AMPL3507904  3,T/C;5,C;13,G/A;54,T/C;83,G/T;85,T/C;92,C;104,T/C;147,G/A;182,G;

AMPL3507906  7,T;9,G;30,G;41,A;42,A;48,T;69,G;71,A;78,G;88,A;91,G;108,A;115,G;122,A;126,A;141,A;

AMPL3507909  2,A;9,C;13,A;15,C;28,G;32,T;34,A;53,T;84,C;97,C;99,A;135,C;148,T;150,T;

AMPL3507910  33,T;105,A;129,C;164,A;

AMPL3507912  19,T;33,A/T;38,A;43,T;46,A/G;71,C;73,T/A;108,A;124,T;126,G;132,A;143,C;160,T;

AMPL3507913  21,T;58,T;90,T;107,A;109,A;111,A;113,A;128,A;134,G;

AMPL3507914  37,G/C;52,G;56,A/T;64,T/G;115,C/T;

AMPL3507915  22,A/G;31,C/T;39,T/C;51,C/T;52,T/C;59,A/G;66,T/C;87,A/G;99,A/G;103,C/T;128,T/C;134,A/C;135,A/T;138,A/G;159,G/T;

AMPL3507916  24,G/A;31,C/T;43,C/T;49,T/G;90,A/G;110,A/T;132,C/A;160,A;170,G;174,A/G;

AMPL3507918  15,A/T;63,A;72,G;76,T;86,C;87,G/A;90,A;129,G;

AMPL3507919  10,G;22,G/T;34,T/C;64,T/G;74,A/G;105,G/A;114,G/A;133,C/T;153,T/G;169,G;184,C/T;188,A/T;

AMPL3507920  18,A/C;24,A;32,A/C;67,T;74,C/G;

AMPL3507921  7,C;30,A/G;38,A/G;43,G/A;182,A/G;

AMPL3507922  146,C;

AMPL3507923  69,A;79,T;125,C;140,T;144,C;152,T;

# 东莞 3 号

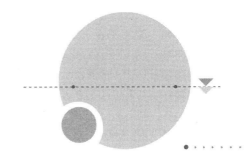

AMPL3507571    6,T;10,T;18,C;19,T;20,G;30,G;37,A;40,C/T;

AMPL3507806    31,T/A;55,C;136,A/C;139,G/T;158,A;

AMPL3507807    28,C;31,G;89,T;96,A;129,C;

AMPL3507808    75,A;114,C;124,T;132,T;134,G;139,G;171,C;172,T;

AMPL3507809    45,A;47,G;49,A;65,A;76,T;81,A;91,T;115,A;

AMPL3507810    33,C/T;53,C/T;74,G;90,T/C;98,G;154,G;

AMPL3507811    30,G;97,G/A;104,A/G;

AMPL3507812    6,C;53,C;83,T;90,T;109,A;113,A;154,T;155,C;

AMPL3507813    14,T;86,G;127,A;

AMPL3507814    63,A;67,G;70,T;72,A/G;94,A;119,G;134,C/T;157,G;

AMPL3507815    9,T;155,C;163,A;

AMPL3507816    93,G;105,G;150,A;166,C;171,C;

AMPL3507817    38,A;87,C;96,C/A;102,A/G;116,T;166,C/T;183,T;186,G/A;188,A/G;

AMPL3507818    8,A;37,A;40,T;41,G;49,T;55,T;56,G;57,G;100,G;104,G;108,T;113,G;
118,T;

AMPL3507819    87,A/G;97,C;139,G/A;155,T/C;

AMPL3507821    41,G;45,A;59,A;91,G;141,G;144,C;

AMPL3507822    1,G;8,A/G;11,A/T;70,C;94,C;108,A/G;

AMPL3507823    11,C;110,A;123,A;

AMPL3507824    3,G;56,G;65,A;68,T;117,T;

AMPL3507826    55,T;61,C;74,T;98,C;122,G;129,G;139,A;180,C;

AMPL3507827    9,T/C;48,A;65,G/T;77,C/T;95,T;124,T;132,T/C;135,G/A;140,G/A;

AMPL3507828    73,T;107,A/G;109,C/G;143,C/T;159,C/G;

AMPL3507829    6,T;14,A/T;56,G/A;70,G/A;71,A/T;127,A;

AMPL3507831    7,C;16,C;19,C;66,C;75,A;88,T;113,T;130,G;140,C;164,T;

AMPL3507832    23,C;59,G/A;78,G;116,T;

AMPL3507833    26,T;30,G;49,G;69,T;75,A;97,A;132,T;

AMPL3507834    126,T;145,G;

AMPL3507835    12,G;38,G;93,A;98,G;99,T;129,C;150,T;

AMPL3507836    8,G;32,C;40,T;44,A;63,T;71,G;113,C;142,G;

AMPL3507837    1,A;5,G;6,T;7,C;24,T;30,C;59,C;66,C;67,C;78,A;79,A;80,A;111,T;
139,G;164,A;

AMPL3507838    3,G;15,G;20,A;23,A;50,A;52,G;59,A;64,C;78,T;

AMPL3507839    59,C;114,C;151,T;

AMPL3507840　77,C/G;

AMPL3507841　13,C/T;14,G;34,G/A;60,G/T;99,A/G;

AMPL3507842　13,T;17,T;20,T;64,C;97,A;144,C;158,A;159,G;163,T;

AMPL3507844　2,T;6,G;26,C;35,C;63,G;65,A;68,T;96,C;97,C;119,T;130,A;137,G;
158,T;

AMPL3507845　57,A;161,A;

AMPL3507846　5,A;21,G/A;24,A/G;26,A;94,G;112,A;127,G;128,A;149,C/G;175,T/A;

AMPL3507848　38,G;78,A;

AMPL3507849　16,C;19,A;23,T/C;24,G;33,G;35,G;39,G/T;68,G;72,T;74,G;97,T;128,
G;134,G;142,C;144,T;157,A/G;

AMPL3507850　2,A;16,C;35,A;39,A;60,C;93,C;110,G;114,T;125,C;128,A;130,C;

AMPL3507851　61,T;91,T;92,G;131,A;151,A;154,A;162,G;165,G;166,T;168,C;

AMPL3507852　8,A;26,C;33,T;43,A;56,C/T;62,C;93,G;124,A;

AMPL3507853　2,T;71,G;88,T;149,G;180,C;193,A;

AMPL3507854　34,C;36,G;37,T;44,G;55,A;70,C;84,A;92,A;99,T;102,T;110,T;112,T;
114,T;126,C;139,C;153,T;158,A;164,C;170,C;171,G;174,A;177,G;180,C;
181,T;187,C;188,G;192,T;

AMPL3507855　26,C;36,C;90,T;

AMPL3507856　11,A;92,C;102,C;

AMPL3507857　33,G;70,G/C;82,T/A;123,C;

AMPL3507858　26,G;45,T;84,C;143,A;152,A;176,A;

AMPL3507860　30,G;97,T;101,T;128,A;176,C;

AMPL3507861　28,T;43,A;69,C;93,C;105,G;124,T;128,T;

AMPL3507862　2,A;4,G/C;63,A/G;83,C;88,T/C;106,T/C;115,C;124,C/A;154,T/C;

AMPL3507863　13,A;45,C;69,G;145,T;177,G;

AMPL3507864　17,C/T;95,G;120,T;

AMPL3507865　19,C;21,T;35,A;43,G;56,A/C;57,T/C;75,C;85,G;100,G/C;101,T;116,C/
A;127,C/G;161,C/T;171,G/A;172,T/C;

AMPL3507867　21,C;27,G;38,T;45,T;54,C;88,C;93,T;112,C;122,A;132,G;

AMPL3507868　45,C;51,G;108,T;166,T;186,G;

AMPL3507871　7,C/T;95,G/C;115,G/T;144,T/C;

AMPL3507872　10,C;52,G;131,T;132,C;

AMPL3507873　13,T;38,T;39,C;54,A;59,A;86,T;

AMPL3507874　2,C;31,C;97,T;99,T;105,G;108,T;122,T;161,A;

AMPL3507875　44,G;45,G;68,G;110,G;125,A;137,G;151,A;184,C;

AMPL3507876　96,C;114,G;144,A;178,C;

AMPL3507877　12,T;24,A;27,T;28,A;34,C;39,A;46,T;68,C;70,A;90,A;110,G;126,C;
134,C;

AMPL3507878　8,C;10,A;37,A;59,G;73,T;77,G;78,G;90,T;91,C;103,G;115,C;130,C;

AMPL3507879　50,A;90,C/T;91,C/T;116,C/G;127,T/G;134,G/C;143,G;155,G;163,C/T;
169,A/G;181,C/T;

AMPL3507880　66,T;105,A/C;124,A/G;

AMPL3507881    84,T;122,G;

AMPL3507883    20,T/C;31,T;68,C;74,G;84,A/C;104,T;142,T;144,G;

AMPL3507885    36,C/G;51,A;54,G/A;65,G/N;66,G/N;71,C/N;78,C/N;110,G/A;112,C/
T;115,G/A;124,G/T;131,T/A;135,G/A;146,A/G;

AMPL3507886    41,A/G;47,T/C;81,C/G;91,C/T;99,A/G;125,A;

AMPL3507887    2,T;35,C;45,G;62,C;65,A/G;92,G/A;101,C/G;

AMPL3507888    4,T/C;50,G/A;65,A;70,C;79,A/T;82,C/T;94,G/A;100,G/A;107,A/T;
133,T;

AMPL3507889    34,T;111,A/G;154,A/C;159,G;160,G;

AMPL3507890    19,C;26,T;33,A;60,G;139,C;

AMPL3507891    29,A;61,C;

AMPL3507892    23,A;28,A;55,A;69,A;72,A;122,T;136,G;180,G;181,A;

AMPL3507893    42,A;51,C;77,T;140,T;147,C;161,G;177,A;197,G;

AMPL3507894    165,A/G;182,A/G;

AMPL3507895    65,A;92,C;141,T;

AMPL3507896    6,T;32,C;77,A/T;85,A/T;107,C;126,C/G;135,T;

AMPL3507897    1,C;7,G/A;9,C;31,C;91,C;104,T/C;123,A;132,T;

AMPL3507898    133,G/T;152,A/G;

AMPL3507899    1,G;29,C/T;39,T/C;55,C;108,G;115,A;125,T/C;140,C;

AMPL3507900    23,G/A;62,G/A;63,A/G;73,T;86,C/T;161,T/C;183,A/G;190,G/A;

AMPL3507901    68,T;98,A;116,C;

AMPL3507902    38,C;57,G;65,C;66,G;92,T;104,A;118,A;176,G;

AMPL3507904    3,T/C;5,C;13,G;54,C;83,G;85,C;92,C/T;104,C;147,A;182,G;

AMPL3507909    2,A;9,C/G;13,G;15,C;28,G;32,T;34,A;53,T/C;84,C;97,C;99,C;135,G;
148,G;150,T;

AMPL3507910    33,C;105,G;129,A;164,G;

AMPL3507911    33,G;34,T;49,C;50,G;71,A;77,C;89,A;92,G;126,A;130,C;133,C;134,A;
151,A;173,T;180,A;181,C;185,T;189,C;190,G;196,C;200,C;

AMPL3507912    19,T;33,T;38,A/G;43,T/C;46,G/A;71,G/C;73,A;108,A/G;124,A/T;126,
G/A;132,A/G;143,C/A;160,T/G;

AMPL3507913    21,T;58,T;90,C;107,A;109,T;111,T;113,G;128,A;134,G;

AMPL3507914    37,G;52,G;56,A;64,T;115,C;

AMPL3507915    22,G;31,C;39,T;51,C;52,T;59,A;66,T;87,A;99,G;103,C;128,T;134,C;
135,A;138,A;159,G;

AMPL3507916    24,G/A;31,C/T;43,C/T;49,T;90,A;110,A/T;132,C;160,A/G;170,G/T;
174,A;

AMPL3507918    15,A/T;63,A;72,G;76,T;86,C;87,G/A;90,A;129,G;

AMPL3507919    10,G;22,G;34,T;64,T;74,A;105,G;114,G;133,C;153,T;169,G;184,C;
188,A;

AMPL3507920    18,C;24,A;32,C;67,T;74,G;

AMPL3507921    7,C;30,G;38,G;43,A;182,G;

# 冬宝 9 号

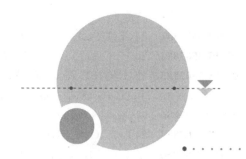

AMPL3507571　6,T;10,T;18,C;19,T;20,G;30,G;37,A;40,C;
AMPL3507806　31,T;55,A;136,C;139,T;158,G;
AMPL3507807　28,C/A;31,G/C;89,T/C;96,A/G;129,C/A;
AMPL3507808　75,A/T;114,C/T;124,T/A;132,T/C;134,G/C;139,G/C;171,C;172,T/A;
AMPL3507809　45,A/G;47,G/C;49,A;65,A/C;76,T/C;81,A/T;91,T/A;115,A;
AMPL3507810　33,T;53,T;74,G;90,C;98,G;154,G;
AMPL3507811　30,C/G;97,A/G;104,G/A;
AMPL3507812　6,C/T;53,C/T;83,T/C;90,T/A;109,A/C;113,A/T;154,T/C;155,C;
AMPL3507813　14,T;86,A;127,G;
AMPL3507814　63,A;67,G;70,T;72,A;94,A;119,G;134,C;157,G;
AMPL3507815　9,T;155,C;163,A;
AMPL3507816　93,A;105,C;150,G;166,T;171,T;
AMPL3507817　38,A;87,C;96,A;102,G;116,T;166,T;183,T;186,A;188,G;
AMPL3507818　8,A;37,A;40,T;41,G;49,T;55,T;56,G;57,G;100,G;104,G;108,T;113,G;
　　　　　　　118,T;
AMPL3507819　87,A;97,C;139,G;155,T;
AMPL3507821　41,G;45,A;59,A;91,G;141,G;144,C;
AMPL3507822　1,C/G;8,A;11,A;70,C;94,C;108,A;
AMPL3507823　11,C;110,A;123,A;
AMPL3507824　3,A;56,G;65,G;68,C;117,C;
AMPL3507826　55,T;61,C;74,T;98,C;122,G;129,G;139,A;180,C;
AMPL3507827　9,T/C;48,A;65,G/T;77,C/T;95,T;124,T;132,T/C;135,G/A;140,G/A;
AMPL3507828　73,G/T;107,A/G;109,G;143,T;159,G;
AMPL3507829　6,T;14,A;56,G;70,G;71,A;127,A;
AMPL3507831　7,C;16,T;19,C;66,T;75,G;88,C;113,C;130,T;140,G;164,T;
AMPL3507832　23,C;59,G;78,G;116,T;
AMPL3507833　26,T;30,G;49,G;69,T;75,A;97,A;132,T;
AMPL3507834　126,T;145,G;
AMPL3507835　12,A;38,T;93,T;98,C;99,G;129,A;150,A;
AMPL3507836　8,G;32,C;40,T;44,A;63,T;71,G;113,C;142,G;
AMPL3507837　1,G;5,A;6,C;7,C;24,A;30,T;59,C;66,T;67,C;78,G;79,G;80,A;111,C;
　　　　　　　139,A;164,A;
AMPL3507838　3,A;15,A;20,G;23,G;50,A/G;52,A;59,C;64,C;78,G;
AMPL3507839　59,G;114,T;151,C;

AMPL3507840  77,G;

AMPL3507841  13,C/T;14,G;34,G/A;60,G/T;99,A/G;

AMPL3507842  13,T;17,T;20,T;64,C;97,A;144,C;158,A;159,G;163,T;

AMPL3507844  2,C/T;6,G;26,T/C;35,T/C;63,A/G;65,A;68,G/T;96,C;97,C;119,T;130,
A;137,A/G;158,T;

AMPL3507845  57,G;161,G;

AMPL3507846  5,A;21,A;24,G;26,A;94,G;112,A;127,G;128,A;149,G;175,A;

AMPL3507848  38,A;78,C;

AMPL3507849  16,A/T;19,C;23,T;24,A;33,G;35,A;39,G;68,C;72,G;74,T;97,T;128,T/
G;134,A/G;142,C/A;144,T/C;157,A;

AMPL3507850  2,A;16,C;35,A;39,G;60,C;93,C;110,G;114,C;125,C;128,A;130,C;

AMPL3507851  61,T/C;91,T;92,G;131,A;151,A/G;154,A/G;162,G;165,G;166,T/A;168,
C/G;

AMPL3507852  8,A;26,C;33,T;43,A;56,C/T;62,T/C;93,C/G;124,G/A;

AMPL3507853  2,T;71,G;88,T;149,G;180,C;193,A;

AMPL3507854  34,C;36,G;37,T;44,G;55,A;70,C;84,A;92,A;99,T;102,T;110,T;112,T;
114,T;126,C;139,C;153,T;158,A;164,C;170,C;171,G;174,A;177,G;180,C;
181,T;187,C;188,G;192,T;

AMPL3507855  26,C;36,C;90,T;

AMPL3507856  11,A;92,C;102,C;

AMPL3507857  33,A;70,C;82,A;123,T;

AMPL3507858  26,G;45,T;84,C;143,A;152,A;176,A;

AMPL3507860  30,G;97,C/T;101,G/T;128,G/A;176,T/C;

AMPL3507861  28,T;43,A;69,C;93,C;105,G;124,T;128,T;

AMPL3507862  2,A;4,G/C;63,G;83,C;88,C;106,T/C;115,T/C;124,A;154,T/C;

AMPL3507863  13,A;45,C;69,G;145,T;177,G;

AMPL3507864  17,C;95,A;120,T;

AMPL3507865  19,T;21,A;35,A;43,A;56,A;57,C;75,T;85,C;100,G;101,C;116,C;127,C;
161,T;171,A;172,T;

AMPL3507866  8,T;66,G;74,T;147,C;172,T;

AMPL3507867  21,C;27,G;38,T;45,T;54,C;88,C;93,T;112,C;122,A;132,G;

AMPL3507868  45,T;51,G;108,C;166,C;186,G;

AMPL3507871  7,C;95,G;115,G/T;144,T;

AMPL3507872  10,C/T;52,G;131,T;132,C/T;

AMPL3507873  13,T;38,T;39,C;54,A;59,A;86,T;

AMPL3507874  2,C;31,C;97,T;99,T;105,G;108,T;122,T;161,A;

AMPL3507875  44,G;45,G;68,G/C;110,G/T;125,A;137,G;151,A;184,C/T;

AMPL3507876  96,C;114,C;144,G;178,C;

AMPL3507877  12,G;24,G;27,T;28,G;34,G;39,G;46,A;68,A;70,A;90,A;110,T;126,C;
134,A;

AMPL3507878  8,T;10,A;37,G;59,A;73,G;77,G;78,G;90,C;91,T;103,G;115,T;130,C;

AMPL3507879  50,A;90,C;91,C;116,C;127,T;134,G;143,G;155,G;163,C;169,A;181,C;

AMPL3507880    66,T;105,C;124,G;

AMPL3507882    40,G;43,A;61,T;

AMPL3507883    20,T/C;31,T;68,C;74,G;84,A/C;104,T;142,T;144,G;

AMPL3507885    36,C/G;51,A;54,G/A;65,G/N;66,G/N;71,C/N;78,C/N;110,G/A;112,C/T;115,G/A;124,G/T;131,T/A;135,G/A;146,A/G;

AMPL3507886    41,A;47,T;81,C;91,C;99,A;125,A;

AMPL3507887    2,T;35,C;45,A/G;62,C;65,G;92,A;101,GTG/G;

AMPL3507888    4,C/T;50,A/G;65,G/A;70,A/C;79,A;82,C;94,G;100,G;107,G/A;133,C/T;

AMPL3507889    34,T;111,A;154,A;159,G;160,G;

AMPL3507890    19,T;26,C;33,G;60,A;139,T;

AMPL3507891    29,A;61,T;

AMPL3507892    23,A;28,A;55,A;69,A;72,A;122,T;136,G;180,G;181,A;

AMPL3507893    42,T;51,T;77,T;140,G;147,T;161,A;177,T;197,C;

AMPL3507894    165,G;182,G;

AMPL3507895    65,A;92,C;141,T;

AMPL3507896    6,T;32,C/T;77,T;85,T;107,C/A;126,G;135,T/G;

AMPL3507897    1,C;7,G;9,C;31,C;91,C;104,T;123,A;132,T;

AMPL3507898    133,G;152,A;

AMPL3507899    1,G;29,T;39,C;55,C;108,G;115,A;125,C;140,C;

AMPL3507900    23,A/G;62,G;63,A;73,T;86,T/C;161,C/T;183,G/A;190,G;

AMPL3507901    68,T/C;98,A/G;116,C/A;

AMPL3507902    38,C;57,A/G;65,C;66,G;92,A/T;104,C/A;118,T/A;176,G;

AMPL3507903    101,G;105,G;121,C;161,C;173,T;

AMPL3507904    3,T;5,C;13,G/A;54,C;83,G/T;85,C;92,C;104,C;147,A;182,G;

AMPL3507906    7,T;9,G;30,G;41,A;42,A;48,T;69,G;71,A;78,G;88,A;91,G;108,A;115,G;122,A;126,A;141,A;

AMPL3507909    2,A;9,C;13,G;15,C;28,G;32,T;34,A;53,T;84,C;97,C;99,C;135,G;148,G;150,T;

AMPL3507910    33,C;105,G;129,A;164,G;

AMPL3507911    33,G/A;34,C;49,C/T;50,G/A;71,G;77,C/T;89,A/G;92,G/A;126,G;130,T/C;133,C/T;134,A/C;151,A/C;173,G;180,A/G;181,C;185,C;189,C/A;190,G/A;196,C/A;200,C/T;

AMPL3507912    19,T;33,T/A;38,A;43,T;46,G/A;71,G/C;73,A/T;108,A;124,A/T;126,G;132,A;143,C;160,T;

AMPL3507914    37,G;52,G;56,A;64,T;115,C;

AMPL3507915    22,A/G;31,C;39,T;51,C;52,T;59,A;66,T;87,A;99,A/G;103,C;128,T;134,A/C;135,A;138,A;159,G;

AMPL3507916    24,A;31,T;43,T;49,T;90,A;110,T;132,C;160,G;170,T;174,A;

AMPL3507918    15,A;63,A;72,G;76,T;86,C;87,G;90,A;129,G;

AMPL3507919    10,G;22,G;34,T;64,T;74,A;105,G;114,G;133,C;153,T;169,G;184,C;188,A;

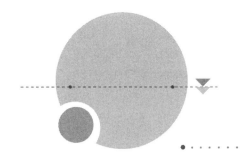

凤广

AMPL3507571  6,T;10,G;18,G;19,T;20,G;30,G;37,A;40,T;
AMPL3507806  31,T;55,C;136,A;139,G;158,A;
AMPL3507807  28,C;31,G;89,T;96,A;129,C;
AMPL3507808  75,A;114,C;124,T;132,T;134,G;139,G;171,C;172,T;
AMPL3507809  45,A;47,G;49,A;65,A;76,T;81,A;91,T;115,A;
AMPL3507810  33,T;53,T;74,G;90,C;98,G;154,G/A;
AMPL3507811  30,G;97,G;104,A;
AMPL3507812  6,C;53,C;83,T;90,T;109,A;113,A;154,T;155,C;
AMPL3507813  14,T;86,A;127,G;
AMPL3507814  63,A;67,G;70,T;72,A;94,A;119,G;134,C;157,G;
AMPL3507815  9,T;155,C;163,A;
AMPL3507816  93,G;105,G;150,A;166,C;171,C;
AMPL3507817  38,A;87,C;96,A;102,G;116,T;166,T;183,T;186,A;188,G;
AMPL3507818  8,A;37,A;40,T;41,G;49,T;55,T;56,G;57,G;100,G;104,G;108,T;113,G;
             118,T;
AMPL3507819  87,G;97,C/T;139,A;155,C;
AMPL3507821  41,C;45,G;59,A;91,T;141,A;144,T;
AMPL3507822  1,C/G;8,A;11,A;70,C;94,C/T;108,A;
AMPL3507823  11,T/C;110,C/A;123,G/A;
AMPL3507824  3,G;56,G;65,A;68,T;117,T;
AMPL3507826  55,T;61,C;74,T;98,C;122,G;129,G;139,A;180,C;
AMPL3507827  9,T;48,A;65,G;77,C;95,T;124,T;132,T;135,G;140,G;
AMPL3507828  73,T;107,G;109,G;143,T;159,G;
AMPL3507829  6,T;14,T;56,A;70,A;71,T;127,A;
AMPL3507831  7,C;16,C;19,C;66,C;75,A;88,T;113,C/T;130,G;140,C;164,T;
AMPL3507832  23,C;59,A/G;78,G;116,T;
AMPL3507833  26,T;30,G;49,G;69,T;75,A;97,A;132,T;
AMPL3507834  126,T;145,G;
AMPL3507836  8,A;32,T;40,G;44,G;63,T;71,A;113,T;142,A;
AMPL3507837  1,G;5,A;6,C;7,C;24,A;30,T;59,C;66,T;67,C;78,G;79,G;80,A;111,C;
             139,A;164,A;
AMPL3507838  3,A;15,A;20,G;23,G;50,A;52,A;59,C;64,C;78,G;
AMPL3507839  59,C;114,C;151,T;
AMPL3507840  77,C;

AMPL3507841　13,C;14,G/A;34,G;60,G;99,A/G;

AMPL3507842　13,C/T;17,T;20,T;64,C;97,A;144,C;158,A;159,G;163,T;

AMPL3507844　2,T;6,G;26,C;35,C;63,G;65,A;68,T;96,C;97,C;119,T;130,A;137,G;
158,T;

AMPL3507845　57,A;161,A;

AMPL3507846　5,A;21,A;24,G;26,A;94,G;112,A;127,C;128,T;149,G;175,T;

AMPL3507848　38,G;78,A;

AMPL3507849　16,T/A;19,C/A;23,T;24,A;33,G;35,A/G;39,G;68,C;72,G;74,T;97,T;
128,G;134,G;142,A/C;144,C/T;157,A;

AMPL3507850　2,A;16,C;35,A;39,G;60,C;93,C;110,G;114,C;125,C;128,A;130,C;

AMPL3507851　61,C;91,T;92,G;131,A;151,G;154,G;162,G;165,G;166,A;168,G;

AMPL3507852　8,A;26,G;33,G;43,A;56,C;62,T;93,C;124,G;

AMPL3507853　2,A;71,A;88,C;149,C;180,T;193,T;

AMPL3507854　34,C/T;36,G;37,T/C;44,G;55,A;70,C/A;84,A;92,A/G;99,T;102,T/G;
110,T/C;112,T/A;114,T/G;126,C/A;139,C/T;153,T/C;158,A/T;164,C/
A;170,C/G;171,G/A;174,A/G;177,G/T;180,C;181,T;187,C;188,G/T;192,
T/C;

AMPL3507855　26,C;36,C;90,T;

AMPL3507856　11,A;92,C;102,C;

AMPL3507857　33,A;70,C;82,A;123,T;

AMPL3507858　26,T;45,G;84,C;143,G;152,G;176,C;

AMPL3507860　30,G;97,C/T;101,G/T;128,G/A;176,T/C;

AMPL3507861　28,T;43,A;69,C;93,C;105,G;124,T;128,T;

AMPL3507862　2,A;4,C/G;63,G;83,C;88,C;106,C/T;115,C/T;124,A;154,C/T;

AMPL3507863　13,A;45,C;69,G;145,T;177,G;

AMPL3507864　17,T/C;95,G/A;120,T;

AMPL3507865　19,T/C;21,A/T;35,A;43,A/G;56,A/C;57,C;75,T/C;85,C/G;100,G/C;101,
C/T;116,C/A;127,C/G;161,T;171,A;172,T/C;

AMPL3507866　8,T;66,G;74,T;147,C;172,T;

AMPL3507867　21,C;27,A;38,T;45,C;54,C;88,T;93,C;112,C;122,A;132,C;

AMPL3507868　45,C/T;51,G;108,T/C;166,T/C;186,G;

AMPL3507871　7,C;95,G;115,T/G;144,T;

AMPL3507872　10,T;52,G;131,T;132,T;

AMPL3507873　13,T;38,T;39,C;54,A;59,A;86,T;

AMPL3507875　44,G;45,G;68,G;110,G;125,A;137,G;151,A;184,C;

AMPL3507876　96,C;114,C;144,G;178,C;

AMPL3507877　12,G/T;24,G/A;27,T;28,G/A;34,G/C;39,G/A;46,A/T;68,A/C;70,A;90,
A/G;110,T/G;126,C;134,A;

AMPL3507878　8,T;10,A;37,G;59,A;73,G;77,G;78,G;90,C;91,T;103,G;115,T;130,C;

AMPL3507879　50,A;90,C;91,C;116,C;127,G/T;134,C/G;143,C/G;155,T/G;163,T/C;169,
A;181,T/C;

AMPL3507880　66,T;105,A;124,A;

AMPL3507881    84,T;122,A/G;

AMPL3507882    40,G;43,A;61,T;

AMPL3507883    20,T;31,T;68,C;74,G;84,A;104,T;142,T;144,G;

AMPL3507885    36,C;51,A;54,G;65,G;66,G;71,C;78,C;110,G;112,C;115,G;124,G;131,T;
135,G;146,A;

AMPL3507886    41,A;47,T;81,C;91,C;99,A;125,T;

AMPL3507887    2,T;35,C;45,G;62,C;65,A;92,G;101,C;

AMPL3507888    4,T;50,G;65,A;70,C;79,A;82,C;94,G;100,G;107,A;133,T;

AMPL3507889    34,T;111,G;154,C;159,G;160,G;

AMPL3507890    19,C;26,C;33,G;60,G;139,C;

AMPL3507891    29,A;61,T/C;

AMPL3507892    23,A;28,A;55,A;69,A;72,A;122,T;136,G;180,G;181,A;

AMPL3507893    42,T;51,T;77,T;140,G;147,T;161,A;177,T;197,C;

AMPL3507894    165,G;182,G;

AMPL3507895    65,T;92,T;141,T;

AMPL3507896    6,C/T;32,C;77,A/T;85,A/T;107,C;126,C/G;135,T;

AMPL3507897    1,C;7,G/A;9,C;31,C;91,C;104,T/C;123,A;132,T;

AMPL3507898    133,G;152,A;

AMPL3507899    1,G;29,C;39,T;55,C;108,T/G;115,A;125,C/T;140,A/C;

AMPL3507900    23,G;62,G;63,A;73,T;86,C;161,T;183,A;190,G;

AMPL3507901    68,C;98,G;116,A;

AMPL3507902    38,A/C;57,A;65,C;66,G;92,A;104,C;118,T;176,G;

AMPL3507903    101,G;105,G;121,C;161,C;173,T;

AMPL3507904    3,C;5,C/T;13,G;54,C;83,G;85,C;92,T/C;104,C;147,A;182,G;

AMPL3507907    5,G;25,G;26,G;32,G;34,C;35,T;36,G;37,G;46,G;47,C;49,A;120,G;

AMPL3507909    2,A;9,C;13,G/A;15,C;28,G;32,T;34,A;53,T;84,C;97,C;99,C/A;135,G/
C;148,G/T;150,T;

AMPL3507910    33,T/C;105,A/G;129,C/A;164,A/G;

AMPL3507911    33,G;34,C;49,C;50,G;71,G;77,C;89,A;92,G;126,G;130,T;133,C;134,A;
151,A;173,G;180,A;181,C;185,C;189,C;190,G;196,C;200,C;

AMPL3507912    19,T;33,T;38,A;43,T;46,G;71,C/G;73,A;108,A;124,T/A;126,G;132,A;
143,C;160,T;

AMPL3507913    21,T;58,T;90,C;107,A;109,T;111,T;113,G;128,A;134,G;

AMPL3507914    37,G;52,G;56,A;64,T;115,C;

AMPL3507915    22,A/G;31,C/T;39,T/C;51,C/T;52,T/C;59,A/G;66,T/C;87,A/G;99,A/G;
103,C/T;128,T/C;134,A/C;135,A/T;138,A/G;159,G/T;

AMPL3507916    24,A;31,T;43,T;49,T;90,A;110,T;132,C;160,G;170,T;174,A;

AMPL3507918    15,A/T;63,A;72,G;76,T;86,C;87,G/A;90,A;129,G;

AMPL3507919    10,G;22,G;34,T;64,T;74,A;105,G;114,G;133,C;153,T;169,G;184,C;
188,A;

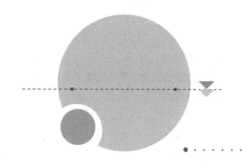

# 古山

AMPL3507571    6,T;10,T;18,C;19,T;20,G;30,G;37,A;40,C/T;
AMPL3507806    31,T;55,C;136,A;139,G;158,A;
AMPL3507807    28,C/A;31,G/C;89,T/C;96,A/G;129,C/A;
AMPL3507808    75,A;114,C;124,T;132,T;134,G;139,G;171,C;172,T;
AMPL3507809    45,A/G;47,G/C;49,A;65,A/C;76,T/C;81,A/T;91,T/A;115,A;
AMPL3507810    33,C/T;53,C/T;74,G;90,T/C;98,G;154,G;
AMPL3507811    30,G;97,A/G;104,G/A;
AMPL3507812    6,C/T;53,C/T;83,T/C;90,T/A;109,A/C;113,A/T;154,T/C;155,C;
AMPL3507813    14,A/T;86,G;127,A;
AMPL3507814    63,A;67,A/G;70,T;72,A/G;94,G/A;119,A/G;134,C/T;157,A/G;
AMPL3507815    9,A;155,C/A;163,A;
AMPL3507816    93,A;105,C;150,G;166,T;171,T;
AMPL3507817    38,G;87,G;96,C;102,A;116,C;166,T;183,C;186,G;188,G;
AMPL3507818    8,G/A;37,A;40,T;41,A;49,T;55,T;56,A;57,G;100,A/G;104,T;108,C;
               113,G;118,T;
AMPL3507819    87,G;97,C/T;139,A;155,C;
AMPL3507821    41,C;45,G;59,A;91,T;141,A;144,T;
AMPL3507822    1,G;8,A/G;11,A/T;70,C;94,C;108,A/G;
AMPL3507823    11,C;110,A;123,A;
AMPL3507824    3,G;56,G;65,A;68,T;117,T;
AMPL3507826    55,T;61,C;74,T;98,C;122,G;129,G;139,A;180,C;
AMPL3507827    9,T;48,A;65,G;77,C;95,T;124,T;132,T;135,G;140,G;
AMPL3507828    73,G;107,A;109,G;143,T;159,G;
AMPL3507829    6,T;14,A/T;56,G/A;70,G/A;71,A/T;127,A;
AMPL3507831    7,C;16,C/T;19,C;66,C/T;75,A/G;88,T/C;113,T/C;130,G/T;140,C/G;
               164,T;
AMPL3507832    23,T;59,A;78,C;116,T;
AMPL3507833    26,T/A;30,T;49,G;69,G;75,A;97,C;132,A;
AMPL3507834    126,T;145,G;
AMPL3507836    8,A;32,T;40,G;44,G;63,T;71,A;113,T;142,A;
AMPL3507837    1,A;5,G;6,T;7,C;24,T;30,C;59,C;66,C;67,C;78,A;79,A;80,A;111,T;
               139,G;164,A;
AMPL3507838    3,A/G;15,A/G;20,G/A;23,G/A;50,A;52,A/G;59,C/A;64,C;78,G/T;
AMPL3507839    59,C;114,C;151,T;

AMPL3507840    77,C/G;

AMPL3507841    13,C;14,G/A;34,G;60,G;99,A/G;

AMPL3507842    13,C/T;17,T;20,T;64,T/C;97,G/A;144,T/C;158,C/A;159,T/G;163,A/T;

AMPL3507844    2,C;6,G;26,T;35,T;63,A;65,A;68,G;96,C;97,C;119,T;130,A;137,A;
               158,T;

AMPL3507845    57,A;161,A;

AMPL3507846    5,A;21,G/A;24,A/G;26,A;94,G;112,A;127,G;128,A;149,C/G;175,T/A;

AMPL3507848    38,A;78,C;

AMPL3507849    16,A/C;19,C/A;23,T;24,A/G;33,G;35,A/G;39,G;68,C/G;72,G/T;74,T/
               G;97,T;128,T/G;134,A/G;142,C;144,T;157,A;

AMPL3507850    2,A;16,C;35,A;39,A;60,C;93,C;110,G;114,T;125,C;128,A;130,C;

AMPL3507851    61,T;91,T;92,G;131,G/A;151,G/A;154,C/A;162,C/G;165,G;166,A/T;
               168,G/C;

AMPL3507852    8,A;26,C;33,T;43,A;56,T/C;62,C;93,G;124,A;

AMPL3507853    2,A/T;71,A/G;88,C/T;149,C/G;180,T/C;193,T/A;

AMPL3507854    34,C;36,G;37,T;44,G;55,A;70,C;84,A;92,A;99,T;102,T;110,T;112,T;
               114,T;126,C;139,C;153,T;158,A;164,C;170,C;171,G;174,A;177,G;180,C;
               181,T;187,C;188,G;192,T;

AMPL3507855    26,C;36,C;90,T;

AMPL3507856    11,A;92,C;102,C;

AMPL3507857    33,G;70,G/C;82,T/A;123,C;

AMPL3507858    26,G;45,T;84,C;143,A;152,A;176,A;

AMPL3507860    30,G;97,C/T;101,G/T;128,G/A;176,T/C;

AMPL3507861    28,T;43,A;69,C;93,C;105,G;124,T;128,T;

AMPL3507862    2,A;4,C/G;63,G/A;83,C;88,C/T;106,C/T;115,C;124,A/C;154,C/T;

AMPL3507863    13,A;45,C;69,G;145,T;177,G;

AMPL3507864    17,T;95,G;120,C/T;

AMPL3507865    19,C;21,T;35,A;43,G;56,C/A;57,C/T;75,C;85,G;100,C/G;101,T;116,A/
               C;127,G/C;161,T/C;171,A/G;172,C/T;

AMPL3507867    21,C;27,A;38,T;45,C;54,C;88,T;93,C;112,C;122,A;132,C;

AMPL3507868    45,C;51,G;108,T;166,T;186,G;

AMPL3507871    7,C/T;95,G/C;115,G/T;144,T/C;

AMPL3507872    10,C;52,G;131,T;132,C;

AMPL3507873    13,T;38,T;39,C;54,A;59,A;86,T;

AMPL3507874    2,C;31,C;97,T;99,T;105,G;108,T;122,T;161,A;

AMPL3507875    44,G;45,G;68,G;110,G;125,A;137,G;151,A;184,C;

AMPL3507876    96,C;114,G;144,A;178,C;

AMPL3507877    12,T;24,A;27,T;28,A;34,C;39,A;46,T;68,C;70,A;90,A;110,G;126,C;
               134,C;

AMPL3507878    8,C;10,A;37,A;59,G;73,T;77,G;78,G;90,T;91,C;103,G;115,C;130,C;

AMPL3507879    50,A;90,C;91,C;116,C;127,G/T;134,C/G;143,C/G;155,T/G;163,T/C;169,
               A;181,T/C;

AMPL3507880　66,T;105,A;124,A;

AMPL3507881　84,T;122,G;

AMPL3507882　40,G;43,A;61,T;

AMPL3507883　20,C;31,T;68,C;74,G;84,C;104,T;142,T;144,G;

AMPL3507886　41,G/A;47,C/T;81,G/C;91,T/C;99,G/A;125,A/T;

AMPL3507887　2,T;35,C;45,G;62,C;65,A;92,G;101,C;

AMPL3507888　4,C/T;50,A/G;65,A;70,C;79,T/A;82,T/C;94,A/G;100,A/G;107,T/A;
133,T;

AMPL3507889　34,T;111,G;154,C;159,G;160,G;

AMPL3507890　19,C;26,T;33,A;60,G;139,C;

AMPL3507891　29,A;61,C;

AMPL3507892　23,A;28,A;55,A;69,A;72,A;122,T;136,G;180,G;181,A;

AMPL3507893　42,A/T;51,C/T;77,T;140,T/G;147,C/T;161,G/A;177,A/T;197,G/C;

AMPL3507894　165,G;182,G;

AMPL3507895　65,T/A;92,T/C;141,T;

AMPL3507896　6,T;32,C;77,A/T;85,A/T;107,C;126,C/G;135,T;

AMPL3507897　1,C;7,G/A;9,C;31,C;91,C;104,T/C;123,A;132,T;

AMPL3507898　133,G;152,A;

AMPL3507899　1,G;29,T/C;39,C/T;55,C;108,G;115,A;125,C/T;140,C;

AMPL3507900　23,A/G;62,A/G;63,G/A;73,T;86,T/C;161,C/T;183,G/A;190,A/G;

AMPL3507901　68,T;98,A;116,C/A;

AMPL3507902　38,A/C;57,A/G;65,C;66,G;92,A/T;104,C/A;118,T/A;176,G;

AMPL3507904　3,T/C;5,C;13,G;54,C;83,G;85,C;92,C/T;104,C;147,A;182,G;

AMPL3507909　2,A;9,C;13,G/A;15,C;28,G;32,T;34,A;53,T;84,C;97,C;99,C/A;135,G/
C;148,G/T;150,T;

AMPL3507910　33,C;105,G;129,A;164,G;

AMPL3507911　33,G;34,C;49,C;50,G;71,G;77,C;89,A;92,G;126,G;130,C;133,C;134,A;
151,A;173,G;180,A;181,T;185,C;189,C;190,G;196,C;200,C;

AMPL3507912　19,T;33,T;38,G/A;43,C/T;46,A/G;71,C/G;73,A;108,G/A;124,T/A;126,
A/G;132,G/A;143,A/C;160,G/T;

AMPL3507914　37,G;52,G;56,A;64,T;115,C;

AMPL3507915　22,A/G;31,C;39,T;51,C;52,T;59,A;66,T;87,A;99,A/G;103,C;128,T;
134,A/C;135,A;138,A;159,G;

AMPL3507916　24,A;31,T;43,T;49,T/G;90,A/G;110,T;132,C/A;160,G/A;170,T/G;174,
A/G;

AMPL3507918　15,A/T;63,A;72,G;76,T;86,C;87,G/A;90,A;129,G;

AMPL3507919　10,G;22,G;34,T;64,T;74,A;105,G;114,G;133,C;153,T;169,G;184,C;
188,A;

AMPL3507920　18,C;24,A;32,C;67,T;74,G;

AMPL3507921　7,C;30,G;38,G;43,A;182,G;

AMPL3507923　69,A;79,T;125,C;140,T;144,C;152,T;

AMPL3507924　46,T/C;51,C/G;131,A/T;143,T/C;166,A/G;

# 古山 2 号

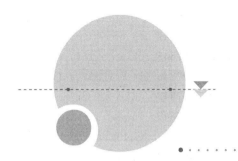

AMPL3507571    6,G;10,G;18,C;19,C;20,A;30,A;37,T;40,T;

AMPL3507806    31,T/A;55,C;136,A/C;139,G/T;158,A;

AMPL3507807    28,C/A;31,G/C;89,T/C;96,A/G;129,C/A;

AMPL3507808    75,A;114,C;124,T;132,T;134,G;139,G;171,C;172,T;

AMPL3507809    45,G;47,C;49,A;65,C;76,C;81,T;91,A;115,A;

AMPL3507810    33,C;53,C;74,G;90,C/T;98,A/G;154,G;

AMPL3507811    30,G;97,A;104,G;

AMPL3507812    6,T;53,T;83,C;90,A;109,C;113,T;154,C;155,C;

AMPL3507813    14,T;86,G;127,A;

AMPL3507814    63,G;67,G;70,G;72,A;94,A;119,G;134,C;157,G;

AMPL3507815    9,A;155,A;163,A;

AMPL3507816    93,A/G;105,C/G;150,G/A;166,T/C;171,T/C;

AMPL3507817    38,G/A;87,G/C;96,C;102,A;116,C/T;166,T/C;183,C/T;186,G;188,G/A;

AMPL3507818    8,A;37,A;40,T;41,G;49,A;55,G;56,A;57,T;100,A;104,T;108,C;113,G;
               118,T;

AMPL3507819    87,A;97,C;139,G;155,T;

AMPL3507821    41,G/C;45,A/G;59,A/T;91,G;141,G/A;144,C;

AMPL3507822    1,G;8,A;11,T/A;70,C;94,C/T;108,G/A;

AMPL3507823    11,T;110,C;123,G;

AMPL3507824    3,G;56,G;65,G;68,C;117,C;

AMPL3507826    55,T/C;61,C/T;74,T/C;98,C;122,G;129,G/A;139,A/G;180,C/T;

AMPL3507827    9,T/C;48,A;65,G/T;77,C/T;95,T;124,T;132,T/C;135,G/A;140,G/A;

AMPL3507828    73,T;107,G/A;109,G/C;143,T/C;159,G/C;

AMPL3507831    7,C;16,C/T;19,C;66,C/T;75,A/G;88,T/C;113,T/C;130,G/T;140,C/G;
               164,T;

AMPL3507832    23,T;59,A;78,C;116,C;

AMPL3507833    26,T;30,G;49,A;69,T;75,A;97,A;132,T;

AMPL3507834    126,C/T;145,A/G;

AMPL3507835    12,A;38,T;93,T;98,C;99,G;129,A;150,A;

AMPL3507836    8,G/A;32,C/T;40,T/G;44,A/G;63,T;71,G/A;113,C/T;142,G/A;

AMPL3507838    3,A;15,A;20,G;23,G;50,A;52,A;59,C;64,C;78,G;

AMPL3507839    59,G;114,T;151,C;

AMPL3507840    77,C/G;

AMPL3507841    13,T;14,G;34,A;60,T;99,G;

AMPL3507842  13,C;17,C;20,A;64,C;97,A;144,C;158,A;159,G;163,T;

AMPL3507845  57,A/G;161,A/G;

AMPL3507846  5,A;21,A;24,G;26,A;94,G;112,A;127,C/G;128,T/A;149,G;175,T/A;

AMPL3507848  38,A;78,C;

AMPL3507849  16,A/T;19,C;23,T;24,A;33,G;35,A;39,G;68,C;72,G;74,T;97,T;128,T/G;134,A/G;142,C/A;144,T/C;157,A;

AMPL3507850  2,A;16,C;35,A;39,G;60,C;93,C;110,G;114,C;125,C;128,A;130,C;

AMPL3507851  61,T;91,T;92,G;131,A;151,A;154,A;162,G;165,G;166,T;168,C;

AMPL3507852  8,A;26,G;33,G;43,A;56,C;62,T;93,C;124,G;

AMPL3507853  2,A/T;71,A/G;88,C/T;149,C/G;180,T/C;193,T/A;

AMPL3507854  34,C/T;36,G;37,T/C;44,G;55,A;70,C/A;84,A;92,A/G;99,T;102,T/G;110,T/C;112,T/A;114,T/G;126,C/A;139,C/T;153,T/C;158,A/T;164,C/A;170,C/G;171,G/A;174,A/G;177,G/T;180,C;181,T;187,C;188,G/T;192,T/C;

AMPL3507855  26,T;36,T;90,C;

AMPL3507856  11,G;92,T;102,T;

AMPL3507857  33,G;70,G/C;82,T/A;123,C;

AMPL3507858  26,T;45,G;84,T/C;143,G;152,G;176,C;

AMPL3507860  30,G;97,T;101,T;128,A;176,C;

AMPL3507861  28,C/T;43,G/A;69,G/C;93,C;105,T/G;124,C/T;128,A/T;

AMPL3507862  2,A/C;4,G;63,A/G;83,C/T;88,T;106,T;115,C;124,C/A;154,T;

AMPL3507863  13,A/G;45,C/G;69,A;145,A;177,A;

AMPL3507864  17,T;95,G;120,T/C;

AMPL3507865  19,C;21,T;35,A;43,G;56,C/A;57,C/T;75,C;85,G;100,C/G;101,T;116,A/C;127,G/C;161,T/C;171,A/G;172,C/T;

AMPL3507866  8,T;66,G;74,T;147,C;172,T;

AMPL3507867  21,C/T;27,G;38,T/C;45,T/C;54,C;88,C;93,T/C;112,C;122,A/G;132,G;

AMPL3507868  45,T;51,A/G;108,T/C;166,T/C;186,A/G;

AMPL3507871  7,C;95,G;115,G;144,T;

AMPL3507872  10,T;52,G;131,T;132,T;

AMPL3507873  13,T/C;38,T;39,C/T;54,A/G;59,A;86,T/G;

AMPL3507874  2,T;31,A;97,T;99,T;105,G;108,T;122,C;161,G;

AMPL3507876  96,C;114,G;144,A;178,C;

AMPL3507877  12,TAT/T;24,G/A;27,A/T;28,G/A;34,C;39,A;46,T;68,C;70,G/A;90,A;110,G;126,C;134,C;

AMPL3507878  8,C;10,A;37,A;59,G;73,T;77,G;78,G;90,T;91,C;103,G;115,C;130,C;

AMPL3507879  50,G/A;90,C;91,C;116,C;127,G/T;134,C/G;143,G;155,G;163,T/C;169,G/A;181,T/C;

AMPL3507880  66,C/T;105,A/C;124,A/G;

AMPL3507881  84,C;122,T;

AMPL3507882  40,G;43,A;61,T;

AMPL3507883  20,T;31,T;68,C/T;74,G;84,A;104,T;142,T;144,G;

AMPL3507885　36,C/G;51,A;54,G/A;65,G/N;66,G/N;71,C/N;78,C/N;110,G/A;112,C/T;115,G/A;124,G/T;131,T/A;135,G/A;146,A/G;

AMPL3507886　41,G;47,C;81,G;91,T;99,G;125,A;

AMPL3507887　2,T;35,C;45,G/A;62,C;65,A/G;92,G/A;101,C/GTG;

AMPL3507888　4,T/C;50,G/A;65,A;70,C;79,A/T;82,C/T;94,G/A;100,G/A;107,A/T;133,T;

AMPL3507889　34,T;111,A;154,A;159,G;160,G;

AMPL3507890　19,T/C;26,C/T;33,G/A;60,A/G;139,T/C;

AMPL3507891　29,C/A;61,T;

AMPL3507892　23,A;28,G;55,G;69,G;72,G;122,T;136,A;180,A;181,T;

AMPL3507893　42,T/A;51,T/C;77,T;140,G/T;147,T/C;161,A/G;177,T/A;197,C/G;

AMPL3507894　165,G/A;182,G/A;

AMPL3507895　65,A;92,A/C;141,T/G;

AMPL3507896　6,T;32,C;77,A;85,A;107,C;126,C;135,T;

AMPL3507898　133,T;152,G;

AMPL3507899　1,G;29,C;39,T;55,C;108,T;115,A;125,C;140,A/C;

AMPL3507900　23,A;62,A;63,G;73,T;86,T;161,C;183,G;190,A;

AMPL3507901　68,T;98,A;116,A/C;

AMPL3507902　38,C;57,A;65,C;66,G;92,A;104,C;118,T;176,G;

AMPL3507903　101,A;105,A;121,A;161,C;173,T;

AMPL3507904　3,T/C;5,C;13,G/A;54,T/C;83,G/T;85,T/C;92,C;104,T/C;147,G/A;182,G;

AMPL3507906　7,T;9,G;30,G;41,A;42,A;48,T;69,G;71,A;78,G;88,A;91,G;108,A;115,G;122,A;126,A;141,A;

AMPL3507909　2,A;9,C;13,A;15,C;28,G;32,T;34,A;53,T;84,C;97,C;99,A;135,C;148,T;150,T;

AMPL3507910　33,T;105,A;129,C;164,A;

AMPL3507911　33,G;34,C;49,C;50,G;71,G;77,C;89,A;92,G;126,G;130,T;133,C;134,A;151,A;173,G;180,A;181,C;185,C;189,C;190,G;196,C;200,C;

AMPL3507912　19,T;33,T/A;38,A;43,T;46,G/A;71,C;73,A/T;108,A;124,T;126,G;132,A;143,C;160,T;

AMPL3507913　21,T;58,T;90,T;107,A;109,A;111,A;113,A;128,A;134,G;

AMPL3507914　37,G/C;52,G;56,A/T;64,T/G;115,C/T;

AMPL3507915　22,A/G;31,C/T;39,T/C;51,C/T;52,T/C;59,A/G;66,T/C;87,A/G;99,A/G;103,C/T;128,T/C;134,A/C;135,A/T;138,A/G;159,G/T;

AMPL3507916　24,A/G;31,T/C;43,T/C;49,G/T;90,G/A;110,T/A;132,A/C;160,A;170,G;174,G/A;

AMPL3507918　15,A/T;63,A;72,G;76,T;86,C;87,G/A;90,A;129,G;

AMPL3507919　10,G;22,G/T;34,T/C;64,T/G;74,A/G;105,G/A;114,G/A;133,C/T;153,T/G;169,G;184,C/T;188,A/T;

AMPL3507920　18,C/A;24,A;32,C/A;67,T;74,G/C;

AMPL3507921　7,C;30,A/G;38,A/G;43,G/A;182,A/G;

AMPL3507922　146,C;

# 桂明 1 号

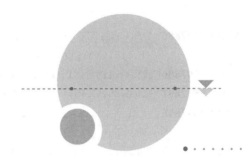

| | |
|---|---|
| AMPL3507571 | 6,T;10,T;18,C;19,T;20,G;30,G;37,A;40,T; |
| AMPL3507806 | 31,T;55,C;136,A;139,G;158,A; |
| AMPL3507807 | 28,C;31,G;89,T;96,A;129,C; |
| AMPL3507808 | 75,A;114,C;124,T;132,T;134,G;139,G;171,C;172,T; |
| AMPL3507809 | 45,G;47,C;49,A;65,C;76,C;81,T;91,A;115,A; |
| AMPL3507810 | 33,C;53,C;74,G;90,T;98,G;154,G; |
| AMPL3507811 | 30,G/C;97,A;104,G; |
| AMPL3507812 | 6,T;53,T;83,C;90,A;109,C;113,T;154,C;155,C; |
| AMPL3507813 | 14,A/T;86,G;127,A; |
| AMPL3507814 | 63,G;67,G;70,G;72,A;94,A;119,G/A;134,C;157,G; |
| AMPL3507815 | 9,A;155,C/A;163,G/A; |
| AMPL3507816 | 93,G;105,G;150,A;166,C;171,C; |
| AMPL3507817 | 38,G/A;87,G/C;96,C;102,A;116,C/T;166,T/C;183,C/T;186,G;188,G/A; |
| AMPL3507818 | 8,A;37,A;40,T;41,G/A;49,A/T;55,G/T;56,A;57,T/G;100,A/G;104,T;108,C;113,G;118,T; |
| AMPL3507819 | 87,A;97,C;139,G;155,T; |
| AMPL3507821 | 41,C/G;45,G/A;59,T/A;91,G;141,A/G;144,C; |
| AMPL3507822 | 1,G;8,A;11,A;70,C;94,T/C;108,A; |
| AMPL3507823 | 11,T;110,C;123,G; |
| AMPL3507824 | 3,A/G;56,G;65,G;68,C;117,C; |
| AMPL3507826 | 55,C;61,T;74,C;98,C;122,G;129,A;139,G;180,T; |
| AMPL3507827 | 9,C;48,A;65,T;77,T;95,T;124,T;132,C;135,A;140,A; |
| AMPL3507828 | 73,T;107,A;109,C;143,C;159,C; |
| AMPL3507831 | 7,T/C;16,T;19,C;66,T;75,G;88,C;113,C;130,G/T;140,G;164,T; |
| AMPL3507832 | 23,C/T;59,A;78,G/C;116,T; |
| AMPL3507833 | 26,T;30,T;49,G;69,G;75,G;97,C;132,A; |
| AMPL3507834 | 126,C;145,A; |
| AMPL3507835 | 12,G;38,G;93,A;98,G;99,T;129,C;150,T; |
| AMPL3507836 | 8,G/A;32,C/T;40,T/G;44,A/G;63,T;71,G/A;113,C/T;142,G/A; |
| AMPL3507837 | 1,A;5,G;6,T;7,C;24,T;30,C;59,C;66,C;67,C;78,A;79,A;80,A;111,T;139,G;164,A; |
| AMPL3507838 | 3,G;15,G;20,A;23,A;50,A;52,G;59,A;64,C;78,T; |
| AMPL3507839 | 59,G;114,T;151,C; |
| AMPL3507840 | 77,C; |

AMPL3507841    13,T;14,G;34,A;60,T;99,G;

AMPL3507842    13,C;17,C;20,A;64,C;97,A;144,C;158,A;159,G;163,T;

AMPL3507844    2,T;6,G;26,C;35,C;63,G;65,A;68,T;96,C;97,C;119,T;130,A;137,G;
158,T;

AMPL3507845    57,G/A;161,G/A;

AMPL3507848    38,A/G;78,C/A;

AMPL3507849    16,A/C;19,C/A;23,T;24,A/G;33,G;35,A/G;39,G;68,C/G;72,G/T;74,T/
G;97,T;128,T/G;134,A/G;142,C;144,T;157,A;

AMPL3507850    2,G;16,T;35,G;39,G;60,T;93,T;110,A;114,C;125,C;128,C;130,T;

AMPL3507851    61,T;91,C/T;92,T/G;131,G/A;151,G/A;154,C/A;162,C/G;165,C/G;166,
A/T;168,G/C;

AMPL3507852    8,A;26,C;33,T;43,A;56,C;62,T;93,C;124,G;

AMPL3507853    2,T;71,G;88,T;149,G;180,C;193,A;

AMPL3507854    34,T;36,G;37,C;44,G;55,A/T;70,A;84,A;92,G/A;99,T;102,G/T;110,C/
T;112,A/T;114,G/T;126,A;139,T;153,C/T;158,T;164,A;170,G/C;171,A/
G;174,G/A;177,T/G;180,C;181,T;187,C;188,T/G;192,C/T;

AMPL3507855    26,C/T;36,C/T;90,T/C;

AMPL3507856    11,A/G;92,C/T;102,C/T;

AMPL3507857    33,G/A;70,G/C;82,T/A;123,C/T;

AMPL3507858    26,G;45,T;84,C;143,A;152,A;176,A;

AMPL3507860    30,G;97,T;101,T;128,A;176,C;

AMPL3507861    28,C;43,G;69,G;93,C;105,T;124,C;128,A;

AMPL3507862    2,A;4,C/G;63,G/A;83,C;88,C/T;106,C/T;115,C;124,A/C;154,C/T;

AMPL3507863    13,A/G;45,C/G;69,A;145,A;177,A;

AMPL3507864    17,T;95,G;120,T/C;

AMPL3507865    19,C;21,T;35,A;43,G;56,A/C;57,T/C;75,C;85,G;100,G/C;101,T;116,C/
A;127,C/G;161,C/T;171,G/A;172,T/C;

AMPL3507866    8,T;66,G;74,T;147,C;172,T;

AMPL3507867    21,C;27,G;38,T;45,T;54,C;88,C;93,T;112,C;122,A;132,G;

AMPL3507868    45,T/C;51,G;108,C/T;166,C/T;186,G;

AMPL3507871    7,C;95,G;115,G;144,T;

AMPL3507872    10,C/T;52,G;131,T;132,C/T;

AMPL3507873    13,T;38,T;39,C;54,A;59,A;86,T;

AMPL3507874    2,T/C;31,A/C;97,T;99,T;105,G;108,T;122,C/T;161,G/A;

AMPL3507877    12,T;24,A;27,T;28,A;34,C;39,A;46,T;68,C;70,A;90,G/A;110,G;126,C;
134,A/C;

AMPL3507878    8,T/C;10,G/A;37,G/A;59,G;73,T;77,A/G;78,A/G;90,C/T;91,C;103,A/
G;115,C;130,C;

AMPL3507879    50,A;90,C;91,C;116,C;127,T;134,G;143,G;155,G;163,C;169,A;181,C;

AMPL3507880    66,T;105,C;124,G;

AMPL3507882    40,G;43,A;61,T;

AMPL3507883    20,T/C;31,T;68,C;74,G;84,A/C;104,T;142,T;144,G;

AMPL3507886  41,G/A;47,C/T;81,G/C;91,T/C;99,G/A;125,A;

AMPL3507887  2,T;35,C/A;45,G;62,C;65,A/G;92,G/A;101,C/G;

AMPL3507888  4,C;50,A;65,G/A;70,A/C;79,A/T;82,C/T;94,G/A;100,G/A;107,G/T;
133,C/T;

AMPL3507889  34,T;111,A;154,A;159,G;160,G;

AMPL3507890  19,C;26,C;33,G;60,G;139,C;

AMPL3507891  29,A/C;61,T;

AMPL3507892  23,A;28,G;55,G;69,G;72,G;122,T;136,A;180,A;181,T;

AMPL3507893  42,A;51,C;77,T/C;140,T;147,C;161,G;177,A;197,G;

AMPL3507894  165,G/A;182,G/A;

AMPL3507895  65,A;92,T/C;141,T/G;

AMPL3507896  6,T;32,C;77,A;85,A;107,C;126,C;135,T;

AMPL3507897  1,A;7,A;9,G;31,T;91,T;104,C;123,G;132,G;

AMPL3507898  133,T;152,G;

AMPL3507899  1,G;29,C;39,T;55,C;108,T;115,A;125,C;140,A;

AMPL3507900  23,A;62,A;63,G;73,T;86,T;161,C;183,G;190,A;

AMPL3507901  68,T;98,A;116,C;

AMPL3507902  38,C/A;57,A;65,C;66,G;92,A;104,C;118,T;176,G;

AMPL3507903  101,A;105,A;121,A;161,C;173,T;

AMPL3507904  3,T;5,C;13,G;54,T;83,G;85,T;92,C;104,T;147,G;182,G;

AMPL3507909  2,A;9,C;13,A;15,C;28,G;32,T;34,A;53,T;84,C;97,C;99,A;135,C;148,T;
150,T;

AMPL3507911  33,G;34,T;49,C;50,G;71,A;77,C;89,A;92,G;126,A;130,C;133,C;134,A;
151,A;173,T;180,A;181,C;185,T;189,C;190,G;196,C;200,C;

AMPL3507912  19,C/T;33,T;38,G/A;43,C/T;46,A/G;71,G;73,A;108,A;124,A;126,G;
132,A;143,C;160,T;

AMPL3507913  21,T;58,T;90,C;107,A;109,T;111,T;113,G;128,A;134,G;

AMPL3507914  37,G/C;52,G;56,A/T;64,T/G;115,C/T;

AMPL3507915  22,A;31,C;39,T;51,C;52,T;59,A;66,T;87,A;99,A;103,C;128,T;134,A;
135,A;138,A;159,G;

AMPL3507916  24,A;31,T;43,T;49,T;90,A;110,T;132,C;160,G;170,T;174,A;

AMPL3507918  15,A;63,A/G;72,G;76,T;86,C;87,G;90,A/G;129,G;

AMPL3507919  10,G;22,G;34,T;64,T;74,A;105,G;114,G;133,C;153,T;169,G;184,C;
188,A;

AMPL3507920  18,A/C;24,A;32,A/C;67,T;74,C/G;

AMPL3507921  7,C;30,G/A;38,G/A;43,A/G;182,G/A;

AMPL3507922  146,C;

AMPL3507923  69,A;79,T;125,C;140,T;144,C;152,T;

AMPL3507924  46,C;51,G;131,T;143,C;166,G;

AMPL3507925  28,G;43,T;66,T/C;71,G/A;

# 红 10

AMPL3507571   6,T;10,T;18,C;19,T;20,G;30,G;37,A;40,T/C;

AMPL3507806   31,A/T;55,C;136,C/A;139,T/G;158,A;

AMPL3507807   28,C/A;31,G/C;89,T;96,A;129,C;

AMPL3507808   75,T/A;114,T/C;124,A/T;132,C/T;134,C/G;139,C/G;171,C;172,A/T;

AMPL3507809   45,A;47,G;49,A;65,A;76,T;81,A;91,T;115,A;

AMPL3507810   33,C;53,C;74,G;90,T;98,G;154,G;

AMPL3507811   30,G;97,A/G;104,G/A;

AMPL3507812   6,C;53,C;83,T;90,T;109,A;113,A;154,T;155,C;

AMPL3507813   14,T;86,G;127,A;

AMPL3507814   63,A;67,G;70,T;72,G;94,A;119,G;134,T;157,G;

AMPL3507815   9,T/A;155,C;163,A;

AMPL3507816   93,A/G;105,C/G;150,G/A;166,T/C;171,T/C;

AMPL3507817   38,G/A;87,G/C;96,C/A;102,A/G;116,C/T;166,T;183,C/T;186,G/A;
                 188,G;

AMPL3507818   8,A/G;37,A;40,T;41,G/A;49,T;55,T;56,G/A;57,G;100,G/A;104,G/T;
                 108,T/C;113,G;118,T;

AMPL3507819   87,A/G;97,C;139,G/A;155,T/C;

AMPL3507821   41,G/C;45,A/G;59,A;91,G/T;141,G/A;144,C/T;

AMPL3507822   1,C/G;8,A/G;11,A/T;70,C;94,C;108,A/G;

AMPL3507823   11,C;110,A;123,A;

AMPL3507824   3,G;56,G;65,A;68,T;117,T;

AMPL3507826   55,T;61,C;74,T;98,C;122,G;129,G;139,A;180,C;

AMPL3507827   9,T;48,A;65,G;77,C;95,T;124,T;132,T;135,G;140,G;

AMPL3507828   73,T/G;107,G/A;109,G;143,T;159,G;

AMPL3507829   6,T;14,T/A;56,A/G;70,A/G;71,T/A;127,A;

AMPL3507831   7,C;16,C;19,C;66,C;75,A;88,T;113,T;130,G;140,C;164,T;

AMPL3507832   23,C/T;59,A;78,G/C;116,T;

AMPL3507833   26,T/A;30,G/T;49,G;69,T/G;75,A;97,A/C;132,T/A;

AMPL3507834   126,T;145,G;

AMPL3507835   12,G;38,G;93,A;98,G;99,T;129,C;150,T;

AMPL3507836   8,A/G;32,T/C;40,G/T;44,G/A;63,T;71,A/G;113,T/C;142,A/G;

AMPL3507837   1,A;5,G;6,T;7,C;24,T;30,C;59,C;66,C;67,C;78,A;79,A;80,A;111,T;
                 139,G;164,A;

AMPL3507838   3,G;15,G;20,A;23,A;50,A;52,G;59,A;64,C;78,T;

AMPL3507839　59,G/C;114,T/C;151,C/T;

AMPL3507840　77,G;

AMPL3507841　13,C;14,A;34,G;60,G;99,G;

AMPL3507842　13,T;17,T;20,T;64,C;97,A;144,C;158,A;159,G;163,T;

AMPL3507844　2,C/T;6,G;26,T/C;35,T/C;63,A/G;65,A;68,G/T;96,C;97,C;119,T;130, A;137,A/G;158,T;

AMPL3507845　57,A;161,A;

AMPL3507848　38,A/G;78,C/A;

AMPL3507849　16,C/A;19,A/C;23,C/T;24,G/A;33,G;35,G/A;39,T/G;68,G/C;72,T/G; 74,G/T;97,T;128,G/T;134,G/A;142,C;144,T;157,G/A;

AMPL3507851　61,T/C;91,T;92,G;131,A;151,A/G;154,A/G;162,G;165,G;166,T/A;168, C/G;

AMPL3507852　8,A;26,C;33,T;43,A;56,T;62,C;93,G;124,A;

AMPL3507853　2,T;71,G;88,T;149,G;180,C;193,A;

AMPL3507854　34,C;36,G;37,T;44,G;55,A;70,C;84,A;92,A;99,T;102,T;110,T;112,T; 114,T;126,C;139,C;153,T;158,A;164,C;170,C;171,G;174,A;177,G;180,C; 181,T;187,C;188,G;192,T;

AMPL3507855　26,C;36,C;90,T;

AMPL3507856　11,A;92,C;102,C;

AMPL3507857　33,G;70,G/C;82,T/A;123,C;

AMPL3507858　26,G;45,T;84,C;143,A;152,A;176,A;

AMPL3507860　30,G;97,C/T;101,G/T;128,G/A;176,T/C;

AMPL3507861　28,T;43,A;69,C;93,C;105,G;124,T;128,T;

AMPL3507862　2,A;4,G/C;63,A/G;83,C;88,T/C;106,T/C;115,C;124,C/A;154,T/C;

AMPL3507863　13,A;45,C;69,G;145,T;177,G;

AMPL3507864　17,T;95,G;120,T/C;

AMPL3507865　19,C;21,T;35,A;43,G;56,A/C;57,T/C;75,C;85,G;100,G/C;101,T;116,C/ A;127,C/G;161,C/T;171,G/A;172,T/C;

AMPL3507867　21,T/C;27,G/A;38,C/T;45,C;54,C;88,C/T;93,C;112,C;122,G/A;132, G/C;

AMPL3507868　45,C;51,G;108,T;166,T;186,G;

AMPL3507871　7,C/T;95,G/C;115,G/T;144,T/C;

AMPL3507872　10,C;52,G;131,T;132,C;

AMPL3507873　13,T;38,T;39,C;54,A;59,A;86,T;

AMPL3507874　2,C/T;31,C/A;97,T;99,T;105,G;108,T;122,T/C;161,A/G;

AMPL3507876　96,C;114,G;144,A;178,C;

AMPL3507877　12,T;24,A;27,T;28,A;34,C;39,A;46,T;68,C;70,A;90,G/A;110,G;126,C; 134,A/C;

AMPL3507878　8,T/C;10,G/A;37,G/A;59,G;73,T;77,A/G;78,A/G;90,C/T;91,C;103,A/ G;115,C;130,C;

AMPL3507879　50,A;90,C/T;91,C/T;116,C/G;127,T/G;134,G/C;143,G;155,G;163,C/T; 169,A/G;181,C/T;

AMPL3507880 66,T;105,A;124,A;

AMPL3507881 84,T;122,G;

AMPL3507883 20,C;31,T;68,C;74,G;84,C;104,T;142,T;144,G;

AMPL3507886 41,G/A;47,C/T;81,G/C;91,T/C;99,G/A;125,A/T;

AMPL3507887 2,T;35,C;45,G;62,C;65,A;92,G;101,C;

AMPL3507888 4,T/C;50,G/A;65,A;70,C;79,A/T;82,C/T;94,G/A;100,G/A;107,A/T; 133,T;

AMPL3507889 34,T;111,G;154,C;159,G;160,G;

AMPL3507890 19,C;26,T;33,A;60,G;139,C;

AMPL3507891 29,A;61,T/C;

AMPL3507892 23,A;28,A;55,A;69,A;72,A;122,T;136,G;180,G;181,A;

AMPL3507893 42,A/T;51,C/T;77,T;140,T/G;147,C/T;161,G/A;177,A/T;197,G/C;

AMPL3507894 165,G;182,G;

AMPL3507895 65,A;92,C;141,T;

AMPL3507896 6,T;32,C;77,T/A;85,T/A;107,C;126,G/C;135,T;

AMPL3507897 1,C;7,G/A;9,C;31,C;91,C;104,T/C;123,A;132,T;

AMPL3507898 133,T/G;152,G/A;

AMPL3507899 1,G;29,C;39,T;55,C;108,T/G;115,A;125,C/T;140,A/C;

AMPL3507900 23,A/G;62,A/G;63,G/A;73,T;86,T/C;161,C/T;183,G/A;190,A/G;

AMPL3507901 68,T;98,A;116,C;

AMPL3507902 38,C;57,G;65,C;66,G;92,T;104,A;118,A;176,G;

AMPL3507904 3,C;5,C;13,G/A;54,C;83,G/T;85,C;92,T/C;104,C;147,A;182,G;

AMPL3507909 2,A;9,G/C;13,G;15,C;28,G;32,T;34,A;53,C/T;84,C;97,C;99,C;135,G; 148,G;150,T;

AMPL3507910 33,C;105,G;129,A;164,G;

AMPL3507911 33,G;34,C;49,C;50,G;71,G;77,C;89,A;92,G;126,G;130,C;133,C;134,A; 151,A;173,G;180,A;181,T;185,C;189,C;190,G;196,C;200,C;

AMPL3507912 19,T;33,T;38,A/G;43,T/C;46,G/A;71,G/C;73,A;108,A/G;124,A/T;126, G/A;132,A/G;143,C/A;160,T/G;

AMPL3507914 37,G;52,G;56,A;64,T;115,C;

AMPL3507915 22,A/G;31,C;39,T;51,C;52,T;59,A;66,T;87,A;99,A/G;103,C;128,T; 134,A/C;135,A;138,A;159,G;

AMPL3507916 24,A;31,T;43,T;49,G/T;90,G/A;110,T;132,A/C;160,A/G;170,G/T;174, G/A;

AMPL3507918 15,A/T;63,A;72,G;76,T;86,C;87,G/A;90,A;129,G;

AMPL3507919 10,G;22,G;34,T;64,T;74,A;105,G;114,G;133,C;153,T;169,G;184,C; 188,A;

AMPL3507920 18,C;24,A;32,C;67,T;74,G;

AMPL3507921 7,C;30,G;38,G;43,A;182,G;

AMPL3507923 69,A;79,T;125,C;140,T;144,C;152,T;

AMPL3507924 46,C/T;51,G/C;131,T/A;143,C/T;166,G/A;

AMPL3507925 28,G;43,T;66,C;71,A;

**AMPL3507927**   12,C;27,A;32,T;42,A;53,A;

**AMPL3507928**   1,C;16,T;45,G;50,T;64,A;69,A;75,T;77,C;88,T;91,G;96,G;99,T;108,
G;109,G;119,C;126,C;127,C;133,G;138,A;143,A;155,G;162,C;163,C;164,
T;166,G;

# 红 44

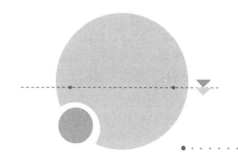

AMPL3507571    6,T;10,T;18,C;19,T;20,G;30,G;37,A;40,T;

AMPL3507806    31,T;55,C;136,A;139,G;158,A;

AMPL3507807    28,C;31,G;89,T;96,A;129,C;

AMPL3507808    75,A;114,C;124,T;132,T;134,G;139,G;171,C;172,T;

AMPL3507809    45,G;47,C;49,A;65,C;76,C;81,T;91,A;115,A;

AMPL3507810    33,C;53,C;74,G;90,T;98,G;154,G;

AMPL3507811    30,G/C;97,A;104,G;

AMPL3507812    6,T;53,T;83,C;90,A;109,C;113,T;154,C;155,C;

AMPL3507813    14,T/A;86,G;127,A;

AMPL3507814    63,G;67,G;70,G;72,A;94,A;119,G/A;134,C;157,G;

AMPL3507815    9,A;155,C/A;163,G/A;

AMPL3507816    93,G;105,G;150,A;166,C;171,C;

AMPL3507817    38,G/A;87,G/C;96,C;102,A;116,C/T;166,T/C;183,C/T;186,G;188,G/A;

AMPL3507818    8,A;37,A;40,T;41,A/G;49,T/A;55,T/G;56,A;57,G/T;100,G/A;104,T;
108,C;113,G;118,T;

AMPL3507819    87,A;97,C;139,G;155,T;

AMPL3507821    41,C/G;45,G/A;59,T/A;91,G;141,A/G;144,C;

AMPL3507822    1,G;8,A;11,A;70,C;94,T/C;108,A;

AMPL3507823    11,T;110,C;123,G;

AMPL3507824    3,G/A;56,G;65,G;68,C;117,C;

AMPL3507826    55,C;61,T;74,C;98,C;122,G;129,A;139,G;180,T;

AMPL3507827    9,C;48,A;65,T;77,T;95,T;124,T;132,C;135,A;140,A;

AMPL3507828    73,T;107,A;109,C;143,C;159,C;

AMPL3507831    7,C/T;16,T;19,C;66,T;75,G;88,C;113,C;130,T/G;140,G;164,T;

AMPL3507832    23,C/T;59,A;78,G/C;116,T;

AMPL3507833    26,T;30,T;49,G;69,G;75,G;97,C;132,A;

AMPL3507834    126,C;145,A;

AMPL3507835    12,G;38,G;93,A;98,G;99,T;129,C;150,T;

AMPL3507836    8,G/A;32,C/T;40,T/G;44,A/G;63,T;71,G/A;113,C/T;142,G/A;

AMPL3507837    1,A;5,G;6,T;7,C;24,T;30,C;59,C;66,C;67,C;78,A;79,A;80,A;111,T;
139,G;164,A;

AMPL3507838    3,G;15,G;20,A;23,A;50,A;52,G;59,A;64,C;78,T;

AMPL3507839    59,G;114,T;151,C;

AMPL3507840    77,C;

AMPL3507841　13,T;14,G;34,A;60,T;99,G;

AMPL3507842　13,C;17,C;20,A;64,C;97,A;144,C;158,A;159,G;163,T;

AMPL3507844　2,T;6,G;26,C;35,C;63,G;65,A;68,T;96,C;97,C;119,T;130,A;137,G;
158,T;

AMPL3507845　57,G/A;161,G/A;

AMPL3507848　38,A/G;78,C/A;

AMPL3507849　16,A/C;19,C/A;23,T;24,A/G;33,G;35,A/G;39,G;68,C/G;72,G/T;74,T/
G;97,T;128,T/G;134,A/G;142,C;144,T;157,A;

AMPL3507850　2,G;16,T;35,G;39,G;60,T;93,T;110,A;114,C;125,C;128,C;130,T;

AMPL3507851　61,T;91,C/T;92,T/G;131,G/A;151,G/A;154,C/A;162,C/G;165,C/G;166,
A/T;168,G/C;

AMPL3507852　8,A;26,C;33,T;43,A;56,C;62,T;93,C;124,G;

AMPL3507853　2,T;71,G;88,T;149,G;180,C;193,A;

AMPL3507854　34,T;36,G;37,C;44,G;55,A/T;70,A;84,A;92,G/A;99,T;102,G/T;110,C/
T;112,A/T;114,G/T;126,A;139,T;153,C/T;158,T;164,A;170,G/C;171,A/
G;174,G/A;177,T/G;180,C;181,T;187,C;188,T/G;192,C/T;

AMPL3507855　26,C/T;36,C/T;90,T/C;

AMPL3507856　11,A/G;92,C/T;102,C/T;

AMPL3507857　33,A/G;70,C/G;82,A/T;123,T/C;

AMPL3507858　26,G;45,T;84,C;143,A;152,A;176,A;

AMPL3507860　30,G;97,T;101,T;128,A;176,C;

AMPL3507861　28,C;43,G;69,G;93,C;105,T;124,C;128,A;

AMPL3507862　2,A;4,G/C;63,A/G;83,C;88,T/C;106,T/C;115,C;124,C/A;154,T/C;

AMPL3507863　13,A/G;45,C/G;69,A;145,A;177,A;

AMPL3507864　17,T;95,G;120,C/T;

AMPL3507865　19,C;21,T;35,A;43,G;56,C/A;57,C/T;75,C;85,G;100,C/G;101,T;116,A/
C;127,G/C;161,T/C;171,A/G;172,C/T;

AMPL3507866　8,T;66,G;74,T;147,C;172,T;

AMPL3507867　21,C;27,G;38,T;45,T;54,C;88,C;93,T;112,C;122,A;132,G;

AMPL3507868　45,C/T;51,G;108,T/C;166,T/C;186,G;

AMPL3507871　7,C;95,G;115,G;144,T;

AMPL3507872　10,C/T;52,G;131,T;132,C/T;

AMPL3507873　13,T;38,T;39,C;54,A;59,A;86,T;

AMPL3507874　2,T/C;31,A/C;97,T;99,T;105,G;108,T;122,C/T;161,G/A;

AMPL3507877　12,T;24,A;27,T;28,A;34,C;39,A;46,T;68,C;70,A;90,G/A;110,G;126,C;
134,A/C;

AMPL3507878　8,T/C;10,G/A;37,G/A;59,G;73,T;77,A/G;78,A/G;90,C/T;91,C;103,A/
G;115,C;130,C;

AMPL3507879　50,A;90,C;91,C;116,C;127,T;134,G;143,G;155,G;163,C;169,A;181,C;

AMPL3507880　66,T;105,C;124,G;

AMPL3507882　40,G;43,A;61,T;

AMPL3507883　20,T/C;31,T;68,C;74,G;84,A/C;104,T;142,T;144,G;

AMPL3507886　41,G/A;47,C/T;81,G/C;91,T/C;99,G/A;125,A;

AMPL3507887　2,T;35,C/A;45,G;62,C;65,A/G;92,G/A;101,C/G;

AMPL3507888　4,C;50,A;65,G/A;70,A/C;79,A/T;82,C/T;94,G/A;100,G/A;107,G/T;
133,C/T;

AMPL3507889　34,T;111,A;154,A;159,G;160,G;

AMPL3507890　19,C;26,C;33,G;60,G;139,C;

AMPL3507891　29,C/A;61,T;

AMPL3507892　23,A;28,G;55,G;69,G;72,G;122,T;136,A;180,A;181,T;

AMPL3507893　42,A;51,C;77,T/C;140,T;147,C;161,G;177,A;197,G;

AMPL3507894　165,G/A;182,G/A;

AMPL3507895　65,A;92,T/C;141,T/G;

AMPL3507896　6,T;32,C;77,A;85,A;107,C;126,C;135,T;

AMPL3507897　1,A;7,A;9,G;31,T;91,T;104,C;123,G;132,G;

AMPL3507898　133,T;152,G;

AMPL3507899　1,G;29,C;39,T;55,C;108,T;115,A;125,C;140,A;

AMPL3507900　23,A;62,A;63,G;73,T;86,T;161,C;183,G;190,A;

AMPL3507901　68,T;98,A;116,C;

AMPL3507902　38,A/C;57,A;65,C;66,G;92,A;104,C;118,T;176,G;

AMPL3507903　101,A;105,A;121,A;161,C;173,T;

AMPL3507904　3,T;5,C;13,G;54,T;83,G;85,T;92,C;104,T;147,G;182,G;

AMPL3507907　5,G;25,G;26,G;32,G;34,C;35,T;36,G;37,G;46,G;47,C;49,A;120,G;

AMPL3507909　2,A;9,C;13,A;15,C;28,G;32,T;34,A;53,T;84,C;97,C;99,A;135,C;148,T;
150,T;

AMPL3507911　33,G;34,T;49,C;50,G;71,A;77,C;89,A;92,G;126,A;130,C;133,C;134,A;
151,A;173,T;180,A;181,C;185,T;189,C;190,G;196,C;200,C;

AMPL3507912　19,C/T;33,T;38,G/A;43,C/T;46,A/G;71,G;73,A;108,A;124,A;126,G;
132,A;143,C;160,T;

AMPL3507913　21,T;58,T;90,C;107,A;109,T;111,T;113,G;128,A;134,G;

AMPL3507914　37,C/G;52,G;56,T/A;64,G/T;115,T/C;

AMPL3507915　22,A;31,C;39,T;51,C;52,T;59,A;66,T;87,A;99,A;103,C;128,T;134,A;
135,A;138,A;159,G;

AMPL3507916　24,A;31,T;43,T;49,T;90,A;110,T;132,C;160,G;170,T;174,A;

AMPL3507918　15,A;63,G/A;72,G;76,T;86,C;87,G;90,G/A;129,G;

AMPL3507919　10,G;22,G;34,T;64,T;74,A;105,G;114,G;133,C;153,T;169,G;184,C;
188,A;

AMPL3507920　18,C/A;24,A;32,C/A;67,T;74,G/C;

AMPL3507921　7,C;30,G/A;38,G/A;43,A/G;182,G/A;

AMPL3507922　146,C;

AMPL3507923　69,A;79,T;125,C;140,T;144,C;152,T;

AMPL3507924　46,C;51,G;131,T;143,C;166,G;

# 红坊

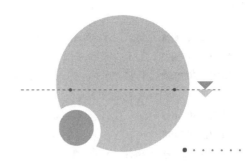

AMPL3507571    6,T/G;10,G;18,G/C;19,T/C;20,G/A;30,G/A;37,A/T;40,T;

AMPL3507806    31,T;55,C;136,A;139,G;158,A;

AMPL3507807    28,A/C;31,C/G;89,C/T;96,G/A;129,A/C;

AMPL3507808    75,A;114,C;124,T;132,T;134,G;139,G;171,C;172,T;

AMPL3507809    45,A;47,G;49,A;65,A;76,T;81,A;91,T;115,A;

AMPL3507810    33,T;53,T;74,G;90,C;98,G;154,G;

AMPL3507811    30,G;97,G;104,A;

AMPL3507812    6,C;53,C;83,T;90,T;109,A;113,A;154,T;155,C;

AMPL3507813    14,T;86,A;127,G;

AMPL3507814    63,A;67,G;70,T;72,A;94,A;119,G;134,C;157,G;

AMPL3507815    9,T;155,C;163,A;

AMPL3507816    93,G;105,G;150,A;166,C;171,C;

AMPL3507817    38,A;87,C;96,C/A;102,A/G;116,T;166,C/T;183,T;186,G/A;188,A/G;

AMPL3507818    8,A;37,A/G;40,T/C;41,G/C;49,T;55,T;56,G/A;57,G;100,G;104,G/T;
                 108,T/C;113,G/C;118,T/G;

AMPL3507819    87,G;97,C/T;139,A;155,C;

AMPL3507821    41,G/C;45,A/G;59,A/T;91,G;141,G/A;144,C;

AMPL3507822    1,G/C;8,A;11,A;70,C;94,T/C;108,A;

AMPL3507823    11,T;110,C;123,G;

AMPL3507824    3,G;56,G;65,A;68,T;117,T;

AMPL3507826    55,T;61,C;74,T;98,C;122,G;129,G;139,A;180,C;

AMPL3507827    9,T;48,A;65,G;77,C;95,T;124,T;132,T;135,G;140,G;

AMPL3507828    73,T;107,G;109,G;143,T;159,G;

AMPL3507829    6,T;14,T;56,A;70,A;71,T;127,A;

AMPL3507831    7,C;16,C;19,C;66,C;75,A;88,T;113,C/T;130,G;140,C;164,T;

AMPL3507832    23,T/C;59,A;78,C/G;116,T;

AMPL3507833    26,T;30,T;49,G;69,G;75,G;97,C;132,A;

AMPL3507834    126,T;145,G;

AMPL3507835    12,A;38,T;93,T;98,C;99,G;129,A;150,A;

AMPL3507836    8,A;32,T;40,G;44,G;63,T;71,A;113,T;142,A;

AMPL3507837    1,G;5,A;6,C;7,C/T;24,A;30,T;59,C/T;66,T/C;67,C/T;78,G;79,G;80,
                 A/G;111,C;139,A/C;164,A/G;

AMPL3507838    3,A;15,A;20,G;23,G;50,A;52,A;59,C;64,C;78,G;

AMPL3507839    59,C;114,C;151,T;

AMPL3507840　77,C;

AMPL3507841　13,C;14,A/G;34,G;60,G;99,G/A;

AMPL3507842　13,C/T;17,T;20,T;64,C;97,A;144,C;158,A;159,G;163,T;

AMPL3507844　2,T;6,G;26,C;35,C;63,G;65,A;68,T;96,C;97,C;119,T;130,A;137,G;
158,T;

AMPL3507845　57,A/G;161,A/G;

AMPL3507846　5,A;21,A;24,G;26,A;94,G;112,A;127,C/G;128,T/A;149,G;175,T/A;

AMPL3507849　16,T;19,C;23,T;24,A;33,G;35,A;39,G;68,C;72,G;74,T;97,T;128,G;134,
G;142,A;144,C;157,A;

AMPL3507850　2,A;16,C;35,A;39,G;60,C;93,C;110,G;114,C;125,C;128,A;130,C;

AMPL3507851　61,C;91,T;92,G;131,A;151,G;154,G;162,G;165,G;166,A;168,G;

AMPL3507852　8,A;26,G;33,G;43,A;56,C;62,T;93,C;124,G;

AMPL3507853　2,A;71,A;88,C;149,C;180,T;193,T;

AMPL3507854　34,T;36,G;37,C;44,G;55,A;70,A;84,A;92,G;99,T;102,G;110,C;112,A;
114,G;126,A;139,T;153,C;158,T;164,A;170,G;171,A;174,G;177,T;180,
C;181,T;187,C;188,T;192,C;

AMPL3507855　26,C;36,C;90,T;

AMPL3507856　11,A;92,C;102,C;

AMPL3507857　33,A;70,C;82,A;123,T;

AMPL3507858　26,T/G;45,G/T;84,C;143,G/A;152,G/A;176,C/A;

AMPL3507860　30,A/G;97,C;101,G;128,G;176,T;

AMPL3507861　28,C/T;43,G/A;69,G/C;93,C;105,T/G;124,C/T;128,A/T;

AMPL3507862　2,A;4,G;63,G;83,C;88,C;106,T;115,T;124,A;154,T;

AMPL3507863　13,A;45,C;69,G;145,T;177,G;

AMPL3507864　17,T;95,G;120,T;

AMPL3507865　19,T;21,A;35,A;43,A;56,A;57,C;75,T;85,C;100,G;101,C;116,C;127,C;
161,T;171,A;172,T;

AMPL3507867　21,C;27,A;38,T;45,C;54,C;88,T;93,C;112,C;122,A;132,C;

AMPL3507868　45,T;51,G;108,C;166,C;186,G;

AMPL3507871　7,T;95,C;115,T;144,C;

AMPL3507872　10,C/T;52,G;131,T;132,C/T;

AMPL3507873　13,T;38,T;39,C;54,A;59,G;86,G;

AMPL3507874　2,T;31,A;97,T;99,T;105,G;108,T;122,C;161,G;

AMPL3507875　44,G;45,G;68,G;110,T;125,G;137,A;151,A;184,T;

AMPL3507876　96,C;114,C;144,G;178,C;

AMPL3507877　12,T;24,A;27,T;28,A;34,C;39,A;46,T;68,C;70,A;90,G/A;110,G;126,C;
134,A/C;

AMPL3507878　8,T;10,A;37,G;59,A;73,G;77,G;78,G;90,C;91,T;103,G;115,T;130,C;

AMPL3507879　50,A;90,C;91,C;116,C;127,T;134,G;143,G;155,G;163,C;169,A;181,C;

AMPL3507880　66,T;105,A;124,A;

AMPL3507881　84,T;122,G;

AMPL3507883　20,C;31,T;68,C;74,G;84,C;104,T;142,T;144,G;

AMPL3507885 36,C;51,A;54,G;65,G;66,G;71,C;78,C;110,G;112,C;115,G;124,G;131,T;135,G;146,A;

AMPL3507886 41,A;47,T;81,C;91,C;99,A;125,T;

AMPL3507887 2,T;35,C;45,G;62,C;65,A;92,G;101,C;

AMPL3507888 4,C/T;50,A/G;65,G/A;70,A/C;79,A;82,C;94,G;100,G;107,G/A;133,C/T;

AMPL3507889 34,T;111,G/A;154,C/A;159,G;160,G;

AMPL3507890 19,C;26,C;33,G;60,G;139,C;

AMPL3507891 29,A;61,C;

AMPL3507892 23,A;28,A;55,A;69,A;72,A;122,T;136,G;180,G;181,A;

AMPL3507893 42,T/A;51,T/C;77,T;140,G/T;147,T/C;161,A/G;177,T/A;197,C/G;

AMPL3507894 165,G;182,G;

AMPL3507895 65,T;92,T;141,T;

AMPL3507896 6,C/T;32,C;77,A/T;85,A/T;107,C;126,C/G;135,T;

AMPL3507897 1,C;7,G;9,C;31,C;91,C;104,T;123,A;132,T;

AMPL3507898 133,G;152,A;

AMPL3507899 1,G;29,C;39,T;55,C;108,T/G;115,A;125,C/T;140,A/C;

AMPL3507900 23,G;62,G;63,A;73,T;86,C;161,T;183,A;190,G;

AMPL3507901 68,C;98,G;116,A;

AMPL3507902 38,C;57,G;65,C;66,G;92,T;104,A;118,A;176,G;

AMPL3507903 101,G/A;105,G/A;121,C/A;161,C;173,T;

AMPL3507904 3,C;5,T;13,G;54,C;83,G;85,C;92,C;104,C;147,A;182,G;

AMPL3507909 2,A;9,C;13,A;15,C;28,G;32,T;34,A;53,T;84,C;97,C;99,A;135,C;148,T;150,T;

AMPL3507910 33,T;105,A;129,C;164,A;

AMPL3507911 33,G;34,T;49,C;50,G;71,A;77,C;89,A;92,G;126,A;130,C;133,C;134,A;151,A;173,T;180,A;181,C;185,T;189,C;190,G;196,C;200,C;

AMPL3507912 19,T;33,T;38,A;43,T;46,A/G;71,C/G;73,T/A;108,A;124,T/A;126,G;132,A;143,C;160,T;

AMPL3507913 21,T;58,T;90,C;107,A;109,T;111,T;113,G;128,A;134,G;

AMPL3507914 37,G;52,G;56,A;64,T;115,C;

AMPL3507915 22,G;31,T/C;39,C/T;51,T/C;52,C/T;59,G/A;66,C/T;87,G/A;99,G;103,T/C;128,C/T;134,C;135,T/A;138,G/A;159,T/G;

AMPL3507916 24,A;31,T;43,T;49,T;90,A;110,T;132,C;160,G;170,T;174,A;

AMPL3507918 15,T;63,A;72,G;76,T;86,C;87,A;90,A;129,G;

AMPL3507919 10,G;22,G;34,T;64,T;74,A;105,G;114,G;133,C;153,T;169,G;184,C;188,A;

AMPL3507920 18,C;24,A;32,C;67,T;74,G;

AMPL3507921 7,C;30,G;38,G;43,A;182,G;

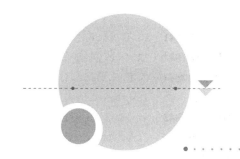

# 洪武本

AMPL3507571    6,G/T;10,G/T;18,C;19,C/T;20,A/G;30,A/G;37,T/A;40,T;
AMPL3507806    31,T;55,C;136,A;139,G;158,A;
AMPL3507807    28,C/A;31,G/C;89,T;96,A;129,C;
AMPL3507808    75,A;114,C/T;124,T;132,T/C;134,G/C;139,G/C;171,C/G;172,T;
AMPL3507809    45,G;47,C;49,A;65,C;76,C;81,T;91,A;115,G/A;
AMPL3507810    33,C;53,C;74,G;90,T;98,G;154,G;
AMPL3507811    30,C;97,A;104,G;
AMPL3507812    6,T;53,T;83,C;90,A;109,C;113,T;154,C;155,A;
AMPL3507813    14,T;86,A;127,G;
AMPL3507814    63,A;67,G;70,T;72,A;94,A;119,G;134,C;157,G;
AMPL3507815    9,A;155,A;163,A;
AMPL3507816    93,G/A;105,G/C;150,A/G;166,C/T;171,C/T;
AMPL3507817    38,A/G;87,C/G;96,A/C;102,G/A;116,T/C;166,T;183,T/C;186,A/G;
               188,G;
AMPL3507818    8,A;37,A/G;40,T/C;41,G/C;49,T;55,G/T;56,A;57,G;100,G;104,T;108,
               C;113,G/C;118,T/G;
AMPL3507819    87,A;97,C;139,G;155,T;
AMPL3507821    41,C;45,G;59,T/A;91,G;141,A;144,C;
AMPL3507822    1,G;8,A;11,T;70,C;94,C;108,G;
AMPL3507823    11,T;110,C;123,G;
AMPL3507824    3,G/A;56,G/A;65,A;68,T;117,T;
AMPL3507826    55,C/T;61,C;74,T;98,T/C;122,A/G;129,G;139,G/A;180,T/C;
AMPL3507827    9,C;48,G/A;65,T;77,T;95,G/T;124,C/T;132,C;135,A;140,A;
AMPL3507828    73,T;107,A;109,G;143,T;159,G;
AMPL3507829    6,T;14,A/T;56,G/A;70,G/A;71,A/T;127,A;
AMPL3507831    7,C;16,T;19,C/T;66,T/C;75,G/A;88,C/T;113,C;130,G;140,G;164,T/G;
AMPL3507832    23,T;59,A;78,C;116,C/T;
AMPL3507833    26,T/A;30,T;49,G;69,G;75,G/A;97,C;132,A;
AMPL3507834    126,T/C;145,G;
AMPL3507835    12,G;38,G;93,A;98,G;99,T;129,C;150,T;
AMPL3507836    8,A;32,T;40,G;44,G;63,C;71,A;113,T;142,A;
AMPL3507838    3,A/G;15,A/G;20,G;23,G/A;50,G/A;52,A/G;59,C/A;64,C/T;78,G/T;
AMPL3507839    59,G;114,T;151,C;
AMPL3507840    77,G;

AMPL3507841    13,C;14,A;34,G;60,G;99,G;

AMPL3507842    13,C;17,T;20,T;64,C;97,A;144,C;158,A;159,G;163,T;

AMPL3507844    2,T;6,G;26,C;35,C;63,G;65,A;68,T;96,C;97,C;119,T;130,A;137,G;
158,T;

AMPL3507845    57,A/G;161,A/G;

AMPL3507846    5,A;21,A;24,G;26,A;94,G;112,A;127,C;128,T;149,G;175,T;

AMPL3507848    38,A/G;78,C/A;

AMPL3507849    16,C;19,A;23,T/C;24,G;33,G;35,G;39,G/T;68,G;72,T;74,G;97,T;128,
G;134,G;142,C;144,T;157,A/G;

AMPL3507850    2,A/G;16,C;35,A;39,G;60,C;93,C;110,G;114,C;125,C/T;128,A;130,C;

AMPL3507851    61,T;91,T;92,G;131,A;151,A;154,A;162,G;165,G;166,T;168,C;

AMPL3507852    8,A;26,C/G;33,T/G;43,A;56,C;62,T;93,C;124,G;

AMPL3507853    2,T/A;71,G/A;88,T/C;149,G/C;180,C/T;193,A/T;

AMPL3507854    34,T;36,G;37,T/C;44,G;55,A;70,A;84,A;92,A/G;99,C/T;102,T/G;110,
T/C;112,T/A;114,T/G;126,A;139,T;153,C;158,T;164,A;170,G;171,A;
174,G;177,G/T;180,C;181,T;187,C;188,G/T;192,C;

AMPL3507855    26,C/T;36,C/T;90,T/C;

AMPL3507856    11,A/G;92,C/T;102,C/T;

AMPL3507857    33,A;70,C;82,A;123,T;

AMPL3507858    26,G/T;45,G;84,C;143,G;152,G;176,C;

AMPL3507860    30,G;97,T;101,T;128,A;176,C;

AMPL3507861    28,T;43,A;69,C;93,C/T;105,G;124,T;128,T;

AMPL3507862    2,A;4,C;63,G;83,C;88,C;106,C;115,C;124,A;154,C;

AMPL3507863    13,A;45,C;69,A/G;145,A/T;177,A/G;

AMPL3507864    17,C;95,G;120,T;

AMPL3507865    19,C;21,T;35,A;43,G;56,C;57,C;75,C;85,G;100,C;101,T;116,A;127,G;
161,T;171,A;172,C;

AMPL3507866    8,G;66,G;74,T;147,A;172,G;

AMPL3507867    21,C;27,G;38,C;45,C;54,T;88,C;93,C;112,C;122,A;132,G;

AMPL3507868    45,T;51,G;108,C;166,C;186,G;

AMPL3507871    7,C;95,G;115,G;144,T;

AMPL3507872    10,C;52,G;131,T;132,C;

AMPL3507873    13,T;38,T;39,C;54,A;59,A;86,T;

AMPL3507874    2,T;31,A;97,T/C;99,T/G;105,G/A;108,T/C;122,C;161,G/A;

AMPL3507877    12,G;24,G;27,T;28,G;34,G;39,G;46,A;68,A;70,A;90,A;110,T;126,C;
134,A;

AMPL3507878    8,C/T;10,A;37,A/G;59,G/A;73,T/G;77,G;78,G;90,T/C;91,C/T;103,G;
115,C/T;130,T/C;

AMPL3507879    50,A;90,C;91,C;116,C;127,G;134,G/C;143,G/C;155,G/T;163,C/T;169,A;
181,C/T;

AMPL3507880    66,T;105,C;124,G;

AMPL3507881    84,T;122,G;

AMPL3507882　40,G;43,A;61,T;

AMPL3507883　20,T/C;31,T;68,C;74,G;84,A/C;104,T;142,T;144,G;

AMPL3507885　36,C/G;51,G/A;54,A;65,C/N;66,T/N;71,T/N;78,T/N;110,A;112,T;115,
A;124,T;131,A;135,A;146,G;

AMPL3507886　41,A;47,T;81,C;91,C;99,A;125,A;

AMPL3507887　2,T;35,C;45,G;62,C;65,A/G;92,G/A;101,C/G;

AMPL3507888　4,C;50,A;65,G;70,A;79,A;82,C;94,G;100,G;107,G;133,C;

AMPL3507889　34,T;111,G/A;154,C/A;159,G;160,G;

AMPL3507890　19,C;26,T;33,A;60,G;139,C;

AMPL3507891　29,A;61,T;

AMPL3507892　23,G;28,G;55,G;69,G;72,G;122,C;136,G;180,G;181,A;

AMPL3507893　42,T/A;51,T/C;77,T;140,G/T;147,T/C;161,A/G;177,T/A;197,C/G;

AMPL3507894　165,A/G;182,A/G;

AMPL3507895　65,T;92,T;141,T;

AMPL3507896　6,T;32,C;77,A;85,A;107,C;126,C;135,T;

AMPL3507897　1,C;7,A/G;9,C;31,C;91,C;104,C/T;123,A;132,T;

AMPL3507898　133,G;152,A;

AMPL3507899　1,G;29,C;39,T;55,C;108,T;115,A;125,C;140,C;

AMPL3507900　23,A;62,G/A;63,A/G;73,G/T;86,T;161,C;183,G;190,G/A;

AMPL3507901　68,T;98,A;116,C/A;

AMPL3507902　38,A;57,A;65,C;66,G;92,A;104,C;118,T;176,G;

AMPL3507903　101,A;105,A;121,A;161,C;173,T;

AMPL3507904　3,T/C;5,C;13,G/A;54,C;83,G/T;85,C;92,C;104,C;147,A;182,G;

AMPL3507907　5,G;25,G;26,G;32,G;34,C;35,T;36,G;37,G;46,G;47,C;49,A;120,G;

AMPL3507909　2,A/C;9,G/C;13,G/A;15,C/T;28,G/C;32,T/C;34,A/G;53,C/T;84,C/T;
97,C/T;99,C;135,G;148,G;150,T/C;

AMPL3507910　33,T;105,A;129,C;164,A;

AMPL3507911　33,G;34,C;49,T;50,G;71,G;77,C;89,A;92,G;126,G;130,C;133,C;134,A;
151,A;173,G;180,A;181,T;185,C;189,C;190,G;196,C;200,C;

AMPL3507912　19,C;33,T;38,G;43,C;46,A;71,G;73,A;108,A;124,A;126,G;132,A;143,C;
160,T;

AMPL3507913　21,T;58,T;90,C;107,A;109,T;111,T;113,G;128,A;134,G;

AMPL3507914　37,C;52,G;56,T;64,G;115,T;

AMPL3507915　22,G;31,T/C;39,C/T;51,T/C;52,C/T;59,G/A;66,C/T;87,G/A;99,G;103,
T/C;128,C/T;134,C;135,T/A;138,G/A;159,T/G;

AMPL3507916　24,A;31,T;43,T;49,G;90,G;110,T;132,A/C;160,A;170,G;174,G/T;

AMPL3507918　15,A/T;63,A;72,G;76,T;86,C;87,G/A;90,A;129,G;

AMPL3507919　10,A/G;22,T/G;34,C/T;64,G/T;74,G/A;105,A/G;114,A/G;133,T/C;153,
G/T;169,G;184,T/C;188,T/A;

AMPL3507920　18,A;24,A;32,A;67,T;74,C;

# 华农早熟

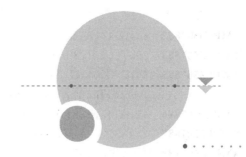

| | |
|---|---|
| **AMPL3507571** | 6,T/G;10,G;18,C;19,T/C;20,G/A;30,G/A;37,A/T;40,T; |
| **AMPL3507806** | 31,T/A;55,C;136,A/C;139,G/T;158,A; |
| **AMPL3507807** | 28,A/C;31,C/G;89,C/T;96,G/A;129,A/C; |
| **AMPL3507808** | 75,A/T;114,C/T;124,T/A;132,T/C;134,G/C;139,G/C;171,C;172,T/A; |
| **AMPL3507809** | 45,A/G;47,G/C;49,A;65,A/C;76,T/C;81,A/T;91,T/A;115,A; |
| **AMPL3507810** | 33,C/T;53,C/T;74,G;90,C;98,A/G;154,G; |
| **AMPL3507811** | 30,G;97,G/A;104,A/G; |
| **AMPL3507812** | 6,T/C;53,T/C;83,C/T;90,A/T;109,C/A;113,T/A;154,C/T;155,C; |
| **AMPL3507813** | 14,T;86,A/G;127,G/A; |
| **AMPL3507814** | 63,A/G;67,G;70,T/G;72,A;94,A;119,G;134,C;157,G; |
| **AMPL3507815** | 9,A;155,A;163,A; |
| **AMPL3507816** | 93,G;105,G;150,A;166,C;171,C; |
| **AMPL3507817** | 38,A;87,C;96,C/A;102,A/G;116,T;166,C/T;183,T;186,G/A;188,A/G; |
| **AMPL3507818** | 8,A;37,A;40,T;41,G;49,A/T;55,G/T;56,A/G;57,T/G;100,A/G;104,T/G;108,C/T;113,G;118,T; |
| **AMPL3507819** | 87,G/A;97,C;139,A/G;155,C/T; |
| **AMPL3507821** | 41,G/C;45,A/G;59,A/T;91,G;141,G/A;144,C; |
| **AMPL3507822** | 1,G;8,A;11,T/A;70,C;94,C;108,G/A; |
| **AMPL3507823** | 11,C;110,A;123,A; |
| **AMPL3507824** | 3,G/A;56,G;65,A/G;68,T/C;117,T/C; |
| **AMPL3507826** | 55,T;61,C;74,T;98,C;122,G;129,G;139,A;180,C; |
| **AMPL3507827** | 9,C;48,A;65,T;77,T;95,T;124,T;132,C;135,A;140,A; |
| **AMPL3507828** | 73,T;107,G/A;109,G;143,T;159,G; |
| **AMPL3507831** | 7,C;16,T/C;19,C;66,T/C;75,G/A;88,C/T;113,C/T;130,T/G;140,G/C;164,T; |
| **AMPL3507832** | 23,T/C;59,A/G;78,C/G;116,C/T; |
| **AMPL3507833** | 26,T;30,G/T;49,G;69,T/G;75,A/G;97,A/C;132,T/A; |
| **AMPL3507834** | 126,T/C;145,G/A; |
| **AMPL3507835** | 12,G;38,G;93,A;98,G;99,T;129,C;150,T; |
| **AMPL3507836** | 8,G/A;32,C/T;40,T/G;44,A/G;63,T;71,G/A;113,C/T;142,G/A; |
| **AMPL3507837** | 1,A;5,G;6,T;7,C;24,T;30,C;59,C;66,C;67,C;78,A;79,A;80,A;111,T;139,G;164,A; |
| **AMPL3507838** | 3,A/G;15,A/G;20,G/A;23,G/A;50,A;52,A/G;59,C/A;64,C;78,G/T; |
| **AMPL3507839** | 59,C/G;114,C/T;151,T/C; |

AMPL3507840 77,G；

AMPL3507841 13,C/T；14,A/G；34,G/A；60,G/T；99,G；

AMPL3507842 13,C；17,C；20,A；64,C；97,A；144,C；158,A；159,G；163,T；

AMPL3507844 2,T；6,G；26,C；35,C；63,G；65,A；68,T；96,C；97,C；119,T；130,A；137,G；
158,T；

AMPL3507845 57,A；161,A；

AMPL3507846 5,A；21,A；24,G；26,A；94,G；112,A；127,G；128,A；149,G；175,A；

AMPL3507848 38,A；78,C；

AMPL3507849 16,A；19,C；23,T；24,A；33,G；35,A；39,G；68,C；72,G；74,T；97,T；128,T；134,
A；142,C；144,T；157,A；

AMPL3507851 61,T；91,C/T；92,T/G；131,G/A；151,G/A；154,C/A；162,C/G；165,C/G；166,
A/T；168,G/C；

AMPL3507852 8,A；26,C；33,T；43,A；56,C；62,T；93,C；124,G；

AMPL3507853 2,T；71,G；88,T；149,G；180,C；193,A；

AMPL3507854 34,C/T；36,G；37,T/C；44,G；55,A；70,C/A；84,A；92,A/G；99,T；102,T/G；
110,T/C；112,T/A；114,T/G；126,C/A；139,C/T；153,T/C；158,A/T；164,C/
A；170,C/G；171,G/A；174,A/G；177,G/T；180,C；181,T；187,C；188,G/T；192,
T/C；

AMPL3507855 26,C/T；36,C/T；90,T/C；

AMPL3507856 11,A/G；92,C/T；102,C/T；

AMPL3507857 33,G；70,G；82,T；123,C；

AMPL3507858 26,T；45,G；84,C；143,G；152,G；176,C；

AMPL3507860 30,G；97,T；101,T；128,A；176,C；

AMPL3507861 28,T；43,A；69,C；93,C；105,G；124,T；128,T；

AMPL3507862 2,A/C；4,G；63,A/G；83,C/T；88,T；106,T；115,C；124,C/A；154,T；

AMPL3507863 13,G/A；45,G/C；69,A/G；145,A/T；177,A/G；

AMPL3507864 17,C/T；95,G；120,T；

AMPL3507865 19,C/T；21,T/A；35,A；43,G/A；56,C/A；57,C；75,C/T；85,G/C；100,C/G；101,
T/C；116,A/C；127,G/C；161,T；171,A；172,C/T；

AMPL3507866 8,T；66,G；74,T；147,C；172,T；

AMPL3507867 21,C；27,G；38,T；45,T；54,C；88,C；93,T；112,C；122,A；132,G；

AMPL3507868 45,T；51,A；108,T；166,T；186,A；

AMPL3507871 7,C；95,G；115,G；144,T；

AMPL3507872 10,T；52,G；131,T；132,T；

AMPL3507873 13,T/C；38,T；39,C/T；54,A/G；59,A；86,T/G；

AMPL3507874 2,C；31,C；97,T；99,T；105,G；108,T；122,T；161,A；

AMPL3507875 44,G；45,G；68,G/C；110,G/T；125,A；137,G；151,A；184,C/T；

AMPL3507876 96,C；114,G；144,A；178,C；

AMPL3507877 12,T/TAT；24,A/G；27,T/A；28,A/G；34,C；39,A；46,T；68,C；70,A/G；90,G/
A；110,G；126,C；134,A/C；

AMPL3507878 8,C；10,A；37,A；59,G；73,T；77,G；78,G；90,T；91,C；103,G；115,C；130,C；

AMPL3507879 50,G/A；90,C；91,C；116,C；127,G；134,C/G；143,G；155,G；163,T/C；169,G/
A；181,T/C；

AMPL3507880　66,T;105,A/C;124,A/G;

AMPL3507881　84,T;122,G;

AMPL3507882　40,G;43,A;61,T;

AMPL3507883　20,C/T;31,T;68,C/T;74,G;84,C/A;104,T;142,T;144,G;

AMPL3507885　36,C;51,A;54,G;65,G;66,G;71,C;78,C;110,G;112,C;115,G;124,G;131,T;
135,G;146,A;

AMPL3507886　41,G;47,C;81,G;91,T;99,G;125,A;

AMPL3507887　2,T;35,C;45,G;62,C;65,A/G;92,G/A;101,C/G;

AMPL3507888　4,T;50,G;65,A;70,C;79,A;82,C;94,G;100,G;107,A;133,T;

AMPL3507889　34,T;111,A;154,A;159,A;160,T;

AMPL3507890　19,C/T;26,C;33,G;60,G/A;139,C/T;

AMPL3507891　29,A;61,T;

AMPL3507892　23,A;28,A;55,A;69,A;72,A;122,T;136,G;180,G;181,A;

AMPL3507893　42,T/A;51,T/C;77,T;140,G/T;147,T/C;161,A/G;177,T/A;197,C/G;

AMPL3507894　165,A;182,A;

AMPL3507895　65,A;92,T/C;141,T;

AMPL3507896　6,T;32,C/T;77,A/T;85,A/T;107,C/A;126,C/G;135,T/G;

AMPL3507897　1,C;7,G;9,C;31,C;91,C;104,T;123,A;132,T;

AMPL3507898　133,T;152,G;

AMPL3507899　1,G;29,C;39,T;55,C;108,G;115,A;125,T;140,C;

AMPL3507900　23,G/A;62,G/A;63,A/G;73,T;86,C/T;161,T/C;183,A/G;190,G/A;

AMPL3507901　68,T;98,A;116,A/C;

AMPL3507902　38,C;57,A/G;65,C;66,G;92,A/T;104,C/A;118,T/A;176,G;

AMPL3507903　101,G/A;105,G/A;121,C/A;161,C;173,T;

AMPL3507904　3,C/T;5,C;13,G;54,C;83,G;85,C;92,T/C;104,C;147,A;182,G;

AMPL3507909　2,A;9,G/C;13,G/A;15,C;28,G;32,T;34,A;53,C/T;84,C;97,C;99,C/A;
135,G/C;148,G/T;150,T;

AMPL3507910　33,T;105,A;129,C;164,A;

AMPL3507911　33,G;34,C;49,C;50,G;71,G;77,C;89,A;92,G;126,G;130,T;133,C;134,A;
151,A;173,G;180,A;181,C;185,C;189,C;190,G;196,C;200,C;

AMPL3507912　19,C/T;33,T/A;38,G/A;43,C/T;46,A;71,G/C;73,A/T;108,A;124,A/T;
126,G;132,A;143,C;160,T;

AMPL3507913　21,T;58,T;90,C/T;107,A;109,T/A;111,T/A;113,G/A;128,A;134,G;

AMPL3507914　37,C;52,G;56,T;64,G;115,T;

AMPL3507915　22,G;31,T;39,C;51,T;52,C;59,G;66,C;87,G;99,G;103,T;128,C;134,C;
135,T;138,G;159,T;

AMPL3507916　24,G/A;31,C/T;43,C/T;49,T;90,A;110,A/T;132,C;160,A/G;170,G/T;
174,A;

AMPL3507918　15,A/T;63,A;72,G;76,T;86,C;87,G/A;90,A;129,G;

AMPL3507919　10,G;22,T;34,C;64,G;74,G;105,A;114,A;133,T;153,G;169,G;184,T;
188,T;

AMPL3507920　18,A/C;24,A;32,A/C;67,T;74,C/G;

# 黄 114

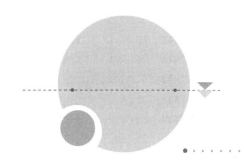

AMPL3507571   6,G;10,G;18,C;19,C;20,A;30,A;37,T;40,T;

AMPL3507806   31,T/A;55,C;136,A/C;139,G/T;158,A;

AMPL3507807   28,C/A;31,G/C;89,T/C;96,A/G;129,C/A;

AMPL3507808   75,A;114,C;124,T;132,T;134,G;139,G;171,C;172,T;

AMPL3507809   45,G;47,C;49,A;65,C;76,C;81,T;91,A;115,A;

AMPL3507810   33,C;53,C;74,G;90,T/C;98,G/A;154,G;

AMPL3507811   30,G;97,A;104,G;

AMPL3507812   6,T;53,T;83,C;90,A;109,C;113,T;154,C;155,C;

AMPL3507813   14,T;86,G;127,A;

AMPL3507814   63,G;67,G;70,G;72,A;94,A;119,G;134,C;157,G;

AMPL3507815   9,A;155,A;163,A;

AMPL3507816   93,A/G;105,C/G;150,G/A;166,T/C;171,T/C;

AMPL3507817   38,A/G;87,C/G;96,C;102,A;116,T/C;166,C/T;183,T/C;186,G;188,A/G;

AMPL3507818   8,A;37,A;40,T;41,G;49,A;55,G;56,A;57,T;100,A;104,T;108,C;113,G;
118,T;

AMPL3507819   87,A;97,C;139,G;155,T;

AMPL3507821   41,C/G;45,G/A;59,T/A;91,G;141,A/G;144,C;

AMPL3507822   1,G;8,A;11,T/A;70,C;94,C/T;108,G/A;

AMPL3507823   11,T;110,C;123,G;

AMPL3507824   3,G;56,G;65,G;68,C;117,C;

AMPL3507826   55,T/C;61,C/T;74,T/C;98,C;122,G;129,G/A;139,A/G;180,C/T;

AMPL3507827   9,T/C;48,A;65,G/T;77,C/T;95,T;124,T;132,T/C;135,G/A;140,G/A;

AMPL3507828   73,T;107,G/A;109,G/C;143,T/C;159,G/C;

AMPL3507831   7,C;16,C/T;19,C;66,C/T;75,A/G;88,T/C;113,T/C;130,G/T;140,C/G;
164,T;

AMPL3507832   23,T;59,A;78,C;116,C;

AMPL3507833   26,T;30,G;49,A;69,T;75,A;97,A;132,T;

AMPL3507834   126,C/T;145,A/G;

AMPL3507835   12,A;38,T;93,T;98,C;99,G;129,A;150,A;

AMPL3507836   8,G/A;32,C/T;40,T/G;44,A/G;63,T;71,G/A;113,C/T;142,G/A;

AMPL3507838   3,A;15,A;20,G;23,G;50,A;52,A;59,C;64,C;78,G;

AMPL3507839   59,G;114,T;151,C;

AMPL3507840   77,C/G;

AMPL3507841   13,T;14,G;34,A;60,T;99,G;

AMPL3507842　13,C;17,C;20,A;64,C;97,A;144,C;158,A;159,G;163,T;

AMPL3507845　57,A/G;161,A/G;

AMPL3507846　5,A;21,A;24,G;26,A;94,G;112,A;127,C/G;128,T/A;149,G;175,T/A;

AMPL3507848　38,A;78,C;

AMPL3507849　16,T/A;19,C;23,T;24,A;33,G;35,A;39,G;68,C;72,G;74,T;97,T;128,G/T;134,G/A;142,A/C;144,C/T;157,A;

AMPL3507850　2,A;16,C;35,A;39,G;60,C;93,C;110,G;114,C;125,C;128,A;130,C;

AMPL3507851　61,T;91,T;92,G;131,A;151,A;154,A;162,G;165,G;166,T;168,C;

AMPL3507852　8,A;26,G;33,G;43,A;56,C;62,T;93,C;124,G;

AMPL3507853　2,A/T;71,A/G;88,C/T;149,C/G;180,T/C;193,T/A;

AMPL3507854　34,C/T;36,G;37,T/C;44,G;55,A;70,C/A;84,A;92,A/G;99,T;102,T/G;110,T/C;112,T/A;114,T/G;126,C/A;139,C/T;153,T/C;158,A/T;164,C/A;170,C/G;171,G/A;174,A/G;177,G/T;180,C;181,T;187,C;188,G/T;192,T/C;

AMPL3507855　26,T;36,T;90,C;

AMPL3507856　11,G;92,T;102,T;

AMPL3507857　33,G;70,G/C;82,T/A;123,C;

AMPL3507858　26,T;45,G;84,C/T;143,G;152,G;176,C;

AMPL3507860　30,G;97,T;101,T;128,A;176,C;

AMPL3507861　28,C/T;43,G/A;69,G/C;93,C;105,T/G;124,C/T;128,A/T;

AMPL3507862　2,C/A;4,G;63,G/A;83,T/C;88,T;106,T;115,C;124,A/C;154,T;

AMPL3507863　13,A/G;45,C/G;69,A;145,A;177,A;

AMPL3507864　17,T;95,G;120,T/C;

AMPL3507865　19,C;21,T;35,A;43,G;56,A/C;57,T/C;75,C;85,G;100,G/C;101,T;116,C/A;127,C/G;161,C/T;171,G/A;172,T/C;

AMPL3507866　8,T;66,G;74,T;147,C;172,T;

AMPL3507867　21,C/T;27,G;38,T/C;45,T/C;54,C;88,C;93,T/C;112,C;122,A/G;132,G;

AMPL3507868　45,T;51,A/G;108,T/C;166,T/C;186,A/G;

AMPL3507871　7,C;95,G;115,G;144,T;

AMPL3507872　10,T;52,G;131,T;132,T;

AMPL3507873　13,T/C;38,T;39,C/T;54,A/G;59,A;86,T/G;

AMPL3507874　2,T;31,A;97,T;99,T;105,G;108,T;122,C;161,G;

AMPL3507876　96,C;114,G;144,A;178,C;

AMPL3507877　12,T/TAT;24,A/G;27,T/A;28,A/G;34,C;39,A;46,T;68,C;70,A/G;90,A;110,G;126,C;134,C;

AMPL3507878　8,C;10,A;37,A;59,G;73,T;77,G;78,G;90,T;91,C;103,G;115,C;130,C;

AMPL3507879　50,A/G;90,C;91,C;116,C;127,T/G;134,G/C;143,G;155,G;163,C/T;169,A/G;181,C/T;

AMPL3507880　66,C/T;105,A/C;124,A/G;

AMPL3507881　84,C;122,T;

AMPL3507882　40,G;43,A;61,T;

AMPL3507883　20,T;31,T;68,C/T;74,G;84,A;104,T;142,T;144,G;

AMPL3507885  36,C/G;51,A;54,G/A;65,G/N;66,G/N;71,C/N;78,C/N;110,G/A;112,C/T;115,G/A;124,G/T;131,T/A;135,G/A;146,A/G;

AMPL3507886  41,G;47,C;81,G;91,T;99,G;125,A;

AMPL3507887  2,T;35,C;45,G/A;62,C;65,A/G;92,G/A;101,C/GTG;

AMPL3507888  4,T/C;50,G/A;65,A;70,C;79,A/T;82,C/T;94,G/A;100,G/A;107,A/T;133,T;

AMPL3507889  34,T;111,A;154,A;159,A;160,T;

AMPL3507890  19,T/C;26,C/T;33,G/A;60,A/G;139,T/C;

AMPL3507891  29,A/C;61,T;

AMPL3507892  23,A;28,G;55,G;69,G;72,G;122,T;136,A;180,A;181,T;

AMPL3507893  42,A/T;51,C/T;77,T;140,T/G;147,C/T;161,G/A;177,A/T;197,G/C;

AMPL3507894  165,G/A;182,G/A;

AMPL3507895  65,A;92,A/C;141,T/G;

AMPL3507896  6,T;32,C;77,A;85,A;107,C;126,C;135,T;

AMPL3507897  1,A;7,A;9,G;31,T;91,T;104,C;123,G;132,G;

AMPL3507898  133,T;152,G;

AMPL3507899  1,G;29,C;39,T;55,C;108,T;115,A;125,C;140,C/A;

AMPL3507900  23,A;62,A;63,G;73,T;86,T;161,C;183,G;190,A;

AMPL3507901  68,T;98,A;116,C/A;

AMPL3507902  38,C;57,A;65,C;66,G;92,A;104,C;118,T;176,G;

AMPL3507903  101,A;105,A;121,A;161,C;173,T;

AMPL3507904  3,T/C;5,C;13,G/A;54,T/C;83,G/T;85,T/C;92,C;104,T/C;147,G/A;182,G;

AMPL3507906  7,T;9,G;30,G;41,A;42,A;48,T;69,G;71,A;78,G;88,A;91,G;108,A;115,G;122,A;126,A;141,A;

AMPL3507909  2,A;9,C;13,A;15,C;28,G;32,T;34,A;53,T;84,C;97,C;99,A;135,C;148,T;150,T;

AMPL3507910  33,T;105,A;129,C;164,A;

AMPL3507911  33,G;34,C;49,C;50,G;71,G;77,C;89,A;92,G;126,G;130,T;133,C;134,A;151,A;173,G;180,A;181,C;185,C;189,C;190,G;196,C;200,C;

AMPL3507912  19,T;33,T/A;38,A;43,T;46,G/A;71,C;73,A/T;108,A;124,T;126,G;132,A;143,C;160,T;

AMPL3507913  21,T;58,T;90,T;107,A;109,A;111,A;113,A;128,A;134,G;

AMPL3507914  37,C/G;52,G;56,T/A;64,G/T;115,T/C;

AMPL3507915  22,A/G;31,C/T;39,T/C;51,C/T;52,T/C;59,A/G;66,T/C;87,A/G;99,A/G;103,C/T;128,T/C;134,A/C;135,A/T;138,A/G;159,G/T;

AMPL3507916  24,G/A;31,C/T;43,C/T;49,T/G;90,A/G;110,A/T;132,C/A;160,A;170,G;174,A/G;

AMPL3507918  15,A/T;63,A;72,G;76,T;86,C;87,G/A;90,A;129,G;

AMPL3507919  10,G;22,G/T;34,T/C;64,T/G;74,A/G;105,G/A;114,G/A;133,C/T;153,T/G;169,G;184,C/T;188,A/T;

AMPL3507920  18,C/A;24,A;32,C/A;67,T;74,G/C;

AMPL3507921  7,C;30,G/A;38,G/A;43,A/G;182,G/A;

# 黄 116

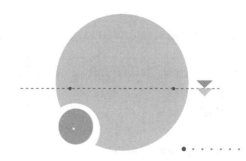

AMPL3507571　6,T/G;10,T/G;18,C;19,T/C;20,G/A;30,G/A;37,A/T;40,T;

AMPL3507806　31,T;55,C;136,A/C;139,G/T;158,A;

AMPL3507807　28,A;31,C;89,C;96,G;129,A;

AMPL3507808　75,A;114,C;124,T;132,T;134,G;139,G;171,C;172,T;

AMPL3507809　45,G;47,C;49,C/A;65,A/C;76,C;81,T;91,A;115,A;

AMPL3507810　33,C;53,C;74,G;90,T;98,G;154,G;

AMPL3507811　30,G/C;97,G/A;104,A/G;

AMPL3507812　6,C;53,C;83,T;90,T;109,A;113,A;154,T;155,C;

AMPL3507813　14,T;86,G;127,A;

AMPL3507814　63,A;67,G;70,T;72,A/G;94,A;119,G;134,C/T;157,G;

AMPL3507815　9,A;155,A/C;163,A;

AMPL3507816　93,A;105,C;150,G;166,T;171,T;

AMPL3507817　38,G;87,G;96,C;102,A;116,C;166,T;183,C;186,G;188,G;

AMPL3507818　8,A;37,A;40,T;41,G;49,T;55,T;56,G;57,G;100,G;104,G;108,T;113,G;
　　　　　　　118,T;

AMPL3507819　87,G/A;97,C;139,A/G;155,C/T;

AMPL3507821　41,C/G;45,G/A;59,A;91,T/G;141,A/G;144,T/C;

AMPL3507822　1,G;8,A;11,A;70,C;94,C;108,A;

AMPL3507823　11,C;110,A;123,A;

AMPL3507824　3,G/A;56,G;65,A/G;68,T/C;117,T/C;

AMPL3507826　55,T/C;61,C;74,T;98,C/T;122,G/A;129,G;139,A/G;180,C/T;

AMPL3507827　9,T/C;48,A;65,G/T;77,C/T;95,T;124,T;132,T/C;135,G/A;140,G/A;

AMPL3507828　73,T;107,G;109,G;143,T;159,G;

AMPL3507831　7,C;16,T/C;19,C;66,T/C;75,G/A;88,C/T;113,C/T;130,T/G;140,G/C;
　　　　　　　164,T;

AMPL3507832　23,T;59,A;78,C;116,C/T;

AMPL3507833　26,T;30,G;49,G;69,T;75,A;97,A;132,T;

AMPL3507834　126,T/C;145,G/A;

AMPL3507835　12,G/A;38,G/T;93,A/T;98,G/C;99,T/G;129,C/A;150,T/A;

AMPL3507836　8,G/A;32,C/T;40,T/G;44,A/G;63,T;71,G/A;113,C/T;142,G/A;

AMPL3507837　1,A;5,G;6,T;7,C;24,T;30,C;59,C;66,C;67,C;78,A;79,A;80,A;111,T;
　　　　　　　139,G;164,A;

AMPL3507838　3,A/G;15,A/G;20,G/A;23,G/A;50,G/A;52,A/G;59,C/A;64,C;78,G/T;

AMPL3507839　59,C;114,C;151,T;

AMPL3507840　77,C/G;

AMPL3507841　13,C;14,A;34,G;60,G;99,G;

AMPL3507842　13,C;17,T;20,T;64,T/C;97,G/A;144,T/C;158,C/A;159,T/G;163,A/T;

AMPL3507844　2,T;6,G;26,C;35,C;63,G;65,A;68,T;96,C;97,C;119,T;130,A;137,G;
158,T;

AMPL3507845　57,A;161,A;

AMPL3507846　5,A;21,A;24,G;26,A;94,G;112,A;127,G;128,A;149,G;175,A;

AMPL3507848　38,G;78,A;

AMPL3507849　16,C;19,A;23,C/T;24,G;33,G/A;35,G;39,T/G;68,G/C;72,T/G;74,G/T;
97,T/C;128,G;134,G;142,C;144,T;157,G/A;

AMPL3507850　2,A;16,C;35,A;39,G;60,C;93,C;110,G;114,C;125,C;128,A;130,C;

AMPL3507851　61,T;91,T;92,G;131,G/A;151,G/A;154,C/A;162,C/G;165,G;166,A/T;
168,G/C;

AMPL3507852　8,A;26,C/G;33,T/G;43,A;56,T/C;62,C/T;93,G/C;124,A/G;

AMPL3507853　2,A/T;71,A/G;88,C/T;149,C/G;180,T/C;193,T/A;

AMPL3507854　34,C/T;36,G;37,T/C;44,G;55,A;70,C/A;84,A;92,A/G;99,T;102,T/G;
110,T/C;112,T/A;114,T/G;126,C/A;139,C/T;153,T/C;158,A/T;164,C/
A;170,C/G;171,G/A;174,A/G;177,G/T;180,C;181,T;187,C;188,G/T;192,
T/C;

AMPL3507855　26,C;36,C;90,T;

AMPL3507856　11,A;92,C;102,C;

AMPL3507857　33,A;70,C;82,A;123,T;

AMPL3507858　26,T/G;45,G/T;84,C;143,G/A;152,G/A;176,C/A;

AMPL3507860　30,G;97,C/T;101,G/T;128,G/A;176,T/C;

AMPL3507861　28,T/C;43,A/G;69,C/G;93,C;105,G/T;124,T/C;128,T/A;

AMPL3507862　2,A;4,C/G;63,G;83,C;88,C;106,C/T;115,C/T;124,A;154,C/T;

AMPL3507863　13,A;45,C;69,G;145,T;177,G;

AMPL3507864　17,C/T;95,G;120,T/C;

AMPL3507865　19,C;21,T;35,A;43,G;56,C;57,C;75,C;85,G;100,C;101,T;116,A;127,G;
161,T;171,A;172,C;

AMPL3507866　8,T;66,G;74,T;147,C;172,T;

AMPL3507867　21,C/T;27,G;38,T/C;45,T/C;54,C;88,C;93,T/C;112,C;122,A/G;132,G;

AMPL3507868　45,C/T;51,G;108,T/C;166,T/C;186,G;

AMPL3507871　7,C;95,G;115,G;144,T;

AMPL3507872　10,T/C;52,G;131,T;132,T/C;

AMPL3507873　13,T;38,T;39,C;54,A;59,A;86,T;

AMPL3507874　2,T;31,A;97,T;99,T;105,G;108,C;122,C;161,A;

AMPL3507875　44,G;45,G;68,G;110,G/T;125,A/G;137,G/A;151,A;184,C/T;

AMPL3507876　96,C;114,C;144,G;178,C;

AMPL3507877　12,G/T;24,G/A;27,T;28,G/A;34,G/C;39,G/A;46,A/T;68,A/C;70,A;90,
A/G;110,T/G;126,C;134,A;

AMPL3507878　8,T;10,A;37,G;59,A;73,G;77,G;78,G;90,C;91,T;103,G;115,T;130,C;

AMPL3507879　50,A;90,C;91,C;116,C;127,G;134,C;143,C;155,T;163,T;169,A;181,T;

AMPL3507880　66,T;105,C/A;124,G/A;

AMPL3507881　84,T;122,A/G;

AMPL3507882　40,G;43,A;61,T;

AMPL3507883　20,T;31,T;68,C/T;74,G;84,A;104,T;142,T;144,G;

AMPL3507885　36,C;51,A;54,G/A;65,G/C;66,G/T;71,C/T;78,C/T;110,G/A;112,C/T;
115,G/A;124,G/T;131,T/A;135,G/A;146,A/G;

AMPL3507886　41,A;47,T;81,C;91,C;99,A;125,T;

AMPL3507887　2,T;35,C;45,G;62,C;65,A;92,G;101,C;

AMPL3507888　4,T;50,G;65,A;70,C;79,A;82,C;94,G;100,G;107,A;133,T;

AMPL3507889　34,T;111,A;154,A;159,G;160,G;

AMPL3507891　29,A;61,T/C;

AMPL3507892　23,A;28,A;55,A;69,A;72,A;122,T;136,G;180,G;181,A;

AMPL3507893　42,T;51,T;77,T;140,G;147,T;161,A;177,T;197,C;

AMPL3507894　165,G;182,G;

AMPL3507895　65,A;92,T/C;141,T;

AMPL3507896　6,T;32,C;77,T;85,T;107,C;126,G;135,T;

AMPL3507898　133,G;152,A;

AMPL3507899　1,G;29,C/T;39,T;55,C/A;108,G;115,A/G;125,T;140,C;

AMPL3507900　23,A/G;62,A/G;63,G/A;73,T;86,T/C;161,C/T;183,G/A;190,A/G;

AMPL3507901　68,T/C;98,A/G;116,A;

AMPL3507902　38,A/C;57,A/G;65,C;66,G;92,A/T;104,C/A;118,T/A;176,G;

AMPL3507904　3,T;5,C;13,G;54,C/T;83,G;85,C/T;92,C;104,C/T;147,A/G;182,G;

AMPL3507909　2,A;9,C;13,A;15,C;28,G;32,T;34,A;53,T;84,C;97,C;99,A;135,C;148,T;
150,T;

AMPL3507910　33,T;105,A;129,C;164,A;

AMPL3507911　33,G;34,C;49,C;50,G;71,G;77,C;89,A;92,G;126,G;130,T;133,C;134,A;
151,A;173,G;180,A;181,C;185,C;189,C;190,G;196,C;200,C;

AMPL3507912　19,C/T;33,T;38,G/A;43,C/T;46,A;71,G/C;73,A/T;108,A;124,A/T;126,
G;132,A;143,C;160,T;

AMPL3507913　21,T/A;58,T/C;90,T/C;107,G/A;109,A/T;111,A/T;113,A/G;128,A;
134,G;

AMPL3507914　37,C;52,G;56,T;64,G;115,T;

AMPL3507915　22,G;31,T/C;39,C/T;51,T/C;52,C/T;59,G/A;66,C/T;87,G/A;99,G;103,
T/C;128,C/T;134,C;135,T/A;138,G/A;159,T/G;

AMPL3507916　24,G/A;31,C/T;43,C/T;49,T/G;90,A/G;110,A/T;132,C;160,A;170,G;
174,A/T;

AMPL3507918　15,A/T;63,A;72,G;76,T;86,C;87,G/A;90,A;129,G;

AMPL3507919　10,G;22,G;34,T;64,T;74,A;105,G;114,G;133,C;153,T;169,G;184,C;
188,A;

AMPL3507920　18,C/A;24,A;32,C/A;67,T;74,G/C;

AMPL3507921　7,C;30,G;38,G;43,A;182,G;

AMPL3507922　146,C/A;

# 黄 191

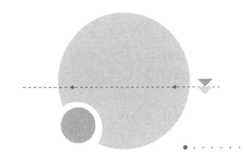

AMPL3507571　6,G;10,G;18,C;19,C;20,A;30,A;37,T;40,T;

AMPL3507806　31,A;55,C;136,C;139,T;158,A;

AMPL3507807　28,C/A;31,G/C;89,T/C;96,A/G;129,C/A;

AMPL3507808　75,A;114,C;124,T;132,T;134,G;139,G;171,C;172,T;

AMPL3507809　45,A/G;47,G/C;49,A;65,A/C;76,T/C;81,A/T;91,T/A;115,A;

AMPL3507810　33,C/T;53,C/T;74,G;90,C;98,A/G;154,G;

AMPL3507811　30,G;97,A/G;104,G/A;

AMPL3507812　6,C/T;53,C/T;83,T/C;90,T/A;109,A/C;113,A/T;154,T/C;155,C;

AMPL3507813　14,T;86,G;127,A;

AMPL3507814　63,A;67,G;70,T;72,A;94,A;119,G;134,C;157,G;

AMPL3507815　9,T;155,C;163,A;

AMPL3507816　93,G;105,G;150,A;166,C;171,C;

AMPL3507817　38,A;87,C;96,C;102,A;116,T;166,C;183,T;186,G;188,A;

AMPL3507818　8,A;37,A;40,T;41,G;49,T/A;55,T/G;56,G/A;57,G/T;100,G/A;104,G/T;
　　　　　　　108,T/C;113,G;118,T;

AMPL3507819　87,A;97,C;139,G;155,T;

AMPL3507821　41,G;45,A;59,A;91,G;141,G;144,C;

AMPL3507822　1,G;8,A;11,T;70,C;94,C;108,G;

AMPL3507824　3,G;56,G;65,A;68,T;117,T;

AMPL3507826　55,T/C;61,C/T;74,T/C;98,C;122,G;129,G/A;139,A/G;180,C/T;

AMPL3507827　9,C;48,A;65,T;77,T;95,T;124,T;132,C;135,A;140,A;

AMPL3507828　73,T;107,G/A;109,G/C;143,T/C;159,G/C;

AMPL3507829　6,T;14,T;56,A;70,A;71,T;127,A;

AMPL3507831　7,C;16,C;19,C;66,C;75,A;88,T;113,T;130,G;140,C;164,T;

AMPL3507832　23,T;59,A;78,C;116,C;

AMPL3507833　26,T;30,G;49,A/G;69,T;75,A;97,A;132,T;

AMPL3507834　126,C/T;145,A/G;

AMPL3507835　12,G/A;38,G/T;93,A/T;98,G/C;99,T/G;129,C/A;150,T/A;

AMPL3507836　8,G/A;32,C/T;40,T/G;44,A/G;63,T;71,G/A;113,C/T;142,G/A;

AMPL3507837　1,A;5,G;6,T;7,C;24,T;30,C;59,C;66,C;67,C;78,A;79,A;80,A;111,T;
　　　　　　　139,G;164,A;

AMPL3507838　3,G/A;15,G/A;20,A/G;23,A/G;50,A;52,G/A;59,A/C;64,C;78,T/G;

AMPL3507839　59,G;114,T;151,C;

AMPL3507840　77,C;

AMPL3507841 13,T;14,G;34,A;60,T;99,G;

AMPL3507842 13,C;17,C;20,A;64,C;97,A;144,C;158,A;159,G;163,T;

AMPL3507844 2,T;6,G;26,C;35,C;63,G;65,A;68,T;96,C;97,C;119,T;130,A;137,G;
158,T;

AMPL3507845 57,A/G;161,A/G;

AMPL3507846 5,A;21,A;24,G;26,A;94,G;112,A;127,G;128,A;149,G;175,A;

AMPL3507848 38,A;78,C;

AMPL3507849 16,A;19,C;23,T;24,A;33,G;35,A;39,G;68,C;72,G;74,T;97,T;128,T;134,
A;142,C;144,T;157,A;

AMPL3507851 61,T;91,C/T;92,T/G;131,G/A;151,G/A;154,C/A;162,C/G;165,C/G;166,
A/T;168,G/C;

AMPL3507852 8,A;26,C;33,T;43,A;56,C;62,T;93,C;124,G;

AMPL3507853 2,T;71,G;88,T;149,G;180,C;193,A;

AMPL3507854 34,C;36,G;37,T;44,G;55,A;70,C;84,A;92,A;99,T;102,T;110,T;112,T;
114,T;126,C;139,C;153,T;158,A;164,C;170,C;171,G;174,A;177,G;180,C;
181,T;187,C;188,G;192,T;

AMPL3507855 26,C/T;36,C/T;90,T/C;

AMPL3507856 11,A/G;92,C/T;102,C/T;

AMPL3507857 33,G;70,C;82,A;123,C;

AMPL3507858 26,T/G;45,G/T;84,C;143,G/A;152,G/A;176,C/A;

AMPL3507860 30,G;97,T;101,T;128,A;176,C;

AMPL3507861 28,T;43,A;69,C;93,C;105,G;124,T;128,T;

AMPL3507862 2,A;4,C;63,G;83,C;88,C;106,C;115,C;124,A;154,C;

AMPL3507863 13,G;45,G;69,A;145,A;177,A;

AMPL3507864 17,T/C;95,G;120,C/T;

AMPL3507865 19,C;21,T;35,A;43,G;56,C;57,C;75,C;85,G;100,C;101,T;116,A;127,G;
161,T;171,A;172,C;

AMPL3507867 21,C;27,G;38,T;45,T;54,C;88,C;93,T;112,C;122,A;132,G;

AMPL3507868 45,C;51,G;108,T;166,T;186,G;

AMPL3507871 7,C;95,G;115,G;144,T;

AMPL3507872 10,T/C;52,G;131,T;132,T/C;

AMPL3507873 13,T;38,T;39,C;54,A;59,A;86,T;

AMPL3507874 2,C;31,C;97,T;99,T;105,G;108,T;122,T;161,A;

AMPL3507875 44,G;45,G;68,C;110,T;125,A;137,G;151,A;184,T;

AMPL3507877 12,T/TAT;24,A/G;27,T/A;28,A/G;34,C;39,A;46,T;68,C;70,A/G;90,A;
110,G;126,C;134,C;

AMPL3507878 8,C;10,A;37,A;59,G;73,T;77,G;78,G;90,T;91,C;103,G;115,C;130,C;

AMPL3507879 50,G;90,C;91,C;116,C;127,G;134,C;143,G;155,G;163,T;169,G;181,T;

AMPL3507880 66,T;105,A;124,A;

AMPL3507882 40,G;43,A;61,T;

AMPL3507883 20,T;31,T;68,C/T;74,G;84,A;104,T;142,T;144,G;

AMPL3507886 41,A;47,T;81,C;91,C;99,A;125,A;

AMPL3507887　2,T;35,C;45,G;62,C;65,G;92,A;101,G;

AMPL3507888　4,C;50,A;65,A;70,C;79,T;82,T;94,A;100,A;107,T;133,T;

AMPL3507889　34,T;111,A;154,A;159,A;160,T;

AMPL3507890　19,T;26,C;33,G;60,A;139,T;

AMPL3507891　29,A;61,T/C;

AMPL3507892　23,A;28,A;55,A;69,A;72,A;122,T;136,G;180,G;181,A;

AMPL3507893　42,A;51,C;77,T;140,T;147,C;161,G;177,A;197,G;

AMPL3507894　165,G/A;182,G/A;

AMPL3507895　65,A;92,C;141,G;

AMPL3507896　6,T;32,C;77,A;85,A;107,C;126,C;135,T;

AMPL3507897　1,C;7,G;9,C;31,C;91,C;104,T;123,A;132,T;

AMPL3507898　133,T;152,G;

AMPL3507899　1,G;29,C;39,T;55,C;108,T/G;115,A;125,C/T;140,A/C;

AMPL3507900　23,A;62,A;63,G;73,T;86,T;161,C;183,G;190,A;

AMPL3507901　68,T;98,A;116,A;

AMPL3507902　38,C;57,A/G;65,C;66,G;92,A/T;104,C/A;118,T/A;176,G;

AMPL3507904　3,T/C;5,C;13,G/A;54,C;83,G/T;85,C;92,C;104,C;147,A;182,G;

AMPL3507906　7,T;9,G;30,G;41,A;42,A;48,T;69,G;71,A;78,G;88,A;91,G;108,A;115,
G;122,A;126,A;141,A;

AMPL3507909　2,A;9,C;13,A;15,C;28,G;32,T;34,A;53,T;84,C;97,C;99,A;135,C;148,T;
150,T;

AMPL3507910　33,T;105,A;129,C;164,A;

AMPL3507911　33,G;34,C;49,C;50,G;71,G;77,C;89,A;92,G;126,G;130,C;133,C;134,A;
151,A;173,G;180,A;181,T;185,C;189,C;190,G;196,C;200,C;

AMPL3507912　19,C;33,T;38,G;43,C;46,A;71,G;73,A;108,A;124,A;126,G;132,A;143,C;
160,T;

AMPL3507913　21,T;58,T;90,T;107,A;109,A;111,A;113,A;128,A;134,G;

AMPL3507914　37,G/C;52,G;56,A/T;64,T/G;115,C/T;

AMPL3507915　22,G;31,T;39,C;51,T;52,C;59,G;66,C;87,G;99,G;103,T;128,C;134,C;
135,T;138,G;159,T;

AMPL3507916　24,G/A;31,C/T;43,C/T;49,T;90,A;110,A/T;132,C;160,A/G;170,G/T;
174,A;

AMPL3507918　15,T;63,A;72,G;76,T;86,C;87,A;90,A;129,G;

AMPL3507919　10,G;22,T/G;34,C/T;64,G/T;74,G/A;105,A/G;114,A/G;133,T/C;153,G/
T;169,G;184,T/C;188,T/A;

AMPL3507920　18,C;24,A;32,C;67,T;74,G;

AMPL3507921　7,C;30,G;38,G;43,A;182,G;

AMPL3507922　146,A;

AMPL3507923　69,A;79,C/T;125,C;140,T;144,C;152,T;

AMPL3507924　46,C;51,G;131,T;143,C;166,G;

# 黄 192

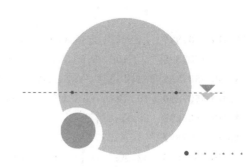

| | |
|---|---|
| **AMPL3507571** | 6,T;10,T;18,C;19,T;20,G;30,G;37,A;40,T; |
| **AMPL3507806** | 31,A/T;55,C;136,C/A;139,T/G;158,A; |
| **AMPL3507807** | 28,A/C;31,C/G;89,C/T;96,G/A;129,A/C; |
| **AMPL3507808** | 75,A;114,C;124,T;132,T;134,G;139,G;171,C;172,T; |
| **AMPL3507809** | 45,A/G;47,G/C;49,A;65,A/C;76,T/C;81,A/T;91,T/A;115,A; |
| **AMPL3507810** | 33,C/T;53,C/T;74,G;90,T/C;98,G;154,G; |
| **AMPL3507811** | 30,G;97,G;104,A; |
| **AMPL3507812** | 6,C;53,C;83,T;90,T;109,A;113,A;154,T;155,C; |
| **AMPL3507813** | 14,T;86,G;127,A; |
| **AMPL3507814** | 63,A;67,G;70,T;72,A/G;94,A;119,G;134,C/T;157,G; |
| **AMPL3507815** | 9,A/T;155,C;163,A; |
| **AMPL3507816** | 93,A/G;105,C/G;150,G/A;166,T/C;171,T/C; |
| **AMPL3507817** | 38,A/G;87,C/G;96,C;102,A;116,T/C;166,C/T;183,T/C;186,G;188,A/G; |
| **AMPL3507818** | 8,A;37,A;40,T;41,G/A;49,T;55,T;56,G/A;57,G;100,G;104,G/T;108,T/C;113,G;118,T; |
| **AMPL3507819** | 87,G;97,C;139,A;155,C; |
| **AMPL3507821** | 41,C/G;45,G/A;59,A;91,T/G;141,A/G;144,T/C; |
| **AMPL3507822** | 1,G/C;8,A;11,A;70,C;94,C;108,A; |
| **AMPL3507823** | 11,C;110,A;123,A; |
| **AMPL3507824** | 3,G;56,G;65,A;68,T;117,T; |
| **AMPL3507826** | 55,T;61,C;74,T;98,C;122,G;129,G;139,A;180,C; |
| **AMPL3507827** | 9,T;48,A;65,G;77,C;95,T;124,T;132,T;135,G;140,G; |
| **AMPL3507828** | 73,G/T;107,A/G;109,G;143,T;159,G; |
| **AMPL3507829** | 6,T;14,A;56,G;70,G;71,A;127,A; |
| **AMPL3507831** | 7,C;16,C;19,C;66,C;75,A;88,T;113,T;130,G;140,C;164,T; |
| **AMPL3507832** | 23,C/T;59,A;78,G/C;116,T; |
| **AMPL3507833** | 26,T;30,G/T;49,G;69,T/G;75,A;97,A/C;132,T/A; |
| **AMPL3507834** | 126,T;145,G; |
| **AMPL3507835** | 12,G;38,G;93,A;98,G;99,T;129,C;150,T; |
| **AMPL3507836** | 8,A/G;32,T/C;40,G/T;44,G/A;63,T;71,A/G;113,T/C;142,A/G; |
| **AMPL3507837** | 1,A;5,G;6,T;7,C;24,T;30,C;59,C;66,C;67,C;78,A;79,A;80,A;111,T;139,G;164,A; |
| **AMPL3507838** | 3,G;15,G;20,A;23,A;50,A;52,G;59,A;64,C;78,T; |
| **AMPL3507839** | 59,C;114,C;151,T; |

AMPL3507840 77,G;

AMPL3507841 13,C;14,A;34,G;60,G;99,G;

AMPL3507842 13,C/T;17,T;20,T;64,T/C;97,G/A;144,T/C;158,C/A;159,T/G;163,A/T;

AMPL3507844 2,T;6,G;26,C;35,C;63,G;65,A;68,T;96,C;97,C;119,T;130,A;137,G;
158,T;

AMPL3507845 57,A;161,A;

AMPL3507846 5,A;21,A;24,G;26,A;94,G;112,A;127,G;128,A;149,G;175,A;

AMPL3507848 38,G;78,A;

AMPL3507849 16,C;19,A;23,C/T;24,G;33,G;35,G;39,T/G;68,G;72,T;74,G;97,T;128,
G;134,G;142,C;144,T;157,G/A;

AMPL3507850 2,A;16,C;35,A;39,A;60,C;93,C;110,G;114,T;125,C;128,A;130,C;

AMPL3507851 61,T;91,T;92,G;131,G/A;151,G/A;154,C/A;162,C/G;165,G;166,A/T;
168,G/C;

AMPL3507852 8,A;26,C;33,T;43,A;56,T/C;62,C;93,G;124,A;

AMPL3507853 2,A;71,A;88,C;149,C;180,T;193,T;

AMPL3507854 34,C/T;36,G;37,T/C;44,G;55,A;70,C/A;84,A;92,A/G;99,T;102,T/G;
110,T/C;112,T/A;114,T/G;126,C/A;139,C/T;153,T/C;158,A/T;164,C/
A;170,C/G;171,G/A;174,A/G;177,G/T;180,C;181,T;187,C;188,G/T;192,
T/C;

AMPL3507855 26,C;36,C;90,T;

AMPL3507856 11,A;92,C;102,C;

AMPL3507857 33,A;70,C;82,A;123,T;

AMPL3507858 26,G;45,T;84,C;143,A;152,A;176,A;

AMPL3507860 30,G;97,C/T;101,G/T;128,G/A;176,T/C;

AMPL3507861 28,T;43,A;69,C;93,C;105,G;124,T;128,T;

AMPL3507862 2,A;4,C/G;63,G;83,C;88,C;106,C/T;115,C/T;124,A;154,C/T;

AMPL3507863 13,A;45,C;69,G;145,T;177,G;

AMPL3507864 17,C/T;95,G;120,T/C;

AMPL3507865 19,C;21,T;35,A;43,G;56,C;57,C;75,C;85,G;100,C;101,T;116,A;127,G;
161,T;171,A;172,C;

AMPL3507867 21,T;27,G;38,C;45,C;54,C;88,C;93,C;112,C;122,G;132,G;

AMPL3507868 45,C/T;51,G;108,T/C;166,T/C;186,G;

AMPL3507871 7,C;95,G;115,G;144,T;

AMPL3507872 10,C;52,G;131,T;132,C;

AMPL3507873 13,T;38,T;39,C;54,A;59,A;86,T;

AMPL3507874 2,C;31,C;97,T;99,T;105,G;108,T;122,T;161,A;

AMPL3507875 44,G;45,G;68,G;110,G;125,A;137,G;151,A;184,C;

AMPL3507876 96,C;114,C;144,G;178,C;

AMPL3507877 12,T;24,A;27,T;28,A;34,C;39,A;46,T;68,C;70,A;90,G;110,G;126,C;
134,A;

AMPL3507878 8,T;10,G;37,G;59,G;73,T;77,A;78,A;90,C;91,C;103,A;115,C;130,C;

AMPL3507879 50,A;90,C;91,C;116,C;127,G;134,C;143,C;155,T;163,T;169,A;181,T;

AMPL3507880    66,T;105,A;124,A;

AMPL3507881    84,T;122,G/A;

AMPL3507882    40,G;43,A;61,T;

AMPL3507883    20,T/C;31,T;68,C;74,G;84,A/C;104,T;142,T;144,G;

AMPL3507886    41,A;47,T;81,C;91,C;99,A;125,A/T;

AMPL3507887    2,T;35,C;45,G;62,C;65,A/G;92,G/A;101,C/G;

AMPL3507888    4,T;50,G;65,A;70,C;79,A;82,C;94,G;100,G;107,A;133,T;

AMPL3507889    34,T;111,A/G;154,A/C;159,G;160,G;

AMPL3507891    29,A;61,C;

AMPL3507892    23,A;28,A;55,A;69,A;72,A;122,T;136,G;180,G;181,A;

AMPL3507893    42,A/T;51,C/T;77,T;140,T/G;147,C/T;161,G/A;177,A/T;197,G/C;

AMPL3507894    165,A/G;182,A/G;

AMPL3507895    65,T;92,T;141,T;

AMPL3507896    6,T;32,C;77,T;85,T;107,C;126,G;135,T;

AMPL3507897    1,C;7,G;9,C;31,C;91,C;104,T;123,A;132,T;

AMPL3507898    133,G;152,A;

AMPL3507899    1,G;29,C;39,T;55,C;108,G;115,A;125,T;140,C;

AMPL3507900    23,G;62,G;63,A;73,T;86,C;161,T;183,A;190,G;

AMPL3507901    68,T;98,A;116,C/A;

AMPL3507902    38,A/C;57,A/G;65,C;66,G;92,A/T;104,C/A;118,T/A;176,G;

AMPL3507903    101,G;105,G;121,C;161,C/A;173,C;

AMPL3507904    3,T/C;5,C;13,G/A;54,C;83,G/T;85,C;92,C;104,C;147,A;182,G;

AMPL3507909    2,A;9,C;13,A;15,C;28,G;32,T;34,A;53,T;84,C;97,C;99,A;135,C;148,T;
150,T;

AMPL3507911    33,G;34,C;49,C;50,G;71,G;77,C;89,A;92,G;126,G;130,T;133,C;134,A;
151,A;173,G;180,A;181,C;185,C;189,C;190,G;196,C;200,C;

AMPL3507912    19,T/C;33,T;38,A/G;43,T/C;46,G/A;71,G;73,A;108,A;124,A;126,G;
132,A;143,C;160,T;

AMPL3507914    37,G;52,G;56,A;64,T;115,C;

AMPL3507915    22,A/G;31,C;39,T;51,C;52,T;59,A;66,T;87,A;99,A/G;103,C;128,T;
134,A/C;135,A;138,A;159,G;

AMPL3507916    24,A/G;31,T/C;43,T/C;49,T;90,A;110,T/A;132,C;160,G/A;170,T/G;
174,A;

AMPL3507918    15,T;63,A;72,G;76,T;86,C;87,A;90,A;129,G;

AMPL3507919    10,G;22,G;34,T;64,T;74,A;105,G;114,G;133,C;153,T;169,G;184,C;
188,A;

AMPL3507920    18,C;24,A;32,C;67,T;74,G;

AMPL3507921    7,C;30,G;38,G;43,A;182,G;

AMPL3507923    69,A;79,C/T;125,C;140,T;144,C;152,T;

AMPL3507924    46,T/C;51,C/G;131,A/T;143,T/C;166,A/G;

# 黄 193

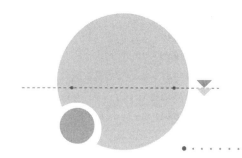

AMPL3507571  6,T/G;10,T/G;18,C;19,T/C;20,G/A;30,G/A;37,A/T;40,T;

AMPL3507806  31,T/A;55,C;136,C;139,T;158,A;

AMPL3507807  28,A;31,C;89,C;96,G;129,A;

AMPL3507808  75,A;114,C;124,T;132,T;134,G;139,G;171,C;172,T;

AMPL3507809  45,G;47,C;49,C/A;65,A/C;76,C;81,T;91,A;115,A;

AMPL3507810  33,C;53,C;74,G;90,C/T;98,A/G;154,G;

AMPL3507811  30,G/C;97,A;104,G;

AMPL3507812  6,C/T;53,C/T;83,T/C;90,T/A;109,A/C;113,A/T;154,T/C;155,C;

AMPL3507813  14,T;86,G;127,A;

AMPL3507814  63,G/A;67,G;70,G/T;72,A;94,A;119,G;134,C;157,G;

AMPL3507815  9,A;155,A;163,A;

AMPL3507816  93,A;105,C;150,G;166,T;171,T;

AMPL3507817  38,G;87,G;96,C;102,A;116,C;166,T;183,C;186,G;188,G;

AMPL3507818  8,A;37,A;40,T;41,G;49,A/T;55,G/T;56,A/G;57,T/G;100,A/G;104,T/G;
108,C/T;113,G;118,T;

AMPL3507819  87,A;97,C;139,G;155,T;

AMPL3507821  41,G;45,A;59,A;91,G;141,G;144,C;

AMPL3507822  1,G;8,A;11,T/A;70,C;94,C;108,G/A;

AMPL3507823  11,C;110,A;123,A;

AMPL3507824  3,G/A;56,G;65,G;68,C;117,C;

AMPL3507826  55,C/T;61,C;74,T;98,T/C;122,A/G;129,G;139,G/A;180,T/C;

AMPL3507827  9,T/C;48,A;65,G/T;77,C/T;95,T;124,T;132,T/C;135,G/A;140,G/A;

AMPL3507828  73,T;107,G;109,G;143,T;159,G;

AMPL3507829  6,T;14,T;56,A;70,A;71,T;127,A;

AMPL3507831  7,C;16,C/T;19,C;66,C/T;75,A/G;88,T/C;113,T/C;130,G/T;140,C/G;
164,T;

AMPL3507832  23,T;59,A;78,C;116,C/T;

AMPL3507833  26,T;30,G;49,A/G;69,T;75,A;97,A;132,T;

AMPL3507834  126,C/T;145,A/G;

AMPL3507835  12,G/A;38,G/T;93,A/T;98,G/C;99,T/G;129,C/A;150,T/A;

AMPL3507836  8,G;32,C;40,T;44,A;63,T;71,G;113,C;142,G;

AMPL3507837  1,A;5,G;6,T;7,C;24,T;30,C;59,C;66,C;67,C;78,A;79,A;80,A;111,T;
139,G;164,A;

AMPL3507838  3,A/G;15,A/G;20,G/A;23,G/A;50,A;52,A/G;59,C/A;64,C;78,G/T;

AMPL3507839    59,G/C;114,T/C;151,C/T;

AMPL3507840    77,C/G;

AMPL3507841    13,C/T;14,A/G;34,G/A;60,G/T;99,G;

AMPL3507842    13,C;17,T/C;20,T/A;64,C;97,A;144,C;158,A;159,G;163,T;

AMPL3507844    2,T;6,G;26,C;35,C;63,G;65,A;68,T;96,C;97,C;119,T;130,A;137,G;
               158,T;

AMPL3507845    57,A;161,A;

AMPL3507846    5,A;21,A;24,G;26,A;94,G;112,A;127,G;128,A;149,G;175,A;

AMPL3507849    16,T/C;19,C/A;23,T;24,A/G;33,G/A;35,A/G;39,G;68,C;72,G;74,T;97,
               T/C;128,G;134,G;142,A/C;144,C/T;157,A;

AMPL3507850    2,A;16,C;35,A;39,G;60,C;93,C;110,G;114,C;125,C;128,A;130,C;

AMPL3507851    61,T;91,T;92,G;131,A;151,A;154,A;162,G;165,G;166,T;168,C;

AMPL3507852    8,A;26,G;33,G;43,A;56,C;62,T;93,C;124,G;

AMPL3507853    2,A;71,A;88,C;149,C;180,T;193,T;

AMPL3507854    34,T;36,G;37,C;44,G;55,A;70,A;84,A;92,G;99,T;102,G;110,C;112,A;
               114,G;126,A;139,T;153,C;158,T;164,A;170,G;171,A;174,G;177,T;180,
               C;181,T;187,C;188,T;192,C;

AMPL3507855    26,C/T;36,C/T;90,T/C;

AMPL3507856    11,A/G;92,C/T;102,C/T;

AMPL3507857    33,A/G;70,C/G;82,A/T;123,T/C;

AMPL3507858    26,T;45,G;84,T/C;143,G;152,G;176,C;

AMPL3507860    30,G;97,C/T;101,G/T;128,G/A;176,T/C;

AMPL3507861    28,T/C;43,A/G;69,C/G;93,C;105,G/T;124,T/C;128,T/A;

AMPL3507862    2,C/A;4,G/C;63,G;83,T/C;88,T/C;106,T/C;115,C;124,A;154,T/C;

AMPL3507863    13,G/A;45,G/C;69,A/G;145,A/T;177,A/G;

AMPL3507864    17,C/T;95,G;120,T/C;

AMPL3507865    19,C;21,T;35,A;43,G;56,A/C;57,T/C;75,C;85,G;100,G/C;101,T;116,C/
               A;127,C/G;161,C/T;171,G/A;172,T/C;

AMPL3507866    8,T;66,G;74,T;147,C;172,T;

AMPL3507867    21,C/T;27,G;38,T/C;45,T/C;54,C;88,C;93,T/C;112,C;122,A/G;132,G;

AMPL3507868    45,C/T;51,G/A;108,T;166,T;186,G/A;

AMPL3507871    7,C;95,G;115,G;144,T;

AMPL3507872    10,T;52,G;131,T;132,T;

AMPL3507873    13,T;38,T;39,C;54,A;59,A;86,T;

AMPL3507874    2,T;31,A;97,T;99,T;105,G;108,T;122,C;161,G;

AMPL3507876    96,C;114,G;144,A;178,C;

AMPL3507877    12,T;24,A;27,T;28,A;34,C;39,A;46,T;68,C;70,A;90,G/A;110,G;126,C;
               134,A/C;

AMPL3507878    8,T/C;10,G/A;37,G/A;59,G;73,T;77,A/G;78,A/G;90,C/T;91,C;103,A/
               G;115,C;130,C;

AMPL3507879    50,A;90,C;91,C;116,C;127,T/G;134,G/C;143,G/C;155,G/T;163,C/T;169,
               A;181,C/T;

AMPL3507880    66,T;105,C;124,G;

AMPL3507881 84,T;122,A;

AMPL3507882 40,G;43,A;61,T;

AMPL3507883 20,T;31,T;68,T;74,G;84,A;104,T;142,T;144,G;

AMPL3507885 36,C;51,A;54,A/G;65,C/G;66,T/G;71,T/C;78,T/C;110,A/G;112,T/C; 115,A/G;124,T/G;131,A/T;135,A/G;146,G/A;

AMPL3507886 41,A;47,T;81,C;91,C;99,A;125,T;

AMPL3507887 2,T;35,C;45,G/A;62,C;65,A/G;92,G/A;101,C/GTG;

AMPL3507888 4,T;50,G;65,A;70,C;79,A;82,C;94,G;100,G;107,A;133,T;

AMPL3507889 34,T;111,A;154,A;159,G;160,G;

AMPL3507890 19,C;26,T;33,A;60,G;139,C;

AMPL3507891 29,A/C;61,C/T;

AMPL3507892 23,A;28,G/A;55,G/A;69,G/A;72,G/A;122,T;136,A/G;180,A/G;181, T/A;

AMPL3507893 42,T/A;51,T/C;77,T;140,G/T;147,T/C;161,A/G;177,T/A;197,C/G;

AMPL3507894 165,G;182,G;

AMPL3507895 65,A;92,A;141,T;

AMPL3507896 6,T;32,C;77,A/T;85,A/T;107,C;126,C/G;135,T;

AMPL3507897 1,A;7,A;9,G;31,T;91,T;104,C;123,G;132,G;

AMPL3507898 133,T/G;152,G/A;

AMPL3507899 1,G;29,T/C;39,T;55,A/C;108,G/T;115,G/A;125,T/C;140,C;

AMPL3507900 23,A;62,A;63,G;73,T;86,T;161,C;183,G;190,A;

AMPL3507901 68,T/C;98,A/G;116,C/A;

AMPL3507902 38,C;57,A/G;65,C;66,G;92,A/T;104,C/A;118,T/A;176,G;

AMPL3507904 3,T/C;5,C;13,G/A;54,T/C;83,G/T;85,T/C;92,C;104,T/C;147,G/A; 182,G;

AMPL3507909 2,A;9,C;13,A;15,C;28,G;32,T;34,A;53,T;84,C;97,C;99,A;135,C;148,T; 150,T;

AMPL3507910 33,T;105,A;129,C;164,A;

AMPL3507911 33,G;34,C;49,C;50,G;71,G;77,C;89,A;92,G;126,G;130,T;133,C;134,A; 151,A;173,G;180,A;181,C;185,C;189,C;190,G;196,C;200,C;

AMPL3507912 19,C/T;33,T/A;38,G/A;43,C/T;46,A;71,G/C;73,A/T;108,A;124,A/T; 126,G;132,A;143,C;160,T;

AMPL3507913 21,T;58,T;90,T;107,G;109,A;111,A;113,A;128,A;134,G;

AMPL3507914 37,G/C;52,G;56,A/T;64,T/G;115,C/T;

AMPL3507915 22,A/G;31,C/T;39,T/C;51,C/T;52,T/C;59,A/G;66,T/C;87,A/G;99,A/G; 103,C/T;128,T/C;134,A/C;135,A/T;138,A/G;159,G/T;

AMPL3507916 24,G/A;31,C/T;43,C/T;49,T/G;90,A/G;110,A/T;132,C/A;160,A;170,G; 174,A/G;

AMPL3507918 15,T;63,A;72,G;76,T;86,C;87,A;90,A;129,G;

AMPL3507919 10,G;22,T/G;34,C/T;64,G/T;74,G/A;105,A/G;114,A/G;133,T/C;153,G/ T;169,G;184,T/C;188,T/A;

AMPL3507920 18,A;24,A;32,A;67,T;74,C;

AMPL3507921 7,C;30,G;38,G;43,A;182,G;

# 黄 194

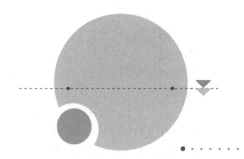

AMPL3507571    6,T;10,T/G;18,C;19,T;20,G;30,G;37,A;40,T;

AMPL3507806    31,T;55,C;136,A;139,G;158,A;

AMPL3507807    28,C/A;31,G/C;89,T/C;96,A/G;129,C/A;

AMPL3507808    75,T/A;114,T;124,A/T;132,C;134,C;139,C;171,C/G;172,A/T;

AMPL3507809    45,G;47,C;49,C/A;65,A/C;76,C;81,T;91,A;115,A;

AMPL3507810    33,C/T;53,C/T;74,G;90,C;98,A/G;154,G;

AMPL3507811    30,G/C;97,G/A;104,A/G;

AMPL3507812    6,C/T;53,C/T;83,T/C;90,T/A;109,A/C;113,A/T;154,T/C;155,C;

AMPL3507813    14,T;86,A/G;127,G/A;

AMPL3507814    63,A;67,G;70,T;72,A/G;94,A;119,G;134,C/T;157,G;

AMPL3507815    9,A;155,C/A;163,A;

AMPL3507816    93,G/A;105,G/C;150,A/G;166,C/T;171,C/T;

AMPL3507817    38,G/A;87,G/C;96,C/A;102,A/G;116,C/T;166,T;183,C/T;186,G/A;
               188,G;

AMPL3507818    8,A;37,A;40,T;41,A;49,T;55,T;56,A;57,G;100,G;104,T;108,C;113,G;
               118,T;

AMPL3507819    87,A/G;97,C;139,G/A;155,T/C;

AMPL3507821    41,C/G;45,G/A;59,A;91,T/G;141,A/G;144,T/C;

AMPL3507822    1,G;8,A;11,T/A;70,A/C;94,C;108,G/A;

AMPL3507823    11,C;110,A;123,A;

AMPL3507824    3,A;56,G;65,G;68,C;117,C;

AMPL3507826    55,T;61,C;74,T;98,C;122,G;129,G;139,A;180,C;

AMPL3507827    9,T;48,A;65,G;77,C;95,T;124,T;132,T;135,G;140,G;

AMPL3507828    73,T/G;107,A;109,C/G;143,C/T;159,C/G;

AMPL3507829    6,T;14,T/A;56,A/G;70,A/G;71,T/A;127,A;

AMPL3507831    7,C;16,C/T;19,C/T;66,C;75,A;88,T;113,T/C;130,G;140,C/G;164,T/G;

AMPL3507832    23,C;59,G;78,G;116,T;

AMPL3507833    26,T;30,T;49,G;69,G;75,A;97,C;132,A;

AMPL3507834    126,C;145,A;

AMPL3507835    12,G;38,G;93,A;98,G;99,T;129,C;150,T;

AMPL3507836    8,A;32,T;40,G;44,G;63,T;71,A;113,T;142,A;

AMPL3507837    1,A;5,G;6,T;7,C;24,T;30,C;59,C;66,C;67,C;78,A;79,A;80,A;111,T;
               139,G;164,A;

AMPL3507838    3,A/G;15,A/G;20,G;23,G/A;50,G/A;52,A/G;59,C/A;64,C;78,G/T;

AMPL3507839  59,G/C;114,T/C;151,C/T;

AMPL3507840  77,C/G;

AMPL3507841  13,C;14,A;34,G;60,G;99,G;

AMPL3507842  13,C;17,C;20,A;64,C;97,A;144,C;158,A;159,G;163,T;

AMPL3507845  57,A/G;161,A/G;

AMPL3507846  5,A;21,A;24,G;26,A;94,G;112,A;127,C/G;128,T/A;149,G;175,T/A;

AMPL3507848  38,G;78,A;

AMPL3507849  16,T/C;19,C/A;23,T;24,A/G;33,G;35,A/G;39,G;68,C/G;72,G/T;74,T;
97,T;128,G;134,G;142,A/C;144,C/T;157,A;

AMPL3507851  61,T;91,C/T;92,T/G;131,G/A;151,G/A;154,C/A;162,C/G;165,C/G;166,
A/T;168,G/C;

AMPL3507852  8,A;26,C;33,T;43,A;56,C;62,T;93,C;124,G;

AMPL3507853  2,T;71,G;88,T;149,G;180,C;193,A;

AMPL3507854  34,C/T;36,G;37,T/C;44,G;55,A;70,C/A;84,A;92,A/G;99,T;102,T/G;
110,T/C;112,T/A;114,T/G;126,C/A;139,C/T;153,T/C;158,A/T;164,C/
A;170,C/G;171,G/A;174,A/G;177,G/T;180,C;181,T;187,C;188,G/T;192,
T/C;

AMPL3507855  26,C;36,C;90,T;

AMPL3507856  11,A;92,C;102,C;

AMPL3507857  33,A;70,C;82,A;123,T;

AMPL3507858  26,T/G;45,G/T;84,C;143,G/A;152,G/A;176,C/A;

AMPL3507860  30,G;97,C/T;101,G/T;128,G/A;176,T/C;

AMPL3507861  28,T/C;43,A/G;69,C/G;93,C;105,G/T;124,T/C;128,T/A;

AMPL3507862  2,A;4,G/C;63,G;83,C;88,C;106,T/C;115,T/C;124,A;154,T/C;

AMPL3507863  13,A;45,C;69,G/A;145,T/A;177,G/A;

AMPL3507864  17,C;95,G/A;120,T;

AMPL3507865  19,C;21,T;35,A;43,G;56,C;57,C;75,C;85,G;100,C;101,T;116,A;127,G;
161,T;171,A;172,C;

AMPL3507867  21,T;27,G;38,C;45,C;54,C;88,C;93,C;112,C;122,G;132,G;

AMPL3507868  45,T;51,G;108,C;166,C;186,G;

AMPL3507871  7,T/C;95,C/G;115,T/G;144,C/T;

AMPL3507872  10,C;52,G;131,T;132,C;

AMPL3507873  13,T/C;38,T;39,C/T;54,A/G;59,A;86,T/G;

AMPL3507874  2,C;31,C;97,T;99,T;105,G;108,T;122,T;161,A;

AMPL3507875  44,G;45,G;68,G/C;110,G/T;125,A;137,G;151,A;184,C/T;

AMPL3507877  12,T;24,A;27,T;28,A;34,C;39,A;46,T;68,C;70,A;90,G/A;110,G;126,C;
134,A/C;

AMPL3507878  8,T/C;10,G/A;37,G/A;59,G;73,T;77,A/G;78,A/G;90,C/T;91,C;103,A/
G;115,C;130,C;

AMPL3507879  50,A;90,C/T;91,C/T;116,C/G;127,G;134,C;143,C/G;155,T/G;163,T;
169,A/G;181,T;

AMPL3507880  66,T;105,C/A;124,G/A;

AMPL3507881   84,T;122,G;

AMPL3507882   40,G;43,A;61,T;

AMPL3507883   20,C/T;31,T;68,C/T;74,G;84,C/A;104,T;142,T;144,G;

AMPL3507886   41,A;47,T;81,C;91,C;99,A;125,T;

AMPL3507887   2,T;35,C;45,G/A;62,C;65,A/G;92,G/A;101,C/GTG;

AMPL3507888   4,C/T;50,A/G;65,G/A;70,A/C;79,A;82,C;94,G;100,G;107,G/A;133,
              C/T;

AMPL3507889   34,T;111,A;154,A;159,G;160,G;

AMPL3507890   19,C;26,C;33,G;60,G;139,C;

AMPL3507891   29,A;61,C/T;

AMPL3507892   23,G;28,G;55,G;69,G;72,G;122,C;136,G;180,G;181,A;

AMPL3507893   42,T/A;51,T/C;77,T/C;140,G/T;147,T/C;161,A/G;177,T/A;197,C/G;

AMPL3507894   165,A/G;182,A/G;

AMPL3507895   65,A;92,C/T;141,T;

AMPL3507896   6,T;32,C;77,T/A;85,T/A;107,C;126,G/C;135,T;

AMPL3507897   1,C;7,G;9,C;31,C;91,C;104,T;123,A;132,T;

AMPL3507898   133,T;152,G;

AMPL3507899   1,C;29,T;39,C;55,C;108,G;115,A;125,C;140,C;

AMPL3507900   23,A/G;62,A/G;63,G/A;73,T;86,T/C;161,C/T;183,G/A;190,A/G;

AMPL3507901   68,T;98,A;116,C/A;

AMPL3507902   38,C;57,G;65,C;66,G;92,T;104,A;118,A;176,G;

AMPL3507903   101,G/A;105,G/A;121,C/A;161,C;173,T;

AMPL3507904   3,C;5,C;13,G;54,C;83,G;85,C;92,T;104,C;147,A;182,G;

AMPL3507909   2,A;9,G/C;13,G/A;15,C;28,G;32,T;34,A;53,C/T;84,C;97,C;99,C/A;
              135,G/C;148,G/T;150,T;

AMPL3507911   33,G;34,C;49,C;50,G;71,G;77,C;89,A;92,G;126,G;130,C;133,C;134,A;
              151,A;173,G;180,A;181,C;185,C;189,C;190,G;196,C;200,C;

AMPL3507912   19,T/C;33,T;38,A/G;43,T/C;46,G/A;71,G;73,A;108,A;124,A;126,G;
              132,A;143,C;160,T;

AMPL3507913   21,T;58,T;90,C;107,A;109,T;111,T;113,G;128,A;134,G;

AMPL3507914   37,C;52,G;56,T;64,G;115,T;

AMPL3507915   22,G;31,T/C;39,C/T;51,T/C;52,C/T;59,G/A;66,C/T;87,G/A;99,G;103,
              T/C;128,C/T;134,C;135,T/A;138,G/A;159,T/G;

AMPL3507916   24,A;31,T;43,T;49,T;90,A;110,T;132,C;160,G;170,T;174,A;

AMPL3507918   15,A/T;63,A;72,G;76,T;86,C;87,G/A;90,A;129,G;

AMPL3507919   10,G;22,G;34,T;64,T;74,A;105,G;114,G;133,C;153,T;169,G/A;184,C;
              188,A;

AMPL3507920   18,C/A;24,A;32,C/A;67,T;74,G/C;

AMPL3507921   7,T/C;30,A/G;38,G;43,A;182,G;

AMPL3507922   146,C;

AMPL3507923   69,T/A;79,T;125,T/C;140,C/T;144,T/C;152,G/T;

AMPL3507924   46,C;51,G;131,T;143,C;166,G;

# 黄 196

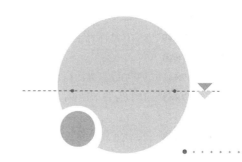

AMPL3507571　6,T;10,T;18,C;19,T;20,G;30,G;37,A;40,C/T;

AMPL3507806　31,T;55,C;136,A;139,G;158,A;

AMPL3507807　28,A;31,C;89,C;96,G;129,A;

AMPL3507808　75,A;114,C;124,T;132,T;134,G;139,G;171,C;172,T;

AMPL3507809　45,A/G;47,G/C;49,A;65,A/C;76,T/C;81,A/T;91,T/A;115,A;

AMPL3507810　33,T/C;53,T/C;74,G;90,C/T;98,G;154,G;

AMPL3507811　30,G;97,G;104,A;

AMPL3507812　6,C;53,C;83,T;90,T;109,A;113,A;154,T;155,C;

AMPL3507813　14,T;86,G/A;127,A/G;

AMPL3507814　63,A;67,G;70,T;72,A/G;94,A;119,G;134,C/T;157,G;

AMPL3507815　9,T/A;155,C;163,A;

AMPL3507816　93,A/G;105,C/G;150,G/A;166,T/C;171,T/C;

AMPL3507817　38,A/G;87,C/G;96,A/C;102,G/A;116,T/C;166,T;183,T/C;186,A/G;
　　　　　　　188,G;

AMPL3507818　8,A;37,A;40,T;41,G/A;49,T;55,T;56,G/A;57,G;100,G;104,G/T;108,T/
　　　　　　　C;113,G;118,T;

AMPL3507819　87,G;97,C;139,A;155,C;

AMPL3507821　41,C;45,G;59,A;91,T;141,A;144,T;

AMPL3507822　1,G/C;8,A;11,A;70,C;94,C;108,A;

AMPL3507823　11,C/T;110,A/C;123,A/G;

AMPL3507824　3,G;56,G;65,A;68,T;117,T;

AMPL3507826　55,T;61,C;74,T;98,C;122,G;129,G;139,A;180,C;

AMPL3507827　9,T;48,A;65,G;77,C;95,T;124,T;132,T;135,G;140,G;

AMPL3507828　73,G/T;107,A/G;109,G;143,T;159,G;

AMPL3507829　6,T;14,T;56,A;70,A;71,T;127,A;

AMPL3507831　7,C;16,C;19,C;66,C;75,A;88,T;113,T/C;130,G;140,C;164,T;

AMPL3507832　23,T;59,A;78,C;116,T;

AMPL3507833　26,T;30,G/T;49,G;69,T/G;75,A;97,A/C;132,T/A;

AMPL3507834　126,T;145,G;

AMPL3507835　12,A;38,T;93,T;98,C;99,G;129,A;150,A;

AMPL3507836　8,G;32,C;40,T;44,A;63,T;71,G;113,C;142,G;

AMPL3507837　1,G;5,A;6,C;7,C;24,A;30,T;59,C;66,T;67,C;78,G;79,G;80,A;111,C;
　　　　　　　139,A;164,A;

AMPL3507838　3,G;15,G;20,A/G;23,A;50,A;52,G;59,A;64,C;78,T;

AMPL3507839    59,C;114,C;151,T;

AMPL3507840    77,C/G;

AMPL3507841    13,C;14,A;34,G;60,G;99,G;

AMPL3507842    13,C;17,T/C;20,T/A;64,T/C;97,G/A;144,T/C;158,C/A;159,T/G;163,A/T;

AMPL3507844    2,T;6,G;26,C;35,C;63,G;65,A;68,T;96,C;97,C;119,T;130,A;137,G;158,T;

AMPL3507845    57,A/G;161,A/G;

AMPL3507849    16,T/C;19,C/A;23,T;24,A/G;33,G;35,A/G;39,G;68,C/G;72,G/T;74,T/G;97,T;128,G;134,G;142,A/C;144,C/T;157,A;

AMPL3507850    2,A;16,C;35,A;39,A;60,C;93,C;110,G;114,T;125,C;128,A;130,C;

AMPL3507851    61,T;91,C/T;92,T/G;131,G;151,G;154,C;162,C;165,C/G;166,A;168,G;

AMPL3507852    8,A;26,C/G;33,T/G;43,A;56,C;62,C/T;93,G/C;124,A/G;

AMPL3507853    2,A;71,A;88,C;149,C;180,T;193,T;

AMPL3507854    34,C/T;36,G;37,T/C;44,G;55,A;70,C/A;84,A;92,A/G;99,T;102,T/G;110,T/C;112,T/A;114,T/G;126,C/A;139,C/T;153,T/C;158,A/T;164,C/A;170,C/G;171,G/A;174,A/G;177,G/T;180,C;181,T;187,C;188,G/T;192,T/C;

AMPL3507855    26,C;36,C;90,T;

AMPL3507856    11,A;92,C;102,C;

AMPL3507857    33,A/G;70,C;82,A;123,T/C;

AMPL3507858    26,G/T;45,T/G;84,C;143,A/G;152,A/G;176,A/C;

AMPL3507860    30,G;97,C;101,G;128,G;176,T;

AMPL3507861    28,T;43,A;69,C;93,C;105,G;124,T;128,T;

AMPL3507862    2,A;4,C/G;63,G;83,C;88,C;106,C/T;115,C/T;124,A;154,C/T;

AMPL3507863    13,A;45,C;69,G;145,T;177,G;

AMPL3507864    17,T;95,G;120,T/C;

AMPL3507865    19,C;21,T;35,A;43,G;56,C;57,C;75,C;85,G;100,C;101,T;116,A;127,G;161,T;171,A;172,C;

AMPL3507866    8,T;66,G;74,T;147,C;172,T;

AMPL3507867    21,C;27,G;38,T;45,T;54,C;88,C;93,T;112,C;122,A;132,G;

AMPL3507868    45,C/T;51,G;108,T/C;166,T/C;186,G;

AMPL3507871    7,C/T;95,G/C;115,G/T;144,T/C;

AMPL3507872    10,C/T;52,G;131,T;132,C/T;

AMPL3507873    13,T;38,T;39,C;54,A;59,A;86,T;

AMPL3507874    2,C;31,C;97,T;99,T;105,G;108,T;122,T;161,A;

AMPL3507875    44,G;45,G;68,G;110,G;125,A;137,G;151,A;184,C;

AMPL3507876    96,C;114,C;144,G;178,C;

AMPL3507877    12,G/T;24,G/A;27,T;28,G/A;34,G/C;39,G/A;46,A/T;68,A/C;70,A;90,A;110,T/G;126,C;134,A/C;

AMPL3507878    8,T;10,A;37,G;59,A;73,G;77,G;78,G;90,C;91,T;103,G;115,T;130,C;

AMPL3507879    50,A;90,C;91,C;116,C;127,G;134,C;143,C;155,T;163,T;169,A;181,T;

AMPL3507880　66,T;105,A;124,A;

AMPL3507881　84,T;122,G;

AMPL3507882　40,G;43,A;61,T;

AMPL3507883　20,C;31,T;68,C;74,G;84,C;104,T;142,T;144,G;

AMPL3507886　41,A;47,T;81,C;91,C;99,A;125,T;

AMPL3507887　2,T;35,C;45,G;62,C;65,A;92,G;101,C;

AMPL3507888　4,C/T;50,A/G;65,G/A;70,A/C;79,A;82,C;94,G;100,G;107,G/A;133,
C/T;

AMPL3507889　34,T;111,G;154,C;159,G;160,G;

AMPL3507890　19,T;26,C;33,G;60,A;139,T;

AMPL3507891　29,A;61,C;

AMPL3507892　23,A;28,A;55,A;69,A;72,A;122,T;136,G;180,G;181,A;

AMPL3507893　42,T/A;51,T/C;77,T;140,G/T;147,T/C;161,A/G;177,T/A;197,C/G;

AMPL3507894　165,G;182,G;

AMPL3507895　65,T;92,T;141,T;

AMPL3507896　6,T;32,C;77,T;85,T;107,C;126,G;135,T;

AMPL3507897　1,C;7,G/A;9,C;31,C;91,C;104,T/C;123,A;132,T;

AMPL3507898　133,G;152,A;

AMPL3507899　1,G;29,C;39,T;55,C;108,G;115,A;125,T;140,C;

AMPL3507900　23,G;62,G;63,A;73,T;86,C;161,T;183,A;190,G;

AMPL3507901　68,T/C;98,A/G;116,C/A;

AMPL3507902　38,C;57,G;65,C;66,G;92,T;104,A;118,A;176,G;

AMPL3507903　101,G;105,G;121,C;161,C;173,T;

AMPL3507904　3,T/C;5,C/T;13,G;54,C;83,G;85,C;92,C;104,C;147,A;182,G;

AMPL3507909　2,A;9,C;13,A;15,C;28,G;32,T;34,A;53,T;84,C;97,C;99,A;135,C;148,T;
150,T;

AMPL3507911　33,G;34,T;49,C;50,G;71,A;77,C;89,A;92,G;126,A;130,C;133,C;134,A;
151,A;173,T;180,A;181,C;185,T;189,C;190,G;196,C;200,C;

AMPL3507912　19,T;33,T;38,A;43,T;46,G/A;71,G/C;73,A/T;108,A;124,A/T;126,G;
132,A;143,C;160,T;

AMPL3507913　21,T;58,T;90,C;107,A;109,T;111,T;113,G;128,A;134,G;

AMPL3507914　37,G;52,A/G;56,C/A;64,T;115,C;

AMPL3507915　22,A;31,C;39,T;51,C;52,T;59,A;66,T;87,A;99,A;103,C;128,T;134,A;
135,A;138,A;159,G;

AMPL3507916　24,A/G;31,T/C;43,T/C;49,T;90,A;110,T/A;132,C;160,G/A;170,T/G;
174,A;

AMPL3507918　15,T;63,A;72,G;76,T;86,C;87,A;90,A;129,G;

AMPL3507919　10,G;22,G;34,T;64,T;74,A;105,G;114,G;133,C;153,T;169,G;184,C;
188,A;

AMPL3507920　18,C;24,A;32,C;67,T;74,G;

AMPL3507921　7,C;30,G;38,G;43,A;182,G;

AMPL3507922　146,C;

# 黄 198

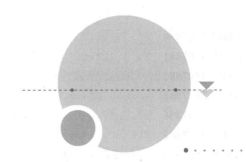

AMPL3507571   6,G/T;10,G/T;18,C;19,C/T;20,A/G;30,A/G;37,T/A;40,T;
AMPL3507806   31,T;55,C;136,A;139,G;158,A;
AMPL3507807   28,C/A;31,G/C;89,T/C;96,A/G;129,C/A;
AMPL3507808   75,A;114,C;124,T;132,T;134,G;139,G;171,C;172,T;
AMPL3507809   45,G;47,C;49,A;65,C;76,C;81,T;91,A;115,A;
AMPL3507810   33,C;53,C;74,G;90,T;98,G;154,G;
AMPL3507811   30,G;97,G/A;104,A/G;
AMPL3507812   6,T/C;53,T/C;83,C/T;90,A/T;109,C/A;113,T/A;154,C/T;155,C;
AMPL3507813   14,T;86,G;127,A;
AMPL3507814   63,G/A;67,G;70,G/T;72,A/G;94,A;119,G;134,C/T;157,G;
AMPL3507815   9,A;155,C/A;163,A;
AMPL3507816   93,A/G;105,C/G;150,G/A;166,T/C;171,T/C;
AMPL3507817   38,G/A;87,G/C;96,C;102,A;116,C/T;166,T/C;183,C/T;186,G;188,G/A;
AMPL3507818   8,A;37,A;40,T;41,G/A;49,A/T;55,G/T;56,A;57,T/G;100,A/G;104,T;
              108,C;113,G;118,T;
AMPL3507819   87,A/G;97,C;139,G/A;155,T/C;
AMPL3507821   41,G/C;45,A/G;59,A;91,G/T;141,G/A;144,C/T;
AMPL3507822   1,G;8,A;11,T/A;70,C;94,C;108,G/A;
AMPL3507823   11,C;110,A;123,A;
AMPL3507824   3,G;56,G;65,G/A;68,C/T;117,C/T;
AMPL3507826   55,T/C;61,C/T;74,T/C;98,C;122,G;129,G/A;139,A/G;180,C/T;
AMPL3507827   9,T/C;48,A;65,G/T;77,C/T;95,T;124,T;132,T/C;135,G/A;140,G/A;
AMPL3507828   73,G/T;107,A;109,G/C;143,T/C;159,G/C;
AMPL3507831   7,C;16,C;19,C;66,C;75,A;88,T;113,T;130,G;140,C;164,T;
AMPL3507832   23,C/T;59,A;78,G/C;116,T/C;
AMPL3507833   26,T;30,G/T;49,A/G;69,T/G;75,A;97,A/C;132,T/A;
AMPL3507834   126,C/T;145,A/G;
AMPL3507835   12,G;38,G;93,A;98,G;99,T;129,C;150,T;
AMPL3507836   8,G;32,C;40,T;44,A;63,T;71,G;113,C;142,G;
AMPL3507837   1,G;5,A;6,C;7,C;24,A;30,T;59,C;66,T;67,C;78,G;79,G;80,A;111,C;
              139,A;164,A;
AMPL3507838   3,A/G;15,A/G;20,G/A;23,G/A;50,A;52,A/G;59,C/A;64,C;78,G/T;
AMPL3507839   59,G/C;114,T/C;151,C/T;
AMPL3507840   77,C/G;

AMPL3507841   13,C/T;14,A/G;34,G/A;60,G/T;99,G;

AMPL3507842   13,C/T;17,C/T;20,A/T;64,C;97,A;144,C;158,A;159,G;163,T;

AMPL3507845   57,A;161,A;

AMPL3507848   38,G;78,A;

AMPL3507849   16,T/C;19,C/A;23,T/C;24,A/G;33,G;35,A/G;39,G/T;68,C/G;72,G/T; 74,T/G;97,T;128,G;134,G;142,A/C;144,C/T;157,A/G;

AMPL3507850   2,A;16,C;35,A;39,A/G;60,C;93,C;110,G;114,T/C;125,C;128,A;130,C;

AMPL3507851   61,T;91,T;92,G;131,A;151,A;154,A;162,G;165,G;166,T;168,C;

AMPL3507852   8,A;26,C/G;33,T/G;43,A;56,T/C;62,C/T;93,G/C;124,A/G;

AMPL3507853   2,A/T;71,A/G;88,C/T;149,C/G;180,T/C;193,T/A;

AMPL3507854   34,T;36,G;37,C;44,G;55,A;70,A;84,A;92,G;99,T;102,G;110,C;112,A; 114,G;126,A;139,T;153,C;158,T;164,A;170,G;171,A;174,G;177,T;180, C;181,T;187,C;188,T;192,C;

AMPL3507855   26,C/T;36,C/T;90,T/C;

AMPL3507856   11,A/G;92,C/T;102,C/T;

AMPL3507857   33,G;70,C;82,A;123,C;

AMPL3507858   26,T/G;45,G/T;84,C;143,G/A;152,G/A;176,C/A;

AMPL3507860   30,G;97,C/T;101,G/T;128,G/A;176,T/C;

AMPL3507861   28,T/C;43,A/G;69,C/G;93,C;105,G/T;124,T/C;128,T/A;

AMPL3507862   2,A;4,G/C;63,A/G;83,C;88,T/C;106,T/C;115,C;124,C/A;154,T/C;

AMPL3507863   13,A;45,C;69,A/G;145,A/T;177,A/G;

AMPL3507864   17,T/C;95,G;120,T;

AMPL3507865   19,C;21,T;35,A;43,G;56,C/A;57,C/T;75,C;85,G;100,C/G;101,T;116,A/ C;127,G/C;161,T/C;171,A/G;172,C/T;

AMPL3507866   8,T;66,G;74,T;147,C;172,T;

AMPL3507867   21,T;27,G;38,C;45,C;54,C;88,C;93,C;112,C;122,G;132,G;

AMPL3507868   45,C/T;51,G;108,T/C;166,T/C;186,G;

AMPL3507871   7,C;95,G;115,G;144,T;

AMPL3507872   10,T/C;52,G;131,T;132,T/C;

AMPL3507873   13,T;38,T;39,C;54,A;59,A;86,T;

AMPL3507874   2,C/T;31,C/A;97,T;99,T;105,G;108,T;122,T/C;161,A/G;

AMPL3507876   96,C;114,G;144,A;178,C;

AMPL3507877   12,T;24,A;27,T;28,A;34,C;39,A;46,T;68,C;70,A;90,G/A;110,G;126,C; 134,A/C;

AMPL3507878   8,C/T;10,A/G;37,A/G;59,G;73,T;77,G/A;78,G/A;90,T/C;91,C;103,G/ A;115,C;130,C;

AMPL3507879   50,A;90,C/T;91,C/T;116,C/G;127,T/G;134,G/C;143,G;155,G;163,C/T; 169,A/G;181,C/T;

AMPL3507880   66,T;105,A/C;124,A/G;

AMPL3507881   84,T;122,G;

AMPL3507883   20,C/T;31,T;68,C;74,G;84,C/A;104,T;142,T;144,G;

AMPL3507886   41,A/G;47,T/C;81,C/G;91,C/T;99,A/G;125,T/A;

AMPL3507887　2,T;35,C;45,G;62,C;65,A;92,G;101,C;

AMPL3507888　4,T/C;50,G/A;65,A;70,C;79,A/T;82,C/T;94,G/A;100,G/A;107,A/T;
133,T;

AMPL3507889　34,T;111,A;154,A;159,G;160,G;

AMPL3507890　19,T;26,C;33,G;60,A;139,T;

AMPL3507891　29,A/C;61,C/T;

AMPL3507892　23,A;28,G/A;55,G/A;69,G/A;72,G/A;122,T;136,A/G;180,A/G;181,
T/A;

AMPL3507893　42,T/A;51,T/C;77,T;140,G/T;147,T/C;161,A/G;177,T/A;197,C/G;

AMPL3507894　165,A;182,A;

AMPL3507895　65,T/A;92,T/C;141,T/G;

AMPL3507896　6,T;32,C;77,A/T;85,A/T;107,C;126,C/G;135,T;

AMPL3507897　1,A;7,A;9,G;31,T;91,T;104,C;123,G;132,G;

AMPL3507898　133,T/G;152,G/A;

AMPL3507899　1,G;29,C;39,T;55,C;108,T/G;115,A;125,C/T;140,A/C;

AMPL3507900　23,A/G;62,A/G;63,G/A;73,T;86,T/C;161,C/T;183,G/A;190,A/G;

AMPL3507901　68,T;98,A;116,A/C;

AMPL3507902　38,C;57,A/G;65,C;66,G;92,A/T;104,C/A;118,T/A;176,G;

AMPL3507903　101,A;105,A;121,A;161,C;173,T;

AMPL3507904　3,C;5,C;13,A;54,C;83,T;85,C;92,C;104,C;147,A;182,G;

AMPL3507909　2,A;9,G/C;13,G/A;15,C;28,G;32,T;34,A;53,C/T;84,C;97,C;99,C/A;
135,G/C;148,G/T;150,T;

AMPL3507911　33,G;34,C;49,C;50,G;71,G;77,C;89,A;92,G;126,G;130,T;133,C;134,A;
151,A;173,G;180,A;181,C;185,C;189,C;190,G;196,C;200,C;

AMPL3507912　19,T;33,T/A;38,A;43,T;46,G/A;71,G/C;73,A/T;108,A;124,A/T;126,G;
132,A;143,C;160,T;

AMPL3507913　21,A/T;58,C/T;90,C/T;107,A;109,T/A;111,T/A;113,G/A;128,A;134,G;

AMPL3507914　37,C;52,G;56,T;64,G;115,T;

AMPL3507915　22,A/G;31,C/T;39,T/C;51,C/T;52,T/C;59,A/G;66,T/C;87,A/G;99,A/G;
103,C/T;128,T/C;134,A/C;135,A/T;138,A/G;159,G/T;

AMPL3507916　24,G;31,C;43,C;49,T;90,A;110,A;132,C;160,A;170,G;174,A;

AMPL3507918　15,T;63,A;72,G;76,T;86,C;87,A;90,A;129,G;

AMPL3507919　10,G;22,T/G;34,C/T;64,G/T;74,G/A;105,A/G;114,A/G;133,T/C;153,G/
T;169,G;184,T/C;188,T/A;

AMPL3507920　18,C;24,A;32,C;67,T;74,G;

AMPL3507921　7,C;30,G/A;38,G/A;43,A/G;182,G/A;

AMPL3507923　69,A;79,C/T;125,C;140,T;144,C;152,T;

AMPL3507924　46,C;51,G;131,T;143,C;166,G;

AMPL3507925　28,G;43,T;66,C;71,A;

AMPL3507927　12,T;27,T;32,T;42,C;53,G;

# 黄 199

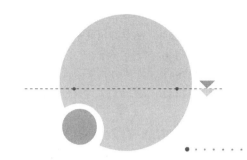

AMPL3507571　6,T;10,T;18,C;19,T;20,G;30,G;37,A;40,C/T;

AMPL3507806　31,T;55,C;136,A;139,G;158,A;

AMPL3507807　28,A;31,C;89,C;96,G;129,A;

AMPL3507808　75,A;114,C;124,T;132,T;134,G;139,G;171,C;172,T;

AMPL3507809　45,A/G;47,G/C;49,A;65,A/C;76,T/C;81,A/T;91,T/A;115,A;

AMPL3507810　33,C/T;53,C/T;74,G;90,T/C;98,G;154,G;

AMPL3507811　30,G;97,G;104,A;

AMPL3507812　6,C;53,C;83,T;90,T;109,A;113,A;154,T;155,C;

AMPL3507813　14,T;86,G/A;127,A/G;

AMPL3507814　63,A;67,G;70,T;72,A/G;94,A;119,G;134,C/T;157,G;

AMPL3507815　9,A/T;155,C;163,A;

AMPL3507816　93,G/A;105,G/C;150,A/G;166,C/T;171,C/T;

AMPL3507817　38,G/A;87,G/C;96,C/A;102,A/G;116,C/T;166,T;183,C/T;186,G/A;
　　　　　　　188,G;

AMPL3507818　8,A;37,A;40,T;41,G/A;49,T;55,T;56,G/A;57,G;100,G;104,G/T;108,T/
　　　　　　　C;113,G;118,T;

AMPL3507819　87,G;97,C;139,A;155,C;

AMPL3507821　41,C;45,G;59,A;91,T;141,A;144,T;

AMPL3507822　1,G/C;8,A;11,A;70,C;94,C;108,A;

AMPL3507823　11,C/T;110,A/C;123,A/G;

AMPL3507824　3,G;56,G;65,A;68,T;117,T;

AMPL3507826　55,T;61,C;74,T;98,C;122,G;129,G;139,A;180,C;

AMPL3507827　9,T;48,A;65,G;77,C;95,T;124,T;132,T;135,G;140,G;

AMPL3507828　73,G/T;107,A/G;109,G;143,T;159,G;

AMPL3507829　6,T;14,T;56,A;70,A;71,T;127,A;

AMPL3507831　7,C;16,C;19,C;66,C;75,A;88,T;113,T/C;130,G;140,C;164,T;

AMPL3507832　23,T;59,A;78,C;116,T;

AMPL3507833　26,T;30,G/T;49,G;69,T/G;75,A;97,A/C;132,T/A;

AMPL3507834　126,T;145,G;

AMPL3507835　12,A;38,T;93,T;98,C;99,G;129,A;150,A;

AMPL3507836　8,G;32,C;40,T;44,A;63,T;71,G;113,C;142,G;

AMPL3507837　1,G;5,A;6,C;7,C;24,A;30,T;59,C;66,T;67,C;78,G;79,G;80,A;111,C;
　　　　　　　139,A;164,A;

AMPL3507838　3,G;15,G;20,A/G;23,A;50,A;52,G;59,A;64,C;78,T;

AMPL3507839   59,C;114,C;151,T;

AMPL3507840   77,C/G;

AMPL3507841   13,C;14,A;34,G;60,G;99,G;

AMPL3507842   13,C;17,T/C;20,T/A;64,T/C;97,G/A;144,T/C;158,C/A;159,T/G;163,A/T;

AMPL3507844   2,T;6,G;26,C;35,C;63,G;65,A;68,T;96,C;97,C;119,T;130,A;137,G;158,T;

AMPL3507845   57,G/A;161,G/A;

AMPL3507849   16,T/C;19,C/A;23,T;24,A/G;33,G;35,A/G;39,G;68,C/G;72,G/T;74,T/G;97,T;128,G;134,G;142,A/C;144,C/T;157,A;

AMPL3507850   2,A;16,C;35,A;39,A;60,C;93,C;110,G;114,T;125,C;128,A;130,C;

AMPL3507851   61,T;91,T/C;92,G/T;131,G;151,G;154,C;162,C;165,G/C;166,A;168,G;

AMPL3507852   8,A;26,C/G;33,T/G;43,A;56,C;62,C/T;93,G/C;124,A/G;

AMPL3507853   2,A;71,A;88,C;149,C;180,T;193,T;

AMPL3507854   34,C/T;36,G;37,T/C;44,G;55,A;70,C/A;84,A;92,A/G;99,T;102,T/G;110,T/C;112,T/A;114,T/G;126,C/A;139,C/T;153,T/C;158,A/T;164,C/A;170,C/G;171,G/A;174,A/G;177,G/T;180,C;181,T;187,C;188,G/T;192,T/C;

AMPL3507855   26,C;36,C;90,T;

AMPL3507856   11,A;92,C;102,C;

AMPL3507857   33,A/G;70,C;82,A;123,T/C;

AMPL3507858   26,T/G;45,G/T;84,C;143,G/A;152,G/A;176,C/A;

AMPL3507860   30,G;97,C;101,G;128,G;176,T;

AMPL3507861   28,T;43,A;69,C;93,C;105,G;124,T;128,T;

AMPL3507862   2,A;4,C/G;63,G;83,C;88,C;106,C/T;115,C/T;124,A;154,C/T;

AMPL3507863   13,A;45,C;69,G;145,T;177,G;

AMPL3507864   17,T;95,G;120,T/C;

AMPL3507865   19,C;21,T;35,A;43,G;56,C;57,C;75,C;85,G;100,C;101,T;116,A;127,G;161,T;171,A;172,C;

AMPL3507866   8,T;66,G;74,T;147,C;172,T;

AMPL3507867   21,C;27,G;38,T;45,T;54,C;88,C;93,T;112,C;122,A;132,G;

AMPL3507868   45,C/T;51,G;108,T/C;166,T/C;186,G;

AMPL3507871   7,C/T;95,G/C;115,G/T;144,T/C;

AMPL3507872   10,C/T;52,G;131,T;132,C/T;

AMPL3507873   13,T;38,T;39,C;54,A;59,A;86,T;

AMPL3507874   2,C;31,C;97,T;99,T;105,G;108,T;122,T;161,A;

AMPL3507875   44,G;45,G;68,G;110,G;125,A;137,G;151,A;184,C;

AMPL3507876   96,C;114,C;144,G;178,C;

AMPL3507877   12,G/T;24,G/A;27,T;28,G/A;34,G/C;39,G/A;46,A/T;68,A/C;70,A;90,A;110,T/G;126,C;134,A/C;

AMPL3507878   8,T;10,A;37,G;59,A;73,G;77,G;78,G;90,C;91,T;103,G;115,T;130,C;

AMPL3507879   50,A;90,C;91,C;116,C;127,G;134,C;143,C;155,T;163,T;169,A;181,T;

AMPL3507880   66,T;105,A;124,A;

AMPL3507881 84,T;122,G;

AMPL3507882 40,G;43,A;61,T;

AMPL3507883 20,C;31,T;68,C;74,G;84,C;104,T;142,T;144,G;

AMPL3507885 36,C/G;51,A;54,G/A;65,G/N;66,G/N;71,C/N;78,C/N;110,G/A;112,C/T;115,G/A;124,G/T;131,T/A;135,G/A;146,A/G;

AMPL3507886 41,A;47,T;81,C;91,C;99,A;125,T;

AMPL3507887 2,T;35,C;45,G;62,C;65,A;92,G;101,C;

AMPL3507888 4,C/T;50,A/G;65,G/A;70,A/C;79,A;82,C;94,G;100,G;107,G/A;133,C/T;

AMPL3507889 34,T;111,G;154,C;159,G;160,G;

AMPL3507890 19,T;26,C;33,G;60,A;139,T;

AMPL3507891 29,A;61,C;

AMPL3507892 23,A;28,A;55,A;69,A;72,A;122,T;136,G;180,G;181,A;

AMPL3507893 42,A/T;51,C/T;77,T;140,T/G;147,C/T;161,G/A;177,A/T;197,G/C;

AMPL3507894 165,G;182,G;

AMPL3507895 65,T;92,T;141,T;

AMPL3507896 6,T;32,C;77,T;85,T;107,C;126,G;135,T;

AMPL3507897 1,C;7,G/A;9,C;31,C;91,C;104,T/C;123,A;132,T;

AMPL3507898 133,G;152,A;

AMPL3507899 1,G;29,C;39,T;55,C;108,G;115,A;125,T;140,C;

AMPL3507900 23,G;62,G;63,A;73,T;86,C;161,T;183,A;190,G;

AMPL3507901 68,T/C;98,A/G;116,C/A;

AMPL3507902 38,C;57,G;65,C;66,G;92,T;104,A;118,A;176,G;

AMPL3507903 101,G;105,G;121,C;161,C;173,T;

AMPL3507904 3,T/C;5,C/T;13,G;54,C;83,G;85,C;92,C;104,C;147,A;182,G;

AMPL3507909 2,A;9,C;13,A;15,C;28,G;32,T;34,A;53,T;84,C;97,C;99,A;135,C;148,T;150,T;

AMPL3507911 33,G;34,T;49,C;50,G;71,A;77,C;89,A;92,G;126,A;130,C;133,C;134,A;151,A;173,T;180,A;181,C;185,T;189,C;190,G;196,C;200,C;

AMPL3507912 19,T;33,T;38,A;43,T;46,A/G;71,C/G;73,T/A;108,A;124,T/A;126,G;132,A;143,C;160,T;

AMPL3507913 21,T;58,T;90,C;107,A;109,T;111,T;113,G;128,A;134,G;

AMPL3507914 37,G;52,A/G;56,C/A;64,T;115,C;

AMPL3507915 22,A;31,C;39,T;51,C;52,T;59,A;66,T;87,A;99,A;103,C;128,T;134,A;135,A;138,A;159,G;

AMPL3507916 24,G/A;31,C/T;43,C/T;49,T;90,A;110,A/T;132,C;160,A/G;170,G/T;174,A;

AMPL3507918 15,T;63,A;72,G;76,T;86,C;87,A;90,A;129,G;

AMPL3507919 10,G;22,G;34,T;64,T;74,A;105,G;114,G;133,C;153,T;169,G;184,C;188,A;

AMPL3507920 18,C;24,A;32,C;67,T;74,G;

AMPL3507921 7,C;30,G;38,G;43,A;182,G;

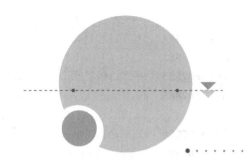

# 黄 212

| | |
|---|---|
| **AMPL3507571** | 6,G/T;10,G/T;18,C;19,C/T;20,A/G;30,A/G;37,T/A;40,T; |
| **AMPL3507806** | 31,T;55,C;136,A;139,G;158,A; |
| **AMPL3507807** | 28,A/C;31,C/G;89,C/T;96,G/A;129,A/C; |
| **AMPL3507808** | 75,A;114,C;124,T;132,T;134,G;139,G;171,C;172,T; |
| **AMPL3507809** | 45,A/G;47,G/C;49,A;65,A/C;76,T/C;81,A/T;91,T/A;115,A; |
| **AMPL3507810** | 33,T/C;53,T/C;74,G;90,C/T;98,G;154,G; |
| **AMPL3507811** | 30,G;97,G;104,A; |
| **AMPL3507812** | 6,C;53,C;83,T;90,T;109,A;113,A;154,T;155,C; |
| **AMPL3507813** | 14,T;86,G;127,A; |
| **AMPL3507814** | 63,A;67,G;70,T;72,A/G;94,A;119,G;134,C/T;157,G; |
| **AMPL3507815** | 9,T/A;155,C;163,A; |
| **AMPL3507816** | 93,G/A;105,G/C;150,A/G;166,C/T;171,C/T; |
| **AMPL3507817** | 38,A/G;87,C/G;96,C;102,A;116,T/C;166,C/T;183,T/C;186,G;188,A/G; |
| **AMPL3507818** | 8,A;37,A;40,T;41,G/A;49,T;55,T;56,G/A;57,G;100,G;104,G/T;108,T/<br>C;113,G;118,T; |
| **AMPL3507819** | 87,A/G;97,C;139,G/A;155,T/C; |
| **AMPL3507821** | 41,G/C;45,A/G;59,A;91,G/T;141,G/A;144,C/T; |
| **AMPL3507822** | 1,G;8,A;11,T/A;70,C;94,C;108,G/A; |
| **AMPL3507823** | 11,C;110,A;123,A; |
| **AMPL3507824** | 3,G/A;56,G;65,A/G;68,T/C;117,T/C; |
| **AMPL3507826** | 55,T;61,C;74,T;98,C;122,G;129,G;139,A;180,C; |
| **AMPL3507827** | 9,T/C;48,A;65,G/T;77,C/T;95,T;124,T;132,T/C;135,G/A;140,G/A; |
| **AMPL3507828** | 73,G/T;107,A/G;109,G;143,T;159,G; |
| **AMPL3507829** | 6,T;14,T/A;56,A/G;70,A/G;71,T/A;127,A; |
| **AMPL3507831** | 7,C;16,C/T;19,C/T;66,C;75,A;88,T;113,T/C;130,G;140,C/G;164,T/G; |
| **AMPL3507832** | 23,C/T;59,A;78,G/C;116,T; |
| **AMPL3507833** | 26,T;30,G/T;49,G;69,T/G;75,A;97,A/C;132,T/A; |
| **AMPL3507834** | 126,T;145,G; |
| **AMPL3507835** | 12,G;38,G;93,A;98,G;99,T;129,C;150,T; |
| **AMPL3507836** | 8,G/A;32,C/T;40,T/G;44,A/G;63,T;71,G/A;113,C/T;142,G/A; |
| **AMPL3507837** | 1,A;5,G;6,T;7,C;24,T;30,C;59,C;66,C;67,C;78,A;79,A;80,A;111,T;<br>139,G;164,A; |
| **AMPL3507838** | 3,G;15,G;20,G/A;23,A;50,A;52,G;59,A;64,T/C;78,T; |
| **AMPL3507839** | 59,C;114,C;151,T; |

**AMPL3507840**　77,G;

**AMPL3507841**　13,C/T;14,A/G;34,G/A;60,G/T;99,G;

**AMPL3507842**　13,C;17,C/T;20,A/T;64,C/T;97,A/G;144,C/T;158,A/C;159,G/T;163, T/A;

**AMPL3507844**　2,T;6,G;26,C;35,C;63,G;65,A;68,T;96,C;97,C;119,T;130,A;137,G; 158,T;

**AMPL3507845**　57,A;161,A;

**AMPL3507846**　5,A;21,A;24,G;26,A;94,G;112,A;127,G;128,A;149,G;175,A;

**AMPL3507849**　16,C;19,A;23,T;24,G;33,G;35,G;39,G;68,G;72,T;74,G;97,T;128,G;134, G;142,C;144,T;157,A;

**AMPL3507850**　2,A;16,C;35,A;39,G/A;60,C;93,C;110,G;114,C/T;125,C;128,A;130,C;

**AMPL3507851**　61,T;91,C/T;92,T/G;131,G;151,G;154,C;162,C;165,C/G;166,A;168,G;

**AMPL3507852**　8,A;26,C/G;33,T/G;43,A;56,C;62,C/T;93,G/C;124,A/G;

**AMPL3507853**　2,A/T;71,A/G;88,C/T;149,C/G;180,T/C;193,T/A;

**AMPL3507854**　34,T/C;36,G;37,C/T;44,G;55,A;70,A/C;84,A;92,G/A;99,T;102,G/T; 110,C/T;112,A/T;114,G/T;126,A/C;139,T/C;153,C/T;158,T/A;164,A/ C;170,G/C;171,A/G;174,G/A;177,T/G;180,C;181,T;187,C;188,T/G;192, C/T;

**AMPL3507855**　26,C/T;36,C/T;90,T/C;

**AMPL3507856**　11,A/G;92,C/T;102,C/T;

**AMPL3507857**　33,A/G;70,C;82,A;123,T/C;

**AMPL3507858**　26,G;45,T;84,C;143,A;152,A;176,A;

**AMPL3507860**　30,G;97,T;101,T;128,A;176,C;

**AMPL3507861**　28,T;43,A;69,C;93,C;105,G;124,T;128,T;

**AMPL3507862**　2,A;4,G;63,G/A;83,C;88,C/T;106,T;115,T/C;124,A/C;154,T;

**AMPL3507863**　13,A/G;45,C/G;69,G/A;145,T/A;177,G/A;

**AMPL3507864**　17,T;95,G;120,T/C;

**AMPL3507865**　19,C;21,T;35,A;43,G;56,A/C;57,T/C;75,C;85,G;100,G/C;101,T;116,C/ A;127,C/G;161,C/T;171,G/A;172,T/C;

**AMPL3507866**　8,T;66,G;74,T;147,C;172,T;

**AMPL3507868**　45,C;51,G;108,T;166,T;186,G;

**AMPL3507871**　7,C;95,G;115,G;144,T;

**AMPL3507872**　10,T/C;52,G;131,T;132,T/C;

**AMPL3507873**　13,T;38,T;39,C;54,A;59,A;86,T;

**AMPL3507874**　2,C/T;31,C/A;97,T;99,T;105,G;108,T;122,T/C;161,A/G;

**AMPL3507875**　44,G;45,G/A;68,G;110,G;125,A;137,G;151,A;184,C;

**AMPL3507876**　96,C;114,G/C;144,A/G;178,C;

**AMPL3507877**　12,T;24,A;27,T;28,A;34,C;39,A;46,T;68,C;70,A;90,G/A;110,G;126,C; 134,A/C;

**AMPL3507878**　8,T/C;10,G/A;37,G/A;59,G;73,T;77,A/G;78,A/G;90,C/T;91,C;103,A/ G;115,C;130,C;

**AMPL3507879**　50,A;90,T/C;91,T/C;116,G/C;127,G/T;134,C/G;143,G;155,G;163,T/C;

169,G/A;181,T/C;
AMPL3507880 66,T;105,C/A;124,G/A;
AMPL3507881 84,T;122,G;
AMPL3507882 40,G;43,A;61,T;
AMPL3507883 20,T/C;31,T;68,C;74,G;84,A/C;104,T;142,T;144,G;
AMPL3507886 41,A;47,T;81,C;91,C;99,A;125,A;
AMPL3507887 2,T;35,C;45,A/G;62,C;65,G;92,A;101,GTG/G;
AMPL3507888 4,T;50,G;65,A;70,C;79,A;82,C;94,G;100,G;107,A;133,T;
AMPL3507889 34,T;111,A;154,A;159,G;160,G;
AMPL3507891 29,A;61,C;
AMPL3507892 23,A;28,A;55,A;69,A;72,A;122,T;136,G;180,G;181,A;
AMPL3507893 42,A;51,C;77,T/C;140,T;147,C;161,G;177,A;197,G;
AMPL3507894 165,A;182,A;
AMPL3507895 65,T/A;92,T/C;141,T;
AMPL3507896 6,T;32,C;77,T/A;85,T/A;107,C;126,G/C;135,T;
AMPL3507897 1,A;7,A;9,G;31,T;91,T;104,C;123,G;132,G;
AMPL3507898 133,G;152,A;
AMPL3507899 1,G;29,C;39,T;55,C;108,T/G;115,A;125,C/T;140,C;
AMPL3507900 23,A/G;62,G;63,A;73,T;86,T/C;161,C/T;183,G/A;190,G;
AMPL3507901 68,T;98,A;116,A/C;
AMPL3507902 38,A;57,A;65,C;66,G;92,A;104,C;118,T;176,G;
AMPL3507903 101,G;105,G;121,C;161,C;173,C;
AMPL3507904 3,T/C;5,C;13,G;54,C;83,G;85,C;92,C/T;104,C;147,A;182,G;
AMPL3507909 2,A;9,G;13,G;15,C;28,G;32,T;34,A;53,C;84,C;97,C;99,C;135,G;148,G;
150,T;
AMPL3507910 33,T;105,A;129,C;164,A;
AMPL3507911 33,G;34,C;49,C;50,G;71,G;77,C;89,A;92,G;126,G;130,T;133,C;134,A;
151,A;173,G;180,A;181,C;185,C;189,C;190,G;196,C;200,C;
AMPL3507912 19,C/T;33,T;38,G/A;43,C/T;46,A/G;71,G;73,A;108,A;124,A;126,G;
132,A;143,C;160,T;
AMPL3507913 21,T;58,T;90,C;107,A;109,T;111,T;113,G;128,A;134,G;
AMPL3507914 37,G;52,G;56,A/C;64,T;115,C;
AMPL3507915 22,A/G;31,C;39,T;51,C;52,T;59,A;66,T;87,A;99,A/G;103,C;128,T;
134,A/C;135,A;138,A;159,G;
AMPL3507916 24,G/A;31,C/T;43,C/T;49,T;90,A;110,A/T;132,C;160,A/G;170,G/T;
174,A;
AMPL3507918 15,A/T;63,A;72,G;76,T;86,C;87,G/A;90,A;129,G;
AMPL3507919 10,G/A;22,G/T;34,T/C;64,T/G;74,A/G;105,G/A;114,G/A;133,C/T;153,
T/G;169,G;184,C/T;188,A/T;
AMPL3507920 18,C/T;24,A/G;32,C;67,T/A;74,G/C;
AMPL3507921 7,C;30,A/G;38,A/G;43,G/A;182,A/G;
AMPL3507922 146,C;

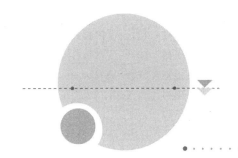

# 黄 213

AMPL3507571  6,G/T;10,G/T;18,C;19,C/T;20,A/G;30,A/G;37,T/A;40,T;
AMPL3507806  31,A;55,C;136,C;139,T;158,A;
AMPL3507807  28,A/C;31,C/G;89,C/T;96,G/A;129,A/C;
AMPL3507808  75,A;114,C;124,T;132,T;134,G;139,G;171,C;172,T;
AMPL3507809  45,A/G;47,G/C;49,A;65,A/C;76,T/C;81,A/T;91,T/A;115,A;
AMPL3507810  33,C/T;53,C/T;74,G;90,C;98,A/G;154,G;
AMPL3507811  30,G;97,A/G;104,G/A;
AMPL3507812  6,T/C;53,T/C;83,C/T;90,A/T;109,C/A;113,T/A;154,C/T;155,C;
AMPL3507813  14,T;86,G;127,A;
AMPL3507814  63,G/A;67,G;70,G/T;72,A/G;94,A;119,G;134,C/T;157,G;
AMPL3507815  9,A;155,A/C;163,A;
AMPL3507816  93,G/A;105,G/C;150,A/G;166,C/T;171,C/T;
AMPL3507817  38,G/A;87,G/C;96,C;102,A;116,C/T;166,T/C;183,C/T;186,G;188,G/A;
AMPL3507818  8,A;37,A;40,T;41,G/A;49,A/T;55,G/T;56,A;57,T/G;100,A/G;104,T;
             108,C;113,G;118,T;
AMPL3507819  87,A/G;97,C;139,G/A;155,T/C;
AMPL3507821  41,C;45,G;59,A/T;91,T/G;141,A;144,T/C;
AMPL3507822  1,G/C;8,A;11,T/A;70,C;94,C;108,G/A;
AMPL3507824  3,G;56,G;65,A/G;68,T/C;117,T/C;
AMPL3507826  55,T;61,C;74,T;98,C;122,G;129,G;139,A;180,C;
AMPL3507827  9,T;48,A;65,G;77,C;95,T;124,T;132,T;135,G;140,G;
AMPL3507828  73,T/G;107,G/A;109,G;143,T;159,G;
AMPL3507829  6,T;14,T/A;56,A/G;70,A/G;71,T/A;127,A;
AMPL3507831  7,C;16,C;19,C;66,C;75,A;88,T;113,T;130,G;140,C;164,T;
AMPL3507832  23,T;59,A;78,C;116,T/C;
AMPL3507833  26,T;30,T;49,G;69,G;75,A;97,C;132,A;
AMPL3507834  126,T;145,G;
AMPL3507835  12,A;38,T;93,T;98,C;99,G;129,A;150,A;
AMPL3507836  8,A;32,T;40,G;44,G;63,T;71,A;113,T;142,A;
AMPL3507837  1,A;5,G;6,T;7,C;24,T;30,C;59,C;66,C;67,C;78,A;79,A;80,A;111,T;
             139,G;164,A;
AMPL3507838  3,A/G;15,A/G;20,G/A;23,G/A;50,A;52,A/G;59,C/A;64,C;78,G/T;
AMPL3507839  59,C/G;114,C/T;151,T/C;
AMPL3507840  77,C/G;

**AMPL3507841**  13,C/T;14,A/G;34,G/A;60,G/T;99,G;

**AMPL3507842**  13,C/T;17,C/T;20,A/T;64,C;97,A;144,C;158,A;159,G;163,T;

**AMPL3507845**  57,G/A;161,G/A;

**AMPL3507846**  5,A;21,A;24,G;26,A;94,G;112,A;127,C/G;128,T/A;149,G;175,T/A;

**AMPL3507849**  16,T/C;19,C/A;23,T;24,A/G;33,G;35,A/G;39,G;68,C/G;72,G/T;74,T/G;97,T;128,G;134,G;142,A/C;144,C/T;157,A;

**AMPL3507850**  2,A;16,C;35,A;39,A/G;60,C;93,C;110,G;114,T/C;125,C;128,A;130,C;

**AMPL3507851**  61,T;91,T;92,G;131,A;151,A;154,A;162,G;165,G;166,T;168,C;

**AMPL3507852**  8,A;26,C/G;33,T/G;43,A;56,C;62,C/T;93,G/C;124,A/G;

**AMPL3507853**  2,A/T;71,A/G;88,C/T;149,C/G;180,T/C;193,T/A;

**AMPL3507854**  34,T/C;36,G;37,C/T;44,G;55,A;70,A/C;84,A;92,G/A;99,T;102,G/T;110,C/T;112,A/T;114,G/T;126,A/C;139,T/C;153,C/T;158,T/A;164,A/C;170,G/C;171,A/G;174,G/A;177,T/G;180,C;181,T;187,C;188,T/G;192,C/T;

**AMPL3507855**  26,C/T;36,C/T;90,T/C;

**AMPL3507856**  11,A/G;92,C/T;102,C/T;

**AMPL3507857**  33,G/A;70,G/C;82,T/A;123,C/T;

**AMPL3507858**  26,T/G;45,G/T;84,T/C;143,G/A;152,G/A;176,C/A;

**AMPL3507860**  30,G;97,T;101,T;128,A;176,C;

**AMPL3507861**  28,T/C;43,A/G;69,C/G;93,C;105,G/T;124,T/C;128,T/A;

**AMPL3507862**  2,A/C;4,G;63,G;83,C/T;88,C/T;106,T;115,T/C;124,A;154,T;

**AMPL3507863**  13,A;45,C;69,A/G;145,A/T;177,A/G;

**AMPL3507864**  17,T;95,G;120,T/C;

**AMPL3507865**  19,C;21,T;35,A;43,G;56,A/C;57,T/C;75,C;85,G;100,G/C;101,T;116,C/A;127,C/G;161,C/T;171,G/A;172,T/C;

**AMPL3507867**  21,T;27,G;38,C;45,C;54,C;88,C;93,C;112,C;122,G;132,G;

**AMPL3507868**  45,T;51,A/G;108,T/C;166,T/C;186,A/G;

**AMPL3507871**  7,C;95,G;115,G;144,T;

**AMPL3507872**  10,C/T;52,G;131,T;132,C/T;

**AMPL3507873**  13,T/C;38,T;39,C/T;54,A/G;59,A;86,T/G;

**AMPL3507874**  2,C;31,C;97,T;99,T;105,G;108,T;122,T;161,A;

**AMPL3507875**  44,G;45,G;68,G;110,G;125,A;137,G;151,A;184,C;

**AMPL3507876**  96,C;114,G/C;144,A/G;178,C;

**AMPL3507877**  12,T;24,A;27,T;28,A;34,C;39,A;46,T;68,C;70,A;90,A;110,G;126,C;134,C;

**AMPL3507878**  8,C;10,A;37,A;59,G;73,T;77,G;78,G;90,T;91,C;103,G;115,C;130,C;

**AMPL3507879**  50,A;90,C;91,C;116,C;127,T/G;134,G/C;143,G/C;155,G/T;163,C/T;169,A;181,C/T;

**AMPL3507880**  66,C/T;105,A;124,A;

**AMPL3507881**  84,T/C;122,G/T;

**AMPL3507882**  40,G;43,A;61,T;

**AMPL3507883**  20,T;31,T;68,C;74,G;84,A;104,T;142,T;144,G;

AMPL3507885    36,C;51,A;54,G;65,G;66,G;71,C;78,C;110,G;112,C;115,G;124,G;131,T;
135,G;146,A;

AMPL3507886    41,G/A;47,C/T;81,G/C;91,T/C;99,G/A;125,A/T;

AMPL3507887    2,T;35,C;45,G;62,C;65,A;92,G;101,C;

AMPL3507888    4,C/T;50,A/G;65,A;70,C;79,T/A;82,T/C;94,A/G;100,A/G;107,T/A;
133,T;

AMPL3507889    34,T;111,A/G;154,A/C;159,G;160,G;

AMPL3507890    19,C;26,T;33,A;60,G;139,C;

AMPL3507891    29,A/C;61,C/T;

AMPL3507892    23,A;28,G/A;55,G/A;69,G/A;72,G/A;122,T;136,A/G;180,A/G;181,
T/A;

AMPL3507893    42,T;51,T;77,T;140,G;147,T;161,A;177,T;197,C;

AMPL3507894    165,G/A;182,G/A;

AMPL3507895    65,A;92,A/C;141,T;

AMPL3507896    6,T;32,C;77,T/A;85,T/A;107,C;126,G/C;135,T;

AMPL3507898    133,G/T;152,A/G;

AMPL3507899    1,G;29,C;39,T;55,C;108,G/T;115,A;125,T/C;140,C;

AMPL3507900    23,G/A;62,G/A;63,A/G;73,T;86,C/T;161,T/C;183,A/G;190,G/A;

AMPL3507901    68,T;98,A;116,C/A;

AMPL3507902    38,A/C;57,A;65,C;66,G;92,A;104,C;118,T;176,G;

AMPL3507903    101,A;105,A;121,A;161,C;173,T;

AMPL3507904    3,T;5,C;13,G;54,T/C;83,G;85,T/C;92,C;104,T/C;147,G/A;182,G;

AMPL3507909    2,A;9,G/C;13,G/A;15,C;28,G;32,T;34,A;53,C/T;84,C;97,C;99,C/A;
135,G/C;148,G/T;150,T;

AMPL3507911    33,G;34,C;49,C;50,G;71,G;77,C;89,A;92,G;126,G;130,T;133,C;134,A;
151,A;173,G;180,A;181,C;185,C;189,C;190,G;196,C;200,C;

AMPL3507912    19,T;33,A/T;38,A;43,T;46,A/G;71,C/G;73,T/A;108,A;124,T/A;126,G;
132,A;143,C;160,T;

AMPL3507914    37,G;52,G;56,A;64,T;115,C;

AMPL3507915    22,A/G;31,C;39,T;51,C;52,T;59,A;66,T;87,A;99,A/G;103,C;128,T;
134,A/C;135,A;138,A;159,G;

AMPL3507916    24,G;31,C;43,C;49,T;90,A;110,A;132,C;160,A;170,G;174,A;

AMPL3507918    15,T;63,A;72,G;76,T;86,C;87,A;90,A;129,G;

AMPL3507919    10,G;22,T/G;34,C/T;64,G/T;74,G/A;105,A/G;114,A/G;133,T/C;153,G/
T;169,G;184,T/C;188,T/A;

AMPL3507920    18,C/A;24,A;32,C/A;67,T;74,G/C;

AMPL3507921    7,C;30,G;38,G;43,A;182,G;

AMPL3507922    146,C;

AMPL3507923    69,A;79,T;125,C;140,T;144,C;152,T;

AMPL3507924    46,T/C;51,C/G;131,A/T;143,T/C;166,A/G;

AMPL3507925    28,G;43,C/T;66,C/T;71,G;

# 黄 233

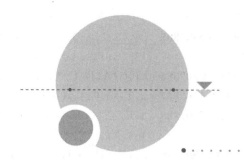

AMPL3507571  6,T/G;10,T/G;18,C;19,T/C;20,G/A;30,G/A;37,A/T;40,T;
AMPL3507806  31,A/T;55,C;136,C;139,T;158,A;
AMPL3507807  28,A;31,C;89,C;96,G;129,A;
AMPL3507808  75,A;114,C;124,T;132,T;134,G;139,G;171,C;172,T;
AMPL3507809  45,G;47,C;49,A/C;65,C/A;76,C;81,T;91,A;115,A;
AMPL3507810  33,C;53,C;74,G;90,T;98,G;154,G;
AMPL3507811  30,C/G;97,A/G;104,G/A;
AMPL3507812  6,C;53,C;83,T;90,T;109,A;113,A;154,T;155,C;
AMPL3507813  14,T;86,G;127,A;
AMPL3507814  63,A;67,G;70,T;72,A/G;94,A;119,G;134,C/T;157,G;
AMPL3507815  9,A;155,C/A;163,A;
AMPL3507816  93,A;105,C;150,G;166,T;171,T;
AMPL3507817  38,G;87,G;96,C;102,A;116,C;166,T;183,C;186,G;188,G;
AMPL3507818  8,A;37,A;40,T;41,G;49,T;55,T;56,G;57,G;100,G;104,G;108,T;113,G;
             118,T;
AMPL3507819  87,G/A;97,C;139,A/G;155,C/T;
AMPL3507821  41,C/G;45,G/A;59,A;91,T/G;141,A/G;144,T/C;
AMPL3507822  1,G;8,A;11,A;70,C;94,C;108,A;
AMPL3507823  11,C;110,A;123,A;
AMPL3507824  3,G;56,G;65,A;68,T;117,T;
AMPL3507826  55,T/C;61,C;74,T;98,C/T;122,G/A;129,G;139,A/G;180,C/T;
AMPL3507827  9,C;48,A;65,T;77,T;95,T;124,T;132,C;135,A;140,A;
AMPL3507828  73,T/G;107,G/A;109,G;143,T;159,G;
AMPL3507829  6,T;14,T/A;56,A/G;70,A/G;71,T/A;127,A;
AMPL3507831  7,C;16,C/T;19,C;66,C/T;75,A/G;88,T/C;113,T/C;130,G/T;140,C/G;
             164,T;
AMPL3507832  23,T/C;59,A;78,C/G;116,T;
AMPL3507833  26,T;30,G;49,G;69,T;75,A;97,A;132,T;
AMPL3507834  126,C/T;145,A/G;
AMPL3507835  12,G/A;38,G/T;93,A/T;98,G/C;99,T/G;129,C/A;150,T/A;
AMPL3507836  8,G;32,C;40,T;44,A;63,T;71,G;113,C;142,G;
AMPL3507837  1,A;5,G;6,T;7,C;24,T;30,C;59,C;66,C;67,C;78,A;79,A;80,A;111,T;
             139,G;164,A;
AMPL3507838  3,G/A;15,G/A;20,A/G;23,A/G;50,A/G;52,G/A;59,A/C;64,C;78,T/G;

AMPL3507839    59,C;114,C;151,T;

AMPL3507840    77,G;

AMPL3507841    13,C/T;14,A/G;34,G/A;60,G/T;99,G;

AMPL3507842    13,C/T;17,T;20,T;64,C;97,A;144,C;158,A;159,G;163,T;

AMPL3507844    2,T;6,G;26,C;35,C;63,G;65,A;68,T;96,C;97,C;119,T;130,A;137,G;
158,T;

AMPL3507845    57,A;161,A;

AMPL3507846    5,A;21,A;24,G;26,A;94,G;112,A;127,G;128,A;149,G;175,A;

AMPL3507848    38,G;78,A;

AMPL3507849    16,C;19,A;23,C/T;24,G;33,G/A;35,G;39,T/G;68,G/C;72,T/G;74,G/T;
97,T/C;128,G;134,G;142,C;144,T;157,G/A;

AMPL3507850    2,A;16,C;35,A;39,G;60,C;93,C;110,G;114,C;125,C;128,A;130,C;

AMPL3507851    61,T;91,T;92,G;131,A;151,A;154,A;162,G;165,G;166,T;168,C;

AMPL3507852    8,A;26,C/G;33,T/G;43,A;56,C;62,C/T;93,G/C;124,A/G;

AMPL3507853    2,A/T;71,A/G;88,C/T;149,C/G;180,T/C;193,T/A;

AMPL3507854    34,C;36,G;37,T;44,G;55,A;70,C;84,A;92,A;99,T;102,T;110,T;112,T;
114,T;126,C;139,C;153,T;158,A;164,C;170,C;171,G;174,A;177,G;180,C;
181,T;187,C;188,G;192,T;

AMPL3507855    26,C;36,C;90,T;

AMPL3507856    11,A;92,C;102,C;

AMPL3507857    33,G/A;70,C;82,A;123,C/T;

AMPL3507858    26,G;45,T;84,C;143,A;152,A;176,A;

AMPL3507860    30,G;97,C;101,G;128,G;176,T;

AMPL3507861    28,C/T;43,G/A;69,G/C;93,C;105,T/G;124,C/T;128,A/T;

AMPL3507862    2,A;4,C/G;63,G;83,C;88,C;106,C/T;115,C/T;124,A;154,C/T;

AMPL3507863    13,A;45,C;69,G;145,T;177,G;

AMPL3507864    17,C/T;95,G;120,T/C;

AMPL3507865    19,C;21,T;35,A;43,G;56,C;57,C;75,C;85,G;100,C;101,T;116,A;127,G;
161,T;171,A;172,C;

AMPL3507866    8,T;66,G;74,T;147,C;172,T;

AMPL3507867    21,C/T;27,G;38,T/C;45,T/C;54,C;88,C;93,T/C;112,C;122,A/G;132,G;

AMPL3507868    45,C/T;51,G;108,T/C;166,T/C;186,G;

AMPL3507871    7,C;95,G;115,G;144,T;

AMPL3507872    10,C/T;52,G;131,T;132,C/T;

AMPL3507873    13,T;38,T;39,C;54,A;59,A;86,T;

AMPL3507874    2,C;31,C;97,T;99,T;105,G;108,T;122,T;161,A;

AMPL3507875    44,G;45,G;68,G;110,G;125,A;137,G;151,A;184,C;

AMPL3507876    96,C;114,C;144,G;178,C;

AMPL3507877    12,G/T;24,G/A;27,T;28,G/A;34,G/C;39,G/A;46,A/T;68,A/C;70,A;90,
A;110,T/G;126,C;134,A/C;

AMPL3507878    8,T;10,A;37,G;59,A;73,G;77,G;78,G;90,C;91,T;103,G;115,T;130,C;

AMPL3507879    50,A;90,C/T;91,C/T;116,C/G;127,G;134,C;143,C/G;155,T/G;163,T;

169,A/G;181,T;

AMPL3507880  66,T;105,A;124,A;

AMPL3507881  84,T;122,A;

AMPL3507882  40,G;43,A;61,T;

AMPL3507883  20,C/T;31,T;68,C/T;74,G;84,C/A;104,T;142,T;144,G;

AMPL3507885  36,C;51,A;54,G/A;65,G/C;66,G/T;71,C/T;78,C/T;110,G/A;112,C/T;
115,G/A;124,G/T;131,T/A;135,G/A;146,A/G;

AMPL3507886  41,A;47,T;81,C;91,C;99,A;125,T;

AMPL3507887  2,T;35,C;45,G;62,C;65,A;92,G;101,C;

AMPL3507888  4,T;50,G;65,A;70,C;79,A;82,C;94,G;100,G;107,A;133,T;

AMPL3507889  34,T;111,A;154,A;159,G;160,G;

AMPL3507891  29,A;61,C/T;

AMPL3507892  23,A;28,A;55,A;69,A;72,A;122,T;136,G;180,G;181,A;

AMPL3507893  42,T/A;51,T/C;77,T;140,G/T;147,T/C;161,A/G;177,T/A;197,C/G;

AMPL3507894  165,A/G;182,A/G;

AMPL3507895  65,A;92,T/C;141,T;

AMPL3507896  6,T;32,C;77,T;85,T;107,C;126,G;135,T;

AMPL3507898  133,T/G;152,G/A;

AMPL3507899  1,G;29,T/C;39,T;55,A/C;108,G;115,G/A;125,T;140,C;

AMPL3507900  23,A/G;62,A/G;63,G/A;73,T;86,T/C;161,C/T;183,G/A;190,A/G;

AMPL3507901  68,T;98,A;116,A/C;

AMPL3507902  38,A;57,A;65,C;66,G;92,A;104,C;118,T;176,G;

AMPL3507904  3,T;5,C;13,G;54,C;83,G;85,C;92,C;104,C;147,A;182,G;

AMPL3507909  2,A;9,C;13,A;15,C;28,G;32,T;34,A;53,T;84,C;97,C;99,A;135,C;148,T;
150,T;

AMPL3507910  33,T;105,A;129,C;164,A;

AMPL3507911  33,G;34,C;49,C;50,G;71,G;77,C;89,A;92,G;126,G;130,T;133,C;134,A;
151,A;173,G;180,A;181,C;185,C;189,C;190,G;196,C;200,C;

AMPL3507912  19,T;33,T;38,A;43,T;46,A/G;71,C/G;73,T/A;108,A;124,T/A;126,G;
132,A;143,C;160,T;

AMPL3507913  21,A;58,C;90,C;107,A;109,T;111,T;113,G;128,A;134,G;

AMPL3507914  37,C;52,G;56,T;64,G;115,T;

AMPL3507915  22,A/G;31,C/T;39,T/C;51,C/T;52,T/C;59,A/G;66,T/C;87,A/G;99,A/G;
103,C/T;128,T/C;134,A/C;135,A/T;138,A/G;159,G/T;

AMPL3507916  24,A/G;31,T/C;43,T/C;49,T;90,A;110,T/A;132,C;160,G/A;170,T/G;
174,A;

AMPL3507918  15,A/T;63,A;72,G;76,T;86,C;87,G/A;90,A;129,G;

AMPL3507919  10,G;22,G;34,T;64,T;74,A;105,G;114,G;133,C;153,T;169,G;184,C;
188,A;

AMPL3507920  18,C;24,A;32,C;67,T;74,G;

AMPL3507921  7,C;30,G;38,G;43,A;182,G;

# 黄 236

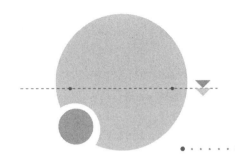

AMPL3507571 6,G/T;10,G/T;18,C;19,C/T;20,A/G;30,A/G;37,T/A;40,T;

AMPL3507806 31,A/T;55,C;136,C/A;139,T/G;158,A;

AMPL3507807 28,A;31,C;89,C;96,G;129,A;

AMPL3507808 75,A;114,C;124,T;132,T;134,G;139,G;171,C;172,T;

AMPL3507809 45,G;47,C;49,A;65,C;76,C;81,T;91,A;115,A;

AMPL3507810 33,C;53,C;74,G;90,T/C;98,G/A;154,G;

AMPL3507811 30,G;97,A/G;104,G/A;

AMPL3507812 6,T/C;53,T/C;83,C/T;90,A/T;109,C/A;113,T/A;154,C/T;155,C;

AMPL3507813 14,T;86,G;127,A;

AMPL3507814 63,G/A;67,G;70,G/T;72,A/G;94,A;119,G;134,C/T;157,G;

AMPL3507815 9,A;155,A/C;163,A;

AMPL3507816 93,A/G;105,C/G;150,G/A;166,T/C;171,T/C;

AMPL3507817 38,G/A;87,G/C;96,C;102,A;116,C/T;166,T/C;183,C/T;186,G;188,G/A;

AMPL3507818 8,A;37,A;40,T;41,G/A;49,A/T;55,G/T;56,A;57,T/G;100,A/G;104,T;
108,C;113,G;118,T;

AMPL3507819 87,A/G;97,C;139,G/A;155,T/C;

AMPL3507821 41,G/C;45,A/G;59,A;91,G/T;141,G/A;144,C/T;

AMPL3507822 1,G;8,A;11,T/A;70,C;94,C;108,G/A;

AMPL3507823 11,C;110,A;123,A;

AMPL3507824 3,G;56,G;65,G/A;68,C/T;117,C/T;

AMPL3507826 55,T;61,C;74,T;98,C;122,G;129,G;139,A;180,C;

AMPL3507827 9,T;48,A;65,G;77,C;95,T;124,T;132,T;135,G;140,G;

AMPL3507828 73,T/G;107,A;109,C/G;143,C/T;159,C/G;

AMPL3507831 7,C;16,C;19,C;66,C;75,A;88,T;113,T;130,G;140,C;164,T;

AMPL3507832 23,C/T;59,A;78,G/C;116,T/C;

AMPL3507833 26,T;30,G/T;49,A/G;69,T/G;75,A;97,A/C;132,T/A;

AMPL3507834 126,T;145,G;

AMPL3507836 8,G/A;32,C/T;40,T/G;44,A/G;63,T;71,G/A;113,C/T;142,G/A;

AMPL3507837 1,A;5,G;6,T;7,C;24,T;30,C;59,C;66,C;67,C;78,A;79,A;80,A;111,T;
139,G;164,A;

AMPL3507838 3,A/G;15,A/G;20,G/A;23,G/A;50,A;52,A/G;59,C/A;64,C;78,G/T;

AMPL3507839 59,G/C;114,T/C;151,C/T;

AMPL3507840 77,G;

AMPL3507841 13,C/T;14,A/G;34,G/A;60,G/T;99,G;

AMPL3507842    13，C；17，C/T；20，A/T；64，C/T；97，A/G；144，C/T；158，A/C；159，G/T；163，T/A；

AMPL3507845    57，A；161，A；

AMPL3507846    5，A；21，A；24，G；26，A；94，G；112，A；127，G；128，A；149，G；175，A；

AMPL3507849    16，C/T；19，A/C；23，T；24，G/A；33，G；35，G/A；39，G；68，G/C；72，T/G；74，G/T；97，T；128，G；134，G；142，C/A；144，T/C；157，A；

AMPL3507850    2，A；16，C；35，A；39，G/A；60，C；93，C；110，G；114，C/T；125，C；128，A；130，C；

AMPL3507851    61，T；91，T；92，G；131，A/G；151，A/G；154，A/C；162，G/C；165，G；166，T/A；168，C/G；

AMPL3507852    8，A；26，C/G；33，T/G；43，A；56，C；62，C/T；93，G/C；124，A/G；

AMPL3507853    2，A；71，A；88，C；149，C；180，T；193，T；

AMPL3507854    34，C/T；36，G；37，T/C；44，G；55，A；70，C/A；84，A；92，A/G；99，T；102，T/G；110，T/C；112，T/A；114，T/G；126，C/A；139，C/T；153，T/C；158，A/T；164，C/A；170，C/G；171，G/A；174，A/G；177，G/T；180，C；181，T；187，C；188，G/T；192，T/C；

AMPL3507855    26，C/T；36，C/T；90，T/C；

AMPL3507856    11，A/G；92，C/T；102，C/T；

AMPL3507857    33，G；70，C；82，A；123，C；

AMPL3507858    26，T/G；45，G/T；84，C；143，G/A；152，G/A；176，C/A；

AMPL3507860    30，G；97，T；101，T；128，A；176，C；

AMPL3507861    28，T/C；43，A/G；69，C/G；93，C；105，G/T；124，T/C；128，T/A；

AMPL3507862    2，A；4，G/C；63，A/G；83，C；88，T/C；106，T/C；115，C；124，C/A；154，T/C；

AMPL3507863    13，G/A；45，G/C；69，A/G；145，A/T；177，A/G；

AMPL3507864    17，T；95，G；120，T/C；

AMPL3507865    19，C；21，T；35，A；43，G；56，C；57，C；75，C；85，G；100，C；101，T；116，A；127，G；161，T；171，A；172，C；

AMPL3507866    8，T；66，G；74，T；147，C；172，T；

AMPL3507867    21，T；27，G；38，C；45，C；54，C；88，C；93，C；112，C；122，G；132，G；

AMPL3507868    45，C/T；51，G；108，T/C；166，T/C；186，G；

AMPL3507871    7，C；95，G；115，G；144，T；

AMPL3507872    10，C/T；52，G；131，T；132，C/T；

AMPL3507873    13，T；38，T；39，C；54，A；59，A；86，T；

AMPL3507874    2，C/T；31，C/A；97，T；99，T；105，G；108，T；122，T/C；161，A/G；

AMPL3507876    96，C；114，G；144，A；178，C；

AMPL3507877    12，T；24，A；27，T；28，A；34，C；39，A；46，T；68，C；70，A；90，A；110，G；126，C；134，C；

AMPL3507878    8，C；10，A；37，A；59，G；73，T；77，G；78，G；90，T；91，C；103，G；115，C；130，C；

AMPL3507879    50，G/A；90，C/T；91，C/T；116，C/G；127，G；134，C；143，G；155，G；163，T；169，G；181，T；

AMPL3507880    66，T；105，C/A；124，G/A；

AMPL3507881    84，T；122，G；

AMPL3507882    40，G；43，A；61，T；

AMPL3507883    20,T;31,T;68,C;74,G;84,A;104,T;142,T;144,G;

AMPL3507885    36,C/G;51,A;54,G/A;65,G/N;66,G/N;71,C/N;78,C/N;110,G/A;112,C/T;115,G/A;124,G/T;131,T/A;135,G/A;146,A/G;

AMPL3507886    41,A;47,T;81,C;91,C;99,A;125,A;

AMPL3507887    2,T;35,C;45,A/G;62,C;65,G;92,A;101,GTG/G;

AMPL3507888    4,T;50,G;65,A;70,C;79,A;82,C;94,G;100,G;107,A;133,T;

AMPL3507889    34,T;111,A;154,A;159,A;160,T;

AMPL3507890    19,C;26,T;33,A;60,G;139,C;

AMPL3507891    29,A;61,T/C;

AMPL3507892    23,A;28,A;55,A;69,A;72,A;122,T;136,G;180,G;181,A;

AMPL3507893    42,T;51,T;77,T;140,G;147,T;161,A;177,T;197,C;

AMPL3507894    165,A/G;182,A/G;

AMPL3507895    65,T/A;92,T/A;141,T;

AMPL3507896    6,T;32,C;77,T/A;85,T/A;107,C;126,G/C;135,T;

AMPL3507897    1,C;7,G;9,C;31,C;91,C;104,T;123,A;132,T;

AMPL3507898    133,T/G;152,G/A;

AMPL3507899    1,G;29,C;39,T;55,C;108,G/T;115,A;125,T/C;140,C;

AMPL3507900    23,G/A;62,G/A;63,A/G;73,T;86,C/T;161,T/C;183,A/G;190,G/A;

AMPL3507901    68,T;98,A;116,C;

AMPL3507902    38,C;57,A/G;65,C;66,G;92,A/T;104,C/A;118,T/A;176,G;

AMPL3507904    3,T/C;5,C;13,G/A;54,C;83,G/T;85,C;92,C;104,C;147,A;182,G;

AMPL3507909    2,A;9,G/C;13,G/A;15,C;28,G;32,T;34,A;53,C/T;84,C;97,C;99,C/A;135,G/C;148,G/T;150,T;

AMPL3507910    33,T;105,A;129,C;164,A;

AMPL3507911    33,G;34,C;49,C;50,G;71,G;77,C;89,A;92,G;126,G;130,T;133,C;134,A;151,A;173,G;180,A;181,C;185,C;189,C;190,G;196,C;200,C;

AMPL3507912    19,T;33,T/A;38,A;43,T;46,G/A;71,G/C;73,A/T;108,A;124,A/T;126,G;132,A;143,C;160,T;

AMPL3507914    37,G;52,G;56,A;64,T;115,C;

AMPL3507915    22,G;31,T/C;39,C/T;51,T/C;52,C/T;59,G/A;66,C/T;87,G/A;99,G;103,T/C;128,C/T;134,C;135,T/A;138,G/A;159,T/G;

AMPL3507916    24,G/A;31,C/T;43,C/T;49,T;90,A;110,A/T;132,C;160,A/G;170,G/T;174,A;

AMPL3507918    15,A/T;63,A;72,G;76,T;86,C;87,G/A;90,A;129,G;

AMPL3507919    10,G;22,G;34,T;64,T;74,A;105,G;114,G;133,C;153,T;169,G;184,C;188,A;

AMPL3507920    18,C;24,A;32,C;67,T;74,G;

AMPL3507921    7,C;30,G;38,G;43,A;182,G;

AMPL3507922    146,C;

AMPL3507923    69,A;79,T;125,C;140,T;144,C;152,T;

AMPL3507924    46,C;51,G;131,T;143,C;166,G;

AMPL3507925    28,G;43,T/C;66,C;71,A/G;

# 黄 238

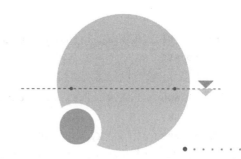

AMPL3507571  6,G/T;10,G/T;18,C;19,C/T;20,A/G;30,A/G;37,T/A;40,T;

AMPL3507806  31,A;55,C;136,C;139,T;158,A;

AMPL3507807  28,C/A;31,G/C;89,T/C;96,A/G;129,C/A;

AMPL3507808  75,A;114,C;124,T;132,T;134,G;139,G;171,C;172,T;

AMPL3507809  45,A/G;47,G/C;49,A;65,A/C;76,T/C;81,A/T;91,T/A;115,A;

AMPL3507810  33,T/C;53,T/C;74,G;90,C;98,G/A;154,G;

AMPL3507811  30,G;97,A/G;104,G/A;

AMPL3507812  6,T/C;53,T/C;83,C/T;90,A/T;109,C/A;113,T/A;154,C/T;155,C;

AMPL3507813  14,T;86,G;127,A;

AMPL3507814  63,A/G;67,G;70,T/G;72,A;94,A;119,G;134,C;157,G;

AMPL3507815  9,A;155,C/A;163,A;

AMPL3507816  93,A/G;105,C/G;150,G/A;166,T/C;171,T/C;

AMPL3507817  38,A/G;87,C/G;96,C;102,A;116,T/C;166,C/T;183,T/C;186,G;188,A/G;

AMPL3507818  8,A;37,A;40,T;41,G;49,A/T;55,G/T;56,A/G;57,T/G;100,A/G;104,T/G;
108,C/T;113,G;118,T;

AMPL3507819  87,G/A;97,C;139,A/G;155,C/T;

AMPL3507821  41,G;45,A;59,A;91,G;141,G;144,C;

AMPL3507822  1,G;8,A;11,A;70,C;94,T/C;108,A;

AMPL3507823  11,T/C;110,C/A;123,G/A;

AMPL3507824  3,G;56,G;65,A/G;68,T/C;117,T/C;

AMPL3507826  55,T/C;61,C/T;74,T/C;98,C;122,G;129,G/A;139,A/G;180,C/T;

AMPL3507827  9,C;48,A;65,T;77,T;95,T;124,T;132,C;135,A;140,A;

AMPL3507828  73,T;107,G/A;109,G/C;143,T/C;159,G/C;

AMPL3507831  7,C;16,C/T;19,C;66,C/T;75,A/G;88,T/C;113,T/C;130,G/T;140,C/G;
164,T;

AMPL3507832  23,T/C;59,A;78,C/G;116,C/T;

AMPL3507833  26,T;30,G;49,G/A;69,T;75,A;97,A;132,T;

AMPL3507834  126,T/C;145,G/A;

AMPL3507835  12,G/A;38,G/T;93,A/T;98,G/C;99,T/G;129,C/A;150,T/A;

AMPL3507836  8,A;32,T;40,G;44,G;63,T;71,A;113,T;142,A;

AMPL3507837  1,G;5,A;6,C;7,C;24,A;30,T;59,C;66,T;67,C;78,G;79,G;80,A;111,C;
139,A;164,A;

AMPL3507838  3,A/G;15,A/G;20,G/A;23,G/A;50,A;52,A/G;59,C/A;64,C;78,G/T;

AMPL3507839  59,C/G;114,C/T;151,T/C;

AMPL3507840    77,C/G;

AMPL3507841    13,T;14,G;34,A;60,T;99,G;

AMPL3507842    13,C/T;17,C/T;20,A/T;64,C;97,A;144,C;158,A;159,G;163,T;

AMPL3507844    2,T;6,G;26,C;35,C;63,G;65,A;68,T;96,C;97,C;119,T;130,A;137,G; 158,T;

AMPL3507845    57,A/G;161,A/G;

AMPL3507849    16,C/T;19,A/C;23,T;24,G/A;33,G;35,G/A;39,G;68,G/C;72,T/G;74,G/ T;97,T;128,G;134,G;142,C/A;144,T/C;157,A;

AMPL3507850    2,A;16,C;35,A;39,G/A;60,C;93,C;110,G;114,C/T;125,C;128,A;130,C;

AMPL3507851    61,T;91,T;92,G;131,A;151,A;154,A;162,G;165,G;166,T;168,C;

AMPL3507852    8,A;26,C/G;33,T/G;43,A;56,C;62,C/T;93,G/C;124,A/G;

AMPL3507853    2,T;71,G;88,T;149,G;180,C;193,A;

AMPL3507854    34,C/T;36,G;37,T/C;44,G;55,A;70,C/A;84,A;92,A/G;99,T;102,T/G; 110,T/C;112,T/A;114,T/G;126,C/A;139,C/T;153,T/C;158,A/T;164,C/ A;170,C/G;171,G/A;174,A/G;177,G/T;180,C;181,T;187,C;188,G/T;192, T/C;

AMPL3507855    26,C/T;36,C/T;90,T/C;

AMPL3507856    11,A/G;92,C/T;102,C/T;

AMPL3507857    33,A/G;70,C/G;82,A/T;123,T/C;

AMPL3507858    26,G/T;45,T/G;84,C/T;143,A/G;152,A/G;176,A/C;

AMPL3507860    30,G;97,T;101,T;128,A;176,C;

AMPL3507861    28,T;43,A;69,C;93,C;105,G;124,T;128,T;

AMPL3507862    2,A/C;4,G;63,G;83,C/T;88,C/T;106,T;115,T/C;124,A;154,T;

AMPL3507863    13,A;45,C;69,G/A;145,T/A;177,G/A;

AMPL3507864    17,C/T;95,G;120,T;

AMPL3507865    19,C;21,T;35,A;43,G;56,C/A;57,C/T;75,C;85,G;100,C/G;101,T;116,A/ C;127,G/C;161,T/C;171,A/G;172,C/T;

AMPL3507867    21,T;27,G;38,C;45,C;54,C;88,C;93,C;112,C;122,G;132,G;

AMPL3507868    45,T;51,A/G;108,T/C;166,T/C;186,A/G;

AMPL3507871    7,C;95,G;115,G;144,T;

AMPL3507872    10,C/T;52,G;131,T;132,C/T;

AMPL3507873    13,T/C;38,T;39,C/T;54,A/G;59,A;86,T/G;

AMPL3507874    2,C;31,C;97,T;99,T;105,G;108,T;122,T;161,A;

AMPL3507875    44,G;45,G;68,G;110,G;125,A;137,G;151,A;184,C;

AMPL3507876    96,C;114,G/C;144,A/G;178,C;

AMPL3507877    12,T;24,A;27,T;28,A;34,C;39,A;46,T;68,C;70,A;90,G/A;110,G;126,C; 134,A/C;

AMPL3507878    8,T/C;10,G/A;37,G/A;59,G;73,T;77,A/G;78,A/G;90,C/T;91,C;103,A/ G;115,C;130,C;

AMPL3507879    50,A;90,C;91,C;116,C;127,T/G;134,G/C;143,G/C;155,G/T;163,C/T;169, A;181,C/T;

AMPL3507880    66,C/T;105,A;124,A;

AMPL3507881   84,T/C;122,G/T;

AMPL3507882   40,G;43,A;61,T;

AMPL3507883   20,T;31,T;68,C/T;74,G;84,A;104,T;142,T;144,G;

AMPL3507885   36,C/G;51,A;54,G/A;65,G/N;66,G/N;71,C/N;78,C/N;110,G/A;112,C/T;115,G/A;124,G/T;131,T/A;135,G/A;146,A/G;

AMPL3507886   41,G/A;47,C/T;81,G/C;91,T/C;99,G/A;125,A/T;

AMPL3507887   2,T;35,C;45,G;62,C;65,A;92,G;101,C;

AMPL3507888   4,C/T;50,A/G;65,A;70,C;79,T/A;82,T/C;94,A/G;100,A/G;107,T/A;133,T;

AMPL3507889   34,T;111,A;154,A;159,G;160,G;

AMPL3507890   19,T;26,C;33,G;60,A;139,T;

AMPL3507891   29,A;61,T/C;

AMPL3507892   23,A;28,A;55,A;69,A;72,A;122,T;136,G;180,G;181,A;

AMPL3507893   42,A/T;51,C/T;77,T;140,T/G;147,C/T;161,G/A;177,A/T;197,G/C;

AMPL3507894   165,A;182,A;

AMPL3507895   65,A;92,C;141,T/G;

AMPL3507896   6,T;32,C;77,A/T;85,A/T;107,C;126,C/G;135,T;

AMPL3507897   1,A;7,A;9,G;31,T;91,T;104,C;123,G;132,G;

AMPL3507898   133,T;152,G;

AMPL3507899   1,G;29,C;39,T;55,C;108,T/G;115,A;125,C/T;140,A/C;

AMPL3507900   23,G/A;62,G/A;63,A/G;73,T;86,C/T;161,T/C;183,A/G;190,G/A;

AMPL3507901   68,T;98,A;116,C/A;

AMPL3507902   38,C/A;57,A;65,C;66,G;92,A;104,C;118,T;176,G;

AMPL3507903   101,A;105,A;121,A;161,C;173,T;

AMPL3507904   3,T/C;5,C;13,G/A;54,T/C;83,G/T;85,T/C;92,C;104,T/C;147,G/A;182,G;

AMPL3507909   2,A;9,G/C;13,G/A;15,C;28,G;32,T;34,A;53,C/T;84,C;97,C;99,C/A;135,G/C;148,G/T;150,T;

AMPL3507910   33,T;105,A;129,C;164,A;

AMPL3507911   33,G;34,C;49,C;50,G;71,G;77,C;89,A;92,G;126,G;130,T;133,C;134,A;151,A;173,G;180,A;181,C;185,C;189,C;190,G;196,C;200,C;

AMPL3507912   19,T;33,T;38,A;43,T;46,G;71,C/G;73,A;108,A;124,T/A;126,G;132,A;143,C;160,T;

AMPL3507913   21,A;58,C;90,C;107,A;109,T;111,T;113,G;128,A;134,G;

AMPL3507914   37,C/G;52,G;56,T/A;64,G/T;115,T/C;

AMPL3507915   22,G;31,T/C;39,C/T;51,T/C;52,C/T;59,G/A;66,C/T;87,G/A;99,G;103,T/C;128,C/T;134,C;135,T/A;138,G/A;159,T/G;

AMPL3507916   24,G/A;31,C/T;43,C/T;49,T/G;90,A/G;110,A/T;132,C/A;160,A;170,G;174,A/G;

AMPL3507918   15,T;63,A;72,G;76,T;86,C;87,A;90,A;129,G;

AMPL3507919   10,G;22,T/G;34,C/T;64,G/T;74,G/A;105,A/G;114,A/G;133,T/C;153,G/

T;169,G;184,T/C;188,T/A;

**AMPL3507920**    18,A/C;24,A;32,A/C;67,T;74,C/G;

**AMPL3507921**    7,C;30,G/A;38,G/A;43,A/G;182,G/A;

**AMPL3507922**    146,C/A;

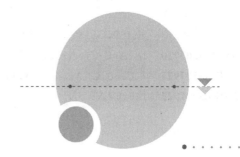

# 黄 247

AMPL3507571　6,G/T;10,G/T;18,C;19,C/T;20,A/G;30,A/G;37,T/A;40,T;

AMPL3507806　31,T/A;55,C;136,A/C;139,G/T;158,A;

AMPL3507807　28,C;31,G;89,T;96,A;129,C;

AMPL3507808　75,A;114,C;124,T;132,T;134,G;139,G;171,C;172,T;

AMPL3507809　45,A/G;47,G/C;49,A;65,A/C;76,T/C;81,A/T;91,T/A;115,A;

AMPL3507810　33,T/C;53,T/C;74,G;90,C/T;98,G;154,G;

AMPL3507811　30,G;97,G/A;104,A/G;

AMPL3507812　6,T/C;53,T/C;83,C/T;90,A/T;109,C/A;113,T/A;154,C/T;155,C;

AMPL3507813　14,T;86,G;127,A;

AMPL3507814　63,G/A;67,G;70,G/T;72,A;94,A;119,G;134,C;157,G;

AMPL3507815　9,A/T;155,A/C;163,A;

AMPL3507816　93,G;105,G;150,A;166,C;171,C;

AMPL3507817　38,A;87,C;96,C;102,A;116,T;166,C;183,T;186,G;188,A;

AMPL3507818　8,A;37,A;40,T;41,G/A;49,A/T;55,G/T;56,A;57,T/G;100,A/G;104,T;
　　　　　　　108,C;113,G;118,T;

AMPL3507819　87,G/A;97,C;139,A/G;155,C/T;

AMPL3507821　41,C;45,G;59,A/T;91,T/G;141,A;144,T/C;

AMPL3507822　1,G/C;8,A;11,A;70,C;94,T/C;108,A;

AMPL3507823　11,T;110,C;123,G;

AMPL3507824　3,G;56,G;65,G/A;68,C/T;117,C/T;

AMPL3507826　55,T/C;61,C/T;74,T/C;98,C;122,G;129,G/A;139,A/G;180,C/T;

AMPL3507827　9,T/C;48,A;65,G/T;77,C/T;95,T;124,T;132,T/C;135,G/A;140,G/A;

AMPL3507828　73,G/T;107,A/G;109,G;143,T;159,G;

AMPL3507829　6,T;14,T;56,A;70,A;71,T;127,A;

AMPL3507831　7,C;16,T/C;19,C;66,T/C;75,G/A;88,C/T;113,C/T;130,T/G;140,G/C;
　　　　　　　164,T;

AMPL3507832　23,T;59,A;78,C;116,C/T;

AMPL3507833　26,T;30,T;49,G;69,G;75,A;97,C;132,A;

AMPL3507834　126,T/C;145,G/A;

AMPL3507836　8,G/A;32,C/T;40,T/G;44,A/G;63,T;71,G/A;113,C/T;142,G/A;

AMPL3507837　1,G;5,A;6,C;7,C;24,A;30,T;59,C;66,T;67,C;78,G;79,G;80,A;111,C;
　　　　　　　139,A;164,A;

AMPL3507838　3,A/G;15,A/G;20,G/A;23,G/A;50,A;52,A/G;59,C/A;64,C;78,G/T;

AMPL3507839　59,G/C;114,T/C;151,C/T;

AMPL3507840 77,G;

AMPL3507841 13,C/T;14,A/G;34,G/A;60,G/T;99,G;

AMPL3507842 13,C/T;17,C/T;20,A/T;64,C;97,A;144,C;158,A;159,G;163,T;

AMPL3507845 57,A/G;161,A/G;

AMPL3507848 38,A/G;78,C/A;

AMPL3507849 16,A/C;19,C/A;23,T/C;24,A/G;33,G;35,A/G;39,G/T;68,C/G;72,G/T;
74,T/G;97,T;128,T/G;134,A/G;142,C;144,T;157,A/G;

AMPL3507851 61,T;91,T;92,G;131,A;151,A;154,A;162,G;165,G;166,T;168,C;

AMPL3507852 8,A;26,C/G;33,T/G;43,A;56,C;62,C/T;93,G/C;124,A/G;

AMPL3507853 2,A;71,A;88,C;149,C;180,T;193,T;

AMPL3507854 34,C/T;36,G;37,T/C;44,G;55,A;70,C/A;84,A;92,A/G;99,T;102,T/G;
110,T/C;112,T/A;114,T/G;126,C/A;139,C/T;153,T/C;158,A/T;164,C/
A;170,C/G;171,G/A;174,A/G;177,G/T;180,C;181,T;187,C;188,G/T;192,
T/C;

AMPL3507855 26,C/T;36,C/T;90,T/C;

AMPL3507856 11,A/G;92,C/T;102,C/T;

AMPL3507857 33,A/G;70,C/G;82,A/T;123,T/C;

AMPL3507858 26,T/G;45,G/T;84,C;143,G/A;152,G/A;176,C/A;

AMPL3507860 30,G;97,T;101,T;128,A;176,C;

AMPL3507861 28,T;43,A;69,C;93,C;105,G;124,T;128,T;

AMPL3507862 2,C/A;4,G;63,G;83,T/C;88,T/C;106,T;115,C/T;124,A;154,T;

AMPL3507863 13,A;45,C;69,A/G;145,A/T;177,A/G;

AMPL3507864 17,T;95,G;120,T/C;

AMPL3507865 19,C;21,T;35,A;43,G;56,C;57,C;75,C;85,G;100,C;101,T;116,A;127,G;
161,T;171,A;172,C;

AMPL3507866 8,T;66,G;74,T;147,C;172,T;

AMPL3507867 21,C/T;27,G;38,T/C;45,T/C;54,C;88,C;93,T/C;112,C;122,A/G;132,G;

AMPL3507868 45,T;51,A/G;108,T/C;166,T/C;186,A/G;

AMPL3507871 7,C;95,G;115,G;144,T;

AMPL3507872 10,C/T;52,G;131,T;132,C/T;

AMPL3507873 13,T;38,T;39,C;54,A;59,A;86,T;

AMPL3507874 2,T;31,A;97,T;99,T;105,G;108,T;122,C;161,G;

AMPL3507876 96,C;114,G/C;144,A/G;178,C;

AMPL3507877 12,T;24,A;27,T;28,A;34,C;39,A;46,T;68,C;70,A;90,A;110,G;126,C;
134,C;

AMPL3507878 8,C;10,A;37,A;59,G;73,T;77,G;78,G;90,T;91,C;103,G;115,C;130,C;

AMPL3507879 50,G/A;90,C/T;91,C/T;116,C/G;127,G;134,C;143,G;155,G;163,T;169,
G;181,T;

AMPL3507880 66,C/T;105,A;124,A;

AMPL3507881 84,T/C;122,A/T;

AMPL3507883 20,T;31,T;68,C/T;74,G;84,A;104,T;142,T;144,G;

AMPL3507885 36,C/G;51,A;54,G/A;65,G/N;66,G/N;71,C/N;78,C/N;110,G/A;112,C/
T;115,G/A;124,G/T;131,T/A;135,G/A;146,A/G;

AMPL3507886　41,G/A;47,C/T;81,G/C;91,T/C;99,G/A;125,A;

AMPL3507887　2,T;35,C;45,G;62,C;65,A/G;92,G/A;101,C/G;

AMPL3507888　4,T;50,G;65,A;70,C;79,A;82,C;94,G;100,G;107,A;133,T;

AMPL3507889　34,T;111,A;154,A;159,G;160,G;

AMPL3507890　19,C;26,T;33,A;60,G;139,C;

AMPL3507891　29,A/C;61,C/T;

AMPL3507892　23,A;28,G/A;55,G/A;69,G/A;72,G/A;122,T;136,A/G;180,A/G;181,T/A;

AMPL3507893　42,T;51,T;77,T;140,G;147,T;161,A;177,T;197,C;

AMPL3507894　165,G/A;182,G/A;

AMPL3507895　65,A/T;92,A/T;141,T;

AMPL3507896　6,T;32,C;77,T/A;85,T/A;107,C;126,G/C;135,T;

AMPL3507897　1,C;7,G;9,C;31,C;91,C;104,T;123,A;132,T;

AMPL3507898　133,G/T;152,A/G;

AMPL3507899　1,G;29,C;39,T;55,C;108,T/G;115,A;125,C/T;140,A/C;

AMPL3507900　23,A/G;62,A/G;63,G/A;73,T;86,T/C;161,C/T;183,G/A;190,A/G;

AMPL3507901　68,T;98,A;116,C/A;

AMPL3507902　38,C/A;57,A;65,C;66,G;92,A;104,C;118,T;176,G;

AMPL3507903　101,A;105,A;121,A;161,C;173,T;

AMPL3507904　3,T/C;5,C;13,G/A;54,T/C;83,G/T;85,T/C;92,C;104,T/C;147,G/A;182,G;

AMPL3507909　2,A;9,G/C;13,G/A;15,C;28,G;32,T;34,A;53,C/T;84,C;97,C;99,C/A;135,G/C;148,G/T;150,T;

AMPL3507910　33,T;105,A;129,C;164,A;

AMPL3507911　33,G;34,C;49,C;50,G;71,G;77,C;89,A;92,G;126,G;130,T;133,C;134,A;151,A;173,G;180,A;181,C;185,C;189,C;190,G;196,C;200,C;

AMPL3507912　19,T;33,T;38,A;43,T;46,G;71,C/G;73,A;108,A;124,T/A;126,G;132,A;143,C;160,T;

AMPL3507914　37,G;52,G;56,A;64,T;115,C;

AMPL3507915　22,G;31,T/C;39,C/T;51,T/C;52,C/T;59,G/A;66,C/T;87,G/A;99,G;103,T/C;128,C/T;134,C;135,T/A;138,G/A;159,T/G;

AMPL3507916　24,G/A;31,C/T;43,C/T;49,T;90,A;110,A/T;132,C;160,A/G;170,G/T;174,A;

AMPL3507918　15,A/T;63,A;72,G;76,T;86,C;87,G/A;90,A;129,G;

AMPL3507919　10,G;22,G;34,T;64,T;74,A;105,G;114,G;133,C;153,T;169,G;184,C;188,A;

AMPL3507920　18,A/C;24,A;32,A/C;67,T;74,C/G;

AMPL3507921　7,C;30,A/G;38,A/G;43,G/A;182,A/G;

AMPL3507922　146,C;

AMPL3507923　69,A;79,T;125,C;140,T;144,C;152,T;

AMPL3507924　46,T/C;51,C/G;131,A/T;143,T/C;166,A/G;

AMPL3507925　28,G;43,T/C;66,C;71,A/G;

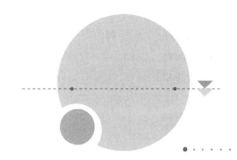

# 黄 272

AMPL3507571  6,G/T;10,G/T;18,C;19,C/T;20,A/G;30,A/G;37,T/A;40,T;

AMPL3507806  31,T;55,C;136,A;139,G;158,A;

AMPL3507807  28,A/C;31,C/G;89,C/T;96,G/A;129,A/C;

AMPL3507808  75,A;114,C;124,T;132,T;134,G;139,G;171,C;172,T;

AMPL3507809  45,G;47,C;49,A;65,C;76,C;81,T;91,A;115,A;

AMPL3507810  33,C;53,C;74,G;90,T;98,G;154,G;

AMPL3507811  30,G;97,A/G;104,G/A;

AMPL3507812  6,C/T;53,C/T;83,T/C;90,T/A;109,A/C;113,A/T;154,T/C;155,C;

AMPL3507813  14,T;86,G;127,A;

AMPL3507814  63,G/A;67,G;70,G/T;72,A/G;94,A;119,G;134,C/T;157,G;

AMPL3507815  9,A;155,A/C;163,A;

AMPL3507816  93,A/G;105,C/G;150,G/A;166,T/C;171,T/C;

AMPL3507817  38,G/A;87,G/C;96,C;102,A;116,C/T;166,T/C;183,C/T;186,G;188,G/A;

AMPL3507818  8,A;37,A;40,T;41,G;49,T/A;55,T/G;56,G/A;57,G/T;100,G/A;104,G/T;
108,T/C;113,G;118,T;

AMPL3507819  87,A/G;97,C;139,G/A;155,T/C;

AMPL3507821  41,G;45,A;59,A;91,G;141,G;144,C;

AMPL3507822  1,G/C;8,A;11,A;70,C;94,T/C;108,A;

AMPL3507823  11,T;110,C;123,G;

AMPL3507824  3,G;56,G;65,G/A;68,C/T;117,C/T;

AMPL3507826  55,T;61,C;74,T;98,C;122,G;129,G;139,A;180,C;

AMPL3507827  9,T/C;48,A;65,G/T;77,C/T;95,T;124,T;132,T/C;135,G/A;140,G/A;

AMPL3507828  73,T;107,G;109,G;143,T;159,G;

AMPL3507829  6,T;14,T;56,A;70,A;71,T;127,A;

AMPL3507831  7,C;16,C/T;19,C;66,C/T;75,A/G;88,T/C;113,T/C;130,G/T;140,C/G;
164,T;

AMPL3507832  23,C/T;59,A;78,G/C;116,T/C;

AMPL3507833  26,T;30,G;49,A/G;69,T;75,A;97,A;132,T;

AMPL3507834  126,T;145,G;

AMPL3507836  8,G/A;32,C/T;40,T/G;44,A/G;63,T;71,G/A;113,C/T;142,G/A;

AMPL3507837  1,G;5,A;6,C;7,C;24,A;30,T;59,C;66,T;67,C;78,G;79,G;80,A;111,C;
139,A;164,A;

AMPL3507838  3,G/A;15,G/A;20,A/G;23,A/G;50,A;52,G/A;59,A/C;64,C;78,T/G;

AMPL3507839  59,G/C;114,T/C;151,C/T;

AMPL3507840　77,C/G;

AMPL3507841　13,T;14,G;34,A;60,T;99,G;

AMPL3507842　13,C;17,T/C;20,T/A;64,T/C;97,G/A;144,T/C;158,C/A;159,T/G;163, A/T;

AMPL3507844　2,T;6,G;26,C;35,C;63,G;65,A;68,T;96,C;97,C;119,T;130,A;137,G; 158,T;

AMPL3507845　57,A;161,A;

AMPL3507849　16,T/C;19,C/A;23,T;24,A/G;33,G;35,A/G;39,G;68,C/G;72,G/T;74,T/ G;97,T;128,G;134,G;142,A/C;144,C/T;157,A;

AMPL3507850　2,A;16,C;35,A;39,G/A;60,C;93,C;110,G;114,C/T;125,C;128,A;130,C;

AMPL3507851　61,T;91,T;92,G;131,G/A;151,G/A;154,C/A;162,C/G;165,G;166,A/T; 168,G/C;

AMPL3507852　8,A;26,G/C;33,G/T;43,A;56,C;62,T/C;93,C/G;124,G/A;

AMPL3507853　2,T;71,G;88,T;149,G;180,C;193,A;

AMPL3507854　34,C;36,G;37,T;44,G;55,A;70,C;84,A;92,A;99,T;102,T;110,T;112,T; 114,T;126,C;139,C;153,T;158,A;164,C;170,C;171,G;174,A;177,G;180,C; 181,T;187,C;188,G;192,T;

AMPL3507855　26,C/T;36,C/T;90,T/C;

AMPL3507856　11,A/G;92,C/T;102,C/T;

AMPL3507857　33,G;70,C/G;82,A/T;123,C;

AMPL3507858　26,T/G;45,G/T;84,T/C;143,G/A;152,G/A;176,C/A;

AMPL3507860　30,G;97,C/T;101,G/T;128,G/A;176,T/C;

AMPL3507861　28,T;43,A;69,C;93,C;105,G;124,T;128,T;

AMPL3507862　2,C/A;4,G/C;63,G;83,T/C;88,T/C;106,T/C;115,C;124,A;154,T/C;

AMPL3507863　13,G/A;45,G/C;69,A/G;145,A/T;177,A/G;

AMPL3507864　17,T;95,G;120,C;

AMPL3507865　19,C;21,T;35,A;43,G;56,C/A;57,C/T;75,C;85,G;100,C/G;101,T;116,A/ C;127,G/C;161,T/C;171,A/G;172,C/T;

AMPL3507866　8,T;66,G;74,T;147,C;172,T;

AMPL3507867　21,T;27,G;38,C;45,C;54,C;88,C;93,C;112,C;122,G;132,G;

AMPL3507868　45,T/C;51,A/G;108,T;166,T;186,A/G;

AMPL3507871　7,C;95,G;115,G;144,T;

AMPL3507872　10,T/C;52,G;131,T;132,T/C;

AMPL3507873　13,T;38,T;39,C;54,A;59,A;86,T;

AMPL3507874　2,T;31,A;97,T;99,T;105,G;108,T;122,C;161,G;

AMPL3507876　96,C;114,G;144,A;178,C;

AMPL3507877　12,T/TAT;24,A/G;27,T/A;28,A/G;34,C;39,A;46,T;68,C;70,A/G;90,G/ A;110,G;126,C;134,A/C;

AMPL3507878　8,C;10,A;37,A;59,G;73,T;77,G;78,G;90,T;91,C;103,G;115,C;130,C;

AMPL3507879　50,A;90,C;91,C;116,C;127,T/G;134,G/C;143,G/C;155,G/T;163,C/T;169, A;181,C/T;

AMPL3507880　66,C/T;105,A;124,A;

AMPL3507881　84,T;122,A;

AMPL3507882　40,G;43,A;61,T;

AMPL3507883　20,C/T;31,T;68,C/T;74,G;84,C/A;104,T;142,T;144,G;

AMPL3507885　36,C/G;51,A;54,G/A;65,G/N;66,G/N;71,C/N;78,C/N;110,G/A;112,C/T;115,G/A;124,G/T;131,T/A;135,G/A;146,A/G;

AMPL3507886　41,G/A;47,C/T;81,G/C;91,T/C;99,G/A;125,A/T;

AMPL3507887　2,T;35,C;45,G;62,C;65,A;92,G;101,C;

AMPL3507888　4,C/T;50,A/G;65,A;70,C;79,T/A;82,T/C;94,A/G;100,A/G;107,T/A;133,T;

AMPL3507889　34,T;111,A;154,A;159,G;160,G;

AMPL3507890　19,C;26,T;33,A;60,G;139,C;

AMPL3507891　29,A;61,T/C;

AMPL3507892　23,A;28,A;55,A;69,A;72,A;122,T;136,G;180,G;181,A;

AMPL3507893　42,T/A;51,T/C;77,T;140,G/T;147,T/C;161,A/G;177,T/A;197,C/G;

AMPL3507894　165,G;182,G;

AMPL3507895　65,A;92,C;141,T/G;

AMPL3507896　6,T;32,C;77,A/T;85,A/T;107,C;126,C/G;135,T;

AMPL3507898　133,T;152,G;

AMPL3507899　1,G;29,C;39,T;55,C;108,T/G;115,A;125,C/T;140,C;

AMPL3507900　23,G/A;62,G/A;63,A/G;73,T;86,C/T;161,T/C;183,A/G;190,G/A;

AMPL3507901　68,T;98,A;116,A/C;

AMPL3507902　38,C;57,G/A;65,C;66,G;92,T/A;104,A/C;118,A/T;176,G;

AMPL3507903　101,A;105,A;121,A;161,C;173,T;

AMPL3507904　3,T/C;5,C;13,G/A;54,T/C;83,G/T;85,T/C;92,C;104,T/C;147,G/A;182,G;

AMPL3507909　2,A;9,G/C;13,G/A;15,C;28,G;32,T;34,A;53,C/T;84,C;97,C;99,C/A;135,G/C;148,G/T;150,T;

AMPL3507911　33,G;34,C;49,C;50,G;71,G;77,C;89,A;92,G;126,G;130,T;133,C;134,A;151,A;173,G;180,A;181,C;185,C;189,C;190,G;196,C;200,C;

AMPL3507912　19,C/T;33,T/A;38,G/A;43,C/T;46,A;71,G/C;73,A/T;108,A;124,A/T;126,G;132,A;143,C;160,T;

AMPL3507913　21,A;58,C;90,C;107,A;109,T;111,T;113,G;128,A;134,G;

AMPL3507914　37,C/G;52,G;56,T/A;64,G/T;115,T/C;

AMPL3507915　22,A/G;31,C/T;39,T/C;51,C/T;52,T/C;59,A/G;66,T/C;87,A/G;99,A/G;103,C/T;128,T/C;134,A/C;135,A/T;138,A/G;159,G/T;

AMPL3507916　24,A/G;31,T/C;43,T/C;49,G/T;90,G/A;110,T/A;132,A/C;160,A;170,G;174,G/A;

AMPL3507918　15,T;63,A;72,G;76,T;86,C;87,A;90,A;129,G;

AMPL3507919　10,G;22,T/G;34,C/T;64,G/T;74,G/A;105,A/G;114,A/G;133,T/C;153,G/T;169,G;184,T/C;188,T/A;

AMPL3507920　18,A/C;24,A;32,A/C;67,T;74,C/G;

AMPL3507921　7,C;30,G;38,G;43,A;182,G;

AMPL3507923　69,A;79,T;125,C;140,T;144,C;152,T;

AMPL3507924　46,T/C;51,C/G;131,A/T;143,T/C;166,A/G;

AMPL3507925　28,G;43,T;66,C/T;71,A/G;

# 黄 55

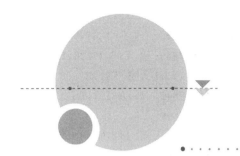

AMPL3507571  6,G/T;10,G/T;18,C;19,C/T;20,A/G;30,A/G;37,T/A;40,T;

AMPL3507806  31,A/T;55,C;136,C/A;139,T/G;158,A;

AMPL3507807  28,C;31,G;89,T;96,A;129,C;

AMPL3507808  75,A;114,C;124,T;132,T;134,G;139,G;171,C;172,T;

AMPL3507809  45,A;47,G;49,A;65,A;76,T;81,A;91,T;115,A;

AMPL3507810  33,T;53,T;74,G;90,C;98,G;154,G;

AMPL3507811  30,G;97,G;104,A;

AMPL3507812  6,C;53,C;83,T;90,T;109,A;113,A;154,T;155,C;

AMPL3507813  14,T;86,G;127,A;

AMPL3507814  63,A;67,G;70,T;72,A/G;94,A;119,G;134,C/T;157,G;

AMPL3507815  9,T/A;155,C;163,A;

AMPL3507816  93,G/A;105,G/C;150,A/G;166,C/T;171,C/T;

AMPL3507817  38,G/A;87,G/C;96,C;102,A;116,C/T;166,T/C;183,C/T;186,G;188,G/A;

AMPL3507818  8,A;37,A;40,T;41,G;49,T;55,T;56,G;57,G;100,G;104,G;108,T;113,G;
118,T;

AMPL3507819  87,A/G;97,C;139,G/A;155,T/C;

AMPL3507821  41,G;45,A;59,A;91,G;141,G;144,C;

AMPL3507822  1,G/C;8,A;11,T/A;70,C;94,C;108,G/A;

AMPL3507823  11,C;110,A;123,A;

AMPL3507824  3,G/A;56,G;65,A/G;68,T/C;117,T/C;

AMPL3507826  55,T;61,C;74,T;98,C;122,G;129,G;139,A;180,C;

AMPL3507827  9,T/C;48,A;65,G/T;77,C/T;95,T;124,T;132,T/C;135,G/A;140,G/A;

AMPL3507828  73,T;107,G;109,G;143,T;159,G;

AMPL3507829  6,T;14,T/A;56,A/G;70,A/G;71,T/A;127,A;

AMPL3507831  7,C;16,C/T;19,C/T;66,C;75,A;88,T;113,T/C;130,G;140,C/G;164,T/G;

AMPL3507832  23,T/C;59,A/G;78,C/G;116,T;

AMPL3507833  26,T;30,G;49,G;69,T;75,A;97,A;132,T;

AMPL3507834  126,T;145,G;

AMPL3507835  12,G;38,G;93,A;98,G;99,T;129,C;150,T;

AMPL3507836  8,G/A;32,C/T;40,T/G;44,A/G;63,T;71,G/A;113,C/T;142,G/A;

AMPL3507838  3,G;15,G;20,A/G;23,A;50,A;52,G;59,A;64,C;78,T;

AMPL3507839  59,C;114,C;151,T;

AMPL3507840  77,G;

AMPL3507841  13,C/T;14,A/G;34,G/A;60,G/T;99,G;

AMPL3507842 13,C/T;17,C/T;20,A/T;64,C;97,A;144,C;158,A;159,G;163,T;

AMPL3507844 2,T;6,G;26,C;35,C;63,G;65,A;68,T;96,C;97,C;119,T;130,A;137,G;158,T;

AMPL3507845 57,A;161,A;

AMPL3507849 16,C;19,A;23,T;24,G;33,G;35,G;39,G;68,G;72,T;74,G;97,T;128,G;134,G;142,C;144,T;157,A;

AMPL3507850 2,A;16,C;35,A;39,G/A;60,C;93,C;110,G;114,C/T;125,C;128,A;130,C;

AMPL3507851 61,T;91,C/T;92,T/G;131,G/A;151,G/A;154,C/A;162,C/G;165,C/G;166,A/T;168,G/C;

AMPL3507852 8,A;26,C/G;33,T/G;43,A;56,C;62,C/T;93,G/C;124,A/G;

AMPL3507853 2,A/T;71,A/G;88,C/T;149,C/G;180,T/C;193,T/A;

AMPL3507854 34,C/T;36,G/T;37,T/C;44,G/T;55,A;70,C/A;84,A/C;92,A/G;99,T;102,T;110,T;112,T;114,T;126,C/A;139,C;153,T;158,A;164,C;170,C;171,G;174,A;177,G;180,C;181,T;187,C/T;188,G;192,T;

AMPL3507855 26,C/T;36,C/T;90,T/C;

AMPL3507856 11,A/G;92,C/T;102,C/T;

AMPL3507857 33,A/G;70,C/G;82,A/T;123,T/C;

AMPL3507858 26,G;45,T;84,C;143,A;152,A;176,A;

AMPL3507860 30,G;97,C/T;101,G/T;128,G/A;176,T/C;

AMPL3507861 28,T;43,A;69,C;93,C;105,G;124,T;128,T;

AMPL3507862 2,A;4,G;63,G/A;83,C;88,C/T;106,T;115,T/C;124,A/C;154,T;

AMPL3507863 13,G/A;45,G/C;69,A/G;145,A/T;177,A/G;

AMPL3507864 17,C/T;95,A/G;120,T/C;

AMPL3507865 19,T/C;21,A/T;35,A;43,A/G;56,A/C;57,C;75,T/C;85,C/G;100,G/C;101,C/T;116,C/A;127,C/G;161,T;171,A;172,T/C;

AMPL3507866 8,T;66,G;74,T;147,C;172,T;

AMPL3507868 45,T;51,A/G;108,T/C;166,T/C;186,A/G;

AMPL3507871 7,C;95,G;115,G/T;144,T;

AMPL3507872 10,C;52,G;131,T;132,C;

AMPL3507873 13,T;38,T;39,C;54,A;59,A;86,T;

AMPL3507875 44,G;45,G;68,G;110,G;125,A;137,G;151,A;184,C;

AMPL3507876 96,C;114,G/C;144,A/G;178,C;

AMPL3507877 12,G/T;24,G/A;27,T;28,G/A;34,G/C;39,G/A;46,A/T;68,A/C;70,A;90,A;110,G;126,G/C;134,C;

AMPL3507878 8,T/C;10,G/A;37,G/A;59,G;73,T;77,A/G;78,A/G;90,C/T;91,C;103,A/G;115,C;130,C;

AMPL3507879 50,A;90,C/T;91,C/T;116,C/G;127,G;134,C;143,C/G;155,T/G;163,T;169,A/G;181,T;

AMPL3507880 66,T;105,C/A;124,G/A;

AMPL3507881 84,T;122,A/G;

AMPL3507882 40,G;43,A;61,T;

AMPL3507883 20,T/C;31,T;68,C;74,G;84,A/C;104,T;142,T;144,G;

AMPL3507885  36,C/G;51,G/A;54,A;65,C/N;66,T/N;71,T/N;78,T/N;110,A;112,T;115,
A;124,T;131,A;135,A;146,G;

AMPL3507886  41,A;47,T;81,C;91,C;99,A;125,T/A;

AMPL3507887  2,T;35,C;45,G/A;62,C;65,A/G;92,G/A;101,C/GTG;

AMPL3507888  4,T;50,G;65,A;70,C;79,A;82,C;94,G;100,G;107,A;133,T;

AMPL3507889  34,T;111,G/A;154,C/A;159,G;160,G;

AMPL3507891  29,A;61,C/T;

AMPL3507892  23,G/A;28,G/A;55,G/A;69,G/A;72,G/A;122,C/T;136,G;180,G;181,A;

AMPL3507893  42,T;51,T;77,T;140,G;147,T;161,A;177,T;197,C;

AMPL3507894  165,G/A;182,G/A;

AMPL3507895  65,T/A;92,T/C;141,T;

AMPL3507896  6,T;32,C/T;77,T;85,T;107,C/A;126,G;135,T/G;

AMPL3507897  1,C;7,G;9,C;31,C;91,C;104,T;123,A;132,T;

AMPL3507898  133,G/T;152,A/G;

AMPL3507899  1,G;29,C;39,T;55,C;108,G;115,A;125,T;140,C;

AMPL3507900  23,A/G;62,G;63,A;73,T;86,T/C;161,C/T;183,G/A;190,G;

AMPL3507901  68,T;98,A;116,C/A;

AMPL3507902  38,A;57,A;65,C;66,G;92,A;104,C;118,T;176,G;

AMPL3507903  101,G;105,G;121,C;161,C;173,C;

AMPL3507904  3,C;5,C;13,G/A;54,C;83,G/T;85,C;92,T/C;104,C;147,A;182,G;

AMPL3507909  2,A;9,G/C;13,G;15,C;28,G;32,T;34,A;53,C/T;84,C;97,C;99,C;135,G;
148,G;150,T;

AMPL3507910  33,C;105,G;129,A;164,G;

AMPL3507911  33,G;34,T;49,C;50,G;71,A;77,C;89,A;92,G;126,A;130,C;133,C;134,A;
151,A;173,T;180,A;181,C;185,T;189,C;190,G;196,C;200,C;

AMPL3507912  19,T;33,T;38,A;43,T;46,G;71,G;73,A;108,A;124,A;126,G;132,A;143,
C;160,T;

AMPL3507913  21,T/A;58,T/C;90,C;107,A;109,T;111,T;113,G;128,A;134,G;

AMPL3507914  37,C/G;52,G;56,T/C;64,G/T;115,T/C;

AMPL3507915  22,A;31,C;39,T;51,C;52,T;59,A;66,T;87,A;99,A;103,C;128,T;134,A;
135,A;138,A;159,G;

AMPL3507916  24,G/A;31,C/T;43,C/T;49,T;90,A;110,A/T;132,C;160,A/G;170,G/T;
174,A;

AMPL3507918  15,A/T;63,A;72,G;76,T;86,C;87,G/A;90,A;129,G;

AMPL3507919  10,A/G;22,T/G;34,C/T;64,G/T;74,G/A;105,A/G;114,A/G;133,T/C;153,
G/T;169,G;184,T/C;188,T/A;

AMPL3507920  18,C;24,A;32,C;67,T;74,G;

AMPL3507921  7,C;30,G;38,G;43,A;182,G;

AMPL3507922  146,C/A;

AMPL3507923  69,A;79,C/T;125,C;140,T;144,C;152,T;

AMPL3507924  46,C;51,G;131,T;143,C;166,G;

# 黄 84

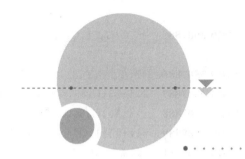

AMPL3507571  6,G;10,G;18,C;19,C;20,A;30,A;37,T;40,T;
AMPL3507806  31,T;55,C;136,A;139,G;158,A;
AMPL3507807  28,C;31,G;89,T;96,A;129,C;
AMPL3507808  75,A;114,C;124,T;132,T;134,G;139,G;171,C;172,T;
AMPL3507809  45,G;47,C;49,A;65,C;76,C;81,T;91,A;115,A;
AMPL3507810  33,C;53,C;74,G;90,T;98,G;154,G;
AMPL3507811  30,G;97,A;104,G;
AMPL3507812  6,T;53,T;83,C;90,A;109,C;113,T;154,C;155,C;
AMPL3507813  14,A/T;86,G;127,A;
AMPL3507814  63,G;67,G;70,G;72,A;94,A;119,G/A;134,C;157,G;
AMPL3507815  9,A;155,A/C;163,A/G;
AMPL3507816  93,G;105,G;150,A;166,C;171,C;
AMPL3507817  38,A/G;87,C/G;96,C;102,A;116,T/C;166,C/T;183,T/C;186,G;188,A/G;
AMPL3507818  8,A;37,A;40,T;41,A/G;49,T/A;55,T/G;56,A;57,G/T;100,G/A;104,T;
             108,C;113,G;118,T;
AMPL3507819  87,A;97,C;139,G;155,T;
AMPL3507821  41,G/C;45,A/G;59,A/T;91,G;141,G/A;144,C;
AMPL3507822  1,G;8,A;11,T/A;70,C;94,C/T;108,G/A;
AMPL3507823  11,C/T;110,A/C;123,A/G;
AMPL3507824  3,A/G;56,G;65,G/A;68,C/T;117,C/T;
AMPL3507826  55,T/C;61,C/T;74,T/C;98,C;122,G;129,G/A;139,A/G;180,C/T;
AMPL3507827  9,C;48,A;65,T;77,T;95,T;124,T;132,C;135,A;140,A;
AMPL3507828  73,T;107,A;109,C;143,C;159,C;
AMPL3507829  6,T;14,T/A;56,A/G;70,A/G;71,T/A;127,A;
AMPL3507831  7,C;16,T;19,C/T;66,T/C;75,G/A;88,C/T;113,C;130,T/G;140,G;164,
             T/G;
AMPL3507832  23,T/C;59,A/G;78,C/G;116,C/T;
AMPL3507833  26,T;30,T;49,G;69,G;75,G;97,C;132,A;
AMPL3507834  126,T/C;145,G/A;
AMPL3507835  12,G;38,G;93,A;98,G;99,T;129,C;150,T;
AMPL3507836  8,A;32,T;40,G;44,G;63,T;71,A;113,T;142,A;
AMPL3507837  1,A;5,G;6,T;7,C;24,T;30,C;59,C;66,C;67,C;78,A;79,A;80,A;111,T;
             139,G;164,A;
AMPL3507838  3,G;15,G;20,A/G;23,A;50,A;52,G;59,A;64,C;78,T;

AMPL3507839    59,C/G;114,C/T;151,T/C;

AMPL3507840    77,C;

AMPL3507841    13,T;14,G;34,A;60,T;99,G;

AMPL3507842    13,C/T;17,C/T;20,A/T;64,C;97,A;144,C;158,A;159,G;163,T;

AMPL3507844    2,T;6,G;26,C;35,C;63,G;65,A;68,T;96,C;97,C;119,T;130,A;137,G;
               158,T;

AMPL3507845    57,G;161,G;

AMPL3507846    5,A;21,A;24,G;26,A;94,G;112,A;127,G;128,A;149,G;175,A;

AMPL3507848    38,A/G;78,C/A;

AMPL3507849    16,A/C;19,C/A;23,T;24,A/G;33,G;35,A/G;39,G;68,C/G;72,G/T;74,T/
               G;97,T;128,T/G;134,A/G;142,C;144,T;157,A;

AMPL3507850    2,G;16,T;35,G;39,G;60,T;93,T;110,A;114,C;125,C;128,C;130,T;

AMPL3507851    61,T;91,T/C;92,G/T;131,A/G;151,A/G;154,A/C;162,G/C;165,G/C;166,
               T/A;168,C/G;

AMPL3507852    8,A;26,C;33,T;43,A;56,C;62,T;93,C;124,G;

AMPL3507853    2,T;71,G;88,T;149,G;180,C;193,A;

AMPL3507854    34,T;36,G;37,C;44,G;55,A/T;70,A;84,A;92,G/A;99,T;102,G/T;110,C/
               T;112,A/T;114,G/T;126,A;139,T;153,C/T;158,T;164,A;170,G/C;171,A/
               G;174,G/A;177,T/G;180,C;181,T;187,C;188,T/G;192,C/T;

AMPL3507855    26,C;36,C;90,T;

AMPL3507856    11,A;92,C;102,C;

AMPL3507857    33,G/A;70,G/C;82,T/A;123,C/T;

AMPL3507858    26,G;45,G/T;84,C;143,G/A;152,G/A;176,C/A;

AMPL3507860    30,G;97,T;101,T;128,A;176,C;

AMPL3507861    28,C/T;43,G/A;69,G/C;93,C;105,T/G;124,C/T;128,A/T;

AMPL3507862    2,A;4,C/G;63,G/A;83,C;88,C/T;106,C/T;115,C;124,A/C;154,C/T;

AMPL3507863    13,G/A;45,G/C;69,A;145,A;177,A;

AMPL3507864    17,C/T;95,G;120,T;

AMPL3507865    19,C;21,T;35,A;43,G;56,A/C;57,T/C;75,C;85,G;100,G/C;101,T;116,C/
               A;127,C/G;161,C/T;171,G/A;172,T/C;

AMPL3507867    21,C;27,G;38,T;45,T;54,C;88,C;93,T;112,C;122,A;132,G;

AMPL3507868    45,C/T;51,G;108,T/C;166,T/C;186,G;

AMPL3507871    7,C;95,G;115,G;144,T;

AMPL3507872    10,C;52,G;131,T;132,C;

AMPL3507873    13,T;38,T;39,C;54,A;59,A;86,T;

AMPL3507874    2,C;31,C;97,T;99,T;105,G;108,T;122,T;161,A;

AMPL3507875    44,G;45,G;68,C;110,T;125,A;137,G;151,A;184,T;

AMPL3507877    12,T;24,A;27,T;28,A;34,C;39,A;46,T;68,C;70,A;90,G/A;110,G;126,C;
               134,A/C;

AMPL3507878    8,T/C;10,G/A;37,G/A;59,G;73,T;77,A/G;78,A/G;90,C/T;91,C;103,A/
               G;115,C;130,C;

AMPL3507879    50,A;90,C;91,C;116,C;127,T;134,G;143,G;155,G;163,C;169,A;181,C;

AMPL3507880    66,T;105,A/C;124,A/G;

AMPL3507881    84,T;122,G;

AMPL3507882    40,G;43,A;61,T;

AMPL3507883    20,C;31,T;68,C;74,G;84,C;104,T;142,T;144,G;

AMPL3507885    36,C/G;51,A;54,G/A;65,G/N;66,G/N;71,C/N;78,C/N;110,G/A;112,C/
               T;115,G/A;124,G/T;131,T/A;135,G/A;146,A/G;

AMPL3507886    41,G/A;47,C/T;81,G/C;91,T/C;99,G/A;125,A;

AMPL3507887    2,T;35,C/A;45,G;62,C;65,A/G;92,G/A;101,C/G;

AMPL3507888    4,C/T;50,A/G;65,A;70,C;79,T/A;82,T/C;94,A/G;100,A/G;107,T/A;
               133,T;

AMPL3507889    34,T;111,A;154,A;159,G;160,G;

AMPL3507890    19,T;26,C;33,G;60,A;139,T;

AMPL3507891    29,A;61,T/C;

AMPL3507892    23,A;28,G/A;55,G/A;69,G/A;72,G/A;122,T;136,A/G;180,A/G;181,
               T/A;

AMPL3507893    42,A;51,C;77,T/C;140,T;147,C;161,G;177,A;197,G;

AMPL3507894    165,A;182,A;

AMPL3507895    65,A;92,T/C;141,T/G;

AMPL3507896    6,T;32,C;77,A;85,A;107,C;126,C;135,T;

AMPL3507897    1,A;7,A;9,G;31,T;91,T;104,C;123,G;132,G;

AMPL3507898    133,T;152,G;

AMPL3507899    1,G;29,C;39,T;55,C;108,T/G;115,A;125,C/T;140,A/C;

AMPL3507900    23,A;62,A;63,G;73,T;86,T;161,C;183,G;190,A;

AMPL3507901    68,T;98,A;116,A/C;

AMPL3507902    38,A/C;57,A;65,C;66,G;92,A;104,C;118,T;176,G;

AMPL3507903    101,A;105,A;121,A;161,C;173,T;

AMPL3507904    3,C/T;5,C;13,G;54,C;83,G;85,C;92,T/C;104,C;147,A;182,A/G;

AMPL3507906    7,T;9,G;30,G;41,A;42,A;48,T;69,G;71,A;78,G;88,A;91,G;108,A;115,
               G;122,A;126,A;141,A;

AMPL3507909    2,A;9,C;13,A;15,C;28,G;32,T;34,A;53,T;84,C;97,C;99,A;135,C;148,T;
               150,T;

AMPL3507911    33,G;34,C;49,C;50,G;71,G;77,C;89,A;92,G;126,G;130,T;133,C;134,A;
               151,A;173,G;180,A;181,C;185,C;189,C;190,G;196,C;200,C;

AMPL3507912    19,C;33,T;38,G;43,C;46,A;71,G;73,A;108,A;124,A;126,G;132,A;143,C;
               160,T;

AMPL3507913    21,T;58,T;90,C;107,A;109,T;111,T;113,G;128,A;134,G;

AMPL3507914    37,G/C;52,G;56,A/T;64,T/G;115,C/T;

AMPL3507915    22,A;31,C;39,T;51,C;52,T;59,A;66,T;87,A;99,A;103,C;128,T;134,A;
               135,A;138,A;159,G;

AMPL3507916    24,A/G;31,T/C;43,T/C;49,T;90,A;110,T/A;132,C;160,G/A;170,T/G;
               174,A;

**AMPL3507918**　15,A;63,A;72,G/A;76,T/C;86,C/A;87,G;90,A;129,G;

**AMPL3507919**　10,G;22,G;34,T;64,T;74,A;105,G;114,G;133,C;153,T;169,G;184,C;
188,A;

**AMPL3507920**　18,A/C;24,A;32,A/C;67,T;74,C/G;

# 黄 86

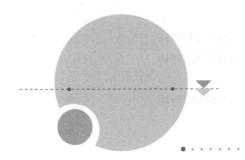

AMPL3507571  6,T;10,T;18,C;19,T;20,G;30,G;37,A;40,C;

AMPL3507806  31,T;55,C;136,A;139,G;158,A;

AMPL3507807  28,A/C;31,C/G;89,T;96,A;129,C;

AMPL3507808  75,T/A;114,T/C;124,A/T;132,C/T;134,C/G;139,C/G;171,C;172,A/T;

AMPL3507809  45,A;47,G;49,A;65,A;76,T;81,A;91,T;115,A;

AMPL3507810  33,T/C;53,T/C;74,G;90,C/T;98,G;154,G;

AMPL3507811  30,G;97,A;104,G;

AMPL3507812  6,T/C;53,T/C;83,C/T;90,A/T;109,C/A;113,T/A;154,C/T;155,C;

AMPL3507813  14,A/T;86,G;127,A;

AMPL3507814  63,A;67,A/G;70,T;72,A/G;94,G/A;119,A/G;134,C/T;157,A/G;

AMPL3507815  9,A/T;155,A/C;163,A;

AMPL3507816  93,G/A;105,G/C;150,A/G;166,C/T;171,C/T;

AMPL3507817  38,A/G;87,C/G;96,A/C;102,G/A;116,T/C;166,T;183,T/C;186,A/G;
188,G;

AMPL3507818  8,G/A;37,A;40,T;41,A/G;49,T;55,T;56,A/G;57,G;100,A/G;104,T/G;
108,C/T;113,G;118,T;

AMPL3507819  87,G/A;97,T/C;139,A/G;155,C/T;

AMPL3507821  41,G/C;45,A/G;59,A;91,G/T;141,G/A;144,C/T;

AMPL3507822  1,G;8,A/G;11,A/T;70,C;94,C;108,A/G;

AMPL3507823  11,C;110,A;123,A;

AMPL3507824  3,G;56,G;65,A;68,T;117,T;

AMPL3507826  55,T;61,C;74,T;98,C;122,G;129,G;139,A;180,C;

AMPL3507827  9,T;48,A;65,G;77,C;95,T;124,T;132,T;135,G;140,G;

AMPL3507828  73,T/G;107,A;109,C/G;143,C/T;159,C/G;

AMPL3507829  6,T;14,T;56,A;70,A;71,T;127,A;

AMPL3507831  7,C;16,T/C;19,C;66,T/C;75,G/A;88,C/T;113,C/T;130,T/G;140,G/C;
164,T;

AMPL3507832  23,T/C;59,A/G;78,C/G;116,T;

AMPL3507833  26,A;30,T;49,G;69,G;75,A;97,C;132,A;

AMPL3507834  126,T;145,G;

AMPL3507836  8,A/G;32,T/C;40,G/T;44,G/A;63,T;71,A/G;113,T/C;142,A/G;

AMPL3507837  1,A;5,G;6,T;7,C;24,T;30,C;59,C;66,C;67,C;78,A;79,A;80,A;111,T;
139,G;164,A;

AMPL3507838  3,A/G;15,A/G;20,G/A;23,G/A;50,A;52,A/G;59,C/A;64,C;78,G/T;

AMPL3507839　59,G/C;114,T/C;151,C/T;

AMPL3507840　77,C/G;

AMPL3507841　13,C;14,G/A;34,G;60,G;99,A/G;

AMPL3507842　13,T;17,T;20,T;64,C;97,A;144,C;158,A;159,G;163,T;

AMPL3507844　2,C;6,G;26,T;35,T;63,A;65,A;68,G;96,C;97,C;119,T;130,A;137,A;
158,T;

AMPL3507845　57,A;161,A;

AMPL3507846　5,A;21,G;24,A;26,A;94,G;112,A;127,G;128,A;149,C;175,T;

AMPL3507848　38,A/G;78,C/A;

AMPL3507849　16,A/C;19,C/A;23,T/C;24,A/G;33,G;35,A/G;39,G/T;68,C/G;72,G/T;
74,T/G;97,T;128,T/G;134,A/G;142,C;144,T;157,A/G;

AMPL3507851　61,C/T;91,T;92,G;131,A;151,G/A;154,G/A;162,G;165,G;166,A/T;168,
G/C;

AMPL3507852　8,A;26,C;33,T;43,A;56,T;62,C;93,G;124,A;

AMPL3507853　2,T;71,G;88,T;149,G;180,C;193,A;

AMPL3507854　34,C;36,G;37,T;44,G;55,A;70,C;84,A;92,A;99,T;102,T;110,T;112,T;
114,T;126,C;139,C;153,T;158,A;164,C;170,C;171,G;174,A;177,G;180,C;
181,T;187,C;188,G;192,T;

AMPL3507855　26,C;36,C;90,T;

AMPL3507856　11,A;92,C;102,C;

AMPL3507857　33,G;70,G;82,T;123,C;

AMPL3507858　26,G;45,T;84,C;143,A;152,A;176,A;

AMPL3507860　30,G;97,T;101,T;128,A;176,C;

AMPL3507861　28,T;43,A;69,C;93,C;105,G;124,T;128,T;

AMPL3507862　2,A;4,G;63,A;83,C;88,T;106,T;115,C;124,C;154,T;

AMPL3507863　13,G/A;45,G/C;69,A/G;145,A/T;177,A/G;

AMPL3507864　17,C/T;95,A/G;120,T;

AMPL3507865　19,C;21,T;35,A;43,G;56,A;57,T;75,C;85,G;100,G;101,T;116,C;127,C;
161,C;171,G;172,T;

AMPL3507867　21,C;27,G/A;38,T;45,T/C;54,C;88,C/T;93,T/C;112,C;122,A;132,G/C;

AMPL3507868　45,C;51,G;108,T;166,T;186,G;

AMPL3507871　7,T;95,C;115,T;144,C;

AMPL3507872　10,C;52,G;131,T;132,C;

AMPL3507873　13,T;38,T;39,C;54,A;59,A;86,T;

AMPL3507874　2,T;31,A;97,T;99,T;105,G;108,T;122,C;161,G;

AMPL3507876　96,C;114,G;144,A;178,C;

AMPL3507877　12,G/T;24,G/A;27,T;28,G/A;34,G/C;39,G/A;46,A/T;68,A/C;70,A;90,
A;110,G;126,G/C;134,C;

AMPL3507878　8,C/T;10,A/G;37,A/G;59,G;73,T;77,G/A;78,G/A;90,T/C;91,C;103,G/
A;115,C;130,C;

AMPL3507879　50,A;90,C;91,C;116,C;127,T;134,G;143,G;155,G;163,C;169,A;181,C;

AMPL3507880　66,T;105,A/C;124,A/G;

AMPL3507883    20,C;31,T;68,C;74,G;84,C;104,T;142,T;144,G;

AMPL3507886    41,G;47,C;81,G;91,T;99,G;125,A;

AMPL3507887    2,T/A;35,C;45,G;62,C/T;65,A/G;92,G/A;101,C/G;

AMPL3507888    4,C;50,A;65,A;70,C;79,T;82,T;94,A;100,A;107,T;133,T;

AMPL3507889    34,T;111,G/A;154,C/A;159,G;160,G;

AMPL3507890    19,C;26,T;33,A;60,G;139,C;

AMPL3507891    29,A;61,T/C;

AMPL3507892    23,A;28,A;55,A;69,A;72,A;122,T;136,G;180,G;181,A;

AMPL3507893    42,A;51,C;77,T;140,T;147,C;161,G;177,A;197,G;

AMPL3507894    165,A/G;182,A/G;

AMPL3507895    65,A;92,C;141,T;

AMPL3507896    6,T;32,C/T;77,A/T;85,A/T;107,C/A;126,C/G;135,T/G;

AMPL3507897    1,C;7,A;9,C;31,C;91,C;104,C;123,A;132,T;

AMPL3507898    133,T/G;152,G/A;

AMPL3507899    1,G;29,C/T;39,T/C;55,C;108,T/G;115,A;125,C;140,A/C;

AMPL3507900    23,A;62,A;63,G;73,T;86,T;161,C;183,G;190,A;

AMPL3507901    68,T;98,A;116,C;

AMPL3507902    38,C;57,G;65,C;66,G;92,T;104,A;118,A;176,G;

AMPL3507904    3,C;5,C;13,G;54,C;83,G;85,C;92,T;104,C;147,A;182,G;

AMPL3507907    5,G;25,G;26,G;32,G;34,C;35,T;36,G;37,G;46,G;47,C;49,A;120,G;

AMPL3507909    2,A;9,C;13,G;15,C;28,G;32,T;34,A;53,T;84,C;97,C;99,C;135,G;148,G;
               150,T;

AMPL3507910    33,C;105,G;129,A;164,G;

AMPL3507911    33,G;34,T/C;49,C;50,G;71,A/G;77,C;89,A;92,G;126,A/G;130,C;133,C;
               134,A;151,A;173,T/G;180,A;181,C/T;185,T/C;189,C;190,G;196,C;
               200,C;

AMPL3507912    19,T;33,T;38,G;43,C;46,A;71,C;73,A;108,G;124,T;126,A;132,G;143,A;
               160,G;

AMPL3507913    21,T;58,T;90,C;107,A;109,T;111,T;113,G;128,A;134,G;

AMPL3507914    37,G;52,G;56,A;64,T;115,C;

AMPL3507915    22,A/G;31,C;39,T;51,C;52,T;59,A;66,T;87,A;99,A/G;103,C;128,T;
               134,A/C;135,A;138,A;159,G;

AMPL3507916    24,A;31,T;43,T;49,G/T;90,G/A;110,T;132,A/C;160,A/G;170,G/T;174,
               G/A;

AMPL3507918    15,A;63,A;72,G;76,T;86,C;87,G;90,A;129,G;

AMPL3507919    10,G;22,G;34,T;64,T;74,A;105,G;114,G;133,C;153,T;169,G;184,C;
               188,A;

AMPL3507920    18,C;24,A;32,C;67,T;74,G;

AMPL3507922    146,A;

AMPL3507923    69,A;79,T;125,C;140,T;144,C;152,T;

AMPL3507924    46,C;51,G;131,T;143,C;166,G;

AMPL3507925    28,G;43,T;66,C;71,A;

AMPL3507927    12,C;27,A;32,T;42,A;53,A;

# 郊滨早熟

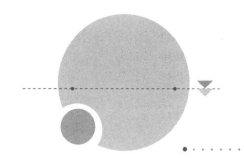

AMPL3507571　6,T/G;10,T/G;18,C;19,T/C;20,G/A;30,G/A;37,A/T;40,T;
AMPL3507806　31,T;55,C/A;136,A/C;139,G/T;158,A/G;
AMPL3507807　28,C/A;31,G/C;89,T/C;96,A/G;129,C/A;
AMPL3507808　75,T;114,T;124,A;132,C;134,C;139,C;171,C;172,A;
AMPL3507809　45,G;47,C;49,C/A;65,A/C;76,C;81,T;91,A;115,A;
AMPL3507810　33,T;53,T;74,G;90,C;98,G;154,G;
AMPL3507811　30,G/C;97,G/A;104,A/G;
AMPL3507812　6,C;53,C;83,T;90,T;109,A;113,A;154,T;155,C;
AMPL3507813　14,T;86,G/A;127,A/G;
AMPL3507814　63,A;67,G;70,T;72,A;94,A;119,G;134,C;157,G;
AMPL3507815　9,A/T;155,C;163,A;
AMPL3507816　93,G;105,G;150,A;166,C;171,C;
AMPL3507817　38,A;87,C;96,C;102,A;116,T;166,C;183,T;186,G;188,A;
AMPL3507818　8,A;37,A;40,T;41,A;49,T;55,T;56,A;57,G;100,G;104,T;108,C;113,G;
　　　　　　　118,T;
AMPL3507819　87,G;97,C;139,A;155,C;
AMPL3507821　41,C;45,G;59,A;91,T;141,A;144,T;
AMPL3507822　1,G;8,A;11,A;70,C;94,C;108,A;
AMPL3507823　11,C;110,A;123,A;
AMPL3507824　3,G/A;56,G;65,A/G;68,T/C;117,T/C;
AMPL3507826　55,T;61,C;74,T;98,C;122,G;129,G;139,A;180,C;
AMPL3507827　9,C;48,A;65,T;77,T;95,T;124,T;132,C;135,A;140,A;
AMPL3507828　73,T;107,A/G;109,C/G;143,C/T;159,C/G;
AMPL3507829　6,T;14,A;56,G;70,G;71,A;127,A;
AMPL3507831　7,C;16,T/C;19,C;66,T/C;75,G/A;88,C/T;113,C/T;130,T/G;140,G/C;
　　　　　　　164,T;
AMPL3507832　23,C;59,A/G;78,G;116,T;
AMPL3507833　26,T;30,T;49,G;69,G;75,A;97,C;132,A;
AMPL3507834　126,T;145,G;
AMPL3507835　12,G;38,G;93,A;98,G;99,T;129,C;150,T;
AMPL3507836　8,A;32,T;40,G;44,G;63,T;71,A;113,T;142,A;
AMPL3507837　1,G;5,A;6,C;7,C;24,A;30,T;59,C;66,T;67,C;78,G;79,G;80,A;111,C;
　　　　　　　139,A;164,A;
AMPL3507838　3,A;15,A;20,G;23,G;50,G/A;52,A;59,C;64,C;78,G;

AMPL3507839    59,G;114,T;151,C;

AMPL3507840    77,G;

AMPL3507841    13,T;14,G;34,A;60,T;99,G;

AMPL3507842    13,C/T;17,C/T;20,A/T;64,C;97,A;144,C;158,A;159,G;163,T;

AMPL3507844    2,C;6,C;26,CAATG;35,C;63,G;65,G;68,G;96,T;97,T;119,C;130,T;137,
G;158,C;

AMPL3507845    57,G/A;161,G/A;

AMPL3507846    5,A;21,A;24,G;26,A;94,G;112,A;127,C;128,T;149,G;175,T;

AMPL3507848    38,G;78,A;

AMPL3507849    16,C;19,A;23,T;24,G;33,G;35,G;39,G;68,G;72,T;74,T;97,T;128,G;134,
G;142,C;144,T;157,A;

AMPL3507850    2,A;16,C;35,A;39,G;60,C;93,C;110,G;114,C;125,C;128,A;130,C;

AMPL3507851    61,T/C;91,C/T;92,T/G;131,G/A;151,G;154,C/G;162,C/G;165,C/G;166,
A;168,G;

AMPL3507852    8,A;26,C;33,T;43,A;56,T/C;62,C/T;93,G/C;124,A/G;

AMPL3507853    2,T;71,G;88,T;149,G;180,C;193,A;

AMPL3507854    34,T;36,G;37,C;44,G;55,T/A;70,A;84,A;92,A/G;99,T;102,T/G;110,T/
C;112,T/A;114,T/G;126,A;139,T;153,T/C;158,T;164,A;170,C/G;171,G/
A;174,A/G;177,G/T;180,C;181,T;187,C;188,G/T;192,T/C;

AMPL3507855    26,C;36,C;90,T;

AMPL3507856    11,A;92,C;102,C;

AMPL3507857    33,G/A;70,G/C;82,T/A;123,C/T;

AMPL3507858    26,G/T;45,T/G;84,C;143,A/G;152,A/G;176,A/C;

AMPL3507860    30,G;97,C;101,G;128,G;176,T;

AMPL3507861    28,T/C;43,A/G;69,C/G;93,C;105,G/T;124,T/C;128,T/A;

AMPL3507862    2,A;4,G/C;63,A/G;83,C;88,T/C;106,T/C;115,C;124,C/A;154,T/C;

AMPL3507863    13,A;45,C;69,G;145,T;177,G;

AMPL3507864    17,C/T;95,G;120,T;

AMPL3507865    19,T/C;21,A/T;35,C/A;43,A/G;56,A/C;57,C;75,T/C;85,C/G;100,G/C;
101,C/T;116,C/A;127,C/G;161,T;171,A;172,T/C;

AMPL3507866    8,T;66,G;74,T;147,C;172,T;

AMPL3507867    21,C/T;27,G;38,T/C;45,T/C;54,C;88,C;93,T/C;112,C;122,A/G;132,G;

AMPL3507868    45,C/T;51,G;108,T/C;166,T/C;186,G;

AMPL3507871    7,C;95,G;115,G;144,T;

AMPL3507872    10,C;52,G;131,T;132,C;

AMPL3507873    13,T;38,T;39,C;54,A;59,A;86,T;

AMPL3507874    2,C;31,C;97,T;99,T;105,G;108,T;122,T;161,A;

AMPL3507875    44,G;45,G;68,G/C;110,G/T;125,A;137,G;151,A;184,C/T;

AMPL3507876    96,C;114,G;144,A;178,C;

AMPL3507877    12,G/T;24,G/A;27,T;28,G/A;34,G/C;39,G/A;46,A/T;68,A/C;70,A;90,
A;110,T/G;126,C;134,A/C;

AMPL3507878    8,T;10,A;37,G;59,A;73,G;77,G;78,G;90,C;91,T;103,G;115,T;130,C;

AMPL3507879　50，A；90，T/C；91，T/C；116，G/C；127，G；134，C；143，G/C；155，G/T；163，T；
169，G/A；181，T；

AMPL3507880　66，T；105，C/A；124，G/A；

AMPL3507881　84，T；122，A；

AMPL3507882　40，G；43，A；61，T；

AMPL3507883　20，C/T；31，T；68，C；74，G；84，C/A；104，T；142，T；144，G；

AMPL3507885　36，C/G；51，A；54，G/A；65，G/N；66，G/N；71，C/N；78，C/N；110，G/A；112，C/
T；115，G/A；124，G/T；131，T/A；135，G/A；146，A/G；

AMPL3507886　41，G；47，C；81，G；91，T；99，G；125，A；

AMPL3507887　2，T；35，C；45，G/A；62，C；65，A/G；92，G/A；101，C/GTG；

AMPL3507888　4，T；50，G；65，A；70，C；79，A；82，C；94，G；100，G；107，A；133，T；

AMPL3507889　34，T；111，A/G；154，A/C；159，G；160，G；

AMPL3507891　29，A；61，T/C；

AMPL3507892　23，G/A；28，G/A；55，G/A；69，G/A；72，G/A；122，C/T；136，G；180，G；181，A；

AMPL3507893　42，A；51，C；77，T；140，T；147，C；161，G；177，A；197，G；

AMPL3507894　165，A/G；182，A/G；

AMPL3507895　65，A；92，C；141，T；

AMPL3507896　6，C/T；32，C/T；77，A/T；85，A/T；107，C/A；126，C/G；135，T/G；

AMPL3507897　1，C；7，G；9，C；31，C；91，C；104，T；123，A；132，T；

AMPL3507898　133，T；152，G；

AMPL3507899　1，G；29，C；39，T；55，C；108，T/G；115，A；125，C/T；140，A/C；

AMPL3507900　23，A/G；62，A/G；63，G/A；73，T；86，T/C；161，C/T；183，G/A；190，A/G；

AMPL3507901　68，T；98，A；116，C；

AMPL3507902　38，A；57，A；65，C；66，G；92，A；104，C；118，T；176，G；

AMPL3507903　101，A；105，A；121，A；161，C；173，T；

AMPL3507904　3，C/T；5，C；13，G；54，C；83，G；85，C；92，T/C；104，C；147，A；182，G；

AMPL3507906　7，T；9，G；30，G；41，A；42，A；48，T；69，G；71，A；78，G；88，A；91，G；108，A；115，
G；122，A；126，A；141，A；

AMPL3507909　2，A；9，C；13，A；15，C；28，G；32，T；34，A；53，T；84，C；97，C；99，A；135，C；148，T；
150，T；

AMPL3507911　33，G；34，C；49，C；50，G；71，G；77，C；89，A；92，G；126，G；130，T；133，C；134，A；
151，A；173，G；180，A；181，C；185，C；189，C；190，G；196，C；200，C；

AMPL3507912　19，T；33，T；38，G/A；43，C/T；46，A/G；71，C；73，A；108，G/A；124，T；126，A/G；
132，G/A；143，A/C；160，G/T；

AMPL3507914　37，G；52，G；56，A；64，T；115，C；

AMPL3507915　22，G/A；31，T/C；39，C/T；51，T/C；52，C/T；59，G/A；66，C/T；87，G/A；99，G/A；
103，T/C；128，C/T；134，C/A；135，T/A；138，G/A；159，T/G；

AMPL3507916　24，A；31，T；43，T；49，G；90，G；110，T；132，C/A；160，A；170，G；174，T/G；

AMPL3507918　15，A/T；63，A；72，G；76，T；86，C；87，G/A；90，A；129，G；

AMPL3507919　10，G；22，G；34，T；64，T；74，A；105，G；114，G；133，C；153，T；169，G；184，C；
188，A；

AMPL3507920　18，A/C；24，A；32，A/C；67，T；74，C/G；

# 焦眼

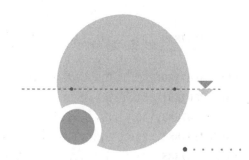

| | |
|---|---|
| **AMPL3507571** | 6,T;10,T;18,C;19,T;20,G;30,G;37,A;40,T; |
| **AMPL3507806** | 31,T/A;55,A/C;136,C;139,T;158,G/A; |
| **AMPL3507807** | 28,C/A;31,G/C;89,T/C;96,A/G;129,C/A; |
| **AMPL3507808** | 75,A/T;114,C/T;124,T/A;132,T/C;134,G/C;139,G/C;171,C;172,T/A; |
| **AMPL3507809** | 45,A/G;47,G/C;49,A;65,A/C;76,T/C;81,A/T;91,T/A;115,A; |
| **AMPL3507810** | 33,T;53,T;74,G;90,C;98,G;154,G; |
| **AMPL3507811** | 30,C/G;97,A/G;104,G/A; |
| **AMPL3507812** | 6,C;53,C;83,T;90,T;109,A;113,A;154,T;155,C; |
| **AMPL3507813** | 14,T;86,A/G;127,G/A; |
| **AMPL3507814** | 63,A;67,G;70,T;72,A;94,A;119,G;134,C;157,G; |
| **AMPL3507815** | 9,T/A;155,C/A;163,A; |
| **AMPL3507816** | 93,G;105,G;150,A;166,C;171,C; |
| **AMPL3507817** | 38,A;87,C;96,C/A;102,A/G;116,T;166,C/T;183,T;186,G/A;188,A/G; |
| **AMPL3507818** | 8,A;37,A;40,T;41,G;49,A/T;55,G/T;56,A/G;57,T/G;100,A/G;104,T/G;<br>108,C/T;113,G;118,T; |
| **AMPL3507819** | 87,A/G;97,C;139,G/A;155,T/C; |
| **AMPL3507821** | 41,G/C;45,A/G;59,A;91,G;141,G/A;144,C; |
| **AMPL3507822** | 1,G;8,A;11,A;70,C;94,C;108,A; |
| **AMPL3507823** | 11,C;110,A;123,A; |
| **AMPL3507824** | 3,A;56,G;65,G;68,C;117,C; |
| **AMPL3507826** | 55,T;61,C;74,T;98,C;122,G;129,G;139,A;180,C; |
| **AMPL3507827** | 9,T;48,A;65,G;77,C;95,T;124,T;132,T;135,G;140,G; |
| **AMPL3507828** | 73,T;107,G/A;109,G/C;143,T/C;159,G/C; |
| **AMPL3507829** | 6,T;14,T/A;56,A/G;70,A/G;71,T/A;127,A; |
| **AMPL3507831** | 7,C;16,T;19,C;66,T;75,G;88,C;113,C;130,T;140,G;164,T; |
| **AMPL3507832** | 23,C;59,G/A;78,G;116,T; |
| **AMPL3507833** | 26,T;30,G/T;49,G;69,T/G;75,A/G;97,A/C;132,T/A; |
| **AMPL3507834** | 126,T/C;145,G/A; |
| **AMPL3507836** | 8,A;32,T;40,G;44,G;63,T;71,A;113,T;142,A; |
| **AMPL3507837** | 1,G;5,A;6,C;7,C;24,A;30,T;59,C;66,T;67,C;78,G;79,G;80,A;111,C;<br>139,A;164,A; |
| **AMPL3507838** | 3,A;15,A;20,G;23,G;50,G;52,A;59,C;64,C;78,G; |
| **AMPL3507839** | 59,G;114,T;151,C; |
| **AMPL3507840** | 77,G; |

AMPL3507841　13,C;14,A;34,G;60,G;99,G;

AMPL3507842　13,T;17,T;20,T;64,C;97,A;144,C;158,A;159,G;163,T;

AMPL3507844　2,T;6,G;26,C;35,C;63,G;65,A;68,T;96,C;97,C;119,T;130,A;137,G;
158,T;

AMPL3507845　57,G;161,G;

AMPL3507846　5,A;21,A;24,G;26,A;94,G;112,A;127,G;128,A;149,G;175,A;

AMPL3507848　38,A;78,C;

AMPL3507849　16,T/A;19,C;23,T;24,A;33,G;35,A;39,G;68,C;72,G;74,T;97,T;128,G/
T;134,G/A;142,A/C;144,C/T;157,A;

AMPL3507850　2,A;16,C;35,A;39,G;60,C;93,C;110,G;114,C;125,C;128,A;130,C;

AMPL3507851　61,C/T;91,T;92,G;131,A;151,G/A;154,G/A;162,G;165,G;166,A/T;168,
G/C;

AMPL3507852　8,A;26,C;33,T;43,A;56,C;62,T;93,C;124,G;

AMPL3507853　2,T;71,G;88,T;149,G;180,C;193,A;

AMPL3507854　34,C;36,G;37,T;44,G;55,A;70,C;84,A;92,A;99,T;102,T;110,T;112,T;
114,T;126,C;139,C;153,T;158,A;164,C;170,C;171,G;174,A;177,G;180,C;
181,T;187,C;188,G;192,T;

AMPL3507855　26,C;36,C;90,T;

AMPL3507856　11,A;92,C;102,C;

AMPL3507857　33,A;70,C;82,A;123,T;

AMPL3507858　26,T;45,G;84,C;143,G;152,G;176,C;

AMPL3507860　30,G/A;97,C;101,G;128,G;176,T;

AMPL3507861　28,T;43,A;69,C;93,T/C;105,G;124,T;128,T;

AMPL3507862　2,A;4,G;63,A;83,C;88,T;106,T;115,C;124,C;154,T;

AMPL3507863　13,A;45,C;69,G;145,T;177,G;

AMPL3507864　17,C;95,A/G;120,T;

AMPL3507865　19,T;21,A;35,A;43,A;56,A;57,C;75,T;85,C;100,G;101,C;116,C;127,C;
161,T;171,A;172,T;

AMPL3507866　8,T;66,C;74,C;147,A;172,T;

AMPL3507867　21,C;27,G;38,T;45,T;54,C;88,C;93,T;112,C;122,A;132,G;

AMPL3507868　45,C;51,G;108,T;166,T;186,G;

AMPL3507871　7,T;95,C;115,T;144,C;

AMPL3507872　10,C;52,G;131,T;132,C;

AMPL3507873　13,T;38,T;39,C;54,A;59,A;86,T;

AMPL3507874　2,C;31,C;97,T;99,T;105,G;108,T;122,T;161,A;

AMPL3507875　44,G;45,G;68,G/C;110,G/T;125,A;137,G;151,A;184,C/T;

AMPL3507876　96,C;114,G;144,A;178,C;

AMPL3507877　12,G/T;24,G/A;27,T;28,G/A;34,G/C;39,G/A;46,A/T;68,A/C;70,A;90,
A;110,T/G;126,C;134,A/C;

AMPL3507878　8,T;10,A;37,G;59,A;73,G;77,G;78,G;90,C;91,T;103,G;115,T;130,C;

AMPL3507879　50,A;90,C;91,C;116,C;127,T;134,G;143,G;155,G;163,C;169,A;181,C;

AMPL3507880　66,T;105,A;124,A;

AMPL3507883    20,C;31,A;68,C;74,A;84,A;104,A;142,C;144,T;

AMPL3507885    36,C;51,G;54,A;65,C;66,T;71,T;78,T;110,A;112,T;115,A;124,T;131,A; 135,A;146,G;

AMPL3507886    41,A;47,T;81,C;91,C;99,A;125,T/A;

AMPL3507887    2,T;35,C;45,G;62,C;65,A/G;92,G/A;101,C/G;

AMPL3507888    4,C/T;50,A/G;65,G/A;70,A/C;79,A;82,C;94,G;100,G;107,G/A;133, C/T;

AMPL3507889    34,T;111,A;154,A;159,G;160,G;

AMPL3507891    29,A;61,C;

AMPL3507892    23,A;28,A;55,A;69,A;72,A;122,T;136,G;180,G;181,A;

AMPL3507893    42,T;51,T;77,T;140,G;147,T;161,A;177,T;197,C;

AMPL3507894    165,G;182,G;

AMPL3507895    65,A;92,C;141,T/G;

AMPL3507896    6,T;32,C/T;77,T;85,T;107,C/A;126,G;135,T/G;

AMPL3507897    1,C;7,G;9,C;31,C;91,C;104,T;123,A;132,T;

AMPL3507898    133,T;152,G;

AMPL3507899    1,G/C;29,T;39,C;55,C;108,G;115,A;125,C;140,C;

AMPL3507900    23,A/G;62,A/G;63,G/A;73,T;86,T/C;161,C/T;183,G/A;190,A/G;

AMPL3507901    68,T;98,A;116,A;

AMPL3507902    38,A/C;57,A/G;65,C;66,G;92,A/T;104,C/A;118,T/A;176,G;

AMPL3507903    101,G;105,G;121,C;161,C/A;173,C;

AMPL3507904    3,C/T;5,C;13,G;54,C;83,G;85,C;92,T/C;104,C;147,A;182,G;

AMPL3507906    7,T;9,G;30,G;41,A;42,A;48,T;69,G;71,A;78,G;88,A;91,G;108,A;115, G;122,A;126,A;141,A;

AMPL3507909    2,A;9,C;13,G;15,C;28,G;32,T;34,A;53,T;84,C;97,C;99,C;135,G;148,G; 150,T;

AMPL3507910    33,C;105,G;129,A;164,G;

AMPL3507911    33,A;34,C;49,T;50,A;71,G;77,T;89,G;92,A;126,G;130,C;133,T;134,C; 151,C;173,G;180,G;181,C;185,C;189,A;190,A;196,A;200,T;

AMPL3507912    19,T;33,T/A;38,A;43,T;46,A;71,C;73,T;108,A;124,T;126,G;132,A; 143,C;160,T;

AMPL3507913    21,T;58,T;90,T;107,G;109,A;111,A;113,A;128,A;134,G;

AMPL3507914    37,C;52,G;56,T;64,G;115,T;

AMPL3507915    22,G/A;31,T/C;39,C/T;51,T/C;52,C/T;59,G/A;66,C/T;87,G/A;99,G/A; 103,T/C;128,C/T;134,C/A;135,T/A;138,G/A;159,T/G;

AMPL3507916    24,A;31,T;43,T;49,G;90,G;110,T;132,A;160,A;170,G;174,G;

AMPL3507918    15,A;63,A;72,G;76,T;86,C;87,G;90,A;129,G;

AMPL3507919    10,G;22,G;34,T;64,T;74,A;105,G;114,G;133,C;153,T;169,G;184,C; 188,A;

AMPL3507920    18,A;24,A;32,A;67,T;74,C;

AMPL3507921    7,C;30,G;38,G;43,A;182,G;

# 良庆 2 号

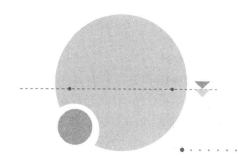

AMPL3507571　6,G/T;10,G/T;18,C;19,C/T;20,A/G;30,A/G;37,T/A;40,T;

AMPL3507806　31,A/T;55,C;136,C/A;139,T/G;158,A;

AMPL3507807　28,A/C;31,C/G;89,C/T;96,G/A;129,A/C;

AMPL3507808　75,A/T;114,C/T;124,T/A;132,T/C;134,G/C;139,G/C;171,C;172,T/A;

AMPL3507809　45,G/A;47,C/G;49,A;65,C/A;76,C/T;81,T/A;91,A/T;115,A;

AMPL3507810　33,T/C;53,T/C;74,G;90,C;98,G/A;154,G;

AMPL3507811　30,G/C;97,A;104,G;

AMPL3507812　6,T/C;53,T/C;83,C/T;90,A/T;109,C/A;113,T/A;154,C/T;155,C;

AMPL3507813　14,T;86,G/A;127,A/G;

AMPL3507814　63,G/A;67,G;70,G/T;72,A;94,A;119,G;134,C;157,G;

AMPL3507815　9,A/T;155,A/C;163,A;

AMPL3507816　93,G/A;105,G/C;150,A/G;166,C/T;171,C/T;

AMPL3507817　38,A/G;87,C/G;96,C;102,A;116,T/C;166,C/T;183,T/C;186,G;188,A/G;

AMPL3507819　87,A/G;97,C;139,G/A;155,T/C;

AMPL3507821　41,C/G;45,G/A;59,T/A;91,G;141,A/G;144,C;

AMPL3507822　1,G;8,A;11,A/T;70,C;94,C;108,A/G;

AMPL3507823　11,C/T;110,A/C;123,A/G;

AMPL3507824　3,G;56,G;65,G/A;68,C/T;117,C/T;

AMPL3507826　55,T/C;61,C/T;74,T/C;98,C;122,G;129,G/A;139,A/G;180,C/T;

AMPL3507827　9,T/C;48,A;65,G/T;77,C/T;95,T;124,T;132,T/C;135,G/A;140,G/A;

AMPL3507828　73,T;107,A/G;109,C/G;143,C/T;159,C/G;

AMPL3507831　7,C;16,C/T;19,C;66,C/T;75,A/G;88,T/C;113,T/C;130,G/T;140,C/G;
　　　　　　　164,T;

AMPL3507832　23,T/C;59,A/G;78,C/G;116,C/T;

AMPL3507833　26,T;30,G/T;49,A/G;69,T/G;75,A/G;97,A/C;132,T/A;

AMPL3507834　126,T/C;145,G/A;

AMPL3507835　12,A/G;38,T/G;93,T/A;98,C/G;99,G/T;129,A/C;150,A/T;

AMPL3507836　8,A/G;32,T/C;40,G/T;44,G/A;63,T;71,A/G;113,T/C;142,A/G;

AMPL3507837　1,A;5,G;6,T;7,C;24,T;30,C;59,C;66,C;67,C;78,A;79,A;80,A;111,T;
　　　　　　　139,G;164,A;

AMPL3507838　3,A;15,A;20,G;23,G;50,A/G;52,A;59,C;64,C;78,G;

AMPL3507839　59,G;114,T;151,C;

AMPL3507840    77,G/C;

AMPL3507841    13,T/C;14,G;34,A/G;60,T/G;99,G/A;

AMPL3507842    13,C/T;17,C/T;20,A/T;64,C;97,A;144,C;158,A;159,G;163,T;

AMPL3507845    57,A/G;161,A/G;

AMPL3507846    5,A;21,A;24,G;26,A;94,G;112,A;127,G/C;128,A/T;149,G;175,A/T;

AMPL3507848    38,A;78,C;

AMPL3507849    16,T/A;19,C;23,T;24,A;33,G;35,A;39,G;68,C;72,G;74,T;97,T;128,G/T;134,G/A;142,A/C;144,C/T;157,A;

AMPL3507850    2,A;16,C;35,A;39,G;60,C;93,C;110,G;114,C;125,C;128,A;130,C;

AMPL3507852    8,A;26,G/C;33,G/T;43,A;56,C;62,T;93,C;124,G;

AMPL3507853    2,T/A;71,G/A;88,T/C;149,G/C;180,C/T;193,A/T;

AMPL3507854    34,C/T;36,G;37,T/C;44,G;55,A;70,C/A;84,A;92,A/G;99,T;102,T/G;110,T/C;112,T/A;114,T/G;126,C/A;139,C/T;153,T/C;158,A/T;164,C/A;170,C/G;171,G/A;174,A/G;177,G/T;180,C;181,T;187,C;188,G/T;192,T/C;

AMPL3507855    26,T/C;36,T/C;90,C/T;

AMPL3507856    11,A/G;92,C/T;102,C/T;

AMPL3507857    33,G;70,C/G;82,A/T;123,C;

AMPL3507858    26,T;45,G;84,C/T;143,G;152,G;176,C;

AMPL3507860    30,G;97,C/T;101,G/T;128,G/A;176,T/C;

AMPL3507861    28,T/C;43,A/G;69,C/G;93,C;105,G/T;124,T/C;128,T/A;

AMPL3507862    2,A/C;4,G;63,A/G;83,C/T;88,T;106,T;115,C;124,C/A;154,T;

AMPL3507863    13,A/G;45,C/G;69,G/A;145,T/A;177,G/A;

AMPL3507864    17,T;95,G;120,T/C;

AMPL3507865    19,C;21,T;35,A;43,G;56,C/A;57,C/T;75,C;85,G;100,C/G;101,T;116,A/C;127,G/C;161,T/C;171,A/G;172,C/T;

AMPL3507866    8,T;66,C/G;74,C/T;147,A/C;172,T;

AMPL3507867    21,C/T;27,G;38,T/C;45,T/C;54,C;88,C;93,T/C;112,C;122,A/G;132,G;

AMPL3507868    45,T;51,G/A;108,C/T;166,C/T;186,G/A;

AMPL3507872    10,T/C;52,G;131,T;132,T/C;

AMPL3507873    13,T/C;38,T;39,C/T;54,A/G;59,A;86,T/G;

AMPL3507874    2,T;31,A;97,T;99,T;105,G;108,T;122,C;161,G;

AMPL3507876    96,C;114,G/C;144,A/G;178,C;

AMPL3507877    12,T/G;24,A/G;27,T;28,A/G;34,C/G;39,A/G;46,T/A;68,C/A;70,A;90,A;110,G/T;126,C;134,C/A;

AMPL3507878    8,C/T;10,A;37,A/G;59,G/A;73,T/G;77,G;78,G;90,T/C;91,C/T;103,G;115,C/T;130,C;

AMPL3507879    50,A/G;90,C;91,C;116,C;127,T/G;134,G/C;143,G;155,G;163,C/T;169,A/G;181,C/T;

AMPL3507880    66,T;105,A/C;124,A/G;

AMPL3507881    84,C/T;122,T/A;

AMPL3507882    40,G;43,A;61,T;

AMPL3507883    20,T;31,T;68,C/T;74,G;84,A;104,T;142,T;144,G;

AMPL3507885    36,C/G;51,A;54,G/A;65,G/N;66,G/N;71,C/N;78,C/N;110,G/A;112,C/T;115,G/A;124,G/T;131,T/A;135,G/A;146,A/G;

AMPL3507886    41,G/A;47,C/T;81,G/C;91,T/C;99,G/A;125,A;

AMPL3507887    2,T;35,C;45,G/A;62,C;65,A/G;92,G/A;101,C/GTG;

AMPL3507888    4,T/C;50,G/A;65,A/G;70,C/A;79,A;82,C;94,G;100,G;107,A/G;133,T/C;

AMPL3507889    34,T;111,A;154,A;159,G;160,G;

AMPL3507890    19,T/C;26,C/T;33,G/A;60,A/G;139,T/C;

AMPL3507891    29,A/C;61,T;

AMPL3507892    23,A;28,A/G;55,A/G;69,A/G;72,A/G;122,T;136,G/A;180,G/A;181,A/T;

AMPL3507893    42,T/A;51,T/C;77,T;140,G/T;147,T/C;161,A/G;177,T/A;197,C/G;

AMPL3507894    165,G/A;182,G/A;

AMPL3507895    65,A;92,C;141,T/G;

AMPL3507896    6,T;32,C;77,A/T;85,A/T;107,C;126,C/G;135,T;

AMPL3507897    1,A/C;7,A/G;9,G/C;31,T/C;91,T/C;104,C/T;123,G/A;132,G/T;

AMPL3507898    133,T/G;152,G/A;

AMPL3507899    1,G;29,C;39,T;55,C;108,T;115,A;125,C;140,A/C;

AMPL3507900    23,A/G;62,A/G;63,G/A;73,T;86,T/C;161,C/T;183,G/A;190,A/G;

AMPL3507901    68,T;98,A;116,C/A;

AMPL3507902    38,C;57,A/G;65,C;66,G;92,A/T;104,C/A;118,T/A;176,G;

AMPL3507903    101,A/G;105,A/G;121,A/C;161,C;173,T/C;

AMPL3507904    3,T;5,C;13,G;54,T/C;83,G;85,T/C;92,C;104,T/C;147,G/A;182,G;

AMPL3507906    7,T;9,G;30,G;41,A;42,A;48,T;69,G;71,A;78,G;88,A;91,G;108,A;115,G;122,A;126,A;141,A;

AMPL3507909    2,A;9,C;13,A/G;15,C;28,G;32,T;34,A;53,T;84,C;97,C;99,A/C;135,C/G;148,T/G;150,T;

AMPL3507910    33,T/C;105,A/G;129,C/A;164,A/G;

AMPL3507911    33,G;34,C;49,C;50,G;71,G;77,C;89,A;92,G;126,G;130,C;133,C;134,A;151,A;173,G;180,A;181,T;185,C;189,C;190,G;196,C;200,C;

AMPL3507912    19,T;33,A/T;38,A;43,T;46,A/G;71,C;73,T/A;108,A;124,T;126,G;132,A;143,C;160,T;

AMPL3507913    21,T;58,T;90,T/C;107,A;109,A/T;111,A/T;113,A/G;128,A;134,G;

AMPL3507914    37,G/C;52,G;56,A/T;64,T/G;115,C/T;

AMPL3507915    22,G/A;31,T/C;39,C/T;51,T/C;52,C/T;59,G/A;66,C/T;87,G/A;99,G/A;103,T/C;128,C/T;134,C/A;135,T/A;138,G/A;159,T/G;

AMPL3507916    24,G/A;31,C/T;43,C/T;49,T/G;90,A/G;110,A/T;132,C/A;160,A;170,G;174,A/G;

AMPL3507918    15,A/T;63,A;72,G;76,T;86,C;87,G/A;90,A;129,G;

AMPL3507919　10,G;22,G/T;34,T/C;64,T/G;74,A/G;105,G/A;114,G/A;133,C/T;153,T/
　　　　　　　G;169,G;184,C/T;188,A/T;

AMPL3507920　18,C/A;24,A;32,C/A;67,T;74,G/C;

AMPL3507921　7,C;30,G/A;38,G/A;43,A/G;182,G/A;

AMPL3507922　146,C;

AMPL3507923　69,A/T;79,T;125,C/T;140,T/C;144,C/T;152,T/G;

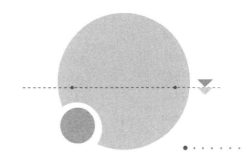

# 临 4

AMPL3507571  6,T;10,T;18,C;19,T;20,G;30,G;37,A;40,T/C;

AMPL3507806  31,T/A;55,C;136,A/C;139,G/T;158,A;

AMPL3507807  28,C;31,G;89,T;96,A;129,C;

AMPL3507808  75,A;114,C;124,T;132,T;134,G;139,G;171,C;172,T;

AMPL3507809  45,A/G;47,G/C;49,A;65,A/C;76,T/C;81,A/T;91,T/A;115,A;

AMPL3507810  33,T;53,T;74,G;90,C;98,G;154,G;

AMPL3507811  30,C/G;97,A/G;104,G/A;

AMPL3507812  6,C;53,C;83,T;90,T;109,A;113,A;154,T;155,C;

AMPL3507813  14,T;86,A/G;127,G/A;

AMPL3507814  63,A;67,G;70,T;72,A;94,A;119,G;134,C;157,G;

AMPL3507815  9,T/A;155,C/A;163,A;

AMPL3507816  93,A/G;105,C/G;150,G/A;166,T/C;171,T/C;

AMPL3507817  38,A/G;87,C/G;96,C;102,A;116,T/C;166,C/T;183,T/C;186,G;188,A/G;

AMPL3507818  8,A;37,A;40,T;41,G;49,A;55,G;56,A;57,T;100,A;104,T;108,C;113,G;
             118,T;

AMPL3507819  87,G;97,C;139,A;155,C;

AMPL3507821  41,C;45,G;59,A;91,G;141,A;144,C;

AMPL3507822  1,G;8,A;11,T/A;70,C;94,C;108,G/A;

AMPL3507823  11,C;110,A;123,A;

AMPL3507824  3,G/A;56,G;65,A/G;68,T/C;117,T/C;

AMPL3507826  55,T;61,C;74,T;98,C;122,G;129,G;139,A;180,C;

AMPL3507827  9,T;48,A;65,G;77,C;95,T;124,T;132,T;135,G;140,G;

AMPL3507828  73,T;107,A;109,C;143,C;159,C;

AMPL3507829  6,T;14,A;56,G;70,G;71,A;127,A;

AMPL3507831  7,C;16,T;19,C;66,T;75,G;88,C;113,C;130,T;140,G;164,T;

AMPL3507832  23,C;59,G;78,G;116,T;

AMPL3507833  26,T;30,T;49,G;69,G;75,G;97,C;132,A;

AMPL3507834  126,T/C;145,G/A;

AMPL3507835  12,G;38,G;93,A;98,G;99,T;129,C;150,T;

AMPL3507836  8,A;32,T;40,G;44,G;63,T;71,A;113,T;142,A;

AMPL3507837  1,A;5,G;6,T;7,C;24,T;30,C;59,C;66,C;67,C;78,A;79,A;80,A;111,T;
             139,G;164,A;

AMPL3507838  3,A;15,A;20,G;23,G;50,A/G;52,A;59,C;64,C;78,G;

AMPL3507839  59,G;114,T;151,C;

AMPL3507840    77,G；

AMPL3507841    13,C；14,A；34,G；60,G；99,G；

AMPL3507842    13,T；17,T；20,T；64,C；97,A；144,C；158,A；159,G；163,T；

AMPL3507845    57,G；161,G；

AMPL3507846    5,A；21,A；24,G；26,A；94,G；112,A；127,G；128,A；149,G；175,A；

AMPL3507849    16,T；19,C；23,T；24,A；33,G；35,A；39,G；68,C；72,G；74,T；97,T；128,G；134,
               G；142,A；144,C；157,A；

AMPL3507850    2,A；16,C；35,A；39,G；60,C；93,C；110,G；114,C；125,C；128,A；130,C；

AMPL3507851    61,T；91,T；92,G；131,A；151,A；154,A；162,G；165,G；166,T；168,C；

AMPL3507852    8,A；26,C；33,T；43,A；56,C；62,T；93,C；124,G；

AMPL3507853    2,T；71,G；88,T；149,G；180,C；193,A；

AMPL3507854    34,C；36,G；37,T；44,G；55,A；70,C；84,A；92,A；99,T；102,T；110,T；112,T；
               114,T；126,C；139,C；153,T；158,A；164,C；170,C；171,G；174,A；177,G；180,C；
               181,T；187,C；188,G；192,T；

AMPL3507855    26,C；36,C；90,T；

AMPL3507856    11,A；92,C；102,C；

AMPL3507857    33,A；70,C；82,A；123,T；

AMPL3507858    26,T；45,G；84,T/C；143,G；152,G；176,C；

AMPL3507860    30,A/G；97,C；101,G；128,G；176,T；

AMPL3507861    28,T；43,A；69,C；93,C/T；105,G；124,T；128,T；

AMPL3507862    2,A；4,C/G；63,G/A；83,C；88,C/T；106,C/T；115,C；124,A/C；154,C/T；

AMPL3507863    13,A；45,C；69,G；145,T；177,G；

AMPL3507864    17,C；95,G/A；120,T；

AMPL3507865    19,T/C；21,A/T；35,A；43,A/G；56,A；57,C/T；75,T/C；85,C/G；100,G；101,
               C/T；116,C；127,C；161,T/C；171,A/G；172,T；

AMPL3507866    8,T；66,C；74,C；147,A；172,T；

AMPL3507867    21,C/T；27,G；38,T/C；45,T/C；54,C；88,C；93,T/C；112,C；122,A/G；132,G；

AMPL3507868    45,C/T；51,G；108,T/C；166,T/C；186,G；

AMPL3507871    7,T/C；95,C/G；115,T；144,C/T；

AMPL3507872    10,C；52,G；131,T；132,C；

AMPL3507873    13,T；38,T；39,C；54,A；59,A；86,T；

AMPL3507874    2,C；31,C；97,T；99,T；105,G；108,T；122,T；161,A；

AMPL3507875    44,G；45,G；68,G/C；110,G/T；125,A；137,G；151,A；184,C/T；

AMPL3507876    96,C；114,G；144,A；178,C；

AMPL3507877    12,G；24,G；27,T；28,G；34,G；39,G；46,A；68,A；70,A；90,A；110,T；126,C；
               134,A；

AMPL3507878    8,T；10,A；37,G；59,A；73,G；77,G；78,G；90,C；91,T；103,G；115,T；130,C；

AMPL3507879    50,A；90,C；91,C；116,C；127,T；134,G；143,G；155,G；163,C；169,A；181,C；

AMPL3507880    66,T；105,A；124,A；

AMPL3507882    40,G；43,A；61,T；

AMPL3507883    20,C；31,T/A；68,C；74,G/A；84,C/A；104,T/A；142,T/C；144,G/T；

AMPL3507885    36,C；51,G；54,A；65,C；66,T；71,T；78,T；110,A；112,T；115,A；124,T；131,A；

135,A;146,G;

| | |
|---|---|
| AMPL3507886 | 41,A;47,T;81,C;91,C;99,A;125,A/T; |
| AMPL3507887 | 2,T;35,C;45,G;62,C;65,A/G;92,G/A;101,C/G; |
| AMPL3507888 | 4,C;50,A;65,G;70,A;79,A;82,C;94,G;100,G;107,G;133,C; |
| AMPL3507889 | 34,T;111,A;154,A;159,G;160,G; |
| AMPL3507890 | 19,T;26,C;33,G;60,A;139,T; |
| AMPL3507891 | 29,A;61,T/C; |
| AMPL3507892 | 23,A;28,A;55,A;69,A;72,A;122,T;136,G;180,G;181,A; |
| AMPL3507893 | 42,T;51,T;77,T;140,G;147,T;161,A;177,T;197,C; |
| AMPL3507894 | 165,G;182,G; |
| AMPL3507895 | 65,A;92,C;141,G/T; |
| AMPL3507896 | 6,T;32,C/T;77,T;85,T;107,C/A;126,G;135,T/G; |
| AMPL3507898 | 133,T;152,G; |
| AMPL3507899 | 1,C/G;29,T;39,C;55,C;108,G;115,A;125,C;140,C; |
| AMPL3507900 | 23,A/G;62,G;63,A;73,T;86,T/C;161,C/T;183,G/A;190,G; |
| AMPL3507901 | 68,T;98,A;116,C/A; |
| AMPL3507902 | 38,A/C;57,A/G;65,C;66,G;92,A/T;104,C/A;118,T/A;176,G; |
| AMPL3507903 | 101,G;105,G;121,C;161,C;173,T; |
| AMPL3507904 | 3,C;5,C;13,G;54,C;83,G;85,C;92,T;104,C;147,A;182,G; |
| AMPL3507906 | 7,T;9,G;30,G;41,A;42,A;48,T;69,G;71,A;78,G;88,A;91,G;108,A;115,G;122,A;126,A;141,A; |
| AMPL3507909 | 2,A;9,C;13,A;15,C;28,G;32,T;34,A;53,T;84,C;97,C;99,A;135,C;148,T;150,T; |
| AMPL3507910 | 33,T;105,A;129,C;164,A; |
| AMPL3507911 | 33,A;34,C;49,T;50,A;71,G;77,T;89,G;92,A;126,G;130,C;133,T;134,C;151,C;173,G;180,G;181,C;185,C;189,A;190,A;196,A;200,T; |
| AMPL3507912 | 19,T;33,T;38,A;43,T;46,A;71,C;73,T;108,A;124,T;126,G;132,A;143,C;160,T; |
| AMPL3507913 | 21,T;58,T;90,T;107,A;109,A;111,A;113,A;128,A;134,G; |
| AMPL3507914 | 37,C;52,G;56,T;64,G;115,T; |
| AMPL3507915 | 22,G/A;31,T/C;39,C/T;51,T/C;52,C/T;59,G/A;66,C/T;87,G/A;99,G/A;103,T/C;128,C/T;134,C/A;135,T/A;138,G/A;159,T/G; |
| AMPL3507916 | 24,A;31,T;43,T;49,G;90,G;110,T;132,A;160,A;170,G;174,G; |
| AMPL3507918 | 15,A;63,A;72,G;76,T;86,C;87,G;90,A;129,G/A; |
| AMPL3507920 | 18,A;24,A;32,A;67,T;74,C; |
| AMPL3507921 | 7,C;30,G;38,G;43,A;182,G; |
| AMPL3507922 | 146,C; |

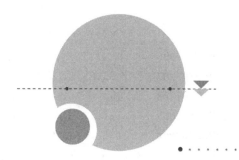

# 临 5

AMPL3507571    6,G;10,G;18,C;19,C;20,A;30,A;37,T;40,T;

AMPL3507806    31,A/T;55,C;136,C/A;139,T/G;158,A;

AMPL3507807    28,A;31,C;89,C;96,G;129,A;

AMPL3507808    75,A;114,C;124,T;132,T;134,G;139,G;171,C;172,T;

AMPL3507809    45,G;47,C;49,A;65,C;76,C;81,T;91,A;115,A;

AMPL3507810    33,C;53,C;74,G;90,T/C;98,G/A;154,G;

AMPL3507811    30,G;97,A;104,G;

AMPL3507812    6,T;53,T;83,C;90,A;109,C;113,T;154,C;155,C;

AMPL3507813    14,T;86,G/A;127,A/G;

AMPL3507814    63,G;67,G;70,G;72,A;94,A;119,G/A;134,C;157,G;

AMPL3507815    9,A;155,C/A;163,A;

AMPL3507816    93,G;105,G;150,A;166,C;171,C;

AMPL3507817    38,A;87,C;96,C;102,A;116,T;166,C;183,T;186,G;188,A;

AMPL3507818    8,A;37,A;40,T;41,G;49,A;55,G;56,A;57,T;100,A;104,T;108,C;113,G;
118,T;

AMPL3507819    87,A;97,C;139,G;155,T;

AMPL3507821    41,C;45,G;59,T/A;91,G;141,A;144,C;

AMPL3507822    1,G;8,A;11,T;70,C;94,C;108,G;

AMPL3507823    11,T;110,C;123,G;

AMPL3507824    3,G;56,G;65,G/A;68,C/T;117,C/T;

AMPL3507826    55,C;61,T;74,C;98,C;122,G;129,A;139,G;180,T;

AMPL3507827    9,C;48,A;65,T;77,T;95,T;124,T;132,C;135,A;140,A;

AMPL3507828    73,T;107,G;109,G;143,T;159,G;

AMPL3507829    6,T;14,T/A;56,A/G;70,A/G;71,T/A;127,A;

AMPL3507831    7,C;16,C;19,C;66,C;75,A;88,T;113,T;130,G;140,C;164,T;

AMPL3507832    23,T;59,A;78,C;116,C/T;

AMPL3507833    26,T;30,T;49,G;69,G;75,G;97,C;132,A;

AMPL3507834    126,C;145,A;

AMPL3507835    12,A;38,T;93,T;98,C;99,G;129,A;150,A;

AMPL3507836    8,A;32,T;40,G;44,G;63,T;71,A;113,T;142,A;

AMPL3507837    1,A;5,G;6,T;7,C;24,T;30,C;59,C;66,C;67,C;78,A;79,A;80,A;111,T;
139,G;164,A;

AMPL3507838　3,A/G;15,A/G;20,G/A;23,G/A;50,A;52,A/G;59,C/A;64,C;78,G/T;

AMPL3507839　59,G;114,T;151,C;

AMPL3507840　77,G;

AMPL3507841　13,T;14,G;34,A;60,T;99,G;

AMPL3507842　13,C;17,T/C;20,T/A;64,T/C;97,G/A;144,T/C;158,C/A;159,T/G;163,A/T;

AMPL3507844　2,C;6,C;26,CAATG;35,C;63,G;65,G;68,G;96,T;97,T;119,C;130,T;137,G;158,C;

AMPL3507845　57,G/A;161,G/A;

AMPL3507846　5,A/G;21,A;24,G;26,A;94,G/C;112,A/G;127,C/G;128,T/A;149,G;175,T/A;

AMPL3507848　38,A;78,C;

AMPL3507849　16,T/A;19,C;23,T;24,A;33,G;35,A;39,G;68,C;72,G;74,T;97,T;128,G/T;134,G/A;142,A/C;144,C/T;157,A;

AMPL3507850　2,A;16,C;35,A;39,G;60,C;93,C;110,G;114,C;125,C;128,A;130,C;

AMPL3507851　61,T;91,T;92,G;131,A;151,A;154,A;162,G;165,G;166,T;168,C;

AMPL3507852　8,A;26,C/G;33,T/G;43,A;56,C;62,T;93,C;124,G;

AMPL3507853　2,A;71,A;88,C;149,C;180,T;193,T;

AMPL3507854　34,C/T;36,G;37,T/C;44,G;55,A;70,C/A;84,A;92,A/G;99,T;102,T/G;110,T/C;112,T/A;114,T/G;126,C/A;139,C/T;153,T/C;158,A/T;164,C/A;170,C/G;171,G/A;174,A/G;177,G/T;180,C;181,T;187,C;188,G/T;192,T/C;

AMPL3507855　26,T;36,T;90,C;

AMPL3507856　11,G;92,T;102,T;

AMPL3507857　33,G;70,G;82,T;123,C;

AMPL3507858　26,T;45,G;84,C;143,G;152,G;176,C;

AMPL3507860　30,G;97,T;101,T;128,A;176,C;

AMPL3507861　28,C;43,G;69,G;93,C;105,T;124,C;128,A;

AMPL3507862　2,A/C;4,G;63,A/G;83,C/T;88,T;106,T;115,C;124,C/A;154,T;

AMPL3507863　13,A;45,C;69,A;145,A;177,A;

AMPL3507864　17,T;95,G;120,T;

AMPL3507865　19,C;21,T;35,A;43,G;56,A;57,T;75,C;85,G;100,G;101,T;116,C;127,C;161,C;171,G;172,T;

AMPL3507867　21,C;27,G;38,T;45,T;54,C;88,C;93,T;112,C;122,A;132,G;

AMPL3507868　45,T;51,A/G;108,T/C;166,T/C;186,A/G;

AMPL3507871　7,C;95,G;115,G;144,T;

AMPL3507872　10,T;52,G;131,T;132,T;

AMPL3507873　13,C;38,T;39,T;54,G;59,A;86,G;

AMPL3507874　2,T;31,A;97,T;99,T;105,G;108,T;122,C;161,G;

AMPL3507876　96,C;114,G;144,A;178,C;

AMPL3507877　12,T;24,A;27,T;28,A;34,C;39,A;46,T;68,C;70,A;90,G/A;110,G;126,C;

134,A/C；

| AMPL3507878 | 8,T/C;10,G/A;37,G/A;59,G;73,T;77,A/G;78,A/G;90,C/T;91,C;103,A/G;115,C;130,C; |
| AMPL3507879 | 50,A;90,C;91,C;116,C;127,T;134,G;143,G;155,G;163,C;169,A;181,C; |
| AMPL3507880 | 66,T;105,C;124,G; |
| AMPL3507881 | 84,C;122,T; |
| AMPL3507882 | 40,A/G;43,T/A;61,C/T; |
| AMPL3507883 | 20,T;31,T;68,C;74,G;84,A;104,T;142,T;144,G; |
| AMPL3507885 | 36,C/G;51,A;54,G/A;65,G/N;66,G/N;71,C/N;78,C/N;110,G/A;112,C/T;115,G/A;124,G/T;131,T/A;135,G/A;146,A/G; |
| AMPL3507886 | 41,G/A;47,C/T;81,G/C;91,T/C;99,G/A;125,A; |
| AMPL3507887 | 2,T;35,C;45,G;62,C;65,A/G;92,G/A;101,C/G; |
| AMPL3507888 | 4,T;50,G;65,A;70,C;79,A;82,C;94,G;100,G;107,A;133,T; |
| AMPL3507889 | 34,T;111,A;154,A;159,A;160,T; |
| AMPL3507890 | 19,C;26,T;33,A;60,G;139,C; |
| AMPL3507891 | 29,A;61,T; |
| AMPL3507892 | 23,G;28,G;55,G;69,G;72,G;122,C;136,G;180,G;181,A; |
| AMPL3507893 | 42,T;51,T;77,T;140,G;147,T;161,A;177,T;197,C; |
| AMPL3507894 | 165,A;182,A; |
| AMPL3507895 | 65,A;92,C/A;141,T; |
| AMPL3507896 | 6,T;32,C;77,A;85,A;107,C;126,C;135,T; |
| AMPL3507897 | 1,A;7,A;9,G;31,T;91,T;104,C;123,G;132,G; |
| AMPL3507898 | 133,T;152,G; |
| AMPL3507899 | 1,G;29,C;39,T;55,C;108,T;115,A;125,C;140,A/C; |
| AMPL3507900 | 23,A;62,A;63,G;73,T;86,T;161,C;183,G;190,A; |
| AMPL3507901 | 68,T;98,A;116,C; |
| AMPL3507902 | 38,C;57,A;65,C;66,G;92,A;104,C;118,T;176,G; |
| AMPL3507903 | 101,A;105,A;121,A;161,C;173,T; |
| AMPL3507904 | 3,C/T;5,C;13,G;54,T;83,G;85,T;92,C;104,C/T;147,A/G;182,G; |
| AMPL3507906 | 7,T;9,G;30,G;41,A;42,A;48,T;69,G;71,A;78,G;88,A;91,G;108,A;115,G;122,A;126,A;141,A; |
| AMPL3507909 | 2,A;9,C;13,A;15,C;28,G;32,T;34,A;53,T;84,C;97,C;99,A;135,C;148,T;150,T; |
| AMPL3507911 | 33,G;34,C;49,C;50,G;71,G;77,C;89,A;92,G;126,G;130,T;133,C;134,A;151,A;173,G;180,A;181,C;185,C;189,C;190,G;196,C;200,C; |
| AMPL3507912 | 19,T;33,T;38,A/G;43,T/C;46,G/A;71,C;73,A;108,A/G;124,T;126,G/A;132,A/G;143,C/A;160,T/G; |
| AMPL3507913 | 21,T;58,T;90,T/C;107,A;109,A/T;111,A/T;113,A/G;128,A/G;134,G/A; |
| AMPL3507914 | 37,C/G;52,G;56,T/A;64,G/T;115,T/C; |
| AMPL3507915 | 22,A/G;31,C;39,T;51,C;52,T;59,A;66,T;87,A;99,A/G;103,C;128,T;134,A/C;135,A;138,A;159,G; |

**AMPL3507916**    24,A/G;31,T/C;43,T/C;49,T;90,A;110,T/A;132,C;160,G/A;170,T/G; 174,A;

**AMPL3507918**    15,T;63,A;72,G;76,T;86,C;87,A;90,A;129,G;

**AMPL3507919**    10,A/G;22,T;34,C;64,G;74,G;105,A;114,A;133,T;153,G;169,G;184,T; 188,T;

**AMPL3507920**    18,T/A;24,A;32,C/A;67,T;74,C;

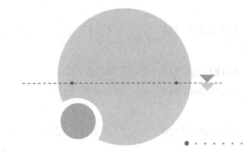

# 临 6

AMPL3507571　6,T;10,T;18,C;19,T;20,G;30,G;37,A;40,C/T;

AMPL3507806　31,T/A;55,C;136,A/C;139,G/T;158,A;

AMPL3507807　28,C;31,G;89,T;96,A;129,C;

AMPL3507808　75,A;114,C;124,T;132,T;134,G;139,G;171,C;172,T;

AMPL3507809　45,A;47,G;49,A;65,A;76,T;81,A;91,T;115,A;

AMPL3507810　33,T;53,T;74,G;90,C;98,G;154,G;

AMPL3507811　30,G;97,A/G;104,G/A;

AMPL3507812　6,C/T;53,C/T;83,T/C;90,T/A;109,A/C;113,A/T;154,T/C;155,C;

AMPL3507813　14,A/T;86,G;127,A;

AMPL3507814　63,A;67,G/A;70,T;72,A;94,A/G;119,G/A;134,C;157,G/A;

AMPL3507815　9,A/T;155,A/C;163,A;

AMPL3507816　93,A/G;105,C/G;150,G/A;166,T/C;171,T/C;

AMPL3507817　38,A/G;87,C/G;96,C;102,A;116,T/C;166,C/T;183,T/C;186,G;188,A/G;

AMPL3507818　8,G/A;37,A;40,T;41,A/G;49,T;55,T;56,A/G;57,G;100,A/G;104,T/G;
　　　　　　　108,C/T;113,G;118,T;

AMPL3507819　87,G;97,C/T;139,A;155,C;

AMPL3507821　41,C/G;45,G/A;59,A;91,T/G;141,A/G;144,T/C;

AMPL3507822　1,G;8,A;11,A;70,C;94,C;108,A;

AMPL3507823　11,C;110,A;123,A;

AMPL3507824　3,G;56,G;65,A;68,T;117,T;

AMPL3507826　55,T;61,C;74,T;98,C;122,G;129,G;139,A;180,C;

AMPL3507827　9,T/C;48,A;65,G/T;77,C/T;95,T;124,T;132,T/C;135,G/A;140,G/A;

AMPL3507828　73,G/T;107,A/G;109,G;143,T;159,G;

AMPL3507829　6,T;14,A/T;56,G/A;70,G/A;71,A/T;127,A;

AMPL3507831　7,C;16,C/T;19,C;66,C/T;75,A/G;88,T/C;113,T/C;130,G/T;140,C/G;
　　　　　　　164,T;

AMPL3507832　23,C/T;59,G/A;78,G/C;116,T;

AMPL3507833　26,T/A;30,G/T;49,G;69,T/G;75,A;97,A/C;132,T/A;

AMPL3507834　126,T;145,G;

AMPL3507835　12,G;38,G;93,A;98,G;99,T;129,C;150,T;

AMPL3507836　8,A;32,T;40,G;44,G;63,T;71,A;113,T;142,A;

AMPL3507837　1,A;5,G;6,T;7,C;24,T;30,C;59,C;66,C;67,C;78,A;79,A;80,A;111,T;
　　　　　　　139,G;164,A;

AMPL3507838　3,G;15,G;20,A;23,A;50,A;52,G;59,A;64,C;78,T;

AMPL3507839 59,G/C;114,T/C;151,C/T;

AMPL3507840 77,G;

AMPL3507841 13,C/T;14,A/G;34,G/A;60,G/T;99,G;

AMPL3507842 13,T;17,T;20,T;64,C;97,A;144,C;158,A;159,G;163,T;

AMPL3507844 2,T/C;6,G;26,C/T;35,C/T;63,G/A;65,A;68,T/G;96,C;97,C;119,T;130,A;137,G/A;158,T;

AMPL3507845 57,A;161,A;

AMPL3507846 5,A;21,G/A;24,A/G;26,A;94,G;112,A;127,G;128,A;149,C/G;175,T/A;

AMPL3507848 38,A/G;78,C/A;

AMPL3507849 16,A/C;19,C/A;23,T/C;24,A/G;33,G;35,A/G;39,G/T;68,C/G;72,G/T;74,T/G;97,T;128,T/G;134,A/G;142,C;144,T;157,A/G;

AMPL3507850 2,A;16,C;35,A;39,A;60,C;93,C;110,G;114,T;125,C;128,A;130,C;

AMPL3507851 61,T;91,T;92,G;131,A;151,A;154,A;162,G;165,G;166,T;168,C;

AMPL3507852 8,A;26,C;33,T;43,A;56,T;62,C;93,G;124,A;

AMPL3507853 2,T;71,G;88,T;149,G;180,C;193,A;

AMPL3507854 34,C/T;36,G;37,T/C;44,G;55,A;70,C/A;84,A;92,A/G;99,T;102,T/G;110,T/C;112,T/A;114,T/G;126,C/A;139,C/T;153,T/C;158,A/T;164,C/A;170,C/G;171,G/A;174,A/G;177,G/T;180,C;181,T;187,C;188,G/T;192,T/C;

AMPL3507855 26,C;36,C;90,T;

AMPL3507856 11,A;92,C;102,C;

AMPL3507857 33,G;70,G/C;82,T/A;123,C;

AMPL3507858 26,G;45,T;84,C;143,A;152,A;176,A;

AMPL3507860 30,G;97,T;101,T;128,A;176,C;

AMPL3507861 28,T;43,A;69,C;93,C;105,G;124,T;128,T;

AMPL3507862 2,A;4,C/G;63,G/A;83,C;88,C/T;106,C/T;115,C;124,A/C;154,C/T;

AMPL3507863 13,A/G;45,C/G;69,G/A;145,T/A;177,G/A;

AMPL3507864 17,C;95,A/G;120,T;

AMPL3507865 19,C;21,T;35,A;43,G;56,A/C;57,T/C;75,C;85,G;100,G/C;101,T;116,C/A;127,C/G;161,C/T;171,G/A;172,T/C;

AMPL3507867 21,C;27,A;38,T;45,C;54,C;88,T;93,C;112,C;122,A;132,C;

AMPL3507868 45,C;51,G;108,T;166,T;186,G;

AMPL3507871 7,T/C;95,C/G;115,T/G;144,C/T;

AMPL3507872 10,C;52,G;131,T;132,C;

AMPL3507873 13,T;38,T;39,C;54,A;59,A;86,T;

AMPL3507874 2,C;31,C;97,T;99,T;105,G;108,T;122,T;161,A;

AMPL3507875 44,G;45,G;68,G;110,G;125,A;137,G;151,A;184,C;

AMPL3507876 96,C;114,G;144,A;178,C;

AMPL3507877 12,T;24,A;27,T;28,A;34,C;39,A;46,T;68,C;70,A;90,A;110,G;126,C;134,C;

AMPL3507878 8,C;10,A;37,A;59,G;73,T;77,G;78,G;90,T;91,C;103,G;115,C;130,C;

AMPL3507879 50,A;90,C/T;91,C/T;116,C/G;127,T/G;134,G/C;143,G;155,G;163,C/T;169,A/G;181,C/T;

AMPL3507880 66,T;105,A;124,A;

AMPL3507881 84,T;122,A;

AMPL3507883 20,T/C;31,T;68,C;74,G;84,A/C;104,T;142,T;144,G;

AMPL3507885 36,C/G;51,A;54,G/A;65,G/N;66,G/N;71,C/N;78,C/N;110,G/A;112,C/T;115,G/A;124,G/T;131,T/A;135,G/A;146,A/G;

AMPL3507886 41,A;47,T;81,C;91,C;99,A;125,A;

AMPL3507887 2,A/T;35,C;45,G;62,T/C;65,G;92,A;101,G;

AMPL3507888 4,C/T;50,A/G;65,A;70,C;79,T/A;82,T/C;94,A/G;100,A/G;107,T/A;133,T;

AMPL3507889 34,T;111,A;154,A;159,G;160,G;

AMPL3507890 19,C;26,T;33,A;60,G;139,C;

AMPL3507891 29,A;61,C;

AMPL3507892 23,A;28,A;55,A;69,A;72,A;122,T;136,G;180,G;181,A;

AMPL3507893 42,A;51,C;77,T;140,T;147,C;161,G;177,A;197,G;

AMPL3507894 165,A;182,A;

AMPL3507895 65,A;92,C;141,T;

AMPL3507896 6,T;32,C/T;77,T;85,T;107,C/A;126,G;135,T/G;

AMPL3507897 1,C;7,A/G;9,C;31,C;91,C;104,C/T;123,A;132,T;

AMPL3507898 133,T;152,G;

AMPL3507899 1,G;29,C;39,T;55,C;108,T/G;115,A;125,C/T;140,A/C;

AMPL3507900 23,G/A;62,G/A;63,A/G;73,T;86,C/T;161,T/C;183,A/G;190,G/A;

AMPL3507901 68,T;98,A;116,C/A;

AMPL3507902 38,C;57,G;65,C;66,G;92,T;104,A;118,A;176,G;

AMPL3507904 3,T/C;5,C;13,G;54,C;83,G;85,C;92,C/T;104,C;147,A;182,G;

AMPL3507909 2,A;9,C/G;13,G;15,C;28,G;32,T;34,A;53,T/C;84,C;97,C;99,C;135,G;148,G;150,T;

AMPL3507910 33,C;105,G;129,A;164,G;

AMPL3507911 33,G;34,T;49,C;50,G;71,A;77,C;89,A;92,G;126,A;130,C;133,C;134,A;151,A;173,T;180,A;181,C;185,T;189,C;190,G;196,C;200,C;

AMPL3507912 19,C/T;33,T;38,G;43,C;46,A;71,G/C;73,A;108,A/G;124,A/T;126,G/A;132,A/G;143,C/A;160,T/G;

AMPL3507913 21,T;58,T;90,C;107,A;109,T;111,T;113,G;128,A;134,G;

AMPL3507914 37,G;52,G;56,A;64,T;115,C;

AMPL3507915 22,G;31,C;39,T;51,C;52,T;59,A;66,T;87,A;99,G;103,C;128,T;134,C;135,A;138,A;159,G;

AMPL3507916 24,G/A;31,C/T;43,C/T;49,T/G;90,A/G;110,A/T;132,C/A;160,A;170,G;174,A/G;

AMPL3507918 15,A/T;63,A;72,G;76,T;86,C;87,G/A;90,A;129,G;

AMPL3507919 10,G;22,G;34,T;64,T;74,A;105,G;114,G;133,C;153,T;169,G;184,C;188,A;

AMPL3507920 18,C;24,A;32,C;67,T;74,G;

AMPL3507921 7,C;30,G;38,G;43,A;182,G;

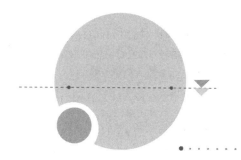

# 临9

AMPL3507571 6,G/T;10,G/T;18,C;19,C/T;20,A/G;30,A/G;37,T/A;40,T;
AMPL3507806 31,T;55,C;136,A;139,G;158,A;
AMPL3507807 28,A/C;31,C/G;89,C/T;96,G/A;129,A/C;
AMPL3507808 75,A;114,C;124,T;132,T;134,G;139,G;171,C;172,T;
AMPL3507809 45,G;47,C;49,A;65,C;76,C;81,T;91,A;115,A;
AMPL3507810 33,C;53,C;74,G;90,T;98,G;154,G;
AMPL3507811 30,G;97,A/G;104,G/A;
AMPL3507812 6,T/C;53,T/C;83,C/T;90,A/T;109,C/A;113,T/A;154,C/T;155,C;
AMPL3507813 14,T;86,G;127,A;
AMPL3507814 63,G/A;67,G;70,G/T;72,A/G;94,A;119,G;134,C/T;157,G;
AMPL3507815 9,A;155,C/A;163,A;
AMPL3507816 93,G/A;105,G/C;150,A/G;166,C/T;171,C/T;
AMPL3507817 38,G/A;87,G/C;96,C;102,A;116,C/T;166,T/C;183,C/T;186,G;188,G/A;
AMPL3507818 8,A;37,A;40,T;41,G;49,T/A;55,T/G;56,G/A;57,G/T;100,G/A;104,G/T;
108,T/C;113,G;118,T;
AMPL3507819 87,A/G;97,C;139,G/A;155,T/C;
AMPL3507821 41,G;45,A;59,A;91,G;141,G;144,C;
AMPL3507822 1,G/C;8,A;11,T/A;70,C;94,C;108,G/A;
AMPL3507824 3,G;56,G;65,A/G;68,T/C;117,T/C;
AMPL3507826 55,T/C;61,C/T;74,T/C;98,C;122,G;129,G/A;139,A/G;180,C/T;
AMPL3507827 9,C;48,A;65,T;77,T;95,T;124,T;132,C;135,A;140,A;
AMPL3507828 73,T;107,G/A;109,G/C;143,T/C;159,G/C;
AMPL3507829 6,T;14,T/A;56,A/G;70,A/G;71,T/A;127,A;
AMPL3507831 7,C;16,C;19,C;66,C;75,A;88,T;113,T;130,G;140,C;164,T;
AMPL3507832 23,T;59,A;78,C;116,C/T;
AMPL3507833 26,T;30,G;49,G/A;69,T;75,A;97,A;132,T;
AMPL3507834 126,C/T;145,A/G;
AMPL3507835 12,G/A;38,G/T;93,A/T;98,G/C;99,T/G;129,C/A;150,T/A;
AMPL3507836 8,G/A;32,C/T;40,T/G;44,A/G;63,T;71,G/A;113,C/T;142,G/A;
AMPL3507837 1,G;5,A;6,C;7,C;24,A;30,T;59,C;66,T;67,C;78,G;79,G;80,A;111,C;
139,A;164,A;
AMPL3507838 3,G/A;15,G/A;20,A/G;23,A/G;50,A;52,G/A;59,A/C;64,C;78,T/G;
AMPL3507839 59,G/C;114,T/C;151,C/T;
AMPL3507840 77,C/G;

AMPL3507841   13,T;14,G;34,A;60,T;99,G;

AMPL3507842   13,C;17,T/C;20,T/A;64,T/C;97,G/A;144,T/C;158,C/A;159,T/G;163,
A/T;

AMPL3507844   2,T;6,G;26,C;35,C;63,G;65,A;68,T;96,C;97,C;119,T;130,A;137,G;
158,T;

AMPL3507845   57,A/G;161,A/G;

AMPL3507849   16,T/C;19,C/A;23,T;24,A/G;33,G;35,A/G;39,G;68,C/G;72,G/T;74,T/
G;97,T;128,G;134,G;142,A/C;144,C/T;157,A;

AMPL3507850   2,A;16,C;35,A;39,A/G;60,C;93,C;110,G;114,T/C;125,C;128,A;130,C;

AMPL3507851   61,T;91,T;92,G;131,G/A;151,G/A;154,C/A;162,C/G;165,G;166,A/T;
168,G/C;

AMPL3507852   8,A;26,C/G;33,T/G;43,A;56,C;62,C/T;93,G/C;124,A/G;

AMPL3507853   2,T;71,G;88,T;149,G;180,C;193,A;

AMPL3507854   34,C;36,G;37,T;44,G;55,A;70,C;84,A;92,A;99,T;102,T;110,T;112,T;
114,T;126,C;139,C;153,T;158,A;164,C;170,C;171,G;174,A;177,G;180,C;
181,T;187,C;188,G;192,T;

AMPL3507855   26,C/T;36,C/T;90,T/C;

AMPL3507856   11,A/G;92,C/T;102,C/T;

AMPL3507857   33,A/G;70,C/G;82,A/T;123,T/C;

AMPL3507858   26,T/G;45,G/T;84,T/C;143,G/A;152,G/A;176,C/A;

AMPL3507860   30,G;97,C/T;101,G/T;128,G/A;176,T/C;

AMPL3507861   28,T/C;43,A/G;69,C/G;93,C;105,G/T;124,T/C;128,T/A;

AMPL3507862   2,C/A;4,G;63,G;83,T/C;88,T/C;106,T;115,C/T;124,A;154,T;

AMPL3507863   13,A;45,C;69,A/G;145,A/T;177,A/G;

AMPL3507864   17,T/C;95,G;120,T;

AMPL3507865   19,C;21,T;35,A;43,G;56,C/A;57,C/T;75,C;85,G;100,C/G;101,T;116,A/
C;127,G/C;161,T/C;171,A/G;172,C/T;

AMPL3507866   8,T;66,G;74,T;147,C;172,T;

AMPL3507867   21,T;27,G;38,C;45,C;54,C;88,C;93,C;112,C;122,G;132,G;

AMPL3507868   45,T;51,A/G;108,T/C;166,T/C;186,A/G;

AMPL3507871   7,C;95,G;115,G;144,T;

AMPL3507872   10,C/T;52,G;131,T;132,C/T;

AMPL3507873   13,T/C;38,T;39,C/T;54,A/G;59,A;86,T/G;

AMPL3507875   44,G;45,G;68,G;110,G;125,A;137,G;151,A;184,C;

AMPL3507876   96,C;114,C/G;144,G/A;178,C;

AMPL3507877   12,TAT/T;24,G/A;27,A/T;28,G/A;34,C;39,A;46,T;68,C;70,G/A;90,A;
110,G;126,C;134,C;

AMPL3507878   8,C;10,A;37,A;59,G;73,T;77,G;78,G;90,T;91,C;103,G;115,C;130,C;

AMPL3507879   50,A;90,C;91,C;116,C;127,T/G;134,G/C;143,G/C;155,G/T;163,C/T;169,
A;181,C/T;

AMPL3507880   66,T;105,A/C;124,A/G;

AMPL3507881   84,T/C;122,A/T;

AMPL3507882   40,G;43,A;61,T;

AMPL3507883 20,T;31,T;68,C;74,G;84,A;104,T;142,T;144,G;

AMPL3507885 36,C/G;51,A;54,G/A;65,G/N;66,G/N;71,C/N;78,C/N;110,G/A;112,C/T;115,G/A;124,G/T;131,T/A;135,G/A;146,A/G;

AMPL3507886 41,G/A;47,C/T;81,G/C;91,T/C;99,G/A;125,A/T;

AMPL3507887 2,T;35,C;45,G;62,C;65,A;92,G;101,C;

AMPL3507888 4,C/T;50,A/G;65,A;70,C;79,T/A;82,T/C;94,A/G;100,A/G;107,T/A;133,T;

AMPL3507889 34,T;111,A;154,A;159,G;160,G;

AMPL3507890 19,C;26,T;33,A;60,G;139,C;

AMPL3507891 29,A;61,C/T;

AMPL3507892 23,A;28,A;55,A;69,A;72,A;122,T;136,G;180,G;181,A;

AMPL3507893 42,T/A;51,T/C;77,T;140,G/T;147,T/C;161,A/G;177,T/A;197,C/G;

AMPL3507894 165,A;182,A;

AMPL3507895 65,A;92,C;141,T/G;

AMPL3507896 6,T;32,C;77,A/T;85,A/T;107,C;126,C/G;135,T;

AMPL3507898 133,T;152,G;

AMPL3507899 1,G;29,C;39,T;55,C;108,T/G;115,A;125,C/T;140,A/C;

AMPL3507900 23,A/G;62,A/G;63,G/A;73,T;86,T/C;161,C/T;183,G/A;190,A/G;

AMPL3507901 68,T;98,A;116,A/C;

AMPL3507902 38,C;57,A/G;65,C;66,G;92,A/T;104,C/A;118,T/A;176,G;

AMPL3507904 3,T/C;5,C;13,G/A;54,C;83,G/T;85,C;92,C;104,C;147,A;182,G;

AMPL3507909 2,A;9,G/C;13,G/A;15,C;28,G;32,T;34,A;53,C/T;84,C;97,C;99,C/A;135,G/C;148,G/T;150,T;

AMPL3507910 33,T;105,A;129,C;164,A;

AMPL3507911 33,G;34,C;49,C;50,G;71,G;77,C;89,A;92,G;126,G;130,T;133,C;134,A;151,A;173,G;180,A;181,C;185,C;189,C;190,G;196,C;200,C;

AMPL3507912 19,T;33,T;38,A;43,T;46,G;71,C/G;73,A;108,A;124,T/A;126,G;132,A;143,C;160,T;

AMPL3507913 21,A;58,C;90,C;107,A;109,T;111,T;113,G;128,A;134,G;

AMPL3507914 37,G/C;52,G;56,A/T;64,T/G;115,C/T;

AMPL3507915 22,A;31,C;39,T;51,C;52,T;59,A;66,T;87,A;99,A;103,C;128,T;134,A;135,A;138,A;159,G;

AMPL3507916 24,A/G;31,T/C;43,T/C;49,G/T;90,G/A;110,T/A;132,A/C;160,A;170,G;174,G/A;

AMPL3507918 15,A/T;63,A;72,G;76,T;86,C;87,G/A;90,A;129,G;

AMPL3507919 10,G;22,G;34,T;64,T;74,A;105,G;114,G;133,C;153,T;169,G;184,C;188,A;

AMPL3507920 18,A/C;24,A;32,A/C;67,T;74,C/G;

AMPL3507921 7,C;30,A/G;38,A/G;43,G/A;182,A/G;

AMPL3507922 146,C/A;

AMPL3507923 69,A;79,T/C;125,C;140,T;144,C;152,T;

AMPL3507924 46,C/T;51,G/C;131,T/A;143,C/T;166,G/A;

# 灵龙

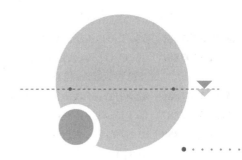

AMPL3507571  6,G/T;10,G/T;18,C;19,C/T;20,A/G;30,A/G;37,T/A;40,T/C;

AMPL3507806  31,T;55,C;136,A;139,G;158,A;

AMPL3507807  28,C;31,G;89,T;96,A;129,C;

AMPL3507808  75,A;114,C/T;124,T;132,T/C;134,G/C;139,G/C;171,C/G;172,T;

AMPL3507809  45,A/G;47,G/C;49,A;65,A/C;76,T/C;81,A/T;91,T/A;115,A;

AMPL3507810  33,C/T;53,C/T;74,G;90,T/C;98,G;154,G;

AMPL3507811  30,C/G;97,A/G;104,G/A;

AMPL3507812  6,C;53,C;83,T;90,T;109,A;113,A;154,T;155,C;

AMPL3507813  14,T;86,A;127,G;

AMPL3507814  63,A;67,G;70,T;72,A;94,A;119,G;134,C;157,G;

AMPL3507815  9,T/A;155,C;163,A;

AMPL3507816  93,G;105,G;150,A;166,C;171,C;

AMPL3507817  38,A;87,C;96,C/A;102,A/G;116,T;166,C/T;183,T;186,G/A;188,A/G;

AMPL3507818  8,A;37,A;40,T;41,G;49,A;55,G;56,A;57,T;100,A;104,T;108,C;113,G;
118,T;

AMPL3507819  87,A/G;97,C;139,G/A;155,T/C;

AMPL3507821  41,C/G;45,G/A;59,A;91,G;141,A/G;144,C;

AMPL3507822  1,G;8,A;11,T/A;70,C;94,C;108,G/A;

AMPL3507823  11,C;110,A;123,A;

AMPL3507824  3,G;56,G;65,A;68,T;117,T;

AMPL3507826  55,T;61,C;74,T;98,C;122,G;129,G;139,A;180,C;

AMPL3507827  9,T/C;48,A;65,G/T;77,C/T;95,T;124,T;132,T/C;135,G/A;140,G/A;

AMPL3507828  73,T;107,G/A;109,G/C;143,T/C;159,G/C;

AMPL3507829  6,T;14,T/A;56,A/G;70,A/G;71,T/A;127,A;

AMPL3507831  7,C;16,C;19,C;66,C;75,A;88,T;113,T/C;130,G;140,C;164,T;

AMPL3507832  23,T/C;59,A/G;78,C/G;116,C/T;

AMPL3507833  26,T;30,T/G;49,G/A;69,G/T;75,G/A;97,C/A;132,A/T;

AMPL3507834  126,T/C;145,G/A;

AMPL3507835  12,G;38,G;93,A;98,G;99,T;129,C;150,T;

AMPL3507836  8,A;32,T;40,G;44,G;63,T;71,A;113,T;142,A;

AMPL3507838  3,G/A;15,G/A;20,G;23,A/G;50,A;52,G/A;59,A/C;64,C;78,T/G;

AMPL3507839  59,G;114,T;151,C;

AMPL3507840  77,C/G;

AMPL3507841  13,C/T;14,G;34,G/A;60,G/T;99,A/G;

AMPL3507842   13,T;17,T;20,T;64,C;97,A;144,C;158,A;159,G;163,T;

AMPL3507844   2,C;6,C;26,CAATG;35,C;63,G;65,G;68,G;96,T;97,T;119,C;130,T;137,G;158,C;

AMPL3507845   57,A;161,A;

AMPL3507846   5,A;21,A/G;24,G/A;26,A;94,G;112,A;127,C/G;128,T/A;149,G/C;175,T;

AMPL3507848   38,A;78,C;

AMPL3507849   16,T/C;19,C/A;23,T;24,A/G;33,G;35,A/G;39,G;68,C/G;72,G/T;74,T/G;97,T;128,G;134,G;142,A/C;144,C/T;157,A;

AMPL3507850   2,A;16,C;35,A;39,G;60,C;93,C;110,G;114,C;125,C;128,A;130,C;

AMPL3507851   61,T;91,T;92,G;131,A;151,A;154,A;162,G;165,G;166,T;168,C;

AMPL3507852   8,A;26,C/G;33,T/G;43,A;56,C;62,T;93,C;124,G;

AMPL3507853   2,A/T;71,A/G;88,C/T;149,C/G;180,T/C;193,T/A;

AMPL3507854   34,C/T;36,G;37,T/C;44,G;55,A;70,C/A;84,A;92,A/G;99,T;102,T/G;110,T/C;112,T/A;114,T/G;126,C/A;139,C/T;153,T/C;158,A/T;164,C/A;170,C/G;171,G/A;174,A/G;177,G/T;180,C;181,T;187,C;188,G/T;192,T/C;

AMPL3507855   26,C;36,C;90,T;

AMPL3507856   11,A;92,C;102,C;

AMPL3507857   33,A;70,C;82,A;123,T;

AMPL3507858   26,T/G;45,G/T;84,C;143,G/A;152,G/A;176,C/A;

AMPL3507860   30,G;97,T;101,T;128,A;176,C;

AMPL3507861   28,T/C;43,A/G;69,C/G;93,C;105,G/T;124,T/C;128,T/A;

AMPL3507862   2,A;4,G;63,A;83,C;88,T;106,T;115,C;124,C;154,T;

AMPL3507863   13,A;45,C;69,G;145,T;177,G;

AMPL3507864   17,C/T;95,A/G;120,T;

AMPL3507865   19,C/T;21,T/A;35,A;43,G/A;56,A;57,T/C;75,C/T;85,G/C;100,G;101,T/C;116,C;127,C;161,C/T;171,G/A;172,T;

AMPL3507866   8,T;66,C;74,C;147,A;172,T;

AMPL3507867   21,C;27,G;38,T;45,T;54,C;88,C;93,T;112,C;122,A;132,G;

AMPL3507868   45,T/C;51,A/G;108,T;166,T;186,A/G;

AMPL3507871   7,C;95,G;115,G;144,T;

AMPL3507872   10,C;52,G/T;131,T;132,C;

AMPL3507873   13,T/C;38,T;39,C/T;54,A/G;59,A;86,T/G;

AMPL3507874   2,T;31,A;97,T;99,T;105,G;108,C;122,C;161,A;

AMPL3507875   44,G;45,G;68,G;110,G;125,A;137,G;151,A;184,C;

AMPL3507877   12,G/T;24,G/A;27,T;28,G/A;34,G/C;39,G/A;46,A/T;68,A/C;70,A;90,A;110,T/G;126,C;134,A/C;

AMPL3507878   8,T;10,A;37,G;59,A;73,G;77,G;78,G;90,C;91,T;103,G;115,T;130,C;

AMPL3507879   50,A;90,C;91,C;116,C;127,T;134,G;143,G;155,G;163,C;169,A;181,C;

AMPL3507880   66,T;105,A;124,A;

AMPL3507881   84,T;122,G;

AMPL3507882    40,G;43,A;61,T;

AMPL3507883    20,C;31,T;68,C;74,G;84,C;104,T;142,T;144,G;

AMPL3507885    36,C/G;51,A;54,G/A;65,G/N;66,G/N;71,C/N;78,C/N;110,G/A;112,C/T;115,G/A;124,G/T;131,T/A;135,G/A;146,A/G;

AMPL3507886    41,G/A;47,C/T;81,G/C;91,T/C;99,G/A;125,A/T;

AMPL3507887    2,T;35,C;45,G/A;62,C;65,A/G;92,G/A;101,C/GTG;

AMPL3507888    4,T;50,G;65,A;70,C;79,A;82,C;94,G;100,G;107,A;133,T;

AMPL3507889    34,T;111,A;154,A;159,G;160,G;

AMPL3507890    19,T/C;26,C/T;33,G/A;60,A/G;139,T/C;

AMPL3507891    29,A;61,T/C;

AMPL3507892    23,A;28,A;55,A;69,A;72,A;122,T;136,G;180,G;181,A;

AMPL3507893    42,A/T;51,C/T;77,C/T;140,T/G;147,C/T;161,G/A;177,A/T;197,G/C;

AMPL3507894    165,A/G;182,A/G;

AMPL3507895    65,T/A;92,T/C;141,T;

AMPL3507896    6,C/T;32,C;77,A/T;85,A/T;107,C;126,C/G;135,T;

AMPL3507897    1,C;7,A/G;9,C;31,C;91,C;104,C/T;123,A;132,T;

AMPL3507898    133,G/T;152,A/G;

AMPL3507899    1,G;29,T/C;39,C/T;55,C;108,G/T;115,A;125,C;140,C/A;

AMPL3507900    23,A/G;62,G;63,A;73,T;86,T/C;161,C/T;183,G/A;190,G;

AMPL3507901    68,T;98,A;116,C;

AMPL3507902    38,C;57,G;65,C;66,G;92,T;104,A;118,A;176,G;

AMPL3507903    101,G;105,G;121,C;161,C;173,T;

AMPL3507904    3,C;5,C;13,G;54,C/T;83,G;85,C/T;92,T/C;104,C;147,A;182,G;

AMPL3507906    7,T;9,G;30,G;41,A;42,A;48,T;69,G;71,A;78,G;88,A;91,G;108,A;115,G;122,A;126,A;141,A;

AMPL3507907    5,G;25,G;26,G;32,G;34,C;35,T;36,G;37,G;46,G;47,C;49,A;120,G;

AMPL3507909    2,A;9,C;13,G/A;15,C;28,G;32,T;34,A;53,T;84,C;97,C;99,C/A;135,G/C;148,G/T;150,T;

AMPL3507910    33,C;105,G;129,A;164,G;

AMPL3507911    33,G;34,C;49,C;50,G;71,G;77,C;89,A;92,G;126,G;130,T;133,C;134,A;151,A;173,G;180,A;181,C;185,C;189,C;190,G;196,C;200,C;

AMPL3507912    19,T;33,T;38,A;43,T;46,G/A;71,G/C;73,A/T;108,A;124,A/T;126,G;132,A;143,C;160,T;

AMPL3507913    21,T;58,T;90,T;107,A/G;109,A;111,A;113,A;128,A;134,G;

AMPL3507914    37,G/C;52,A/G;56,C/T;64,T/G;115,C/T;

AMPL3507915    22,G/A;31,T/C;39,C/T;51,T/C;52,C/T;59,G/A;66,C/T;87,G/A;99,G/A;103,T/C;128,C/T;134,C/A;135,T/A;138,G/A;159,T/G;

AMPL3507916    24,A/G;31,T/C;43,T/C;49,G/T;90,G/A;110,T/A;132,A/C;160,A;170,G;174,G/A;

AMPL3507918    15,A;63,A;72,G;76,T;86,C;87,G;90,A;129,G;

# 灵龙 x 紫娘喜

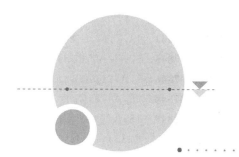

AMPL3507571    6,G;10,G;18,C;19,C;20,A;30,A;37,T;40,T;

AMPL3507806    31,A/T;55,C;136,C/A;139,T/G;158,A;

AMPL3507807    28,A/C;31,C/G;89,C/T;96,G/A;129,A/C;

AMPL3507808    75,A;114,C;124,T;132,T;134,G;139,G;171,C;172,T;

AMPL3507809    45,G;47,C;49,A;65,C;76,C;81,T;91,A;115,A;

AMPL3507810    33,C;53,C;74,G;90,T/C;98,G/A;154,G;

AMPL3507811    30,G;97,A;104,G;

AMPL3507812    6,T;53,T;83,C;90,A;109,C;113,T;154,C;155,C;

AMPL3507813    14,T;86,G;127,A;

AMPL3507814    63,G;67,G;70,G;72,A;94,A;119,G;134,C;157,G;

AMPL3507815    9,A;155,A;163,A;

AMPL3507816    93,G/A;105,G/C;150,A/G;166,C/T;171,C/T;

AMPL3507817    38,G/A;87,G/C;96,C;102,A;116,C/T;166,T/C;183,C/T;186,G;188,G/A;

AMPL3507818    8,A;37,A;40,T;41,G;49,A;55,G;56,A;57,T;100,A;104,T;108,C;113,G;
118,T;

AMPL3507819    87,A;97,C;139,G;155,T;

AMPL3507821    41,G/C;45,A/G;59,A/T;91,G;141,G/A;144,C;

AMPL3507822    1,G;8,A;11,T/A;70,C;94,C/T;108,G/A;

AMPL3507823    11,T;110,C;123,G;

AMPL3507824    3,G;56,G;65,G;68,C;117,C;

AMPL3507826    55,T/C;61,C/T;74,T/C;98,C;122,G;129,G/A;139,A/G;180,C/T;

AMPL3507827    9,T/C;48,A;65,G/T;77,C/T;95,T;124,T;132,T/C;135,G/A;140,G/A;

AMPL3507828    73,T;107,G/A;109,G/C;143,T/C;159,G/C;

AMPL3507831    7,C;16,C/T;19,C;66,C/T;75,A/G;88,T/C;113,T/C;130,G/T;140,C/G;
164,T;

AMPL3507832    23,T;59,A;78,C;116,C;

AMPL3507833    26,T;30,G;49,A;69,T;75,A;97,A;132,T;

AMPL3507834    126,T/C;145,G/A;

AMPL3507835    12,A;38,T;93,T;98,C;99,G;129,A;150,A;

AMPL3507836    8,G/A;32,C/T;40,T/G;44,A/G;63,T;71,G/A;113,C/T;142,G/A;

AMPL3507838    3,A;15,A;20,G;23,G;50,A;52,A;59,C;64,C;78,G;

AMPL3507839    59,G;114,T;151,C;

AMPL3507840    77,C/G;

AMPL3507841    13,T;14,G;34,A;60,T;99,G;

AMPL3507842    13,C;17,C;20,A;64,C;97,A;144,C;158,A;159,G;163,T;

AMPL3507845    57,G/A;161,G/A;

AMPL3507846    5,A;21,A;24,G;26,A;94,G;112,A;127,G/C;128,A/T;149,G;175,A/T;

AMPL3507848    38,A;78,C;

AMPL3507849    16,A/T;19,C;23,T;24,A;33,G;35,A;39,G;68,C;72,G;74,T;97,T;128,T/G;134,A/G;142,C/A;144,T/C;157,A;

AMPL3507850    2,A;16,C;35,A;39,G;60,C;93,C;110,G;114,C;125,C;128,A;130,C;

AMPL3507851    61,T;91,T;92,G;131,A;151,A;154,A;162,G;165,G;166,T;168,C;

AMPL3507852    8,A;26,G;33,G;43,A;56,C;62,T;93,C;124,G;

AMPL3507853    2,T/A;71,G/A;88,T/C;149,G/C;180,C/T;193,A/T;

AMPL3507854    34,C/T;36,G;37,T/C;44,G;55,A;70,C/A;84,A;92,A/G;99,T;102,T/G;110,T/C;112,T/A;114,T/G;126,C/A;139,C/T;153,T/C;158,A/T;164,C/A;170,C/G;171,G/A;174,A/G;177,G/T;180,C;181,T;187,C;188,G/T;192,T/C;

AMPL3507855    26,T;36,T;90,C;

AMPL3507856    11,G;92,T;102,T;

AMPL3507857    33,G;70,G/C;82,T/A;123,C;

AMPL3507858    26,T;45,G;84,T/C;143,G;152,G;176,C;

AMPL3507860    30,G;97,T;101,T;128,A;176,C;

AMPL3507861    28,T/C;43,A/G;69,C/G;93,C;105,G/T;124,T/C;128,T/A;

AMPL3507862    2,C/A;4,G;63,G/A;83,T/C;88,T;106,T;115,C;124,A/C;154,T;

AMPL3507863    13,A/G;45,C/G;69,A;145,A;177,A;

AMPL3507864    17,T;95,G;120,T/C;

AMPL3507865    19,C;21,T;35,A;43,G;56,C/A;57,C/T;75,C;85,G;100,C/G;101,T;116,A/C;127,G/C;161,T/C;171,A/G;172,C/T;

AMPL3507866    8,T;66,G;74,T;147,C;172,T;

AMPL3507867    21,C/T;27,G;38,T/C;45,T/C;54,C;88,C;93,T/C;112,C;122,A/G;132,G;

AMPL3507868    45,T;51,A/G;108,T/C;166,T/C;186,A/G;

AMPL3507871    7,C;95,G;115,G;144,T;

AMPL3507872    10,T;52,G;131,T;132,T;

AMPL3507873    13,C/T;38,T;39,T/C;54,G/A;59,A;86,G/T;

AMPL3507874    2,T;31,A;97,T;99,T;105,G;108,T;122,C;161,G;

AMPL3507876    96,C;114,G;144,A;178,C;

AMPL3507877    12,TAT/T;24,G/A;27,A/T;28,G/A;34,C;39,A;46,T;68,C;70,G/A;90,A;110,G;126,C;134,C;

AMPL3507878    8,C;10,A;37,A;59,G;73,T;77,G;78,G;90,T;91,C;103,G;115,C;130,C;

AMPL3507879    50,A/G;90,C;91,C;116,C;127,T/G;134,G/C;143,G;155,G;163,C/T;169,A/G;181,C/T;

AMPL3507880    66,C/T;105,A/C;124,A/G;

AMPL3507881    84,C;122,T;

AMPL3507882    40,G;43,A;61,T;

AMPL3507883    20,T;31,T;68,C/T;74,G;84,A;104,T;142,T;144,G;

| AMPL3507885 | 36,C/G;51,A;54,G/A;65,G/N;66,G/N;71,C/N;78,C/N;110,G/A;112,C/T;115,G/A;124,G/T;131,T/A;135,G/A;146,A/G; |
|---|---|
| AMPL3507886 | 41,G;47,C;81,G;91,T;99,G;125,A; |
| AMPL3507887 | 2,T;35,C;45,G/A;62,C;65,A/G;92,G/A;101,C/GTG; |
| AMPL3507888 | 4,C/T;50,A/G;65,A;70,C;79,T/A;82,T/C;94,A/G;100,A/G;107,T/A;133,T; |
| AMPL3507889 | 34,T;111,A;154,A;159,G;160,G; |
| AMPL3507890 | 19,T/C;26,C/T;33,G/A;60,A/G;139,T/C; |
| AMPL3507891 | 29,A/C;61,T; |
| AMPL3507892 | 23,A;28,G;55,G;69,G;72,G;122,T;136,A;180,A;181,T; |
| AMPL3507893 | 42,T/A;51,T/C;77,T;140,G/T;147,T/C;161,A/G;177,T/A;197,C/G; |
| AMPL3507894 | 165,A/G;182,A/G; |
| AMPL3507895 | 65,A;92,A/C;141,T/G; |
| AMPL3507896 | 6,T;32,C;77,A;85,A;107,C;126,C;135,T; |
| AMPL3507897 | 1,A/C;7,A/G;9,G/C;31,T/C;91,T/C;104,C/T;123,G/A;132,G/T; |
| AMPL3507898 | 133,T;152,G; |
| AMPL3507899 | 1,G;29,C;39,T;55,C;108,T;115,A;125,C;140,A/C; |
| AMPL3507900 | 23,A;62,A;63,G;73,T;86,T;161,C;183,G;190,A; |
| AMPL3507901 | 68,T;98,A;116,C/A; |
| AMPL3507902 | 38,C;57,A;65,C;66,G;92,A;104,C;118,T;176,G; |
| AMPL3507903 | 101,A;105,A;121,A;161,C;173,T; |
| AMPL3507904 | 3,T/C;5,C;13,G/A;54,T/C;83,G/T;85,T/C;92,C;104,T/C;147,G/A;182,G; |
| AMPL3507906 | 7,T;9,G;30,G;41,A;42,A;48,T;69,G;71,A;78,G;88,A;91,G;108,A;115,G;122,A;126,A;141,A; |
| AMPL3507909 | 2,A;9,C;13,A;15,C;28,G;32,T;34,A;53,T;84,C;97,C;99,A;135,C;148,T;150,T; |
| AMPL3507910 | 33,T;105,A;129,C;164,A; |
| AMPL3507911 | 33,G;34,C;49,C;50,G;71,G;77,C;89,A;92,G;126,G;130,T;133,C;134,A;151,A;173,G;180,A;181,C;185,C;189,C;190,G;196,C;200,C; |
| AMPL3507912 | 19,T;33,T/A;38,A;43,T;46,G/A;71,C;73,A/T;108,A;124,T;126,G;132,A;143,C;160,T; |
| AMPL3507913 | 21,T;58,T;90,T;107,A;109,A;111,A;113,A;128,A;134,G; |
| AMPL3507914 | 37,C/G;52,G;56,T/A;64,G/T;115,T/C; |
| AMPL3507915 | 22,G/A;31,T/C;39,C/T;51,T/C;52,C/T;59,G/A;66,C/T;87,G/A;99,G/A;103,T/C;128,C/T;134,C/A;135,T/A;138,G/A;159,T/G; |
| AMPL3507916 | 24,G/A;31,C/T;43,C/T;49,T/G;90,A/G;110,A/T;132,C/A;160,A;170,G;174,A/G; |
| AMPL3507918 | 15,A/T;63,A;72,G;76,T;86,C;87,G/A;90,A;129,G; |
| AMPL3507919 | 10,G;22,T/G;34,C/T;64,G/T;74,G/A;105,A/G;114,A/G;133,T/C;153,G/T;169,G;184,T/C;188,T/A; |
| AMPL3507920 | 18,C/A;24,A;32,C/A;67,T;74,G/C; |
| AMPL3507921 | 7,C;30,A/G;38,A/G;43,G/A;182,A/G; |

# 南湖焦核

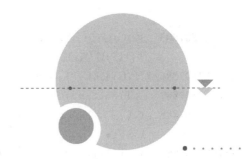

AMPL3507571  6,T/G;10,T/G;18,C;19,T/C;20,G/A;30,G/A;37,A/T;40,T;
AMPL3507806  31,T;55,C;136,A;139,G;158,A;
AMPL3507807  28,C/A;31,G/C;89,T/C;96,A/G;129,C/A;
AMPL3507808  75,A;114,C;124,T;132,T;134,G;139,G;171,C;172,T;
AMPL3507809  45,G;47,C;49,A;65,C;76,C;81,T;91,A;115,A;
AMPL3507810  33,C;53,C;74,G;90,T;98,G;154,G;
AMPL3507811  30,G;97,A/G;104,G/A;
AMPL3507812  6,T/C;53,T/C;83,C/T;90,A/T;109,C/A;113,T/A;154,C/T;155,C;
AMPL3507813  14,T;86,G;127,A;
AMPL3507814  63,G/A;67,G;70,G/T;72,A/G;94,A;119,G;134,C/T;157,G;
AMPL3507815  9,A;155,C/A;163,A;
AMPL3507816  93,A/G;105,C/G;150,G/A;166,T/C;171,T/C;
AMPL3507817  38,A/G;87,C/G;96,C;102,A;116,T/C;166,C/T;183,T/C;186,G;188,A/G;
AMPL3507818  8,A;37,A;40,T;41,G;49,A/T;55,G/T;56,A/G;57,T/G;100,A/G;104,T/G;
             108,C/T;113,G;118,T;
AMPL3507819  87,A/G;97,C;139,G/A;155,T/C;
AMPL3507821  41,C/G;45,G/A;59,T/A;91,G;141,A/G;144,C;
AMPL3507822  1,G/C;8,A;11,T/A;70,C;94,C;108,G/A;
AMPL3507824  3,G;56,G;65,G/A;68,C/T;117,C/T;
AMPL3507826  55,T;61,C;74,T;98,C;122,G;129,G;139,A;180,C;
AMPL3507827  9,T;48,A;65,G;77,C;95,T;124,T;132,T;135,G;140,G;
AMPL3507828  73,T;107,G;109,G;143,T;159,G;
AMPL3507829  6,T;14,T;56,A;70,A;71,T;127,A;
AMPL3507831  7,C;16,C;19,C;66,C;75,A;88,T;113,T;130,G;140,C;164,T;
AMPL3507832  23,T;59,A;78,C;116,C/T;
AMPL3507833  26,T;30,G;49,G;69,T;75,A;97,A;132,T;
AMPL3507834  126,T;145,G;
AMPL3507835  12,G/A;38,G/T;93,A/T;98,G/C;99,T/G;129,C/A;150,T/A;
AMPL3507836  8,A/G;32,T/C;40,G/T;44,G/A;63,T;71,A/G;113,T/C;142,A/G;
AMPL3507837  1,A;5,G;6,T;7,C;24,T;30,C;59,C;66,C;67,C;78,A;79,A;80,A;111,T;
             139,G;164,A;
AMPL3507838  3,A/G;15,A/G;20,G/A;23,G/A;50,A;52,A/G;59,C/A;64,C;78,G/T;
AMPL3507839  59,C/G;114,C/T;151,T/C;
AMPL3507840  77,G;

AMPL3507841    13,C/T;14,A/G;34,G/A;60,G/T;99,G;

AMPL3507842    13,C/T;17,C/T;20,A/T;64,C;97,A;144,C;158,A;159,G;163,T;

AMPL3507844    2,T;6,G;26,C;35,C;63,G;65,A;68,T;96,C;97,C;119,T;130,A;137,G;
158,T;

AMPL3507845    57,A/G;161,A/G;

AMPL3507846    5,A;21,A;24,G;26,A;94,G;112,A;127,G;128,A;149,G;175,A;

AMPL3507849    16,C/T;19,A/C;23,T;24,G/A;33,G;35,G/A;39,G;68,G/C;72,T/G;74,G/
T;97,T;128,G;134,G;142,C/A;144,T/C;157,A;

AMPL3507850    2,A;16,C;35,A;39,A/G;60,C;93,C;110,G;114,T/C;125,C;128,A;130,C;

AMPL3507851    61,T;91,T;92,G;131,A;151,A;154,A;162,G;165,G;166,T;168,C;

AMPL3507852    8,A;26,G/C;33,G/T;43,A;56,C;62,T/C;93,C/G;124,G/A;

AMPL3507853    2,A/T;71,A/G;88,C/T;149,C/G;180,T/C;193,T/A;

AMPL3507854    34,C/T;36,G;37,T/C;44,G;55,A;70,C/A;84,A;92,A/G;99,T;102,T/G;
110,T/C;112,T/A;114,T/G;126,C/A;139,C/T;153,T/C;158,A/T;164,C/
A;170,C/G;171,G/A;174,A/G;177,G/T;180,C;181,T;187,C;188,G/T;192,
T/C;

AMPL3507855    26,C/T;36,C/T;90,T/C;

AMPL3507856    11,A/G;92,C/T;102,C/T;

AMPL3507857    33,A/G;70,C/G;82,A/T;123,T/C;

AMPL3507858    26,T/G;45,G/T;84,T/C;143,G/A;152,G/A;176,C/A;

AMPL3507860    30,G;97,T;101,T;128,A;176,C;

AMPL3507861    28,T;43,A;69,C;93,C;105,G;124,T;128,T;

AMPL3507862    2,A/C;4,G;63,G;83,C/T;88,C/T;106,T;115,T/C;124,A;154,T;

AMPL3507863    13,A;45,C;69,G/A;145,T/A;177,G/A;

AMPL3507864    17,T;95,G;120,C;

AMPL3507865    19,C;21,T;35,A;43,G;56,C;57,C;75,C;85,G;100,C;101,T;116,A;127,G;
161,T;171,A;172,C;

AMPL3507867    21,T;27,G;38,C;45,C;54,C;88,C;93,C;112,C;122,G;132,G;

AMPL3507868    45,T;51,A/G;108,T/C;166,T/C;186,A/G;

AMPL3507871    7,C;95,G;115,G;144,T;

AMPL3507872    10,C/T;52,G;131,T;132,C/T;

AMPL3507873    13,T;38,T;39,C;54,A;59,A;86,T;

AMPL3507874    2,C/T;31,C/A;97,T;99,T;105,G;108,T;122,T/C;161,A/G;

AMPL3507876    96,C;114,G/C;144,A/G;178,C;

AMPL3507877    12,T;24,A;27,T;28,A;34,C;39,A;46,T;68,C;70,A;90,G/A;110,G;126,C;
134,A/C;

AMPL3507878    8,C/T;10,A/G;37,A/G;59,G;73,T;77,G/A;78,G/A;90,T/C;91,C;103,G/
A;115,C;130,C;

AMPL3507879    50,A/G;90,T/C;91,T/C;116,G/C;127,G;134,C;143,G;155,G;163,T;169,
G;181,T;

AMPL3507880    66,C/T;105,A;124,A;

AMPL3507881    84,T/C;122,G/T;

AMPL3507882 　40,G;43,A;61,T;

AMPL3507883 　20,T;31,T;68,C/T;74,G;84,A;104,T;142,T;144,G;

AMPL3507886 　41,G/A;47,C/T;81,G/C;91,T/C;99,G/A;125,A/T;

AMPL3507887 　2,T;35,C;45,G;62,C;65,A;92,G;101,C;

AMPL3507888 　4,T;50,G;65,A;70,C;79,A;82,C;94,G;100,G;107,A;133,T;

AMPL3507889 　34,T;111,A;154,A;159,G;160,G;

AMPL3507890 　19,T;26,C;33,G;60,A;139,T;

AMPL3507891 　29,C/A;61,T/C;

AMPL3507892 　23,A;28,G/A;55,G/A;69,G/A;72,G/A;122,T;136,A/G;180,A/G;181, T/A;

AMPL3507893 　42,T/A;51,T/C;77,T;140,G/T;147,T/C;161,A/G;177,T/A;197,C/G;

AMPL3507894 　165,G;182,G;

AMPL3507895 　65,A;92,A/C;141,T;

AMPL3507896 　6,T;32,C;77,A/T;85,A/T;107,C;126,C/G;135,T;

AMPL3507897 　1,C;7,G;9,C;31,C;91,C;104,T;123,A;132,T;

AMPL3507898 　133,G/T;152,A/G;

AMPL3507899 　1,G;29,C;39,T;55,C;108,T/G;115,A;125,C/T;140,C;

AMPL3507900 　23,A/G;62,A/G;63,G/A;73,T;86,T/C;161,C/T;183,G/A;190,A/G;

AMPL3507901 　68,T;98,A;116,C;

AMPL3507902 　38,C;57,A/G;65,C;66,G;92,A/T;104,C/A;118,T/A;176,G;

AMPL3507903 　101,A;105,A;121,A;161,C;173,T;

AMPL3507904 　3,T/C;5,C;13,G/A;54,C;83,G/T;85,C;92,C;104,C;147,A;182,G;

AMPL3507909 　2,A;9,G/C;13,G/A;15,C;28,G;32,T;34,A;53,C/T;84,C;97,C;99,C/A; 135,G/C;148,G/T;150,T;

AMPL3507910 　33,T;105,A;129,C;164,A;

AMPL3507911 　33,G;34,C;49,C;50,G;71,G;77,C;89,A;92,G;126,G;130,T;133,C;134,A; 151,A;173,G;180,A;181,C;185,C;189,C;190,G;196,C;200,C;

AMPL3507912 　19,T;33,T/A;38,A;43,T;46,G/A;71,G/C;73,A/T;108,A;124,A/T;126,G; 132,A;143,C;160,T;

AMPL3507913 　21,A;58,C;90,C;107,A;109,T;111,T;113,G;128,A;134,G;

AMPL3507914 　37,G/C;52,G;56,A/T;64,T/G;115,C/T;

AMPL3507915 　22,A/G;31,C;39,T;51,C;52,T;59,A;66,T;87,A;99,A/G;103,C;128,T; 134,A/C;135,A;138,A;159,G;

AMPL3507916 　24,A;31,T;43,T;49,T/G;90,A/G;110,T;132,C/A;160,G/A;170,T/G;174, A/G;

AMPL3507918 　15,T;63,A;72,G;76,T;86,C;87,A;90,A;129,G;

AMPL3507919 　10,G;22,G/T;34,T/C;64,T/G;74,A/G;105,G/A;114,G/A;133,C/T;153,T/ G;169,G;184,C/T;188,A/T;

AMPL3507920 　18,C/A;24,A;32,C/A;67,T;74,G/C;

AMPL3507921 　7,C;30,G;38,G;43,A;182,G;

AMPL3507922 　146,C;

AMPL3507923 　69,A;79,T;125,C;140,T;144,C;152,T;

# 南山 1 号

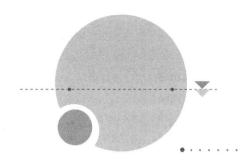

AMPL3507571　6,G;10,G;18,C;19,C;20,A;30,A;37,T;40,T;

AMPL3507806　31,T/A;55,C;136,A/C;139,G/T;158,A;

AMPL3507807　28,C/A;31,G/C;89,T/C;96,A/G;129,C/A;

AMPL3507808　75,A;114,C;124,T;132,T;134,G;139,G;171,C;172,T;

AMPL3507809　45,G;47,C;49,A;65,C;76,C;81,T;91,A;115,A;

AMPL3507810　33,C;53,C;74,G;90,T/C;98,G/A;154,G;

AMPL3507811　30,G;97,A;104,G;

AMPL3507812　6,T;53,T;83,C;90,A;109,C;113,T;154,C;155,C;

AMPL3507813　14,T;86,G;127,A;

AMPL3507814　63,G;67,G;70,G;72,A;94,A;119,G;134,C;157,G;

AMPL3507815　9,A;155,A;163,A;

AMPL3507816　93,G/A;105,G/C;150,A/G;166,C/T;171,C/T;

AMPL3507817　38,A/G;87,C/G;96,C;102,A;116,T/C;166,C/T;183,T/C;186,G;188,A/G;

AMPL3507818　8,A;37,A;40,T;41,G;49,A;55,G;56,A;57,T;100,A;104,T;108,C;113,G;
　　　　　　　118,T;

AMPL3507819　87,A;97,C;139,G;155,T;

AMPL3507821　41,G/C;45,A/G;59,A/T;91,G;141,G/A;144,C;

AMPL3507822　1,G;8,A;11,A/T;70,C;94,T/C;108,A/G;

AMPL3507824　3,G;56,G;65,G;68,C;117,C;

AMPL3507826　55,T/C;61,C/T;74,T/C;98,C;122,G;129,G/A;139,A/G;180,C/T;

AMPL3507827　9,T/C;48,A;65,G/T;77,C/T;95,T;124,T;132,T/C;135,G/A;140,G/A;

AMPL3507828　73,T;107,G/A;109,G/C;143,T/C;159,G/C;

AMPL3507831　7,C;16,T/C;19,C;66,T/C;75,G/A;88,C/T;113,C/T;130,T/G;140,G/C;
　　　　　　　164,T;

AMPL3507832　23,T;59,A;78,C;116,C;

AMPL3507834　126,T/C;145,G/A;

AMPL3507836　8,G/A;32,C/T;40,T/G;44,A/G;63,T;71,G/A;113,C/T;142,G/A;

AMPL3507837　1,A;5,G;6,T;7,C;24,T;30,C;59,C;66,C;67,C;78,A;79,A;80,A;111,T;
　　　　　　　139,G;164,A;

AMPL3507838　3,A;15,A;20,G;23,G;50,A;52,A;59,C;64,C;78,G;

AMPL3507839　59,G;114,T;151,C;

AMPL3507840　77,C/G;

AMPL3507841　13,T;14,G;34,A;60,T;99,G;

AMPL3507842　13,C;17,C;20,A;64,C;97,A;144,C;158,A;159,G;163,T;

AMPL3507844    2,T;6,G;26,C;35,C;63,G;65,A;68,T;96,C;97,C;119,T;130,A;137,G; 158,T;

AMPL3507845    57,A/G;161,A/G;

AMPL3507846    5,A;21,A;24,G;26,A;94,G;112,A;127,C/G;128,T/A;149,G;175,T/A;

AMPL3507848    38,A;78,C;

AMPL3507849    16,A/T;19,C;23,T;24,A;33,G;35,A;39,G;68,C;72,G;74,T;97,T;128,T/ G;134,A/G;142,C/A;144,T/C;157,A;

AMPL3507850    2,A;16,C;35,A;39,G;60,C;93,C;110,G;114,C;125,C;128,A;130,C;

AMPL3507851    61,T;91,T;92,G;131,A;151,A;154,A;162,G;165,G;166,T;168,C;

AMPL3507852    8,A;26,G;33,G;43,A;56,C;62,T;93,C;124,G;

AMPL3507853    2,A/T;71,A/G;88,C/T;149,C/G;180,T/C;193,T/A;

AMPL3507854    34,T/C;36,G;37,C/T;44,G;55,A;70,A/C;84,A;92,G/A;99,T;102,G/T; 110,C/T;112,A/T;114,G/T;126,A/C;139,T/C;153,C/T;158,T/A;164,A/ C;170,G/C;171,A/G;174,G/A;177,T/G;180,C;181,T;187,C;188,T/G;192, C/T;

AMPL3507855    26,T;36,T;90,C;

AMPL3507856    11,G;92,T;102,T;

AMPL3507857    33,G;70,G/C;82,T/A;123,C;

AMPL3507858    26,T;45,G;84,T/C;143,G;152,G;176,C;

AMPL3507860    30,G;97,T;101,T;128,A;176,C;

AMPL3507861    28,T/C;43,A/G;69,C/G;93,C;105,G/T;124,T/C;128,T/A;

AMPL3507862    2,A/C;4,G;63,A/G;83,C/T;88,T;106,T;115,C;124,C/A;154,T;

AMPL3507863    13,G/A;45,G/C;69,A;145,A;177,A;

AMPL3507864    17,T;95,G;120,C/T;

AMPL3507865    19,C;21,T;35,A;43,G;56,A/C;57,T/C;75,C;85,G;100,G/C;101,T;116,C/ A;127,C/G;161,C/T;171,G/A;172,T/C;

AMPL3507866    8,T;66,G;74,T;147,C;172,T;

AMPL3507867    21,C/T;27,G;38,T/C;45,T/C;54,C;88,C;93,T/C;112,C;122,A/G;132,G;

AMPL3507868    45,T;51,G/A;108,C/T;166,C/T;186,G/A;

AMPL3507871    7,C;95,G;115,G;144,T;

AMPL3507872    10,T;52,G;131,T;132,T;

AMPL3507873    13,T/C;38,T;39,C/T;54,A/G;59,A;86,T/G;

AMPL3507874    2,T;31,A;97,T;99,T;105,G;108,T;122,C;161,G;

AMPL3507876    96,C;114,G;144,A;178,C;

AMPL3507877    12,TAT/T;24,G/A;27,A/T;28,G/A;34,C;39,A;46,T;68,C;70,G/A;90,A; 110,G;126,C;134,C;

AMPL3507878    8,C;10,A;37,A;59,G;73,T;77,G;78,G;90,T;91,C;103,G;115,C;130,C;

AMPL3507879    50,G/A;90,C;91,C;116,C;127,G/T;134,C/G;143,G;155,G;163,T/C;169, G/A;181,T/C;

AMPL3507880    66,C/T;105,A/C;124,A/G;

AMPL3507881    84,C/T;122,T/G;

AMPL3507882   40,G;43,A;61,T;

AMPL3507883   20,T;31,T;68,T/C;74,G;84,A;104,T;142,T;144,G;

AMPL3507885   36,C/G;51,A;54,G/A;65,G/N;66,G/N;71,C/N;78,C/N;110,G/A;112,C/T;115,G/A;124,G/T;131,T/A;135,G/A;146,A/G;

AMPL3507887   2,T;35,C;45,G/A;62,C;65,A/G;92,G/A;101,C/GTG;

AMPL3507888   4,T/C;50,G/A;65,A;70,C;79,A/T;82,C/T;94,G/A;100,G/A;107,A/T;133,T;

AMPL3507889   34,T;111,A;154,A;159,G;160,G;

AMPL3507890   19,T/C;26,C/T;33,G/A;60,A/G;139,T/C;

AMPL3507891   29,C/A;61,T;

AMPL3507892   23,A;28,G;55,G;69,G;72,G;122,T;136,A;180,A;181,T;

AMPL3507893   42,A/T;51,C/T;77,T;140,T/G;147,C/T;161,G/A;177,A/T;197,G/C;

AMPL3507894   165,G/A;182,G/A;

AMPL3507895   65,A;92,A/C;141,T/G;

AMPL3507896   6,T;32,C;77,A;85,A;107,C;126,C;135,T;

AMPL3507897   1,A;7,A;9,G;31,T;91,T;104,C;123,G;132,G;

AMPL3507898   133,T;152,G;

AMPL3507899   1,G;29,C;39,T;55,C;108,T;115,A;125,C;140,C/A;

AMPL3507900   23,A;62,A;63,G;73,T;86,T;161,C;183,G;190,A;

AMPL3507901   68,T;98,A;116,C/A;

AMPL3507902   38,C;57,A;65,C;66,G;92,A;104,C;118,T;176,G;

AMPL3507903   101,A;105,A;121,A;161,C;173,T;

AMPL3507904   3,T/C;5,C;13,G/A;54,T/C;83,G/T;85,T/C;92,C;104,T/C;147,G/A;182,G;

AMPL3507906   7,T;9,G;30,G;41,A;42,A;48,T;69,G;71,A;78,G;88,A;91,G;108,A;115,G;122,A;126,A;141,A;

AMPL3507909   2,A;9,C;13,A;15,C;28,G;32,T;34,A;53,T;84,C;97,C;99,A;135,C;148,T;150,T;

AMPL3507910   33,T;105,A;129,C;164,A;

AMPL3507911   33,G;34,C;49,C;50,G;71,G;77,C;89,A;92,G;126,G;130,T;133,C;134,A;151,A;173,G;180,A;181,C;185,C;189,C;190,G;196,C;200,C;

AMPL3507912   19,T;33,T/A;38,A;43,T;46,G/A;71,C;73,A/T;108,A;124,T;126,G;132,A;143,C;160,T;

AMPL3507914   37,C/G;52,G;56,T/A;64,G/T;115,T/C;

AMPL3507915   22,G/A;31,T/C;39,C/T;51,T/C;52,C/T;59,G/A;66,C/T;87,G/A;99,G/A;103,T/C;128,C/T;134,C/A;135,T/A;138,G/A;159,T/G;

AMPL3507916   24,G/A;31,C/T;43,C/T;49,T/G;90,A/G;110,A/T;132,C/A;160,A;170,G;174,A/G;

AMPL3507918   15,A/T;63,A;72,G;76,T;86,C;87,G/A;90,A;129,G;

AMPL3507919   10,G;22,T/G;34,C/T;64,G/T;74,G/A;105,A/G;114,A/G;133,T/C;153,G/T;169,G;184,T/C;188,T/A;

AMPL3507920    18,C/A;24,A;32,C/A;67,T;74,G/C;
AMPL3507921    7,C;30,G/A;38,G/A;43,A/G;182,G/A;
AMPL3507922    146,C;
AMPL3507923    69,A;79,T;125,C;140,T;144,C;152,T;
AMPL3507924    46,C;51,G;131,T;143,C;166,G;

# 青山水柜

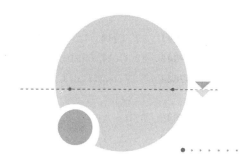

| | |
|---|---|
| AMPL3507571 | 6,T;10,T;18,C;19,T;20,G;30,G;37,A;40,T; |
| AMPL3507806 | 31,T;55,C;136,A;139,G;158,A; |
| AMPL3507807 | 28,C;31,G;89,T;96,A;129,C; |
| AMPL3507808 | 75,A;114,C;124,T;132,T;134,G;139,G;171,C;172,T; |
| AMPL3507809 | 45,G;47,C;49,A;65,C;76,C;81,T;91,A;115,A; |
| AMPL3507810 | 33,C;53,C;74,G;90,T;98,G;154,G; |
| AMPL3507811 | 30,G/C;97,A;104,G; |
| AMPL3507812 | 6,T;53,T;83,C;90,A;109,C;113,T;154,C;155,C; |
| AMPL3507813 | 14,A/T;86,G;127,A; |
| AMPL3507814 | 63,G;67,G;70,G;72,A;94,A;119,G/A;134,C;157,G; |
| AMPL3507815 | 9,A;155,A/C;163,A/G; |
| AMPL3507816 | 93,G;105,G;150,A;166,C;171,C; |
| AMPL3507817 | 38,G/A;87,G/C;96,C;102,A;116,C/T;166,T/C;183,C/T;186,G;188,G/A; |
| AMPL3507818 | 8,A;37,A;40,T;41,G/A;49,A/T;55,G/T;56,A;57,T/G;100,A/G;104,T;<br>108,C;113,G;118,T; |
| AMPL3507819 | 87,A;97,C;139,G;155,T; |
| AMPL3507821 | 41,C/G;45,G/A;59,T/A;91,G;141,A/G;144,C; |
| AMPL3507822 | 1,G;8,A;11,A;70,C;94,T/C;108,A; |
| AMPL3507823 | 11,T;110,C;123,G; |
| AMPL3507824 | 3,A/G;56,G;65,G;68,C;117,C; |
| AMPL3507826 | 55,C;61,T;74,C;98,C;122,G;129,A;139,G;180,T; |
| AMPL3507827 | 9,C;48,A;65,T;77,T;95,T;124,T;132,C;135,A;140,A; |
| AMPL3507828 | 73,T;107,A;109,C;143,C;159,C; |
| AMPL3507831 | 7,C/T;16,T;19,C;66,T;75,G;88,C;113,C;130,T/G;140,G;164,T; |
| AMPL3507832 | 23,C/T;59,A;78,G/C;116,T; |
| AMPL3507833 | 26,T;30,T;49,G;69,G;75,G;97,C;132,A; |
| AMPL3507834 | 126,C;145,A; |
| AMPL3507835 | 12,G;38,G;93,A;98,G;99,T;129,C;150,T; |
| AMPL3507836 | 8,A/G;32,T/C;40,G/T;44,G/A;63,T;71,A/G;113,T/C;142,A/G; |
| AMPL3507837 | 1,A;5,G;6,T;7,C;24,T;30,C;59,C;66,C;67,C;78,A;79,A;80,A;111,T;<br>139,G;164,A; |
| AMPL3507838 | 3,G;15,G;20,A;23,A;50,A;52,G;59,A;64,C;78,T; |
| AMPL3507839 | 59,G;114,T;151,C; |
| AMPL3507840 | 77,C; |

AMPL3507841 13,T;14,G;34,A;60,T;99,G;

AMPL3507842 13,C;17,C;20,A;64,C;97,A;144,C;158,A;159,G;163,T;

AMPL3507844 2,T;6,G;26,C;35,C;63,G;65,A;68,T;96,C;97,C;119,T;130,A;137,G;
158,T;

AMPL3507845 57,G/A;161,G/A;

AMPL3507848 38,A/G;78,C/A;

AMPL3507849 16,A/C;19,C/A;23,T;24,A/G;33,G;35,A/G;39,G;68,C/G;72,G/T;74,T/
G;97,T;128,T/G;134,A/G;142,C;144,T;157,A;

AMPL3507850 2,G;16,T;35,G;39,G;60,T;93,T;110,A;114,C;125,C;128,C;130,T;

AMPL3507851 61,T;91,T/C;92,G/T;131,A/G;151,A/G;154,A/C;162,G/C;165,G/C;166,
T/A;168,C/G;

AMPL3507852 8,A;26,C;33,T;43,A;56,C;62,T;93,C;124,G;

AMPL3507853 2,T;71,G;88,T;149,G;180,C;193,A;

AMPL3507854 34,T;36,G;37,C;44,G;55,T/A;70,A;84,A;92,A/G;99,T;102,T/G;110,T/
C;112,T/A;114,T/G;126,A;139,T;153,T/C;158,T;164,A;170,C/G;171,G/
A;174,A/G;177,G/T;180,C;181,T;187,C;188,G/T;192,T/C;

AMPL3507855 26,C/T;36,C/T;90,T/C;

AMPL3507856 11,A/G;92,C/T;102,C/T;

AMPL3507857 33,G/A;70,G/C;82,T/A;123,C/T;

AMPL3507858 26,G;45,T;84,C;143,A;152,A;176,A;

AMPL3507860 30,G;97,T;101,T;128,A;176,C;

AMPL3507861 28,C;43,G;69,G;93,C;105,T;124,C;128,A;

AMPL3507862 2,A;4,C/G;63,G/A;83,C;88,C/T;106,C/T;115,C;124,A/C;154,C/T;

AMPL3507863 13,G/A;45,G/C;69,A;145,A;177,A;

AMPL3507864 17,T;95,G;120,C/T;

AMPL3507865 19,C;21,T;35,A;43,G;56,A/C;57,T/C;75,C;85,G;100,G/C;101,T;116,C/
A;127,C/G;161,C/T;171,G/A;172,T/C;

AMPL3507866 8,T;66,G;74,T;147,C;172,T;

AMPL3507867 21,C;27,G;38,T;45,T;54,C;88,C;93,T;112,C;122,A;132,G;

AMPL3507868 45,C/T;51,G;108,T/C;166,T/C;186,G;

AMPL3507871 7,C;95,G;115,G;144,T;

AMPL3507872 10,T/C;52,G;131,T;132,T/C;

AMPL3507873 13,T;38,T;39,C;54,A;59,A;86,T;

AMPL3507874 2,T/C;31,A/C;97,T;99,T;105,G;108,T;122,C/T;161,G/A;

AMPL3507877 12,T;24,A;27,T;28,A;34,C;39,A;46,T;68,C;70,A;90,G/A;110,G;126,C;
134,A/C;

AMPL3507878 8,T/C;10,G/A;37,G/A;59,G;73,T;77,A/G;78,A/G;90,C/T;91,C;103,A/
G;115,C;130,C;

AMPL3507879 50,A;90,C;91,C;116,C;127,T;134,G;143,G;155,G;163,C;169,A;181,C;

AMPL3507880 66,T;105,C;124,G;

AMPL3507882 40,G;43,A;61,T;

AMPL3507883 20,T/C;31,T;68,C;74,G;84,A/C;104,T;142,T;144,G;

AMPL3507886　41,G/A;47,C/T;81,G/C;91,T/C;99,G/A;125,A;

AMPL3507887　2,T;35,C/A;45,G;62,C;65,A/G;92,G/A;101,C/G;

AMPL3507888　4,C;50,A;65,G/A;70,A/C;79,A/T;82,C/T;94,G/A;100,G/A;107,G/T;
133,C/T;

AMPL3507889　34,T;111,A;154,A;159,G;160,G;

AMPL3507890　19,C;26,C;33,G;60,G;139,C;

AMPL3507891　29,C/A;61,T;

AMPL3507892　23,A;28,G;55,G;69,G;72,G;122,T;136,A;180,A;181,T;

AMPL3507893　42,A;51,C;77,T/C;140,T;147,C;161,G;177,A;197,G;

AMPL3507894　165,G/A;182,G/A;

AMPL3507895　65,A;92,T/C;141,T/G;

AMPL3507896　6,T;32,C;77,A;85,A;107,C;126,C;135,T;

AMPL3507897　1,A;7,A;9,G;31,T;91,T;104,C;123,G;132,G;

AMPL3507898　133,T;152,G;

AMPL3507899　1,G;29,C;39,T;55,C;108,T;115,A;125,C;140,A;

AMPL3507900　23,A;62,A;63,G;73,T;86,T;161,C;183,G;190,A;

AMPL3507901　68,T;98,A;116,C;

AMPL3507902　38,C/A;57,A;65,C;66,G;92,A;104,C;118,T;176,G;

AMPL3507903　101,A;105,A;121,A;161,C;173,T;

AMPL3507904　3,T;5,C;13,G;54,T;83,G;85,T;92,C;104,T;147,G;182,G;

AMPL3507907　5,G;25,G;26,G;32,G;34,C;35,T;36,G;37,G;46,G;47,C;49,A;120,G;

AMPL3507909　2,A;9,C;13,A;15,C;28,G;32,T;34,A;53,T;84,C;97,C;99,A;135,C;148,T;
150,T;

AMPL3507911　33,G;34,T;49,C;50,G;71,A;77,C;89,A;92,G;126,A;130,C;133,C;134,A;
151,A;173,T;180,A;181,C;185,T;189,C;190,G;196,C;200,C;

AMPL3507912　19,C/T;33,T;38,G/A;43,C/T;46,A/G;71,G;73,A;108,A;124,A;126,G;
132,A;143,C;160,T;

AMPL3507913　21,T;58,T;90,C;107,A;109,T;111,T;113,G;128,A;134,G;

AMPL3507914　37,C/G;52,G;56,T/A;64,G/T;115,T/C;

AMPL3507915　22,A;31,C;39,T;51,C;52,T;59,A;66,T;87,A;99,A;103,C;128,T;134,A;
135,A;138,A;159,G;

AMPL3507916　24,A;31,T;43,T;49,T;90,A;110,T;132,C;160,G;170,T;174,A;

AMPL3507918　15,A;63,A/G;72,G;76,T;86,C;87,G;90,A/G;129,G;

AMPL3507919　10,G;22,G;34,T;64,T;74,A;105,G;114,G;133,C;153,T;169,G;184,C;
188,A;

AMPL3507920　18,A/C;24,A;32,A/C;67,T;74,C/G;

AMPL3507921　7,C;30,G/A;38,G/A;43,A/G;182,G/A;

AMPL3507922　146,C;

AMPL3507923　69,A;79,T;125,C;140,T;144,C;152,T;

AMPL3507924　46,C;51,G;131,T;143,C;166,G;

# 青山晚优

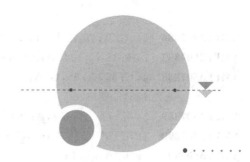

AMPL3507571    6,G;10,G;18,C;19,C;20,A;30,A;37,T;40,T;
AMPL3507806    31,A/T;55,C;136,C/A;139,T/G;158,A;
AMPL3507807    28,A/C;31,C/G;89,C/T;96,G/A;129,A/C;
AMPL3507808    75,A;114,C;124,T;132,T;134,G;139,G;171,C;172,T;
AMPL3507809    45,G;47,C;49,A;65,C;76,C;81,T;91,A;115,A;
AMPL3507810    33,C;53,C;74,G;90,C/T;98,A/G;154,G;
AMPL3507811    30,G;97,A;104,G;
AMPL3507812    6,T;53,T;83,C;90,A;109,C;113,T;154,C;155,C;
AMPL3507813    14,T;86,G;127,A;
AMPL3507814    63,G;67,G;70,G;72,A;94,A;119,G;134,C;157,G;
AMPL3507815    9,A;155,A;163,A;
AMPL3507816    93,A/G;105,C/G;150,G/A;166,T/C;171,T/C;
AMPL3507817    38,A/G;87,C/G;96,C;102,A;116,T/C;166,C/T;183,T/C;186,G;188,A/G;
AMPL3507818    8,A;37,A;40,T;41,G;49,A;55,G;56,A;57,T;100,A;104,T;108,C;113,G;
               118,T;
AMPL3507819    87,A;97,C;139,G;155,T;
AMPL3507821    41,C/G;45,G/A;59,T/A;91,G;141,A/G;144,C;
AMPL3507822    1,G;8,A;11,A/T;70,C;94,T/C;108,A/G;
AMPL3507823    11,T;110,C;123,G;
AMPL3507824    3,G;56,G;65,G;68,C;117,C;
AMPL3507826    55,T/C;61,C/T;74,T/C;98,C;122,G;129,G/A;139,A/G;180,C/T;
AMPL3507827    9,T/C;48,A;65,G/T;77,C/T;95,T;124,T;132,T/C;135,G/A;140,G/A;
AMPL3507828    73,T;107,G/A;109,G/C;143,T/C;159,G/C;
AMPL3507831    7,C;16,T/C;19,C;66,T/C;75,G/A;88,C/T;113,C/T;130,T/G;140,G/C;
               164,T;
AMPL3507832    23,T;59,A;78,C;116,C;
AMPL3507833    26,T;30,G;49,A;69,T;75,A;97,A;132,T;
AMPL3507834    126,T/C;145,G/A;
AMPL3507835    12,A;38,T;93,T;98,C;99,G;129,A;150,A;
AMPL3507836    8,G/A;32,C/T;40,T/G;44,A/G;63,T;71,G/A;113,C/T;142,G/A;
AMPL3507838    3,A;15,A;20,G;23,G;50,A;52,A;59,C;64,C;78,G;
AMPL3507839    59,G;114,T;151,C;
AMPL3507840    77,C/G;
AMPL3507841    13,T;14,G;34,A;60,T;99,G;

AMPL3507842 13,C;17,C;20,A;64,C;97,A;144,C;158,A;159,G;163,T;

AMPL3507845 57,G/A;161,G/A;

AMPL3507846 5,A;21,A;24,G;26,A;94,G;112,A;127,C/G;128,T/A;149,G;175,T/A;

AMPL3507848 38,A;78,C;

AMPL3507849 16,A/T;19,C;23,T;24,A;33,G;35,A;39,G;68,C;72,G;74,T;97,T;128,T/G;134,A/G;142,C/A;144,T/C;157,A;

AMPL3507850 2,A;16,C;35,A;39,G;60,C;93,C;110,G;114,C;125,C;128,A;130,C;

AMPL3507851 61,T;91,T;92,G;131,A;151,A;154,A;162,G;165,G;166,T;168,C;

AMPL3507852 8,A;26,G;33,G;43,A;56,C;62,T;93,C;124,G;

AMPL3507853 2,T/A;71,G/A;88,T/C;149,G/C;180,C/T;193,A/T;

AMPL3507854 34,C/T;36,G;37,T/C;44,G;55,A;70,C/A;84,A;92,A/G;99,T;102,T/G;110,T/C;112,T/A;114,T/G;126,C/A;139,C/T;153,T/C;158,A/T;164,C/A;170,C/G;171,G/A;174,A/G;177,G/T;180,C;181,T;187,C;188,G/T;192,T/C;

AMPL3507855 26,T;36,T;90,C;

AMPL3507856 11,G;92,T;102,T;

AMPL3507857 33,G;70,G/C;82,T/A;123,C;

AMPL3507858 26,T;45,G;84,T/C;143,G;152,G;176,C;

AMPL3507860 30,G;97,T;101,T;128,A;176,C;

AMPL3507861 28,T/C;43,A/G;69,C/G;93,C;105,G/T;124,T/C;128,T/A;

AMPL3507862 2,A/C;4,G;63,A/G;83,C/T;88,T;106,T;115,C;124,C/A;154,T;

AMPL3507863 13,A/G;45,C/G;69,A;145,A;177,A;

AMPL3507864 17,T;95,G;120,T/C;

AMPL3507865 19,C;21,T;35,A;43,G;56,C/A;57,C/T;75,C;85,G;100,C/G;101,T;116,A/C;127,G/C;161,T/C;171,A/G;172,C/T;

AMPL3507866 8,T;66,G;74,T;147,C;172,T;

AMPL3507867 21,C/T;27,G;38,T/C;45,T/C;54,C;88,C;93,T/C;112,C;122,A/G;132,G;

AMPL3507868 45,T;51,A/G;108,T/C;166,T/C;186,A/G;

AMPL3507871 7,C;95,G;115,G;144,T;

AMPL3507872 10,T;52,G;131,T;132,T;

AMPL3507873 13,C/T;38,T;39,T/C;54,G/A;59,A;86,G/T;

AMPL3507874 2,T;31,A;97,T;99,T;105,G;108,T;122,C;161,G;

AMPL3507876 96,C;114,G;144,A;178,C;

AMPL3507877 12,TAT/T;24,G/A;27,A/T;28,G/A;34,C;39,A;46,T;68,C;70,G/A;90,A;110,G;126,C;134,C;

AMPL3507878 8,C;10,A;37,A;59,G;73,T;77,G;78,G;90,T;91,C;103,G;115,C;130,C;

AMPL3507879 50,G/A;90,C;91,C;116,C;127,G/T;134,C/G;143,G;155,G;163,T/C;169,G/A;181,T/C;

AMPL3507880 66,C/T;105,A/C;124,A/G;

AMPL3507881 84,C;122,T;

AMPL3507882 40,G;43,A;61,T;

AMPL3507883 20,T;31,T;68,C/T;74,G;84,A;104,T;142,T;144,G;

AMPL3507885   36,C/G;51,A;54,G/A;65,G/N;66,G/N;71,C/N;78,C/N;110,G/A;112,C/T;115,G/A;124,G/T;131,T/A;135,G/A;146,A/G;

AMPL3507886   41,G;47,C;81,G;91,T;99,G;125,A;

AMPL3507887   2,T;35,C;45,G/A;62,C;65,A/G;92,G/A;101,C/GTG;

AMPL3507888   4,C/T;50,A/G;65,A;70,C;79,T/A;82,T/C;94,A/G;100,A/G;107,T/A;133,T;

AMPL3507889   34,T;111,A;154,A;159,G;160,G;

AMPL3507890   19,T/C;26,C/T;33,G/A;60,A/G;139,T/C;

AMPL3507891   29,A/C;61,T;

AMPL3507892   23,A;28,G;55,G;69,G;72,G;122,T;136,A;180,A;181,T;

AMPL3507893   42,A/T;51,C/T;77,T;140,T/G;147,C/T;161,G/A;177,A/T;197,G/C;

AMPL3507894   165,A/G;182,A/G;

AMPL3507895   65,A;92,A/C;141,T/G;

AMPL3507896   6,T;32,C;77,A;85,A;107,C;126,C;135,T;

AMPL3507897   1,A/C;7,A/G;9,G/C;31,T/C;91,T/C;104,C/T;123,G/A;132,G/T;

AMPL3507898   133,T;152,G;

AMPL3507899   1,G;29,C;39,T;55,C;108,T;115,A;125,C;140,A/C;

AMPL3507900   23,A;62,A;63,G;73,T;86,T;161,C;183,G;190,A;

AMPL3507901   68,T;98,A;116,C/A;

AMPL3507902   38,C;57,A;65,C;66,G;92,A;104,C;118,T;176,G;

AMPL3507903   101,A;105,A;121,A;161,C;173,T;

AMPL3507904   3,T/C;5,C;13,G/A;54,T/C;83,G/T;85,T/C;92,C;104,T/C;147,G/A;182,G;

AMPL3507906   7,T;9,G;30,G;41,A;42,A;48,T;69,G;71,A;78,G;88,A;91,G;108,A;115,G;122,A;126,A;141,A;

AMPL3507909   2,A;9,C;13,A;15,C;28,G;32,T;34,A;53,T;84,C;97,C;99,A;135,C;148,T;150,T;

AMPL3507910   33,T;105,A;129,C;164,A;

AMPL3507911   33,G;34,C;49,C;50,G;71,G;77,C;89,A;92,G;126,G;130,T;133,C;134,A;151,A;173,G;180,A;181,C;185,C;189,C;190,G;196,C;200,C;

AMPL3507912   19,T;33,A/T;38,A;43,T;46,A/G;71,C;73,T/A;108,A;124,T;126,G;132,A;143,C;160,T;

AMPL3507913   21,T;58,T;90,T;107,A;109,A;111,A;113,A;128,A;134,G;

AMPL3507914   37,C/G;52,G;56,T/A;64,G/T;115,T/C;

AMPL3507915   22,G/A;31,T/C;39,C/T;51,T/C;52,C/T;59,G/A;66,C/T;87,G/A;99,G/A;103,T/C;128,C/T;134,C/A;135,T/A;138,G/A;159,T/G;

AMPL3507916   24,A/G;31,T/C;43,T/C;49,G/T;90,G/A;110,T/A;132,A/C;160,A;170,G;174,G/A;

AMPL3507918   15,A/T;63,A;72,G;76,T;86,C;87,G/A;90,A;129,G;

AMPL3507919   10,G;22,T/G;34,C/T;64,G/T;74,G/A;105,A/G;114,A/G;133,T/C;153,G/T;169,G;184,T/C;188,T/A;

AMPL3507920   18,A/C;24,A;32,A/C;67,T;74,C/G;

AMPL3507921   7,C;30,G/A;38,G/A;43,A/G;182,G/A;

# 青圆木本

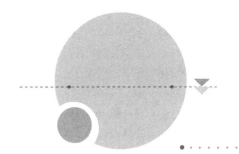

AMPL3507571    6,T;10,T;18,C;19,T;20,G;30,G;37,A;40,T/C;
AMPL3507806    31,A/T;55,C;136,C/A;139,T/G;158,A;
AMPL3507807    28,C;31,G;89,T;96,A;129,C;
AMPL3507808    75,A;114,C;124,T;132,T;134,G;139,G;171,C;172,T;
AMPL3507809    45,A/G;47,G/C;49,A;65,A/C;76,T/C;81,A/T;91,T/A;115,A;
AMPL3507810    33,T;53,T;74,G;90,C;98,G;154,G;
AMPL3507811    30,C/G;97,A/G;104,G/A;
AMPL3507812    6,C;53,C;83,T;90,T;109,A;113,A;154,T;155,C;
AMPL3507813    14,T;86,A/G;127,G/A;
AMPL3507814    63,A;67,G;70,T;72,A;94,A;119,G;134,C;157,G;
AMPL3507815    9,T/A;155,C/A;163,A;
AMPL3507816    93,G/A;105,G/C;150,A/G;166,C/T;171,C/T;
AMPL3507817    38,A/G;87,C/G;96,C;102,A;116,T/C;166,C/T;183,T/C;186,G;188,A/G;
AMPL3507818    8,A;37,A;40,T;41,G;49,A;55,G;56,A;57,T;100,A;104,T;108,C;113,G;
               118,T;
AMPL3507819    87,G;97,C;139,A;155,C;
AMPL3507821    41,C;45,G;59,A;91,G;141,A;144,C;
AMPL3507822    1,G;8,A;11,T/A;70,C;94,C;108,G/A;
AMPL3507823    11,C;110,A;123,A;
AMPL3507824    3,A/G;56,G;65,G/A;68,C/T;117,C/T;
AMPL3507826    55,T;61,C;74,T;98,C;122,G;129,G;139,A;180,C;
AMPL3507827    9,T;48,A;65,G;77,C;95,T;124,T;132,T;135,G;140,G;
AMPL3507828    73,T;107,A;109,C;143,C;159,C;
AMPL3507829    6,T;14,A;56,G;70,G;71,A;127,A;
AMPL3507831    7,C;16,T;19,C;66,T;75,G;88,C;113,C;130,T;140,G;164,T;
AMPL3507832    23,C;59,G;78,G;116,T;
AMPL3507833    26,T;30,T;49,G;69,G;75,G;97,C;132,A;
AMPL3507834    126,C/T;145,A/G;
AMPL3507835    12,G;38,G;93,A;98,G;99,T;129,C;150,T;
AMPL3507836    8,A;32,T;40,G;44,G;63,T;71,A;113,T;142,A;
AMPL3507838    3,A;15,A;20,G;23,G;50,A/G;52,A;59,C;64,C;78,G;
AMPL3507839    59,G;114,T;151,C;
AMPL3507840    77,G;
AMPL3507841    13,C;14,A;34,G;60,G;99,G;

AMPL3507842　13,T;17,T;20,T;64,C;97,A;144,C;158,A;159,G;163,T;

AMPL3507845　57,G;161,G;

AMPL3507846　5,A;21,A;24,G;26,A;94,G;112,A;127,G;128,A;149,G;175,A;

AMPL3507849　16,T;19,C;23,T;24,A;33,G;35,A;39,G;68,C;72,G;74,T;97,T;128,G;134,
G;142,A;144,C;157,A;

AMPL3507850　2,A;16,C;35,A;39,G;60,C;93,C;110,G;114,C;125,C;128,A;130,C;

AMPL3507851　61,T;91,T;92,G;131,A;151,A;154,A;162,G;165,G;166,T;168,C;

AMPL3507852　8,A;26,C;33,T;43,A;56,C;62,T;93,C;124,G;

AMPL3507853　2,T;71,G;88,T;149,G;180,C;193,A;

AMPL3507854　34,C;36,G;37,T;44,G;55,A;70,C;84,A;92,A;99,T;102,T;110,T;112,T;
114,T;126,C;139,C;153,T;158,A;164,C;170,C;171,G;174,A;177,G;180,C;
181,T;187,C;188,G;192,T;

AMPL3507855　26,C;36,C;90,T;

AMPL3507856　11,A;92,C;102,C;

AMPL3507857　33,A;70,C;82,A;123,T;

AMPL3507858　26,T;45,G;84,T/C;143,G;152,G;176,C;

AMPL3507860　30,G/A;97,C;101,G;128,G;176,T;

AMPL3507861　28,T;43,A;69,C;93,C/T;105,G;124,T;128,T;

AMPL3507862　2,A;4,G/C;63,A/G;83,C;88,T/C;106,T/C;115,C;124,C/A;154,T/C;

AMPL3507863　13,A;45,C;69,G;145,T;177,G;

AMPL3507864　17,C;95,G/A;120,T;

AMPL3507865　19,T/C;21,A/T;35,A;43,A/G;56,A;57,C/T;75,T/C;85,C/G;100,G;101,
C/T;116,C;127,C;161,T/C;171,A/G;172,T;

AMPL3507866　8,T;66,C;74,C;147,A;172,T;

AMPL3507867　21,C/T;27,G;38,T/C;45,T/C;54,C;88,C;93,T/C;112,C;122,A/G;132,G;

AMPL3507868　45,C/T;51,G;108,T/C;166,T/C;186,G;

AMPL3507871　7,C/T;95,G/C;115,T;144,T/C;

AMPL3507872　10,C;52,G;131,T;132,C;

AMPL3507873　13,T;38,T;39,C;54,A;59,A;86,T;

AMPL3507874　2,C;31,C;97,T;99,T;105,G;108,T;122,T;161,A;

AMPL3507875　44,G;45,G;68,G/C;110,G/T;125,A;137,G;151,A;184,C/T;

AMPL3507876　96,C;114,G;144,A;178,C;

AMPL3507877　12,G;24,G;27,T;28,G;34,G;39,G;46,A;68,A;70,A;90,A;110,T;126,C;
134,A;

AMPL3507878　8,T;10,A;37,G;59,A;73,G;77,G;78,G;90,C;91,T;103,G;115,T;130,C;

AMPL3507879　50,A;90,C;91,C;116,C;127,T;134,G;143,G;155,G;163,C;169,A;181,C;

AMPL3507880　66,T;105,A;124,A;

AMPL3507882　40,G;43,A;61,T;

AMPL3507883　20,C;31,T/A;68,C;74,G/A;84,C/A;104,T/A;142,T/C;144,G/T;

AMPL3507885　36,C;51,G;54,A;65,C;66,T;71,T;78,T;110,A;112,T;115,A;124,T;131,A;
135,A;146,G;

AMPL3507886　41,A;47,T;81,C;91,C;99,A;125,T/A;

AMPL3507887　2,T;35,C;45,G;62,C;65,A/G;92,G/A;101,C/G;

AMPL3507888　4,C;50,A;65,G;70,A;79,A;82,C;94,G;100,G;107,G;133,C;

AMPL3507889　34,T;111,A;154,A;159,G;160,G;

AMPL3507890　19,T;26,C;33,G;60,A;139,T;

AMPL3507891　29,A;61,C/T;

AMPL3507892　23,A;28,A;55,A;69,A;72,A;122,T;136,G;180,G;181,A;

AMPL3507893　42,T;51,T;77,T;140,G;147,T;161,A;177,T;197,C;

AMPL3507894　165,G;182,G;

AMPL3507895　65,A;92,C;141,G/T;

AMPL3507896　6,T;32,C/T;77,T;85,T;107,C/A;126,G;135,T/G;

AMPL3507897　1,A;7,A;9,G;31,T;91,T;104,C;123,G;132,G;

AMPL3507898　133,T;152,G;

AMPL3507899　1,G/C;29,T;39,C;55,C;108,G;115,A;125,C;140,C;

AMPL3507900　23,A/G;62,G;63,A;73,T;86,T/C;161,C/T;183,G/A;190,G;

AMPL3507901　68,T;98,A;116,A/C;

AMPL3507902　38,C/A;57,G/A;65,C;66,G;92,T/A;104,A/C;118,A/T;176,G;

AMPL3507903　101,G;105,G;121,C;161,C;173,T;

AMPL3507904　3,C;5,C;13,G;54,C;83,G;85,C;92,T;104,C;147,A;182,G;

AMPL3507906　7,T;9,G;30,G;41,A;42,A;48,T;69,G;71,A;78,G;88,A;91,G;108,A;115,G;122,A;126,A;141,A;

AMPL3507909　2,A;9,C;13,A;15,C;28,G;32,T;34,A;53,T;84,C;97,C;99,A;135,C;148,T;150,T;

AMPL3507910　33,T;105,A;129,C;164,A;

AMPL3507912　19,T;33,T;38,A;43,T;46,A;71,C;73,T;108,A;124,T;126,G;132,A;143,C;160,T;

AMPL3507913　21,T;58,T;90,T;107,A;109,A;111,A;113,A;128,A;134,G;

AMPL3507914　37,C;52,G;56,T;64,G;115,T;

AMPL3507915　22,A/G;31,C/T;39,T/C;51,C/T;52,T/C;59,A/G;66,T/C;87,A/G;99,A/G;103,C/T;128,T/C;134,A/C;135,A/T;138,A/G;159,G/T;

AMPL3507916　24,A;31,T;43,T;49,G;90,G;110,T;132,A;160,A;170,G;174,G;

AMPL3507918　15,A;63,A;72,G;76,T;86,C;87,G;90,A;129,G/A;

AMPL3507920　18,A;24,A;32,A;67,T;74,C;

AMPL3507921　7,C;30,G;38,G;43,A;182,G;

AMPL3507922　146,C;

AMPL3507923　69,T;79,T;125,T;140,C;144,T;152,G;

# 森芦九月乌

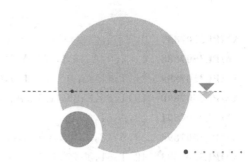

AMPL3507571    6,G;10,G;18,C;19,C;20,A;30,A;37,T;40,T;

AMPL3507806    31,T/A;55,C;136,A/C;139,G/T;158,A;

AMPL3507807    28,C/A;31,G/C;89,T/C;96,A/G;129,C/A;

AMPL3507808    75,A;114,C;124,T;132,T;134,G;139,G;171,C;172,T;

AMPL3507809    45,A/G;47,G/C;49,A;65,A/C;76,T/C;81,A/T;91,T/A;115,A;

AMPL3507810    33,C/T;53,C/T;74,G;90,C;98,A/G;154,G;

AMPL3507811    30,G;97,G/A;104,A/G;

AMPL3507812    6,T/C;53,T/C;83,C/T;90,A/T;109,C/A;113,T/A;154,C/T;155,C;

AMPL3507813    14,T;86,A/G;127,G/A;

AMPL3507814    63,A/G;67,G;70,T/G;72,A;94,A;119,G;134,C;157,G;

AMPL3507815    9,A/T;155,A/C;163,A;

AMPL3507816    93,A/G;105,C/G;150,G/A;166,T/C;171,T/C;

AMPL3507817    38,A/G;87,C/G;96,A/C;102,G/A;116,T/C;166,T;183,T/C;186,A/G;
                 188,G;

AMPL3507818    8,A;37,A;40,T;41,G;49,T/A;55,T/G;56,G/A;57,G/T;100,G/A;104,G/T;
                 108,T/C;113,G;118,T;

AMPL3507819    87,A/G;97,C/T;139,G/A;155,T/C;

AMPL3507821    41,C/G;45,G/A;59,T/A;91,G;141,A/G;144,C;

AMPL3507822    1,G;8,A;11,A;70,C;94,T;108,A;

AMPL3507823    11,T;110,C;123,G;

AMPL3507824    3,G;56,G;65,G/A;68,C/T;117,C/T;

AMPL3507826    55,T/C;61,C/T;74,T/C;98,C;122,G;129,G/A;139,A/G;180,C/T;

AMPL3507827    9,T/C;48,A;65,G/T;77,C/T;95,T;124,T;132,T/C;135,G/A;140,G/A;

AMPL3507828    73,T;107,G;109,G;143,T;159,G;

AMPL3507829    6,T;14,T;56,A;70,A;71,T;127,A;

AMPL3507831    7,C;16,C;19,C;66,C;75,A;88,T;113,T;130,G;140,C;164,T;

AMPL3507832    23,T/C;59,A;78,C/G;116,C/T;

AMPL3507834    126,T/C;145,G/A;

AMPL3507835    12,G/A;38,G/T;93,A/T;98,G/C;99,T/G;129,C/A;150,T/A;

AMPL3507836    8,A;32,T;40,G;44,G;63,T;71,A;113,T;142,A;

AMPL3507837    1,G;5,A;6,C;7,C;24,A;30,T;59,C;66,T;67,C;78,G;79,G;80,A;111,C;
                 139,A;164,A;

AMPL3507838    3,A;15,A;20,G;23,G;50,A;52,A;59,C;64,C;78,G;

AMPL3507839    59,G/C;114,T/C;151,C/T;

AMPL3507840    77,C;

AMPL3507841    13,C/T;14,A/G;34,G/A;60,G/T;99,G;

AMPL3507842    13,C;17,C/T;20,A/T;64,C;97,A;144,C;158,A;159,G;163,T;

AMPL3507844    2,T;6,G;26,C;35,C;63,G;65,A;68,T;96,C;97,C;119,T;130,A;137,G;
158,T;

AMPL3507845    57,A;161,A;

AMPL3507846    5,A;21,A;24,G;26,A;94,G;112,A;127,C;128,T;149,G;175,T;

AMPL3507848    38,A/G;78,C/A;

AMPL3507849    16,A/C;19,C/A;23,T/C;24,A/G;33,G;35,A/G;39,G/T;68,C/G;72,G/T;
74,T/G;97,T;128,T/G;134,A/G;142,C;144,T;157,A/G;

AMPL3507850    2,A;16,C;35,A;39,G;60,C;93,C;110,G;114,C;125,C;128,A;130,C;

AMPL3507851    61,T/C;91,T;92,G;131,A;151,A/G;154,A/G;162,G;165,G;166,T/A;168,
C/G;

AMPL3507852    8,G/A;26,C/G;33,T/G;43,A;56,C;62,T;93,C;124,G;

AMPL3507853    2,T/A;71,G/A;88,T/C;149,G/C;180,C/T;193,A/T;

AMPL3507854    34,T/C;36,G;37,C/T;44,G;55,A;70,A/C;84,A;92,G/A;99,T;102,G/T;
110,C/T;112,A/T;114,G/T;126,A/C;139,T/C;153,C/T;158,T/A;164,A/
C;170,G/C;171,A/G;174,G/A;177,T/G;180,C;181,T;187,C;188,T/G;192,
C/T;

AMPL3507855    26,C/T;36,C/T;90,T/C;

AMPL3507856    11,A/G;92,C/T;102,C/T;

AMPL3507857    33,A/G;70,C;82,A;123,T/C;

AMPL3507858    26,T;45,G;84,C/T;143,G;152,G;176,C;

AMPL3507860    30,G;97,C/T;101,G/T;128,G/A;176,T/C;

AMPL3507861    28,T;43,A;69,C;93,C;105,G;124,T;128,T;

AMPL3507862    2,A;4,G;63,G/A;83,C;88,C/T;106,T;115,T/C;124,A/C;154,T;

AMPL3507863    13,A;45,C;69,G/A;145,T/A;177,G/A;

AMPL3507864    17,T;95,G;120,T;

AMPL3507865    19,T/C;21,A/T;35,A;43,A/G;56,A/C;57,C;75,T/C;85,C/G;100,G/C;101,
C/T;116,C/A;127,C/G;161,T;171,A;172,T/C;

AMPL3507866    8,T;66,G;74,T;147,C;172,T;

AMPL3507867    21,C;27,G/A;38,T;45,T/C;54,C;88,C/T;93,T/C;112,C;122,A;132,G/C;

AMPL3507868    45,T;51,G;108,C;166,C;186,G;

AMPL3507871    7,C;95,G;115,G;144,T;

AMPL3507872    10,T;52,G;131,T;132,T;

AMPL3507873    13,T;38,T;39,C;54,A;59,A;86,T;

AMPL3507874    2,T;31,A;97,T;99,T;105,G;108,T;122,C;161,G;

AMPL3507876    96,C;114,G/C;144,A/G;178,C;

AMPL3507877    12,T/TAT;24,A/G;27,T/A;28,A/G;34,C;39,A;46,T;68,C;70,A/G;90,G/

A;110,G;126,C;134,A/C;

AMPL3507878　8,C/T;10,A;37,A/G;59,G/A;73,T/G;77,G;78,G;90,T/C;91,C/T;103,G; 115,C/T;130,C;

AMPL3507879　50,A/G;90,C;91,C;116,C;127,T/G;134,G/C;143,G;155,G;163,C/T;169, A/G;181,C/T;

AMPL3507880　66,C/T;105,A;124,A;

AMPL3507881　84,T;122,A;

AMPL3507882　40,G;43,A;61,T;

AMPL3507883　20,T;31,T;68,C/T;74,G;84,A;104,T;142,T;144,G;

AMPL3507885　36,C/G;51,A;54,G/A;65,G/N;66,G/N;71,C/N;78,C/N;110,G/A;112,C/ T;115,G/A;124,G/T;131,T/A;135,G/A;146,A/G;

AMPL3507886　41,A;47,T;81,C;91,C;99,A;125,T;

AMPL3507887　2,T;35,C;45,G/A;62,C;65,A/G;92,G/A;101,C/GTG;

AMPL3507888　4,C/T;50,A/G;65,A;70,C;79,T/A;82,T/C;94,A/G;100,A/G;107,T/A; 133,T;

AMPL3507889　34,T;111,A/G;154,A/C;159,G;160,G;

AMPL3507890　19,T/C;26,C/T;33,G/A;60,A/G;139,T/C;

AMPL3507891　29,A/C;61,C/T;

AMPL3507892　23,A;28,G;55,G;69,G;72,G;122,T;136,A;180,A;181,T;

AMPL3507893　42,T;51,T;77,T;140,G;147,T;161,A;177,T;197,C;

AMPL3507894　165,G/A;182,G/A;

AMPL3507895　65,T/A;92,T/C;141,T/G;

AMPL3507896　6,T;32,C;77,A/T;85,A/T;107,C;126,C/G;135,T;

AMPL3507897　1,C;7,G;9,C;31,C;91,C;104,T;123,A;132,T;

AMPL3507898　133,T;152,G;

AMPL3507899　1,G/C;29,C/T;39,T/C;55,C;108,T/G;115,A;125,C;140,A/C;

AMPL3507900　23,A/G;62,A/G;63,G/A;73,T;86,T/C;161,C/T;183,G/A;190,A/G;

AMPL3507901　68,T/C;98,A/G;116,C/A;

AMPL3507902　38,C;57,A/G;65,C;66,G;92,A/T;104,C/A;118,T/A;176,G;

AMPL3507903　101,G;105,G;121,C;161,C;173,C;

AMPL3507904　3,T/C;5,C/T;13,G;54,T/C;83,G;85,T/C;92,C;104,T/C;147,G/A;182,G;

AMPL3507909　2,A;9,C;13,A;15,C;28,G;32,T;34,A;53,T;84,C;97,C;99,A;135,C;148,T; 150,T;

AMPL3507910　33,T;105,A;129,C;164,A;

AMPL3507911　33,G;34,C;49,C;50,G;71,G;77,C;89,A;92,G;126,G;130,T;133,C;134,A; 151,A;173,G;180,A;181,C;185,C;189,C;190,G;196,C;200,C;

AMPL3507912　19,T;33,T;38,A;43,T;46,G;71,C;73,A;108,A;124,T;126,G;132,A;143,C; 160,T;

AMPL3507914　37,G;52,G;56,A;64,T;115,C;

AMPL3507915　22,G/A;31,T/C;39,C/T;51,T/C;52,C/T;59,G/A;66,C/T;87,G/A;99,G/A; 103,T/C;128,C/T;134,C/A;135,T/A;138,G/A;159,T/G;

**AMPL3507916**  24,A;31,T;43,T;49,G/T;90,G/A;110,T;132,A/C;160,A/G;170,G/T;174, G/A；

**AMPL3507918**  15,T/A;63,A;72,G;76,T;86,C;87,A/G;90,A;129,G；

**AMPL3507919**  10,G;22,G;34,T;64,T;74,A;105,G;114,G;133,C;153,T;169,G;184,C; 188,A；

**AMPL3507920**  18,C;24,A;32,C;67,T;74,G；

**AMPL3507921**  7,C;30,A/G;38,A/G;43,G/A;182,A/G；

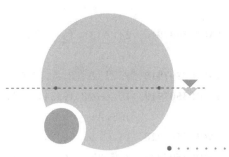

# 石硤 x 紫娘喜 19

AMPL3507571    6,G;10,G;18,C;19,C;20,A;30,A;37,T;40,T;

AMPL3507806    31,T/A;55,C;136,A/C;139,G/T;158,A;

AMPL3507807    28,A;31,C;89,C;96,G;129,A;

AMPL3507808    75,A;114,C;124,T;132,T;134,G;139,G;171,C;172,T;

AMPL3507809    45,G;47,C;49,A;65,C;76,C;81,T;91,A;115,A;

AMPL3507810    33,C;53,C;74,G;90,T/C;98,G/A;154,G;

AMPL3507811    30,G;97,A;104,G;

AMPL3507812    6,T;53,T;83,C;90,A;109,C;113,T;154,C;155,A;

AMPL3507813    14,T;86,A/G;127,G/A;

AMPL3507814    63,G;67,G;70,G;72,A;94,A;119,G/A;134,C;157,G;

AMPL3507815    9,A;155,C/A;163,A;

AMPL3507816    93,G;105,G;150,A;166,C;171,C;

AMPL3507817    38,A;87,C;96,C;102,A;116,T;166,C;183,T;186,G;188,A;

AMPL3507818    8,A;37,A;40,T;41,G;49,A;55,G;56,A;57,T;100,A;104,T;108,C;113,G;
118,T;

AMPL3507819    87,A;97,C;139,G;155,T;

AMPL3507821    41,C;45,G;59,T/A;91,G;141,A;144,C;

AMPL3507822    1,G;8,A;11,T;70,C;94,C;108,G;

AMPL3507823    11,T;110,C;123,G;

AMPL3507824    3,G;56,G;65,G/A;68,C/T;117,C/T;

AMPL3507826    55,C;61,T;74,C;98,C;122,G;129,A;139,G;180,T;

AMPL3507827    9,C;48,A;65,T;77,T;95,T;124,T;132,C;135,A;140,A;

AMPL3507828    73,T;107,G;109,G;143,T;159,G;

AMPL3507829    6,T;14,T/A;56,A/G;70,A/G;71,T/A;127,A;

AMPL3507831    7,C;16,C;19,C;66,C;75,A;88,T;113,T;130,G;140,C;164,T;

AMPL3507832    23,T;59,A;78,C;116,C/T;

AMPL3507833    26,T;30,T;49,G;69,G;75,G;97,C;132,A;

AMPL3507834    126,C;145,A;

AMPL3507835    12,A;38,T;93,T;98,C;99,G;129,A;150,A;

AMPL3507836    8,A;32,T;40,G;44,G;63,T;71,A;113,T;142,A;

AMPL3507837    1,A;5,G;6,T;7,C;24,T;30,C;59,C;66,C;67,C;78,A;79,A;80,A;111,T;
139,G;164,A;

AMPL3507838    3,A/G;15,A/G;20,G/A;23,G/A;50,A;52,A/G;59,C/A;64,C;78,G/T;

AMPL3507839    59,G;114,T;151,C;

AMPL3507840    77,G;

AMPL3507841    13,T;14,G;34,A;60,T;99,G;

AMPL3507842    13,C;17,C/T;20,A/T;64,C/T;97,A/G;144,C/T;158,A/C;159,G/T;163,
                 T/A;

AMPL3507844    2,C;6,C;26,CAATG;35,C;63,G;65,G;68,G;96,T;97,T;119,C;130,T;137,
                 G;158,C;

AMPL3507845    57,A/G;161,A/G;

AMPL3507846    5,A/G;21,A;24,G;26,A;94,G/C;112,A/G;127,C/G;128,T/A;149,G;175,
                 T/A;

AMPL3507848    38,A;78,C;

AMPL3507849    16,T/A;19,C;23,T;24,A;33,G;35,A;39,G;68,C;72,G;74,T;97,T;128,G/
                 T;134,G/A;142,A/C;144,C/T;157,A;

AMPL3507850    2,A;16,C;35,A;39,G;60,C;93,C;110,G;114,C;125,C;128,A;130,C;

AMPL3507851    61,T;91,T;92,G;131,A;151,A;154,A;162,G;165,G;166,T;168,C;

AMPL3507852    8,A;26,C/G;33,T/G;43,A;56,C;62,T;93,C;124,G;

AMPL3507853    2,A;71,A;88,C;149,C;180,T;193,T;

AMPL3507854    34,T/C;36,G;37,C/T;44,G;55,A;70,A/C;84,A;92,G/A;99,T;102,G/T;
                 110,C/T;112,A/T;114,G/T;126,A/C;139,T/C;153,C/T;158,T/A;164,A/
                 C;170,G/C;171,A/G;174,G/A;177,T/G;180,C;181,T;187,C;188,T/G;192,
                 C/T;

AMPL3507855    26,T;36,T;90,C;

AMPL3507856    11,G;92,T;102,T;

AMPL3507857    33,G;70,G;82,T;123,C;

AMPL3507858    26,T;45,G;84,C;143,G;152,G;176,C;

AMPL3507860    30,G;97,T;101,T;128,A;176,C;

AMPL3507861    28,C;43,G;69,G;93,C;105,T;124,C;128,A;

AMPL3507862    2,C/A;4,G;63,G/A;83,T/C;88,T;106,T;115,C;124,A/C;154,T;

AMPL3507863    13,A;45,C;69,A;145,A;177,A;

AMPL3507864    17,T;95,G;120,T;

AMPL3507865    19,C;21,T;35,A;43,G;56,A;57,T;75,C;85,G;100,G;101,T;116,C;127,C;
                 161,C;171,G;172,T;

AMPL3507867    21,C;27,G;38,T;45,T;54,C;88,C;93,T;112,C;122,A;132,G;

AMPL3507868    45,T;51,A/G;108,T/C;166,T/C;186,A/G;

AMPL3507871    7,C;95,G;115,G;144,T;

AMPL3507872    10,T;52,G;131,T;132,T;

AMPL3507873    13,C;38,T;39,T;54,G;59,A;86,G;

AMPL3507874    2,T;31,A;97,T;99,T;105,G;108,T;122,C;161,G;

AMPL3507876    96,C;114,G;144,A;178,C;

AMPL3507877    12,T;24,A;27,T;28,A;34,C;39,A;46,T;68,C;70,A;90,G/A;110,G;126,C;

134,A/C;

AMPL3507878　8,T/C;10,G/A;37,G/A;59,G;73,T;77,A/G;78,A/G;90,C/T;91,C;103,A/G;115,C;130,C;

AMPL3507879　50,A;90,C;91,C;116,C;127,T;134,G;143,G;155,G;163,C;169,A;181,C;

AMPL3507880　66,T;105,C;124,G;

AMPL3507881　84,C;122,T;

AMPL3507882　40,G/A;43,A/T;61,T/C;

AMPL3507883　20,T;31,T;68,C;74,G;84,A;104,T;142,T;144,G;

AMPL3507885　36,C/G;51,A;54,G/A;65,G/N;66,G/N;71,C/N;78,C/N;110,G/A;112,C/T;115,G/A;124,G/T;131,T/A;135,G/A;146,A/G;

AMPL3507886　41,G/A;47,C/T;81,G/C;91,T/C;99,G/A;125,A;

AMPL3507887　2,T;35,C;45,G;62,C;65,A/G;92,G/A;101,C/G;

AMPL3507888　4,T;50,G;65,A;70,C;79,A;82,C;94,G;100,G;107,A;133,T;

AMPL3507889　34,T;111,A;154,A;159,G;160,G;

AMPL3507890　19,C;26,T;33,A;60,G;139,C;

AMPL3507891　29,A;61,T;

AMPL3507892　23,G;28,G;55,G;69,G;72,G;122,C;136,G;180,G;181,A;

AMPL3507893　42,T;51,T;77,T;140,G;147,T;161,A;177,T;197,C;

AMPL3507894　165,A;182,A;

AMPL3507895　65,A;92,C/A;141,T;

AMPL3507896　6,T;32,C;77,A;85,A;107,C;126,C;135,T;

AMPL3507897　1,A;7,A;9,G;31,T;91,T;104,C;123,G;132,G;

AMPL3507898　133,T;152,G;

AMPL3507899　1,G;29,C;39,T;55,C;108,T;115,A;125,C;140,A/C;

AMPL3507900　23,A;62,A;63,G;73,T;86,T;161,C;183,G;190,A;

AMPL3507901　68,T;98,A;116,C;

AMPL3507902　38,C;57,A;65,C;66,G;92,A;104,C;118,T;176,G;

AMPL3507903　101,A;105,A;121,A;161,C;173,T;

AMPL3507904　3,C/T;5,C;13,G;54,T;83,G;85,T;92,C;104,C/T;147,A/G;182,G;

AMPL3507906　7,T;9,G;30,G;41,A;42,A;48,T;69,G;71,A;78,G;88,A;91,G;108,A;115,G;122,A;126,A;141,A;

AMPL3507909　2,A;9,C;13,A;15,C;28,G;32,T;34,A;53,T;84,C;97,C;99,A;135,C;148,T;150,T;

AMPL3507911　33,G;34,C;49,C;50,G;71,G;77,C;89,A;92,G;126,G;130,T;133,C;134,A;151,A;173,G;180,A;181,C;185,C;189,C;190,G;196,C;200,C;

AMPL3507912　19,T;33,T;38,A/G;43,T/C;46,G/A;71,C;73,A;108,A/G;124,T;126,G/A;132,A/G;143,C/A;160,T/G;

AMPL3507913　21,T;58,T;90,T/C;107,A;109,A/T;111,A/T;113,A/G;128,A/G;134,G/A;

AMPL3507914　37,G/C;52,G;56,A/T;64,T/G;115,C/T;

AMPL3507915　22,A/G;31,C;39,T;51,C;52,T;59,A;66,T;87,A;99,A/G;103,C;128,T;134,A/C;135,A;138,A;159,G;

AMPL3507916 24,A/G;31,T/C;43,T/C;49,T;90,A;110,T/A;132,C;160,G/A;170,T/G;
174,A;

AMPL3507918 15,T;63,A;72,G;76,T;86,C;87,A;90,A;129,G;

AMPL3507919 10,G/A;22,T;34,C;64,G;74,G;105,A;114,A;133,T;153,G;169,G;184,T;
188,T;

AMPL3507920 18,T/A;24,A;32,C/A;67,T;74,C;

# 石硖 x 紫娘喜 9

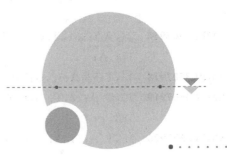

AMPL3507571  6,G/T;10,G/T;18,C;19,C/T;20,A/G;30,A/G;37,T/A;40,T;

AMPL3507806  31,T;55,C;136,A/C;139,G/T;158,A;

AMPL3507807  28,A;31,C;89,C;96,G;129,A;

AMPL3507808  75,A;114,C;124,T;132,T;134,G;139,G;171,C;172,T;

AMPL3507809  45,G;47,C;49,C/A;65,A/C;76,C;81,T;91,A;115,A;

AMPL3507810  33,C;53,C;74,G;90,T;98,G;154,G;

AMPL3507811  30,G/C;97,A;104,G;

AMPL3507812  6,T/C;53,T/C;83,C/T;90,A/T;109,C/A;113,T/A;154,C/T;155,A/C;

AMPL3507813  14,T;86,G/A;127,A/G;

AMPL3507814  63,A/G;67,G;70,T/G;72,A;94,A;119,G/A;134,C;157,G;

AMPL3507815  9,A;155,C/A;163,A;

AMPL3507816  93,G/A;105,G/C;150,A/G;166,C/T;171,C/T;

AMPL3507817  38,A/G;87,C/G;96,C;102,A;116,T/C;166,C/T;183,T/C;186,G;188,A/G;

AMPL3507818  8,A;37,A;40,T;41,G;49,A/T;55,G/T;56,A/G;57,T/G;100,A/G;104,T/G;
108,C/T;113,G;118,T;

AMPL3507819  87,A/G;97,C;139,G/A;155,T/C;

AMPL3507821  41,C;45,G;59,A;91,T/G;141,A;144,T/C;

AMPL3507822  1,G;8,A;11,T/A;70,C;94,C;108,G/A;

AMPL3507823  11,C;110,A;123,A;

AMPL3507824  3,A;56,G;65,G;68,C;117,C;

AMPL3507826  55,C;61,C;74,T;98,T;122,A;129,G;139,G;180,T;

AMPL3507827  9,T/C;48,A;65,G/T;77,C/T;95,T;124,T;132,T/C;135,G/A;140,G/A;

AMPL3507828  73,T;107,G;109,G;143,T;159,G;

AMPL3507829  6,T;14,A/T;56,G/A;70,G/A;71,A/T;127,A;

AMPL3507831  7,C;16,C;19,C;66,C;75,A;88,T;113,T;130,G;140,C;164,T;

AMPL3507832  23,T;59,A;78,C;116,C/T;

AMPL3507833  26,T;30,G/T;49,G;69,T/G;75,A/G;97,A/C;132,T/A;

AMPL3507834  126,C;145,A;

AMPL3507835  12,A;38,T;93,T;98,C;99,G;129,A;150,A;

AMPL3507836  8,G/A;32,C/T;40,T/G;44,A/G;63,T;71,G/A;113,C/T;142,G/A;

AMPL3507837  1,A;5,G;6,T;7,C;24,T;30,C;59,C;66,C;67,C;78,A;79,A;80,A;111,T;
139,G;164,A;

AMPL3507838  3,G/A;15,G/A;20,A/G;23,A/G;50,A;52,G/A;59,A/C;64,C;78,T/G;

AMPL3507839  59,C;114,C;151,T;

AMPL3507840    77,G;

AMPL3507841    13,C;14,G/A;34,G;60,G;99,A/G;

AMPL3507842    13,C;17,T;20,T;64,T;97,G;144,T;158,C;159,T;163,A;

AMPL3507844    2,T;6,G;26,C;35,C;63,G;65,A;68,T;96,C;97,C;119,T;130,A;137,G;
158,T;

AMPL3507845    57,G/A;161,G/A;

AMPL3507846    5,G/A;21,A;24,G;26,A;94,C/G;112,G/A;127,G;128,A;149,G;175,A;

AMPL3507848    38,G;78,A;

AMPL3507849    16,C;19,A;23,T/C;24,G;33,G;35,G;39,G/T;68,G;72,T;74,T/G;97,T;
128,G;134,G;142,C;144,T;157,A/G;

AMPL3507850    2,A;16,C;35,A;39,G;60,C;93,C;110,G;114,C;125,C;128,A;130,C;

AMPL3507851    61,T;91,T;92,G;131,G/A;151,G/A;154,C/A;162,C/G;165,G;166,A/T;
168,G/C;

AMPL3507852    8,A;26,C/G;33,T/G;43,A;56,T/C;62,C/T;93,G/C;124,A/G;

AMPL3507853    2,A;71,A;88,C;149,C;180,T;193,T;

AMPL3507854    34,T/C;36,G;37,T;44,G;55,A;70,A/C;84,A;92,A;99,C/T;102,T;110,T;
112,T;114,T;126,A/C;139,T/C;153,C/T;158,T/A;164,A/C;170,G/C;171,
A/G;174,G/A;177,G;180,C;181,T;187,C;188,G;192,C/T;

AMPL3507855    26,C;36,C;90,T;

AMPL3507856    11,A;92,C;102,C;

AMPL3507857    33,A;70,C;82,A;123,T;

AMPL3507858    26,T/G;45,G/T;84,C;143,G/A;152,G/A;176,C/A;

AMPL3507860    30,G;97,C/T;101,G/T;128,G/A;176,T/C;

AMPL3507861    28,T/C;43,A/G;69,C/G;93,C;105,G/T;124,T/C;128,T/A;

AMPL3507862    2,A;4,G;63,G/A;83,C;88,C/T;106,T;115,T/C;124,A/C;154,T;

AMPL3507863    13,A;45,C;69,A/G;145,A/T;177,A/G;

AMPL3507864    17,C;95,G;120,T;

AMPL3507865    19,C;21,T;35,A;43,G;56,C;57,C;75,C;85,G;100,C;101,T;116,A;127,G;
161,T;171,A;172,C;

AMPL3507866    8,T;66,G;74,T;147,C;172,T;

AMPL3507867    21,C;27,G;38,T;45,T;54,C;88,C;93,T;112,C;122,A;132,G;

AMPL3507868    45,T;51,G;108,C;166,C;186,G;

AMPL3507871    7,C;95,G;115,G;144,T;

AMPL3507872    10,T;52,G;131,T;132,T;

AMPL3507873    13,T;38,T;39,C;54,A;59,G;86,G;

AMPL3507874    2,T;31,A;97,T;99,T;105,G;108,C;122,C;161,A;

AMPL3507875    44,G;45,G;68,G;110,T;125,G;137,A;151,A;184,T;

AMPL3507876    96,C;114,C;144,G;178,C;

AMPL3507877    12,G/T;24,G/A;27,T;28,G/A;34,G/C;39,G/A;46,A/T;68,A/C;70,A;90,
A/G;110,T/G;126,C;134,A;

AMPL3507878    8,T;10,A;37,G;59,A;73,G;77,G;78,G;90,C;91,T;103,G;115,T;130,C;

AMPL3507879    50,A;90,C;91,C;116,C;127,G;134,C;143,C;155,T;163,T;169,A;181,T;

AMPL3507880  66,T;105,C;124,G;

AMPL3507881  84,T;122,G;

AMPL3507882  40,A/G;43,T/A;61,C/T;

AMPL3507883  20,T;31,T;68,C;74,G;84,A;104,T;142,T;144,G;

AMPL3507885  36,C/G;51,A;54,A;65,C/N;66,T/N;71,T/N;78,T/N;110,A;112,T;115,A;
124,T;131,A;135,A;146,G;

AMPL3507886  41,A;47,T;81,C;91,C;99,A;125,A/T;

AMPL3507887  2,T;35,C;45,G;62,C;65,A/G;92,G/A;101,C/G;

AMPL3507888  4,T;50,G;65,A;70,C;79,A;82,C;94,G;100,G;107,A;133,T;

AMPL3507889  34,T;111,A;154,A;159,G;160,G;

AMPL3507891  29,A;61,T;

AMPL3507892  23,G/A;28,G/A;55,G/A;69,G/A;72,G/A;122,C/T;136,G;180,G;181,A;

AMPL3507893  42,A/T;51,C/T;77,T;140,T/G;147,C/T;161,G/A;177,A/T;197,G/C;

AMPL3507894  165,A/G;182,A/G;

AMPL3507895  65,A;92,C/T;141,T;

AMPL3507896  6,C/T;32,C;77,A/T;85,A/T;107,C;126,C/G;135,T;

AMPL3507897  1,A;7,A;9,G;31,T;91,T;104,C;123,G;132,G;

AMPL3507898  133,G;152,A;

AMPL3507899  1,G;29,C/T;39,T;55,C/A;108,G;115,A/G;125,T;140,C;

AMPL3507900  23,A/G;62,A/G;63,G/A;73,T;86,T/C;161,C/T;183,G/A;190,A/G;

AMPL3507901  68,T/C;98,A/G;116,C/A;

AMPL3507902  38,C;57,A/G;65,C;66,G;92,A/T;104,C/A;118,T/A;176,G;

AMPL3507903  101,A;105,A;121,A;161,C;173,T;

AMPL3507904  3,C/T;5,C;13,G;54,T/C;83,G;85,T/C;92,C;104,C;147,A;182,G;

AMPL3507909  2,A;9,C;13,A;15,C;28,G;32,T;34,A;53,T;84,C;97,C;99,A;135,C;148,T;
150,T;

AMPL3507910  33,T;105,A;129,C;164,A;

AMPL3507911  33,G;34,C;49,C;50,G;71,G;77,C;89,A;92,G;126,G;130,T;133,C;134,A;
151,A;173,G;180,A;181,C;185,C;189,C;190,G;196,C;200,C;

AMPL3507912  19,C/T;33,T;38,G/A;43,C/T;46,A;71,G/C;73,A/T;108,A;124,A/T;126,
G;132,A;143,C;160,T;

AMPL3507913  21,T;58,T;90,T;107,G;109,A;111,A;113,A;128,A;134,G;

AMPL3507914  37,G/C;52,G;56,A/T;64,T/G;115,C/T;

AMPL3507915  22,G;31,T/C;39,C/T;51,T/C;52,C/T;59,G/A;66,C/T;87,G/A;99,G;103,
T/C;128,C/T;134,C;135,T/A;138,G/A;159,T/G;

AMPL3507916  24,A/G;31,T/C;43,T/C;49,T;90,A;110,T/A;132,C;160,G/A;170,T/G;
174,A;

AMPL3507918  15,T;63,A;72,G;76,T;86,C;87,A;90,A;129,G;

AMPL3507919  10,G/A;22,G/T;34,T/C;64,T/G;74,A/G;105,G/A;114,G/A;133,C/T;153,
T/G;169,G;184,C/T;188,A/T;

# 松风本

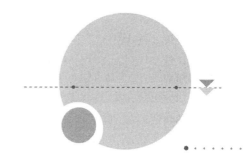

AMPL3507571 6,G;10,G;18,C;19,C;20,A;30,A;37,T;40,T;

AMPL3507806 31,A/T;55,C;136,C/A;139,T/G;158,A;

AMPL3507807 28,A/C;31,C/G;89,C/T;96,G/A;129,A/C;

AMPL3507808 75,A;114,C;124,T;132,T;134,G;139,G;171,C;172,T;

AMPL3507809 45,G;47,C;49,A;65,C;76,C;81,T;91,A;115,A;

AMPL3507810 33,C;53,C;74,G;90,C/T;98,A/G;154,G;

AMPL3507811 30,G;97,A;104,G;

AMPL3507812 6,T;53,T;83,C;90,A;109,C;113,T;154,C;155,C;

AMPL3507813 14,T;86,G;127,A;

AMPL3507814 63,G;67,G;70,G;72,A;94,A;119,G;134,C;157,G;

AMPL3507815 9,A;155,A;163,A;

AMPL3507816 93,A/G;105,C/G;150,G/A;166,T/C;171,T/C;

AMPL3507817 38,G/A;87,G/C;96,C;102,A;116,C/T;166,T/C;183,C/T;186,G;188,G/A;

AMPL3507818 8,A;37,A;40,T;41,G;49,A;55,G;56,A;57,T;100,A;104,T;108,C;113,G;
118,T;

AMPL3507819 87,A;97,C;139,G;155,T;

AMPL3507821 41,G/C;45,A/G;59,A/T;91,G;141,G/A;144,C;

AMPL3507822 1,G;8,A;11,T/A;70,C;94,C/T;108,G/A;

AMPL3507823 11,T;110,C;123,G;

AMPL3507824 3,G;56,G;65,G;68,C;117,C;

AMPL3507826 55,T/C;61,C/T;74,T/C;98,C;122,G;129,G/A;139,A/G;180,C/T;

AMPL3507827 9,T/C;48,A;65,G/T;77,C/T;95,T;124,T;132,T/C;135,G/A;140,G/A;

AMPL3507828 73,T;107,G/A;109,G/C;143,T/C;159,G/C;

AMPL3507831 7,C;16,T/C;19,C;66,T/C;75,G/A;88,C/T;113,C/T;130,T/G;140,G/C;
164,T;

AMPL3507832 23,T;59,A;78,C;116,C;

AMPL3507833 26,T;30,G;49,A;69,T;75,A;97,A;132,T;

AMPL3507834 126,T/C;145,G/A;

AMPL3507835 12,A;38,T;93,T;98,C;99,G;129,A;150,A;

AMPL3507836 8,G/A;32,C/T;40,T/G;44,A/G;63,T;71,G/A;113,C/T;142,G/A;

AMPL3507838 3,A;15,A;20,G;23,G;50,A;52,A;59,C;64,C;78,G;

AMPL3507839 59,G;114,T;151,C;

AMPL3507840    77,C/G;

AMPL3507841    13,T;14,G;34,A;60,T;99,G;

AMPL3507842    13,C;17,C;20,A;64,C;97,A;144,C;158,A;159,G;163,T;

AMPL3507845    57,G/A;161,G/A;

AMPL3507846    5,A;21,A;24,G;26,A;94,G;112,A;127,G/C;128,A/T;149,G;175,A/T;

AMPL3507848    38,A;78,C;

AMPL3507849    16,A/T;19,C;23,T;24,A;33,G;35,A;39,G;68,C;72,G;74,T;97,T;128,T/G;134,A/G;142,C/A;144,T/C;157,A;

AMPL3507850    2,A;16,C;35,A;39,G;60,C;93,C;110,G;114,C;125,C;128,A;130,C;

AMPL3507851    61,T;91,T;92,G;131,A;151,A;154,A;162,G;165,G;166,T;168,C;

AMPL3507852    8,A;26,G;33,G;43,A;56,C;62,T;93,C;124,G;

AMPL3507853    2,A/T;71,A/G;88,C/T;149,C/G;180,T/C;193,T/A;

AMPL3507854    34,C/T;36,G;37,T/C;44,G;55,A;70,C/A;84,A;92,A/G;99,T;102,T/G;110,T/C;112,T/A;114,T/G;126,C/A;139,C/T;153,T/C;158,A/T;164,C/A;170,C/G;171,G/A;174,A/G;177,G/T;180,C;181,T;187,C;188,G/T;192,T/C;

AMPL3507855    26,T;36,T;90,C;

AMPL3507856    11,G;92,T;102,T;

AMPL3507857    33,G;70,G/C;82,T/A;123,C;

AMPL3507858    26,T;45,G;84,T/C;143,G;152,G;176,C;

AMPL3507860    30,G;97,T;101,T;128,A;176,C;

AMPL3507861    28,T/C;43,A/G;69,C/G;93,C;105,G/T;124,T/C;128,T/A;

AMPL3507862    2,A/C;4,G;63,A/G;83,C/T;88,T;106,T;115,C;124,C/A;154,T;

AMPL3507863    13,G/A;45,G/C;69,A;145,A;177,A;

AMPL3507864    17,T;95,G;120,T/C;

AMPL3507865    19,C;21,T;35,A;43,G;56,A/C;57,T/C;75,C;85,G;100,G/C;101,T;116,C/A;127,C/G;161,C/T;171,G/A;172,T/C;

AMPL3507866    8,T;66,G;74,T;147,C;172,T;

AMPL3507867    21,C/T;27,G;38,T/C;45,T/C;54,C;88,C;93,T/C;112,C;122,A/G;132,G;

AMPL3507868    45,T;51,A/G;108,T/C;166,T/C;186,A/G;

AMPL3507871    7,C;95,G;115,G;144,T;

AMPL3507872    10,T;52,G;131,T;132,T;

AMPL3507873    13,T/C;38,T;39,C/T;54,A/G;59,A;86,T/G;

AMPL3507874    2,T;31,A;97,T;99,T;105,G;108,T;122,C;161,G;

AMPL3507876    96,C;114,G;144,A;178,C;

AMPL3507877    12,TAT/T;24,G/A;27,A/T;28,G/A;34,C;39,A;46,T;68,C;70,G/A;90,A;110,G;126,C;134,C;

AMPL3507878    8,C;10,A;37,A;59,G;73,T;77,G;78,G;90,T;91,C;103,G;115,C;130,C;

AMPL3507879    50,A/G;90,C;91,C;116,C;127,T/G;134,G/C;143,G;155,G;163,C/T;169,A/G;181,C/T;

AMPL3507880    66,C/T;105,A/C;124,A/G;

AMPL3507881　84,C;122,T;

AMPL3507882　40,G;43,A;61,T;

AMPL3507883　20,T;31,T;68,C/T;74,G;84,A;104,T;142,T;144,G;

AMPL3507885　36,C/G;51,A;54,G/A;65,G/N;66,G/N;71,C/N;78,C/N;110,G/A;112,C/
T;115,G/A;124,G/T;131,T/A;135,G/A;146,A/G;

AMPL3507886　41,G;47,C;81,G;91,T;99,G;125,A;

AMPL3507887　2,T;35,C;45,G/A;62,C;65,A/G;92,G/A;101,C/GTG;

AMPL3507888　4,T/C;50,G/A;65,A;70,C;79,A/T;82,C/T;94,G/A;100,G/A;107,A/T;
133,T;

AMPL3507889　34,T;111,A;154,A;159,G;160,G;

AMPL3507890　19,T/C;26,C/T;33,G/A;60,A/G;139,T/C;

AMPL3507891　29,A/C;61,T;

AMPL3507892　23,A;28,G;55,G;69,G;72,G;122,T;136,A;180,A;181,T;

AMPL3507893　42,A/T;51,C/T;77,T;140,T/G;147,C/T;161,G/A;177,A/T;197,G/C;

AMPL3507894　165,A/G;182,A/G;

AMPL3507895　65,A;92,C/A;141,G/T;

AMPL3507896　6,T;32,C;77,A;85,A;107,C;126,C;135,T;

AMPL3507898　133,T;152,G;

AMPL3507899　1,G;29,C;39,T;55,C;108,T;115,A;125,C;140,A/C;

AMPL3507900　23,A;62,A;63,G;73,T;86,T;161,C;183,G;190,A;

AMPL3507901　68,T;98,A;116,C/A;

AMPL3507902　38,C;57,A;65,C;66,G;92,A;104,C;118,T;176,G;

AMPL3507903　101,A;105,A;121,A;161,C;173,T;

AMPL3507904　3,T/C;5,C;13,G/A;54,T/C;83,G/T;85,T/C;92,C;104,T/C;147,G/A;
182,G;

AMPL3507906　7,T;9,G;30,G;41,A;42,A;48,T;69,G;71,A;78,G;88,A;91,G;108,A;115,
G;122,A;126,A;141,A;

AMPL3507909　2,A;9,C;13,A;15,C;28,G;32,T;34,A;53,T;84,C;97,C;99,A;135,C;148,T;
150,T;

AMPL3507910　33,T;105,A;129,C;164,A;

AMPL3507911　33,G;34,C;49,C;50,G;71,G;77,C;89,A;92,G;126,G;130,T;133,C;134,A;
151,A;173,G;180,A;181,C;185,C;189,C;190,G;196,C;200,C;

AMPL3507912　19,T;33,T/A;38,A;43,T;46,G/A;71,C;73,A/T;108,A;124,T;126,G;132,
A;143,C;160,T;

AMPL3507913　21,T;58,T;90,T;107,A;109,A;111,A;113,A;128,A;134,G;

AMPL3507914　37,C/G;52,G;56,T/A;64,G/T;115,T/C;

AMPL3507915　22,A/G;31,C/T;39,T/C;51,C/T;52,T/C;59,A/G;66,T/C;87,A/G;99,A/G;
103,C/T;128,T/C;134,A/C;135,A/T;138,A/G;159,G/T;

AMPL3507916　24,G/A;31,C/T;43,C/T;49,T/G;90,A/G;110,A/T;132,C/A;160,A;170,G;
174,A/G;

AMPL3507918　15,A/T;63,A;72,G;76,T;86,C;87,G/A;90,A;129,G;

AMPL3507919    10,G;22,T/G;34,C/T;64,G/T;74,G/A;105,A/G;114,A/G;133,T/C;153,G/T;169,G;184,T/C;188,T/A;

AMPL3507920    18,C/A;24,A;32,C/A;67,T;74,G/C;

AMPL3507921    7,C;30,A/G;38,A/G;43,G/A;182,A/G;

AMPL3507922    146,C;

# 特晚熟桂明 1 号

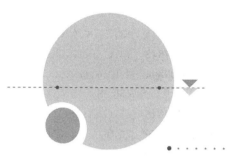

AMPL3507571  6,T;10,T;18,C;19,T;20,G;30,G;37,A;40,T;

AMPL3507806  31,T/A;55,A/C;136,C;139,T;158,G/A;

AMPL3507807  28,C/A;31,G/C;89,T/C;96,A/G;129,C/A;

AMPL3507808  75,T/A;114,T/C;124,A/T;132,C/T;134,C/G;139,C/G;171,C;172,A/T;

AMPL3507809  45,A/G;47,G/C;49,A;65,A/C;76,T/C;81,A/T;91,T/A;115,A;

AMPL3507810  33,T;53,T;74,G;90,C;98,G;154,G;

AMPL3507811  30,C/G;97,A/G;104,G/A;

AMPL3507812  6,C;53,C;83,T;90,T;109,A;113,A;154,T;155,C;

AMPL3507813  14,T;86,A/G;127,G/A;

AMPL3507814  63,A;67,G;70,T;72,A;94,A;119,G;134,C;157,G;

AMPL3507815  9,T/A;155,C;163,A;

AMPL3507816  93,G;105,G;150,A;166,C;171,C;

AMPL3507817  38,A;87,C;96,A/C;102,G/A;116,T;166,T/C;183,T;186,A/G;188,G/A;

AMPL3507818  8,A;37,A;40,T;41,G;49,T;55,T;56,G;57,G;100,G;104,G;108,T;113,G;
118,T;

AMPL3507819  87,G;97,C;139,A;155,C;

AMPL3507821  41,G;45,A;59,A;91,G;141,G;144,C;

AMPL3507822  1,G;8,A;11,T/A;70,C;94,C;108,G/A;

AMPL3507823  11,C;110,A;123,A;

AMPL3507824  3,G;56,G;65,A;68,T;117,T;

AMPL3507826  55,T;61,C;74,T;98,C;122,G;129,G;139,A;180,C;

AMPL3507827  9,T;48,A;65,G;77,C;95,T;124,T;132,T;135,G;140,G;

AMPL3507828  73,T;107,G/A;109,G/C;143,T/C;159,G/C;

AMPL3507829  6,T;14,A;56,G;70,G;71,A;127,A;

AMPL3507831  7,C;16,C;19,C;66,C;75,A;88,T;113,T/C;130,G;140,C;164,T;

AMPL3507832  23,T;59,A;78,C;116,T;

AMPL3507833  26,T;30,G;49,G;69,T;75,A;97,A;132,T;

AMPL3507834  126,T;145,G;

AMPL3507836  8,A/G;32,T/C;40,G/T;44,G/A;63,T;71,A/G;113,T/C;142,A/G;

AMPL3507837  1,A;5,G;6,T;7,C;24,T;30,C;59,C;66,C;67,C;78,A;79,A;80,A;111,T;
139,G;164,A;

AMPL3507838  3,A/G;15,A/G;20,G/A;23,G/A;50,A;52,A/G;59,C/A;64,C;78,G/T;

AMPL3507839  59,G/C;114,T/C;151,C/T;

AMPL3507840  77,C/G;

AMPL3507841　13,C;14,A/G;34,G;60,G;99,G/A;

AMPL3507842　13,C/T;17,T;20,T;64,T/C;97,G/A;144,T/C;158,C/A;159,T/G;163,A/T;

AMPL3507844　2,T;6,G;26,C;35,C;63,G;65,A;68,T;96,C;97,C;119,T;130,A;137,G;
158,T;

AMPL3507845　57,G/A;161,G/A;

AMPL3507849　16,T/C;19,C/A;23,T;24,A/G;33,G;35,A/G;39,G;68,C/G;72,G/T;74,T/
G;97,T;128,G;134,G;142,A/C;144,C/T;157,A;

AMPL3507850　2,A;16,C;35,A;39,A;60,C;93,C;110,G;114,T;125,C;128,A;130,C;

AMPL3507851　61,T;91,T;92,G;131,G/A;151,G/A;154,C/A;162,C/G;165,G;166,A/T;
168,G/C;

AMPL3507852　8,A;26,C;33,T;43,A;56,C;62,T/C;93,C/G;124,G/A;

AMPL3507853　2,A/T;71,A/G;88,C/T;149,C/G;180,T/C;193,T/A;

AMPL3507854　34,C;36,G;37,T;44,G;55,A;70,C;84,A;92,A;99,T;102,T;110,T;112,T;
114,T;126,C;139,C;153,T;158,A;164,C;170,C;171,G;174,A;177,G;180,C;
181,T;187,C;188,G;192,T;

AMPL3507855　26,C;36,C;90,T;

AMPL3507856　11,A;92,C;102,C;

AMPL3507857　33,A;70,C;82,A;123,T;

AMPL3507858　26,T/G;45,G/T;84,T/C;143,G/A;152,G/A;176,C/A;

AMPL3507860　30,G;97,C/T;101,G/T;128,G/A;176,T/C;

AMPL3507861　28,T/C;43,A/G;69,C/G;93,C;105,G/T;124,T/C;128,T/A;

AMPL3507862　2,A;4,G;63,G;83,C;88,C;106,T;115,T;124,A;154,T;

AMPL3507863　13,A;45,C;69,G;145,T;177,G;

AMPL3507864　17,C;95,G/A;120,T;

AMPL3507865　19,T/C;21,A/T;35,A;43,A/G;56,A/C;57,C;75,T/C;85,C/G;100,G/C;101,
C/T;116,C/A;127,C/G;161,T;171,A;172,T/C;

AMPL3507866　8,G;66,G;74,T;147,A;172,G;

AMPL3507868　45,T;51,G;108,C;166,C;186,G;

AMPL3507871　7,C;95,G;115,T/G;144,T;

AMPL3507872　10,C;52,G;131,T;132,C;

AMPL3507873　13,T;38,T;39,C;54,A;59,A/G;86,T/G;

AMPL3507874　2,C;31,C;97,T;99,T;105,G;108,T;122,T;161,A;

AMPL3507875　44,G;45,G;68,G;110,G;125,A;137,G;151,A;184,C;

AMPL3507876　96,C;114,C;144,G;178,C;

AMPL3507877　12,G/T;24,G/A;27,T;28,G/A;34,G/C;39,G/A;46,A/T;68,A/C;70,A;90,
A;110,T/G;126,C;134,A/C;

AMPL3507878　8,T;10,A;37,G;59,A;73,G;77,G;78,G;90,C;91,T;103,G;115,T;130,C;

AMPL3507879　50,A;90,C/T;91,C/T;116,C/G;127,T/G;134,G/C;143,G;155,G;163,C/T;
169,A/G;181,C/T;

AMPL3507880　66,T;105,A;124,A;

AMPL3507881　84,T;122,G;

AMPL3507882　40,G;43,A;61,T;

AMPL3507883　20,T/C;31,T;68,C;74,G;84,A/C;104,T;142,T;144,G;

AMPL3507886　41,A;47,T;81,C;91,C;99,A;125,T/A;

AMPL3507887　2,T;35,C;45,G;62,C;65,A/G;92,G/A;101,C/G;

AMPL3507888　4,T;50,G;65,A;70,C;79,A;82,C;94,G;100,G;107,A;133,T;

AMPL3507889　34,T;111,A;154,A;159,G;160,G;

AMPL3507891　29,A;61,C;

AMPL3507892　23,A;28,A;55,A;69,A;72,A;122,T;136,G;180,G;181,A;

AMPL3507893　42,T/A;51,T/C;77,T;140,G/T;147,T/C;161,A/G;177,T/A;197,C/G;

AMPL3507894　165,G/A;182,G/A;

AMPL3507895　65,T/A;92,T/C;141,T;

AMPL3507896　6,T;32,C;77,T;85,T;107,C;126,G;135,T;

AMPL3507897　1,C;7,G;9,C;31,C;91,C;104,T;123,A;132,T;

AMPL3507898　133,G;152,A;

AMPL3507899　1,G;29,T/C;39,C/T;55,C;108,G;115,A;125,C/T;140,C;

AMPL3507900　23,A/G;62,G;63,A;73,T;86,T/C;161,C/T;183,G/A;190,G;

AMPL3507901　68,T;98,A;116,C;

AMPL3507902　38,C;57,G;65,C;66,G;92,T;104,A;118,A;176,G;

AMPL3507903　101,G;105,G;121,C;161,C;173,C;

AMPL3507904　3,C;5,C;13,G/A;54,C;83,G/T;85,C;92,T/C;104,C;147,A;182,G;

AMPL3507909　2,A;9,G/C;13,G/A;15,C;28,G;32,T;34,A;53,C/T;84,C;97,C;99,C/A;
　　　　　　　135,G/C;148,G/T;150,T;

AMPL3507910　33,T;105,A;129,C;164,A;

AMPL3507911　33,G/A;34,C;49,C/T;50,G/A;71,G;77,C/T;89,A/G;92,G/A;126,G;130,
　　　　　　　T/C;133,C/T;134,A/C;151,A/C;173,G;180,A/G;181,C;185,C;189,C/A;
　　　　　　　190,G/A;196,C/A;200,C/T;

AMPL3507912　19,T;33,T;38,A;43,T;46,A/G;71,C/G;73,T/A;108,A;124,T/A;126,G;
　　　　　　　132,A;143,C;160,T;

AMPL3507913　21,T;58,T;90,C;107,A;109,T;111,T;113,G;128,A;134,G;

AMPL3507914　37,G;52,G;56,A;64,T;115,C;

AMPL3507915　22,A;31,C;39,T;51,C;52,T;59,A;66,T;87,A;99,A;103,C;128,T;134,A;
　　　　　　　135,A;138,A;159,G;

AMPL3507916　24,G/A;31,C/T;43,C/T;49,T/G;90,A/G;110,A/T;132,C/A;160,A;170,G;
　　　　　　　174,A/G;

AMPL3507918　15,A/T;63,A;72,G;76,T;86,C;87,G/A;90,A;129,G;

AMPL3507919　10,G;22,G;34,T;64,T;74,A;105,G;114,G;133,C;153,T;169,G;184,C;
　　　　　　　188,A;

AMPL3507920　18,C/A;24,A;32,C/A;67,T;74,G/C;

AMPL3507921　7,C;30,G;38,G;43,A;182,G;

AMPL3507922　146,C/A;

AMPL3507923　69,T/A;79,T/C;125,T/C;140,C/T;144,T/C;152,G/T;

AMPL3507924　46,C;51,G;131,T;143,C;166,G;

# 薛庄本

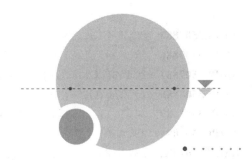

| | |
|---|---|
| **AMPL3507571** | 6,T;10,T/G;18,C/G;19,T;20,G;30,G;37,A;40,T; |
| **AMPL3507806** | 31,T;55,C;136,A;139,G;158,A; |
| **AMPL3507807** | 28,A/C;31,C/G;89,C/T;96,G/A;129,A/C; |
| **AMPL3507808** | 75,A;114,C;124,T;132,T;134,G;139,G;171,C;172,T; |
| **AMPL3507809** | 45,A;47,G;49,A;65,A;76,T;81,A;91,T;115,A; |
| **AMPL3507810** | 33,T;53,T;74,G;90,C;98,G;154,G; |
| **AMPL3507811** | 30,G;97,G;104,A; |
| **AMPL3507812** | 6,C;53,C;83,T;90,T;109,A;113,A;154,T;155,C; |
| **AMPL3507813** | 14,T;86,A;127,G; |
| **AMPL3507814** | 63,A;67,G;70,T;72,A;94,A;119,G;134,C;157,G; |
| **AMPL3507815** | 9,T/A;155,C;163,A; |
| **AMPL3507816** | 93,G/A;105,G/C;150,A/G;166,C/T;171,C/T; |
| **AMPL3507817** | 38,A;87,C;96,C/A;102,A/G;116,T;166,C/T;183,T;186,G/A;188,A/G; |
| **AMPL3507818** | 8,A;37,G/A;40,C/T;41,C/G;49,T;55,T;56,A/G;57,G;100,G;104,T/G;<br>108,C/T;113,C/G;118,G/T; |
| **AMPL3507819** | 87,G;97,T;139,A;155,C; |
| **AMPL3507821** | 41,C/G;45,G/A;59,T/A;91,G;141,A/G;144,C; |
| **AMPL3507822** | 1,G;8,A;11,A;70,C;94,T;108,A; |
| **AMPL3507823** | 11,T;110,C;123,G; |
| **AMPL3507824** | 3,G;56,G;65,A;68,T;117,T; |
| **AMPL3507826** | 55,T;61,C;74,T;98,C;122,G;129,G;139,A;180,C; |
| **AMPL3507827** | 9,T/C;48,A;65,G/T;77,C/T;95,T;124,T;132,T/C;135,G/A;140,G/A; |
| **AMPL3507828** | 73,G/T;107,A/G;109,G;143,T;159,G; |
| **AMPL3507829** | 6,T;14,T;56,A;70,A;71,T;127,A; |
| **AMPL3507831** | 7,C;16,C;19,C;66,C;75,A;88,T;113,T;130,G;140,C;164,T; |
| **AMPL3507832** | 23,T;59,A;78,C;116,C/T; |
| **AMPL3507833** | 26,T;30,T;49,G;69,G;75,G;97,C;132,A; |
| **AMPL3507834** | 126,T/C;145,G/A; |
| **AMPL3507835** | 12,A;38,T;93,T;98,C;99,G;129,A;150,A; |
| **AMPL3507836** | 8,A;32,T;40,G;44,G;63,T;71,A;113,T;142,A; |
| **AMPL3507837** | 1,G;5,A;6,C;7,T;24,A;30,T;59,T;66,C;67,T;78,G;79,G;80,G;111,C;<br>139,C;164,G; |
| **AMPL3507838** | 3,A/G;15,A/G;20,G/A;23,G/A;50,A;52,A/G;59,C/A;64,C;78,G/T; |
| **AMPL3507839** | 59,C;114,C;151,T; |

**AMPL3507840**    77,C;

**AMPL3507841**    13,C;14,G/A;34,G;60,G;99,A/G;

**AMPL3507842**    13,C/T;17,C/T;20,A/T;64,C;97,A;144,C;158,A;159,G;163,T;

**AMPL3507844**    2,C/T;6,G;26,T/C;35,T/C;63,A/G;65,A;68,G/T;96,C;97,C;119,T;130, A;137,A/G;158,T;

**AMPL3507845**    57,A;161,A;

**AMPL3507846**    5,A;21,A;24,G;26,A;94,G;112,A;127,C/G;128,T/A;149,G;175,T/A;

**AMPL3507849**    16,T;19,C;23,T;24,A;33,G;35,A;39,G;68,C;72,G;74,T;97,T;128,G;134, G;142,A;144,C;157,A;

**AMPL3507850**    2,A;16,C;35,A;39,G;60,C;93,C;110,G;114,C;125,C;128,A;130,C;

**AMPL3507851**    61,T/C;91,C/T;92,T/G;131,G/A;151,G;154,C/G;162,C/G;165,C/G;166, A;168,G;

**AMPL3507852**    8,A;26,G;33,G;43,A;56,C;62,T;93,C;124,G;

**AMPL3507853**    2,A/T;71,A/G;88,C/T;149,C/G;180,T/C;193,T/A;

**AMPL3507854**    34,T/C;36,G;37,C/T;44,G;55,A;70,A/C;84,A;92,G/A;99,T;102,G/T; 110,C/T;112,A/T;114,G/T;126,A/C;139,T/C;153,C/T;158,T/A;164,A/ C;170,G/C;171,A/G;174,G/A;177,T/G;180,C;181,T;187,C;188,T/G;192, C/T;

**AMPL3507855**    26,C;36,C;90,T;

**AMPL3507856**    11,A;92,C;102,C;

**AMPL3507857**    33,A;70,C;82,A;123,T;

**AMPL3507858**    26,G/T;45,T/G;84,C;143,A/G;152,A/G;176,A/C;

**AMPL3507860**    30,A/G;97,C;101,G;128,G;176,T;

**AMPL3507861**    28,T/C;43,A/G;69,C/G;93,C;105,G/T;124,T/C;128,T/A;

**AMPL3507862**    2,A;4,G;63,G;83,C;88,C;106,T;115,T;124,A;154,T;

**AMPL3507863**    13,A;45,C;69,G;145,T;177,G;

**AMPL3507864**    17,C/T;95,A/G;120,T;

**AMPL3507865**    19,T;21,A;35,A;43,A;56,A;57,C;75,T;85,C;100,G;101,C;116,C;127,C; 161,T;171,A;172,T;

**AMPL3507866**    8,T;66,G;74,T;147,C;172,T;

**AMPL3507867**    21,C;27,A;38,T;45,C;54,C;88,T;93,C;112,C;122,A;132,C;

**AMPL3507868**    45,T;51,G;108,C;166,C;186,G;

**AMPL3507871**    7,C/T;95,G/C;115,G/T;144,T/C;

**AMPL3507872**    10,T;52,G;131,T;132,T;

**AMPL3507873**    13,T;38,T;39,C;54,A;59,A/G;86,T/G;

**AMPL3507874**    2,T;31,A;97,T;99,T;105,G;108,T;122,C;161,G;

**AMPL3507875**    44,G;45,G;68,G;110,G/T;125,A/G;137,G/A;151,A;184,C/T;

**AMPL3507876**    96,C;114,C;144,G;178,C;

**AMPL3507877**    12,T;24,A;27,T;28,A;34,C;39,A;46,T;68,C;70,A;90,G/A;110,G;126,C; 134,A/C;

**AMPL3507878**    8,T;10,A;37,G;59,A;73,G;77,G;78,G;90,C;91,T;103,G;115,T;130,C;

**AMPL3507879**    50,A;90,C;91,C;116,C;127,T;134,G;143,G;155,G;163,C;169,A;181,C;

AMPL3507880    66,T;105,A;124,A;

AMPL3507881    84,T;122,G/A;

AMPL3507882    40,G;43,A;61,T;

AMPL3507883    20,T/C;31,T;68,C;74,G;84,A/C;104,T;142,T;144,G;

AMPL3507885    36,C/G;51,A;54,G/A;65,G/N;66,G/N;71,C/N;78,C/N;110,G/A;112,C/T;115,G/A;124,G/T;131,T/A;135,G/A;146,A/G;

AMPL3507886    41,A;47,T;81,C;91,C;99,A;125,T;

AMPL3507887    2,T;35,C;45,G;62,C;65,A/G;92,G/A;101,C/G;

AMPL3507888    4,T;50,G;65,A;70,C;79,A;82,C;94,G;100,G;107,A;133,T;

AMPL3507889    34,T;111,A;154,A;159,G;160,G;

AMPL3507890    19,C;26,C;33,G;60,G;139,C;

AMPL3507891    29,A;61,C;

AMPL3507892    23,A;28,A;55,A;69,A;72,A;122,T;136,G;180,G;181,A;

AMPL3507893    42,T/A;51,T/C;77,T/C;140,G/T;147,T/C;161,A/G;177,T/A;197,C/G;

AMPL3507894    165,G/A;182,G/A;

AMPL3507895    65,T/A;92,T;141,T;

AMPL3507896    6,T/C;32,C;77,T/A;85,T/A;107,C;126,G/C;135,T;

AMPL3507897    1,C;7,G;9,C;31,C;91,C;104,T;123,A;132,T;

AMPL3507898    133,G/T;152,A/G;

AMPL3507899    1,G;29,C/T;39,T/C;55,C;108,T/G;115,A;125,C;140,A/C;

AMPL3507900    23,G;62,G;63,A;73,T;86,C;161,T;183,A;190,G;

AMPL3507901    68,T/C;98,A/G;116,C/A;

AMPL3507902    38,C/A;57,A;65,C;66,G;92,A;104,C;118,T;176,G;

AMPL3507903    101,A;105,A;121,A;161,C;173,T;

AMPL3507904    3,C;5,C;13,G;54,C;83,G;85,C;92,T;104,C;147,A;182,G;

AMPL3507909    2,A;9,C;13,A;15,C;28,G;32,T;34,A;53,T;84,C;97,C;99,A;135,C;148,T;150,T;

AMPL3507910    33,T;105,A;129,C;164,A;

AMPL3507911    33,G;34,T;49,C;50,G;71,A;77,C;89,A;92,G;126,A;130,C;133,C;134,A;151,A;173,T;180,A;181,C;185,T;189,C;190,G;196,C;200,C;

AMPL3507912    19,T;33,T;38,A;43,T;46,G;71,G/C;73,A;108,A;124,A/T;126,G;132,A;143,C;160,T;

AMPL3507913    21,T;58,T;90,C;107,A;109,T;111,T;113,G;128,A;134,G;

AMPL3507914    37,G;52,G/A;56,A/C;64,T;115,C;

AMPL3507915    22,A/G;31,C;39,T;51,C;52,T;59,A;66,T;87,A;99,A/G;103,C;128,T;134,A/C;135,A;138,A;159,G;

AMPL3507916    24,A;31,T;43,T;49,T;90,A;110,T;132,C;160,G;170,T;174,A;

AMPL3507918    15,T;63,A;72,G;76,T;86,C;87,A;90,A;129,G;

AMPL3507919    10,G;22,G;34,T;64,T;74,A;105,G;114,G;133,C;153,T;169,G;184,C;188,A;

# 血丝龙眼

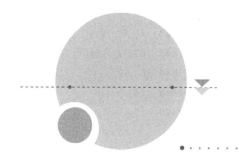

AMPL3507571    6,G;10,G;18,C;19,C;20,A;30,A;37,T;40,T;

AMPL3507806    31,T/A;55,C;136,A/C;139,G/T;158,A;

AMPL3507807    28,C/A;31,G/C;89,T/C;96,A/G;129,C/A;

AMPL3507808    75,A;114,C;124,T;132,T;134,G;139,G;171,C;172,T;

AMPL3507809    45,G;47,C;49,A;65,C;76,C;81,T;91,A;115,A;

AMPL3507810    33,C;53,C;74,G;90,C/T;98,A/G;154,G;

AMPL3507811    30,G;97,A;104,G;

AMPL3507812    6,T;53,T;83,C;90,A;109,C;113,T;154,C;155,C;

AMPL3507813    14,T;86,G;127,A;

AMPL3507814    63,G;67,G;70,G;72,A;94,A;119,G;134,C;157,G;

AMPL3507815    9,A;155,A;163,A;

AMPL3507816    93,G/A;105,G/C;150,A/G;166,C/T;171,C/T;

AMPL3507817    38,A/G;87,C/G;96,C;102,A;116,T/C;166,C/T;183,T/C;186,G;188,A/G;

AMPL3507818    8,A;37,A;40,T;41,G;49,A;55,G;56,A;57,T;100,A;104,T;108,C;113,G;
               118,T;

AMPL3507819    87,A;97,C;139,G;155,T;

AMPL3507821    41,G/C;45,A/G;59,A/T;91,G;141,G/A;144,C;

AMPL3507822    1,G;8,A;11,A/T;70,C;94,T/C;108,A/G;

AMPL3507823    11,T;110,C;123,G;

AMPL3507824    3,G;56,G;65,G;68,C;117,C;

AMPL3507826    55,T/C;61,C/T;74,T/C;98,C;122,G;129,G/A;139,A/G;180,C/T;

AMPL3507827    9,T/C;48,A;65,G/T;77,C/T;95,T;124,T;132,T/C;135,G/A;140,G/A;

AMPL3507828    73,T;107,G/A;109,G/C;143,T/C;159,G/C;

AMPL3507831    7,C;16,T/C;19,C;66,T/C;75,G/A;88,C/T;113,C/T;130,T/G;140,G/C;
               164,T;

AMPL3507832    23,T;59,A;78,C;116,C;

AMPL3507833    26,T;30,G;49,A;69,T;75,A;97,A;132,T;

AMPL3507834    126,C/T;145,A/G;

AMPL3507835    12,A;38,T;93,T;98,C;99,G;129,A;150,A;

AMPL3507836    8,G/A;32,C/T;40,T/G;44,A/G;63,T;71,G/A;113,C/T;142,G/A;

AMPL3507838    3,A;15,A;20,G;23,G;50,A;52,A;59,C;64,C;78,G;

AMPL3507839    59,G;114,T;151,C;

AMPL3507840    77,C/G;

AMPL3507841    13,T;14,G;34,A;60,T;99,G;

AMPL3507842    13,C;17,C;20,A;64,C;97,A;144,C;158,A;159,G;163,T;

AMPL3507845    57,G/A;161,G/A;

AMPL3507846    5,A;21,A;24,G;26,A;94,G;112,A;127,C/G;128,T/A;149,G;175,T/A;

AMPL3507848    38,A;78,C;

AMPL3507849    16,T/A;19,C;23,T;24,A;33,G;35,A;39,G;68,C;72,G;74,T;97,T;128,G/T;134,G/A;142,A/C;144,C/T;157,A;

AMPL3507850    2,A;16,C;35,A;39,G;60,C;93,C;110,G;114,C;125,C;128,A;130,C;

AMPL3507851    61,T;91,T;92,G;131,A;151,A;154,A;162,G;165,G;166,T;168,C;

AMPL3507852    8,A;26,G;33,G;43,A;56,C;62,T;93,C;124,G;

AMPL3507853    2,T/A;71,G/A;88,T/C;149,G/C;180,C/T;193,A/T;

AMPL3507854    34,T/C;36,G;37,C/T;44,G;55,A;70,A/C;84,A;92,G/A;99,T;102,G/T;110,C/T;112,A/T;114,G/T;126,A/C;139,T/C;153,C/T;158,T/A;164,A/C;170,G/C;171,A/G;174,G/A;177,T/G;180,C;181,T;187,C;188,T/G;192,C/T;

AMPL3507855    26,T;36,T;90,C;

AMPL3507856    11,G;92,T;102,T;

AMPL3507857    33,G;70,G/C;82,T/A;123,C;

AMPL3507858    26,T;45,G;84,C/T;143,G;152,G;176,C;

AMPL3507860    30,G;97,T;101,T;128,A;176,C;

AMPL3507861    28,T/C;43,A/G;69,C/G;93,C;105,G/T;124,T/C;128,T/A;

AMPL3507862    2,C/A;4,G;63,G/A;83,T/C;88,T;106,T;115,C;124,A/C;154,T;

AMPL3507863    13,A/G;45,C/G;69,A;145,A;177,A;

AMPL3507864    17,T;95,G;120,T/C;

AMPL3507865    19,C;21,T;35,A;43,G;56,C/A;57,C/T;75,C;85,G;100,C/G;101,T;116,A/C;127,G/C;161,T/C;171,A/G;172,C/T;

AMPL3507866    8,T;66,G;74,T;147,C;172,T;

AMPL3507867    21,C/T;27,G;38,T/C;45,T/C;54,C;88,C;93,T/C;112,C;122,A/G;132,G;

AMPL3507868    45,T;51,A/G;108,T/C;166,T/C;186,A/G;

AMPL3507871    7,C;95,G;115,G;144,T;

AMPL3507872    10,T;52,G;131,T;132,T;

AMPL3507873    13,T/C;38,T;39,C/T;54,A/G;59,A;86,T/G;

AMPL3507874    2,T;31,A;97,T;99,T;105,G;108,T;122,C;161,G;

AMPL3507876    96,C;114,G;144,A;178,C;

AMPL3507877    12,TAT/T;24,G/A;27,A/T;28,G/A;34,C;39,A;46,T;68,C;70,G/A;90,A;110,G;126,C;134,C;

AMPL3507878    8,C;10,A;37,A;59,G;73,T;77,G;78,G;90,T;91,C;103,G;115,C;130,C;

AMPL3507879    50,G/A;90,C;91,C;116,C;127,G/T;134,C/G;143,G;155,G;163,T/C;169,G/A;181,T/C;

AMPL3507880    66,C/T;105,A/C;124,A/G;

AMPL3507881    84,C;122,T;

AMPL3507882    40,G;43,A;61,T;

AMPL3507883    20,T;31,T;68,C/T;74,G;84,A;104,T;142,T;144,G;

AMPL3507885    36,C/G;51,A;54,G/A;65,G/N;66,G/N;71,C/N;78,C/N;110,G/A;112,C/

T;115,G/A;124,G/T;131,T/A;135,G/A;146,A/G;

AMPL3507886   41,G;47,C;81,G;91,T;99,G;125,A;

AMPL3507887   2,T;35,C;45,G/A;62,C;65,A/G;92,G/A;101,C/GTG;

AMPL3507888   4,C/T;50,A/G;65,A;70,C;79,T/A;82,T/C;94,A/G;100,A/G;107,T/A;
133,T;

AMPL3507889   34,T;111,A;154,A;159,G;160,G;

AMPL3507890   19,T/C;26,C/T;33,G/A;60,A/G;139,T/C;

AMPL3507891   29,A/C;61,T;

AMPL3507892   23,A;28,G;55,G;69,G;72,G;122,T;136,A;180,A;181,T;

AMPL3507893   42,A/T;51,C/T;77,T;140,T/G;147,C/T;161,G/A;177,A/T;197,G/C;

AMPL3507894   165,G/A;182,G/A;

AMPL3507895   65,A;92,A/C;141,T/G;

AMPL3507896   6,T;32,C;77,A;85,A;107,C;126,C;135,T;

AMPL3507897   1,A;7,A;9,G;31,T;91,T;104,C;123,G;132,G;

AMPL3507898   133,T;152,G;

AMPL3507899   1,G;29,C;39,T;55,C;108,T;115,A;125,C;140,A/C;

AMPL3507900   23,A;62,A;63,G;73,T;86,T;161,C;183,G;190,A;

AMPL3507901   68,T;98,A;116,A/C;

AMPL3507902   38,C;57,A;65,C;66,G;92,A;104,C;118,T;176,G;

AMPL3507903   101,A;105,A;121,A;161,C;173,T;

AMPL3507904   3,T/C;5,C;13,G/A;54,T/C;83,G/T;85,T/C;92,C;104,T/C;147,G/A;
182,G;

AMPL3507906   7,T;9,G;30,G;41,A;42,A;48,T;69,G;71,A;78,G;88,A;91,G;108,A;115,
G;122,A;126,A;141,A;

AMPL3507909   2,A;9,C;13,A;15,C;28,G;32,T;34,A;53,T;84,C;97,C;99,A;135,C;148,T;
150,T;

AMPL3507910   33,T;105,A;129,C;164,A;

AMPL3507911   33,G;34,C;49,C;50,G;71,G;77,C;89,A;92,G;126,G;130,T;133,C;134,A;
151,A;173,G;180,A;181,C;185,C;189,C;190,G;196,C;200,C;

AMPL3507912   19,T;33,A/T;38,A;43,T;46,A/G;71,C;73,T/A;108,A;124,T;126,G;132,
A;143,C;160,T;

AMPL3507913   21,T;58,T;90,T;107,A;109,A;111,A;113,A;128,A;134,G;

AMPL3507914   37,G/C;52,G;56,A/T;64,T/G;115,C/T;

AMPL3507915   22,G/A;31,T/C;39,C/T;51,T/C;52,C/T;59,G/A;66,C/T;87,G/A;99,G/A;
103,T/C;128,C/T;134,C/A;135,T/A;138,G/A;159,T/G;

AMPL3507916   24,G/A;31,C/T;43,C/T;49,T/G;90,A/G;110,A/T;132,C/A;160,A;170,G;
174,A/G;

AMPL3507918   15,A/T;63,A;72,G;76,T;86,C;87,G/A;90,A;129,G;

AMPL3507919   10,G;22,T/G;34,C/T;64,G/T;74,G/A;105,A/G;114,A/G;133,T/C;153,G/
T;169,G;184,T/C;188,T/A;

AMPL3507920   18,A/C;24,A;32,A/C;67,T;74,C/G;

AMPL3507921   7,C;30,A/G;38,A/G;43,G/A;182,A/G;

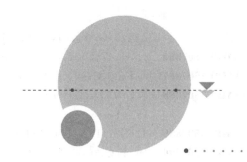

# 油潭本

AMPL3507571    6,G;10,G;18,C;19,C;20,A;30,A;37,T;40,T;
AMPL3507806    31,T/A;55,C;136,A/C;139,G/T;158,A;
AMPL3507807    28,C/A;31,G/C;89,T/C;96,A/G;129,C/A;
AMPL3507808    75,A;114,C;124,T;132,T;134,G;139,G;171,C;172,T;
AMPL3507809    45,G;47,C;49,A;65,C;76,C;81,T;91,A;115,A;
AMPL3507810    33,C;53,C;74,G;90,C/T;98,A/G;154,G;
AMPL3507811    30,G;97,A;104,G;
AMPL3507812    6,T;53,T;83,C;90,A;109,C;113,T;154,C;155,C;
AMPL3507813    14,T;86,G;127,A;
AMPL3507814    63,G;67,G;70,G;72,A;94,A;119,G;134,C;157,G;
AMPL3507815    9,A;155,A;163,A;
AMPL3507816    93,A/G;105,C/G;150,G/A;166,T/C;171,T/C;
AMPL3507817    38,G/A;87,G/C;96,C;102,A;116,C/T;166,T/C;183,C/T;186,G;188,G/A;
AMPL3507818    8,A;37,A;40,T;41,G;49,A;55,G;56,A;57,T;100,A;104,T;108,C;113,G;
               118,T;
AMPL3507819    87,A;97,C;139,G;155,T;
AMPL3507821    41,C/G;45,G/A;59,T/A;91,G;141,A/G;144,C;
AMPL3507822    1,G;8,A;11,T/A;70,C;94,C/T;108,G/A;
AMPL3507823    11,T;110,C;123,G;
AMPL3507824    3,G;56,G;65,G;68,C;117,C;
AMPL3507826    55,T/C;61,C/T;74,T/C;98,C;122,G;129,G/A;139,A/G;180,C/T;
AMPL3507827    9,T/C;48,A;65,G/T;77,C/T;95,T;124,T;132,T/C;135,G/A;140,G/A;
AMPL3507828    73,T;107,G/A;109,G/C;143,T/C;159,G/C;
AMPL3507831    7,C;16,T/C;19,C;66,T/C;75,G/A;88,C/T;113,C/T;130,T/G;140,G/C;
               164,T;
AMPL3507832    23,T;59,A;78,C;116,C;
AMPL3507833    26,T;30,G;49,A;69,T;75,A;97,A;132,T;
AMPL3507834    126,T/C;145,G/A;
AMPL3507835    12,A;38,T;93,T;98,C;99,G;129,A;150,A;
AMPL3507836    8,G/A;32,C/T;40,T/G;44,A/G;63,T;71,G/A;113,C/T;142,G/A;
AMPL3507838    3,A;15,A;20,G;23,G;50,A;52,A;59,C;64,C;78,G;
AMPL3507839    59,G;114,T;151,C;
AMPL3507840    77,C/G;
AMPL3507841    13,T;14,G;34,A;60,T;99,G;

AMPL3507842　13,C;17,C;20,A;64,C;97,A;144,C;158,A;159,G;163,T;

AMPL3507845　57,A/G;161,A/G;

AMPL3507846　5,A;21,A;24,G;26,A;94,G;112,A;127,C/G;128,T/A;149,G;175,T/A;

AMPL3507848　38,A;78,C;

AMPL3507849　16,T/A;19,C;23,T;24,A;33,G;35,A;39,G;68,C;72,G;74,T;97,T;128,G/T;134,G/A;142,A/C;144,C/T;157,A;

AMPL3507850　2,A;16,C;35,A;39,G;60,C;93,C;110,G;114,C;125,C;128,A;130,C;

AMPL3507851　61,T;91,T;92,G;131,A;151,A;154,A;162,G;165,G;166,T;168,C;

AMPL3507852　8,A;26,G;33,G;43,A;56,C;62,T;93,C;124,G;

AMPL3507853　2,A/T;71,A/G;88,C/T;149,C/G;180,T/C;193,T/A;

AMPL3507854　34,C/T;36,G;37,T/C;44,G;55,A;70,C/A;84,A;92,A/G;99,T;102,T/G;110,T/C;112,T/A;114,T/G;126,C/A;139,C/T;153,T/C;158,A/T;164,C/A;170,C/G;171,G/A;174,A/G;177,G/T;180,C;181,T;187,C;188,G/T;192,T/C;

AMPL3507855　26,T;36,T;90,C;

AMPL3507856　11,G;92,T;102,T;

AMPL3507857　33,G;70,G/C;82,T/A;123,C;

AMPL3507858　26,T;45,G;84,C/T;143,G;152,G;176,C;

AMPL3507860　30,G;97,T;101,T;128,A;176,C;

AMPL3507861　28,C/T;43,G/A;69,G/C;93,C;105,T/G;124,C/T;128,A/T;

AMPL3507862　2,C/A;4,G;63,G/A;83,T/C;88,T;106,T;115,C;124,A/C;154,T;

AMPL3507863　13,A/G;45,C/G;69,A;145,A;177,A;

AMPL3507864　17,T;95,G;120,T/C;

AMPL3507865　19,C;21,T;35,A;43,G;56,A/C;57,T/C;75,C;85,G;100,G/C;101,T;116,C/A;127,C/G;161,C/T;171,G/A;172,T/C;

AMPL3507866　8,T;66,G;74,T;147,C;172,T;

AMPL3507867　21,C/T;27,G;38,T/C;45,T/C;54,C;88,C;93,T/C;112,C;122,A/G;132,G;

AMPL3507868　45,T;51,A/G;108,T/C;166,T/C;186,A/G;

AMPL3507871　7,C;95,G;115,G;144,T;

AMPL3507872　10,T;52,G;131,T;132,T;

AMPL3507873　13,T/C;38,T;39,C/T;54,A/G;59,A;86,T/G;

AMPL3507874　2,T;31,A;97,T;99,T;105,G;108,T;122,C;161,G;

AMPL3507876　96,C;114,G;144,A;178,C;

AMPL3507877　12,T/TAT;24,A/G;27,T/A;28,A/G;34,C;39,A;46,T;68,C;70,A/G;90,A;110,G;126,C;134,C;

AMPL3507878　8,C;10,A;37,A;59,G;73,T;77,G;78,G;90,T;91,C;103,G;115,C;130,C;

AMPL3507879　50,A/G;90,C;91,C;116,C;127,T/G;134,G/C;143,G;155,G;163,C/T;169,A/G;181,C/T;

AMPL3507880　66,C/T;105,A/C;124,A/G;

AMPL3507881　84,C;122,T;

AMPL3507882　40,G;43,A;61,T;

AMPL3507883　20,T;31,T;68,C/T;74,G;84,A;104,T;142,T;144,G;

AMPL3507885　36,C/G;51,A;54,G/A;65,G/N;66,G/N;71,C/N;78,C/N;110,G/A;112,C/
T;115,G/A;124,G/T;131,T/A;135,G/A;146,A/G;

AMPL3507886　41,G;47,C;81,G;91,T;99,G;125,A;

AMPL3507887　2,T;35,C;45,A/G;62,C;65,G/A;92,A/G;101,GTG/C;

AMPL3507888　4,C/T;50,A/G;65,A;70,C;79,T/A;82,T/C;94,A/G;100,A/G;107,T/A;
133,T;

AMPL3507889　34,T;111,A;154,A;159,G;160,G;

AMPL3507890　19,T/C;26,C/T;33,G/A;60,A/G;139,T/C;

AMPL3507891　29,A/C;61,T;

AMPL3507892　23,A;28,G;55,G;69,G;72,G;122,T;136,A;180,A;181,T;

AMPL3507893　42,T/A;51,T/C;77,T;140,G/T;147,T/C;161,A/G;177,T/A;197,C/G;

AMPL3507894　165,G/A;182,G/A;

AMPL3507895　65,A;92,C/A;141,G/T;

AMPL3507896　6,T;32,C;77,A;85,A;107,C;126,C;135,T;

AMPL3507898　133,T;152,G;

AMPL3507899　1,G;29,C;39,T;55,C;108,T;115,A;125,C;140,C/A;

AMPL3507900　23,A;62,A;63,G;73,T;86,T;161,C;183,G;190,A;

AMPL3507901　68,T;98,A;116,C/A;

AMPL3507902　38,C;57,A;65,C;66,G;92,A;104,C;118,T;176,G;

AMPL3507903　101,A;105,A;121,A;161,C;173,T;

AMPL3507904　3,T/C;5,C;13,G/A;54,T/C;83,G/T;85,T/C;92,C;104,T/C;147,G/A;
182,G;

AMPL3507906　7,T;9,G;30,G;41,A;42,A;48,T;69,G;71,A;78,G;88,A;91,G;108,A;115,
G;122,A;126,A;141,A;

AMPL3507909　2,A;9,C;13,A;15,C;28,G;32,T;34,A;53,T;84,C;97,C;99,A;135,C;148,T;
150,T;

AMPL3507910　33,T;105,A;129,C;164,A;

AMPL3507911　33,G;34,C;49,C;50,G;71,G;77,C;89,A;92,G;126,G;130,T;133,C;134,A;
151,A;173,G;180,A;181,C;185,C;189,C;190,G;196,C;200,C;

AMPL3507912　19,T;33,T/A;38,A;43,T;46,G/A;71,C;73,A/T;108,A;124,T;126,G;132,
A;143,C;160,T;

AMPL3507913　21,T;58,T;90,T;107,A;109,A;111,A;113,A;128,A;134,G;

AMPL3507914　37,C/G;52,G;56,T/A;64,G/T;115,T/C;

AMPL3507915　22,A/G;31,C/T;39,T/C;51,C/T;52,T/C;59,A/G;66,T/C;87,A/G;99,A/G;
103,C/T;128,T/C;134,A/C;135,A/T;138,A/G;159,G/T;

AMPL3507916　24,A/G;31,T/C;43,T/C;49,G/T;90,G/A;110,T/A;132,A/C;160,A;170,G;
174,G/A;

AMPL3507918　15,T/A;63,A;72,G;76,T;86,C;87,A/G;90,A;129,G;

AMPL3507919　10,G;22,T/G;34,C/T;64,G/T;74,G/A;105,A/G;114,A/G;133,T/C;153,G/
T;169,G;184,T/C;188,T/A;

AMPL3507920　18,C/A;24,A;32,C/A;67,T;74,G/C;

AMPL3507921　7,C;30,A/G;38,A/G;43,G/A;182,A/G;

AMPL3507922　146,C;

# 早白焦

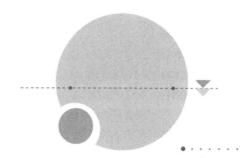

AMPL3507571  6,T;10,T;18,C;19,T;20,G;30,G;37,A;40,C;

AMPL3507806  31,T;55,A;136,C;139,T;158,G;

AMPL3507807  28,C/A;31,G/C;89,T/C;96,A/G;129,C/A;

AMPL3507808  75,T/A;114,T/C;124,A/T;132,C/T;134,C/G;139,C/G;171,C;172,A/T;

AMPL3507809  45,A/G;47,G/C;49,A;65,A/C;76,T/C;81,A/T;91,T/A;115,A;

AMPL3507810  33,T;53,T;74,G;90,C;98,G;154,G;

AMPL3507811  30,G/C;97,G/A;104,A/G;

AMPL3507812  6,C/T;53,C/T;83,T/C;90,T/A;109,A/C;113,A/T;154,T/C;155,C;

AMPL3507813  14,T;86,A;127,G;

AMPL3507814  63,A;67,G;70,T;72,A;94,A;119,G;134,C;157,G;

AMPL3507815  9,T;155,C;163,A;

AMPL3507816  93,A;105,C;150,G;166,T;171,T;

AMPL3507817  38,A;87,C;96,A;102,G;116,T;166,T;183,T;186,A;188,G;

AMPL3507818  8,A;37,A;40,T;41,G;49,T;55,T;56,G;57,G;100,G;104,G;108,T;113,G;
118,T;

AMPL3507819  87,A;97,C;139,G;155,T;

AMPL3507821  41,G;45,A;59,A;91,G;141,G;144,C;

AMPL3507822  1,G/C;8,A;11,A;70,C;94,C;108,A;

AMPL3507823  11,C;110,A;123,A;

AMPL3507824  3,A;56,G;65,G;68,C;117,C;

AMPL3507826  55,T;61,C;74,T;98,C;122,G;129,G;139,A;180,C;

AMPL3507827  9,T/C;48,A;65,G/T;77,C/T;95,T;124,T;132,T/C;135,G/A;140,G/A;

AMPL3507828  73,G/T;107,A/G;109,G;143,T;159,G;

AMPL3507829  6,T;14,A;56,G;70,G;71,A;127,A;

AMPL3507831  7,C;16,T;19,C;66,T;75,G;88,C;113,C;130,T;140,G;164,T;

AMPL3507832  23,C;59,G;78,G;116,T;

AMPL3507833  26,T;30,G;49,G;69,T;75,A;97,A;132,T;

AMPL3507834  126,T;145,G;

AMPL3507835  12,A;38,T;93,T;98,C;99,G;129,A;150,A;

AMPL3507836  8,G;32,C;40,T;44,A;63,T;71,G;113,C;142,G;

AMPL3507837  1,G;5,A;6,C;7,C;24,A;30,T;59,C;66,T;67,C;78,G;79,G;80,A;111,C;
139,A;164,A;

AMPL3507838  3,A;15,A;20,G;23,G;50,G/A;52,A;59,C;64,C;78,G;

AMPL3507839  59,G;114,T;151,C;

AMPL3507840   77,G;

AMPL3507841   13,C/T;14,G;34,G/A;60,G/T;99,A/G;

AMPL3507842   13,T;17,T;20,T;64,C;97,A;144,C;158,A;159,G;163,T;

AMPL3507844   2,T/C;6,G;26,C/T;35,C/T;63,G/A;65,A;68,T/G;96,C;97,C;119,T;130,A;137,G/A;158,T;

AMPL3507845   57,G;161,G;

AMPL3507846   5,A;21,A;24,G;26,A;94,G;112,A;127,G;128,A;149,G;175,A;

AMPL3507848   38,A;78,C;

AMPL3507849   16,A/T;19,C;23,T;24,A;33,G;35,A;39,G;68,C;72,G;74,T;97,T;128,T/G;134,A/G;142,C/A;144,T/C;157,A;

AMPL3507850   2,A;16,C;35,A;39,G;60,C;93,C;110,G;114,C;125,C;128,A;130,C;

AMPL3507851   61,T/C;91,T;92,G;131,A;151,A/G;154,A/G;162,G;165,G;166,T/A;168,C/G;

AMPL3507852   8,A;26,C;33,T;43,A;56,C/T;62,T/C;93,C/G;124,G/A;

AMPL3507853   2,T;71,G;88,T;149,G;180,C;193,A;

AMPL3507854   34,C;36,G;37,T;44,G;55,A;70,C;84,A;92,A;99,T;102,T;110,T;112,T;114,T;126,C;139,C;153,T;158,A;164,C;170,C;171,G;174,A;177,G;180,C;181,T;187,C;188,G;192,T;

AMPL3507855   26,C;36,C;90,T;

AMPL3507856   11,A;92,C;102,C;

AMPL3507857   33,A;70,C;82,A;123,T;

AMPL3507858   26,G;45,T;84,C;143,A;152,A;176,A;

AMPL3507860   30,G;97,C/T;101,G/T;128,G/A;176,T/C;

AMPL3507861   28,T;43,A;69,C;93,C;105,G;124,T;128,T;

AMPL3507862   2,A;4,C/G;63,G;83,C;88,C;106,C/T;115,C/T;124,A;154,C/T;

AMPL3507863   13,A;45,C;69,G;145,T;177,G;

AMPL3507864   17,C;95,A;120,T;

AMPL3507865   19,T;21,A;35,A;43,A;56,A;57,C;75,T;85,C;100,G;101,C;116,C;127,C;161,T;171,A;172,T;

AMPL3507866   8,T;66,G;74,T;147,C;172,T;

AMPL3507867   21,C;27,G;38,T;45,T;54,C;88,C;93,T;112,C;122,A;132,G;

AMPL3507868   45,T;51,G;108,C;166,C;186,G;

AMPL3507871   7,C;95,G;115,T/G;144,T;

AMPL3507872   10,C/T;52,G;131,T;132,C/T;

AMPL3507873   13,T;38,T;39,C;54,A;59,A;86,T;

AMPL3507874   2,C;31,C;97,T;99,T;105,G;108,T;122,T;161,A;

AMPL3507875   44,G;45,G;68,G/C;110,G/T;125,A;137,G;151,A;184,C/T;

AMPL3507876   96,C;114,C;144,G;178,C;

AMPL3507877   12,G;24,G;27,T;28,G;34,G;39,G;46,A;68,A;70,A;90,A;110,T;126,C;134,A;

AMPL3507878   8,T;10,A;37,G;59,A;73,G;77,G;78,G;90,C;91,T;103,G;115,T;130,C;

AMPL3507879   50,A;90,C;91,C;116,C;127,T;134,G;143,G;155,G;163,C;169,A;181,C;

AMPL3507880 66,T;105,C;124,G;

AMPL3507882 40,G;43,A;61,T;

AMPL3507883 20,T/C;31,T;68,C;74,G;84,A/C;104,T;142,T;144,G;

AMPL3507885 36,C/G;51,A;54,G/A;65,G/N;66,G/N;71,C/N;78,C/N;110,G/A;112,C/T;115,G/A;124,G/T;131,T/A;135,G/A;146,A/G;

AMPL3507886 41,A;47,T;81,C;91,C;99,A;125,A;

AMPL3507887 2,T;35,C;45,A/G;62,C;65,G;92,A;101,GTG/G;

AMPL3507888 4,C/T;50,A/G;65,G/A;70,A/C;79,A;82,C;94,G;100,G;107,G/A;133,C/T;

AMPL3507889 34,T;111,A;154,A;159,G;160,G;

AMPL3507890 19,T;26,C;33,G;60,A;139,T;

AMPL3507891 29,A;61,T;

AMPL3507892 23,A;28,A;55,A;69,A;72,A;122,T;136,G;180,G;181,A;

AMPL3507893 42,T;51,T;77,T;140,G;147,T;161,A;177,T;197,C;

AMPL3507894 165,G;182,G;

AMPL3507895 65,A;92,C;141,T;

AMPL3507896 6,T;32,C/T;77,T;85,T;107,C/A;126,G;135,T/G;

AMPL3507897 1,C;7,G;9,C;31,C;91,C;104,T;123,A;132,T;

AMPL3507898 133,G;152,A;

AMPL3507899 1,G;29,T;39,C;55,C;108,G;115,A;125,C;140,C;

AMPL3507900 23,A/G;62,G;63,A;73,T;86,T/C;161,C/T;183,G/A;190,G;

AMPL3507901 68,T/C;98,A/G;116,C/A;

AMPL3507902 38,C;57,A/G;65,C;66,G;92,A/T;104,C/A;118,T/A;176,G;

AMPL3507903 101,G;105,G;121,C;161,C;173,T;

AMPL3507904 3,T;5,C;13,G/A;54,C;83,G/T;85,C;92,C;104,C;147,A;182,G;

AMPL3507906 7,T;9,G;30,G;41,A;42,A;48,T;69,G;71,A;78,G;88,A;91,G;108,A;115,G;122,A;126,A;141,A;

AMPL3507909 2,A;9,C;13,G;15,C;28,G;32,T;34,A;53,T;84,C;97,C;99,C;135,G;148,G;150,T;

AMPL3507910 33,C;105,G;129,A;164,G;

AMPL3507911 33,A/G;34,C;49,T/C;50,A/G;71,G;77,T/C;89,G/A;92,A/G;126,G;130,C/T;133,T/C;134,C/A;151,C/A;173,G;180,G/A;181,C;185,C;189,A/C;190,A/G;196,A/C;200,T/C;

AMPL3507912 19,T;33,T/A;38,A;43,T;46,G/A;71,G/C;73,A/T;108,A;124,A/T;126,G;132,A;143,C;160,T;

AMPL3507914 37,G;52,G;56,A;64,T;115,C;

AMPL3507915 22,A/G;31,C;39,T;51,C;52,T;59,A;66,T;87,A;99,A/G;103,C;128,T;134,A/C;135,A;138,A;159,G;

AMPL3507916 24,A;31,T;43,T;49,T;90,A;110,T;132,C;160,G;170,T;174,A;

AMPL3507918 15,A;63,A;72,G;76,T;86,C;87,G;90,A;129,G;

AMPL3507919 10,G;22,G;34,T;64,T;74,A;105,G;114,G;133,C;153,T;169,G;184,C;188,A;

# 早熟 x 紫娘喜 1

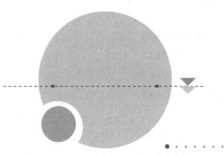

AMPL3507571　6,G/T;10,G/T;18,C;19,C/T;20,A/G;30,A/G;37,T/A;40,T/C;
AMPL3507806　31,T;55,C;136,C/A;139,T/G;158,A;
AMPL3507807　28,A;31,C;89,C/T;96,G/A;129,A/C;
AMPL3507808　75,T;114,T;124,A;132,C;134,C;139,C;171,C;172,A;
AMPL3507809　45,G;47,C;49,A;65,C;76,C;81,T;91,A;115,A/G;
AMPL3507810　33,C/T;53,C/T;74,G;90,C;98,A/G;154,G;
AMPL3507811　30,C/G;97,A/G;104,G/A;
AMPL3507812　6,C/T;53,C/T;83,T/C;90,T/A;109,A/C;113,A/T;154,T/C;155,C;
AMPL3507813　14,T;86,G;127,A;
AMPL3507814　63,G;67,G;70,G;72,A;94,A;119,G;134,C;157,G;
AMPL3507815　9,A;155,A/C;163,A;
AMPL3507816　93,G/A;105,G/C;150,A/G;166,C/T;171,C/T;
AMPL3507817　38,A/G;87,C/G;96,C;102,A;116,T/C;166,C/T;183,T/C;186,G;188,A/G;
AMPL3507818　8,A;37,A;40,T;41,G;49,T/A;55,T/G;56,G/A;57,G/T;100,G/A;104,G/T;
　　　　　　　108,T/C;113,G;118,T;
AMPL3507819　87,A;97,C;139,G;155,T;
AMPL3507821　41,C/G;45,G/A;59,A;91,T/G;141,A/G;144,T/C;
AMPL3507822　1,G;8,A/G;11,T;70,C;94,C;108,G;
AMPL3507823　11,T;110,C;123,G;
AMPL3507824　3,G/A;56,G/A;65,A;68,T;117,T;
AMPL3507826　55,C/T;61,C;74,T;98,T/C;122,A/G;129,G;139,G/A;180,T/C;
AMPL3507827　9,T;48,A;65,G;77,C;95,T;124,T;132,T;135,G;140,G;
AMPL3507828　73,T;107,G/A;109,G/C;143,T/C;159,G/C;
AMPL3507829　6,T;14,T/A;56,A/G;70,A/G;71,T/A;127,A;
AMPL3507831　7,C;16,C;19,C;66,C;75,A;88,T;113,T;130,G;140,C;164,T;
AMPL3507832　23,T;59,A;78,C;116,C/T;
AMPL3507833　26,T;30,G;49,G/A;69,T;75,A;97,A;132,T;
AMPL3507834　126,C;145,A;
AMPL3507835　12,A;38,T;93,T;98,C;99,G;129,A;150,A;
AMPL3507836　8,A;32,T;40,G;44,G;63,T;71,A;113,T;142,A/G;
AMPL3507837　1,A;5,G;6,T;7,C;24,T;30,C;59,C;66,C;67,C;78,A;79,A;80,A;111,T;
　　　　　　　139,G;164,A;
AMPL3507838　3,A;15,A;20,G;23,G;50,A;52,A;59,C;64,C;78,G;
AMPL3507839　59,C/G;114,C/T;151,T/C;

AMPL3507840　77,C/G;

AMPL3507841　13,C;14,G/A;34,G;60,G;99,A/G;

AMPL3507842　13,C;17,C/T;20,A/T;64,C/T;97,A/G;144,C/T;158,A/C;159,G/T;163, T/A;

AMPL3507844　2,T;6,G;26,C;35,C;63,G;65,A;68,T;96,C;97,C;119,T;130,A;137,G; 158,T;

AMPL3507845　57,G/A;161,G/A;

AMPL3507846　5,A/G;21,A;24,G;26,A;94,G/C;112,A/G;127,C/G;128,T/A;149,G;175, T/A;

AMPL3507848　38,A/G;78,C/A;

AMPL3507849　16,C/T;19,A/C;23,C/T;24,G/A;33,G;35,G/A;39,T/G;68,G/C;72,T/G; 74,G/T;97,T;128,G;134,G;142,C/A;144,T/C;157,G/A;

AMPL3507850　2,A;16,C;35,A;39,G;60,C;93,C;110,G;114,C;125,C;128,A;130,C;

AMPL3507851　61,T;91,T;92,G;131,G/A;151,G/A;154,C/A;162,C/G;165,G;166,A/T; 168,G/C;

AMPL3507852　8,A;26,C;33,T;43,A;56,C;62,T;93,C;124,G;

AMPL3507853　2,T;71,G;88,T;149,G;180,C;193,A;

AMPL3507854　34,C/T;36,G;37,T/C;44,G;55,A;70,C/A;84,A;92,A/G;99,T;102,T/G; 110,T/C;112,T/A;114,T/G;126,C/A;139,C/T;153,T/C;158,A/T;164,C/ A;170,C/G;171,G/A;174,A/G;177,G/T;180,C;181,T;187,C;188,G/T;192, T/C;

AMPL3507855　26,C;36,C;90,T;

AMPL3507856　11,A;92,C;102,C;

AMPL3507857　33,G;70,G;82,T;123,C;

AMPL3507858　26,T;45,G;84,C;143,G;152,G;176,C;

AMPL3507860　30,G;97,C/T;101,G/T;128,G/A;176,T/C;

AMPL3507861　28,T/C;43,A/G;69,C/G;93,C;105,G/T;124,T/C;128,T/A;

AMPL3507862　2,A;4,G;63,A;83,C;88,T;106,T;115,C;124,C;154,T;

AMPL3507863　13,A;45,C;69,A;145,A;177,A;

AMPL3507864　17,C/T;95,G;120,T;

AMPL3507865　19,C;21,T;35,A;43,G;56,A/C;57,T/C;75,C;85,G;100,G/C;101,T;116,C/ A;127,C/G;161,C/T;171,G/A;172,T/C;

AMPL3507866　8,T;66,G;74,T;147,C;172,T;

AMPL3507867　21,C/T;27,G;38,T/C;45,T/C;54,C;88,C;93,T/C;112,C/T;122,A/G; 132,G;

AMPL3507868　45,C/T;51,G;108,T/C;166,T/C;186,G;

AMPL3507871　7,C;95,G;115,G;144,T;

AMPL3507872　10,T;52,G;131,T;132,T;

AMPL3507873　13,T;38,T;39,C;54,A;59,G;86,G;

AMPL3507874　2,T;31,A;97,T;99,T;105,G;108,C;122,C;161,A;

AMPL3507875　44,G;45,G;68,G;110,T;125,G;137,A;151,A;184,T;

AMPL3507877　12,T;24,A;27,T;28,A;34,C;39,A;46,T;68,C;70,A;90,G/A;110,G;126,C;

134,A/C；

AMPL3507878 8,T/C；10,G/A；37,G/A；59,G；73,T；77,A/G；78,A/G；90,C/T；91,C；103,A/G；115,C；130,C；

AMPL3507879 50,A；90,C；91,C；116,C；127,G/T；134,C/G；143,C/G；155,T/G；163,T/C；169,A；181,T/C；

AMPL3507880 66,C/T；105,A/C；124,A/G；

AMPL3507883 20,T/C；31,T；68,C；74,G；84,A/C；104,T；142,T；144,G；

AMPL3507885 36,C/G；51,A；54,G/A；65,G/N；66,G/N；71,C/N；78,C/N；110,G/A；112,C/T；115,G/A；124,G/T；131,T/A；135,G/A；146,A/G；

AMPL3507886 41,A；47,T；81,C；91,C；99,A；125,A；

AMPL3507887 2,T；35,C；45,A/G；62,C；65,G；92,A；101,GTG/G；

AMPL3507888 4,T/C；50,G/A；65,A；70,C；79,A/T；82,C/T；94,G/A；100,G/A；107,A/T；133,T；

AMPL3507889 34,T；111,A；154,A；159,G；160,G；

AMPL3507890 19,T/C；26,C/T；33,G/A；60,A/G；139,T/C；

AMPL3507891 29,A/C；61,T；

AMPL3507892 23,A；28,G；55,G；69,G；72,G；122,T；136,A；180,A；181,T；

AMPL3507893 42,A；51,C；77,C/T；140,T；147,C；161,G；177,A；197,G；

AMPL3507894 165,A；182,A；

AMPL3507895 65,A；92,C；141,T；

AMPL3507896 6,C/T；32,C；77,A；85,A；107,C；126,C；135,T；

AMPL3507897 1,A；7,A；9,G；31,T；91,T；104,C；123,G；132,G；

AMPL3507898 133,G/T；152,A/G；

AMPL3507899 1,C/G；29,T/C；39,C/T；55,C；108,G；115,A；125,C/T；140,C；

AMPL3507900 23,A；62,A；63,G；73,T；86,T；161,C；183,G；190,A；

AMPL3507901 68,T；98,A；116,C；

AMPL3507902 38,C；57,A；65,T/C；66,G；92,A；104,C；118,T；176,G；

AMPL3507903 101,A；105,A；121,A；161,C；173,T；

AMPL3507904 3,C；5,C；13,G/A；54,T/C；83,G/T；85,T/C；92,C；104,C；147,A；182,G；

AMPL3507909 2,A；9,G；13,G；15,C；28,G；32,T；34,A；53,C；84,C；97,C；99,C；135,G；148,G；150,T；

AMPL3507911 33,G；34,C；49,C；50,G；71,G；77,C；89,A；92,G；126,G；130,T；133,C；134,A；151,A；173,G；180,A；181,C；185,C；189,C；190,G；196,C；200,C；

AMPL3507912 19,C/T；33,T；38,G；43,C；46,A；71,G/C；73,A；108,A/G；124,A/T；126,G/A；132,A/G；143,C/A；160,T/G；

AMPL3507913 21,T；58,T；90,T；107,G；109,A；111,A；113,A；128,A；134,G；

AMPL3507914 37,C/G；52,G；56,T/C；64,G/T；115,T/C；

AMPL3507915 22,G；31,T/C；39,C/T；51,T/C；52,C/T；59,G/A；66,C/T；87,G/A；99,G；103,T/C；128,C/T；134,C；135,T/A；138,G/A；159,T/G；

AMPL3507916 24,A；31,T；43,T；49,T/G；90,A/G；110,T；132,C；160,G/A；170,T/G；174,A/T；

AMPL3507918 15,A；63,A；72,G；76,T；86,C；87,G；90,A；129,G；

**AMPL3507919**  10，G；22，G；34，T；64，T；74，A；105，G；114，G；133，C；153，T；169，G；184，C；
188，A；

**AMPL3507920**  18，T/A；24，A；32，C/A；67，T；74，C；

**AMPL3507921**  7，C；30，G；38，G；43，A；182，G；

**AMPL3507922**  146，C；

# 早熟 x 紫娘喜 10

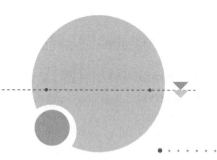

| | |
|---|---|
| AMPL3507571 | 6,G;10,G;18,C;19,C;20,A;30,A;37,T;40,T; |
| AMPL3507806 | 31,A;55,C;136,C;139,T;158,A; |
| AMPL3507807 | 28,A/C;31,C/G;89,C/T;96,G/A;129,A/C; |
| AMPL3507808 | 75,A;114,C;124,T;132,T;134,G;139,G;171,C;172,T; |
| AMPL3507809 | 45,A/G;47,G/C;49,A;65,A/C;76,T/C;81,A/T;91,T/A;115,A; |
| AMPL3507810 | 33,C/T;53,C/T;74,G;90,C;98,A/G;154,G; |
| AMPL3507811 | 30,G/C;97,A;104,G; |
| AMPL3507812 | 6,T;53,T;83,C;90,A;109,C;113,T;154,C;155,C; |
| AMPL3507813 | 14,T;86,A/G;127,G/A; |
| AMPL3507814 | 63,G;67,G;70,G;72,A;94,A;119,G;134,C;157,G; |
| AMPL3507815 | 9,A;155,A/C;163,A; |
| AMPL3507816 | 93,A;105,C;150,G;166,T;171,T; |
| AMPL3507817 | 38,G/A;87,G/C;96,C/A;102,A/G;116,C/T;166,T;183,C/T;186,G/A; 188,G; |
| AMPL3507818 | 8,A;37,A;40,T;41,G;49,T/A;55,T/G;56,G/A;57,G/T;100,G/A;104,G/T; 108,T/C;113,G;118,T; |
| AMPL3507819 | 87,A;97,C;139,G;155,T; |
| AMPL3507821 | 41,G;45,A;59,A;91,G;141,G;144,C; |
| AMPL3507822 | 1,G;8,A;11,T;70,C;94,C;108,G; |
| AMPL3507823 | 11,C;110,A;123,A; |
| AMPL3507824 | 3,G/A;56,G;65,G;68,C;117,C; |
| AMPL3507826 | 55,T/C;61,C/T;74,T/C;98,C;122,G;129,G/A;139,A/G;180,C/T; |
| AMPL3507827 | 9,C;48,A;65,T;77,T;95,T;124,T;132,C;135,A;140,A; |
| AMPL3507828 | 73,T;107,G/A;109,G/C;143,T/C;159,G/C; |
| AMPL3507829 | 6,T;14,T;56,A;70,A;71,T;127,A; |
| AMPL3507831 | 7,C;16,T/C;19,T/C;66,C;75,A;88,T;113,C/T;130,G;140,G/C;164,G/T; |
| AMPL3507832 | 23,T/C;59,A/G;78,C/G;116,C/T; |
| AMPL3507833 | 26,T;30,G;49,G/A;69,T;75,A;97,A;132,T; |
| AMPL3507834 | 126,T/C;145,G/A; |
| AMPL3507835 | 12,G/A;38,G/T;93,A/T;98,G/C;99,T/G;129,C/A;150,T/A; |
| AMPL3507836 | 8,G;32,C;40,T;44,A;63,T;71,G;113,C;142,G; |
| AMPL3507837 | 1,G;5,A;6,C;7,C;24,A;30,T;59,C;66,T;67,C;78,G;79,G;80,A;111,C; 139,A;164,A; |
| AMPL3507838 | 3,G/A;15,G/A;20,G;23,A/G;50,A;52,G/A;59,A/C;64,C;78,T/G; |

AMPL3507839    59,G/C;114,T/C;151,C/T;

AMPL3507840    77,C;

AMPL3507841    13,T;14,G;34,A;60,T;99,G;

AMPL3507842    13,C;17,C;20,A;64,C;97,A;144,C;158,A;159,G;163,T;

AMPL3507844    2,T;6,G;26,C;35,C;63,G;65,A;68,T;96,C;97,C;119,T;130,A;137,G;
158,T;

AMPL3507845    57,A;161,A;

AMPL3507846    5,A;21,A;24,G;26,A;94,G;112,A;127,G;128,A;149,G;175,A;

AMPL3507848    38,A;78,C;

AMPL3507849    16,A/C;19,C/A;23,T;24,A/G;33,G;35,A/G;39,G;68,C/G;72,G/T;74,T/
G;97,T;128,T/G;134,A/G;142,C;144,T;157,A;

AMPL3507851    61,T;91,C/T;92,T/G;131,G/A;151,G/A;154,C/A;162,C/G;165,C/G;166,
A/T;168,G/C;

AMPL3507852    8,A;26,C/G;33,T/G;43,C/A;56,C;62,C/T;93,G/C;124,A/G;

AMPL3507853    2,A/T;71,A/G;88,C/T;149,C/G;180,T/C;193,T/A;

AMPL3507854    34,C/T;36,G/T;37,T/C;44,G/T;55,A;70,C/A;84,A/C;92,A/G;99,T;102,
T;110,T;112,T;114,T;126,C/A;139,C;153,T;158,A;164,C;170,C;171,G;
174,A;177,G;180,C;181,T;187,C/T;188,G;192,T;

AMPL3507855    26,T;36,T;90,C;

AMPL3507856    11,G;92,T;102,T;

AMPL3507857    33,A/G;70,C;82,A;123,T/C;

AMPL3507858    26,T/G;45,G/T;84,T/C;143,G/A;152,G/A;176,C/A;

AMPL3507860    30,G;97,C/T;101,G/T;128,G/A;176,T/C;

AMPL3507861    28,T/C;43,A/G;69,C/G;93,C;105,G/T;124,T/C;128,T/A;

AMPL3507862    2,A;4,G;63,A;83,C;88,T;106,T;115,C;124,C;154,T;

AMPL3507863    13,G;45,G;69,A;145,A;177,A;

AMPL3507864    17,T;95,G;120,T;

AMPL3507865    19,C;21,T;35,A;43,G;56,A;57,T;75,C;85,G;100,G;101,T;116,C;127,C;
161,C;171,G;172,T;

AMPL3507866    8,T;66,G;74,T;147,C;172,T;

AMPL3507867    21,T/C;27,G;38,C/T;45,C/T;54,C;88,C;93,C/T;112,C;122,G/A;132,G;

AMPL3507868    45,C/T;51,G;108,T/C;166,T/C;186,G;

AMPL3507871    7,C;95,G;115,G/T;144,T;

AMPL3507872    10,T;52,G;131,T;132,T;

AMPL3507873    13,T;38,T;39,C;54,A;59,A;86,T;

AMPL3507874    2,T;31,A;97,T;99,T;105,G;108,T;122,C;161,G;

AMPL3507876    96,C;114,G;144,A;178,C;

AMPL3507877    12,G/TAT;24,G;27,T/A;28,G;34,G/C;39,G/A;46,A/T;68,A/C;70,A/G;
90,A;110,G;126,G/C;134,C;

AMPL3507878    8,C;10,A;37,A;59,G;73,T;77,G;78,G;90,T;91,C;103,G;115,C;130,C;

AMPL3507879    50,A;90,C;91,C;116,C;127,T;134,G;143,G;155,G;163,C;169,A;181,C;

AMPL3507880    66,T;105,C;124,G;

AMPL3507881    84,T;122,G;

AMPL3507882    40,G;43,A;61,T;

AMPL3507883    20,T/C;31,T/A;68,C;74,G/A;84,A;104,T/A;142,T/C;144,G/T;

AMPL3507885    36,C/G;51,A;54,G/A;65,G/N;66,G/N;71,C/N;78,C/N;110,G/A;112,C/T;115,G/A;124,G/T;131,T/A;135,G/A;146,A/G;

AMPL3507886    41,G/A;47,C/T;81,G/C;91,T/C;99,G/A;125,A/T;

AMPL3507887    2,T;35,C;45,G;62,C;65,A;92,G;101,C;

AMPL3507888    4,C;50,A;65,G/A;70,A/C;79,A/T;82,C/T;94,G/A;100,G/A;107,G/T;133,C/T;

AMPL3507889    34,T;111,A;154,A;159,G;160,G;

AMPL3507890    19,C;26,T;33,A;60,G;139,C;

AMPL3507891    29,A/C;61,C/T;

AMPL3507892    23,A;28,G;55,G;69,G;72,G;122,T;136,A;180,A;181,T;

AMPL3507893    42,T/A;51,T/C;77,T/C;140,G/T;147,T/C;161,A/G;177,T/A;197,C/G;

AMPL3507894    165,A;182,A;

AMPL3507895    65,A;92,C;141,T/G;

AMPL3507896    6,T;32,C;77,A;85,A;107,C;126,C;135,T;

AMPL3507897    1,A;7,A;9,G;31,T;91,T;104,C;123,G;132,G;

AMPL3507898    133,G/T;152,A/G;

AMPL3507899    1,G;29,C;39,T;55,C;108,T;115,A;125,C;140,A/C;

AMPL3507900    23,A;62,G/A;63,A/G;73,T;86,T;161,C;183,G;190,G/A;

AMPL3507901    68,T;98,A;116,C;

AMPL3507902    38,A/C;57,A;65,C;66,G;92,A;104,C;118,T;176,G;

AMPL3507903    101,A;105,A;121,A;161,C;173,T;

AMPL3507904    3,T/C;5,C;13,G/A;54,C;83,G/T;85,C;92,C;104,C;147,A;182,G;

AMPL3507909    2,A;9,C;13,G/A;15,C;28,G;32,T;34,A;53,T;84,C;97,C;99,C/A;135,G/C;148,G/T;150,T;

AMPL3507910    33,C;105,G;129,A;164,G;

AMPL3507911    33,G;34,T;49,C;50,G;71,A;77,C;89,A;92,G;126,A;130,C;133,C;134,A;151,A;173,T;180,A;181,C;185,T;189,C;190,G;196,C;200,C;

AMPL3507913    21,T;58,T;90,C;107,A;109,T;111,T;113,G;128,A;134,G;

AMPL3507914    37,G;52,G;56,A;64,T;115,C;

AMPL3507915    22,A/G;31,C/T;39,T/C;51,C/T;52,T/C;59,A/G;66,T/C;87,A/G;99,A/G;103,C/T;128,T/C;134,A/C;135,A/T;138,A/G;159,G/T;

AMPL3507916    24,A;31,T;43,T;49,G/T;90,G/A;110,T;132,A/C;160,A/G;170,G/T;174,G/A;

AMPL3507918    15,A/T;63,A;72,G;76,T;86,C;87,G/A;90,A;129,G;

AMPL3507919    10,G;22,G;34,T;64,T;74,A;105,G;114,G;133,C;153,T;169,G;184,C;188,A;

AMPL3507920    18,T/C;24,G/A;32,C;67,A/T;74,C/G;

AMPL3507921    7,C;30,A;38,A;43,G;182,A;

# 早熟 x 紫娘喜 2

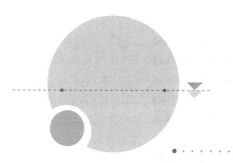

AMPL3507571　6,G;10,G;18,C;19,C;20,A;30,A;37,T;40,T;

AMPL3507806　31,T/A;55,C;136,A/C;139,G/T;158,A;

AMPL3507807　28,C/A;31,G/C;89,T/C;96,A/G;129,C/A;

AMPL3507808　75,A;114,C;124,T;132,T;134,G;139,G;171,C;172,T;

AMPL3507809　45,G;47,C;49,A;65,C;76,C;81,T;91,A;115,A;

AMPL3507810　33,C;53,C;74,G;90,T/C;98,G/A;154,G;

AMPL3507811　30,G;97,A;104,G;

AMPL3507812　6,T;53,T;83,C;90,A;109,C;113,T;154,C;155,C;

AMPL3507813　14,T;86,G;127,A;

AMPL3507814　63,G;67,G;70,G;72,A;94,A;119,G;134,C;157,G;

AMPL3507815　9,A;155,A;163,A;

AMPL3507816　93,G/A;105,G/C;150,A/G;166,C/T;171,C/T;

AMPL3507817　38,A/G;87,C/G;96,C;102,A;116,T/C;166,C/T;183,T/C;186,G;188,A/G;

AMPL3507818　8,A;37,A;40,T;41,G;49,A;55,G;56,A;57,T;100,A;104,T;108,C;113,G;
　　　　　　　118,T;

AMPL3507819　87,A;97,C;139,G;155,T;

AMPL3507821　41,G/C;45,A/G;59,A/T;91,G;141,G/A;144,C;

AMPL3507822　1,G;8,A;11,T/A;70,C;94,C/T;108,G/A;

AMPL3507823　11,T;110,C;123,G;

AMPL3507824　3,G;56,G;65,G;68,C;117,C;

AMPL3507826　55,T/C;61,C/T;74,T/C;98,C;122,G;129,G/A;139,A/G;180,C/T;

AMPL3507827　9,T/C;48,A;65,G/T;77,C/T;95,T;124,T;132,T/C;135,G/A;140,G/A;

AMPL3507828　73,T;107,G/A;109,G/C;143,T/C;159,G/C;

AMPL3507831　7,C;16,T/C;19,C;66,T/C;75,G/A;88,C/T;113,C/T;130,T/G;140,G/C;
　　　　　　　164,T;

AMPL3507832　23,T;59,A;78,C;116,C;

AMPL3507833　26,T;30,G;49,A;69,T;75,A;97,A;132,T;

AMPL3507834　126,T/C;145,G/A;

AMPL3507835　12,A;38,T;93,T;98,C;99,G;129,A;150,A;

AMPL3507836　8,G/A;32,C/T;40,T/G;44,A/G;63,T;71,G/A;113,C/T;142,G/A;

AMPL3507838　3,A;15,A;20,G;23,G;50,A;52,A;59,C;64,C;78,G;

AMPL3507839　59,G;114,T;151,C;

AMPL3507840　77,C/G;

AMPL3507841　13,T;14,G;34,A;60,T;99,G;

AMPL3507842   13,C;17,C;20,A;64,C;97,A;144,C;158,A;159,G;163,T;

AMPL3507845   57,G/A;161,G/A;

AMPL3507846   5,A;21,A;24,G;26,A;94,G;112,A;127,G/C;128,A/T;149,G;175,A/T;

AMPL3507848   38,A;78,C;

AMPL3507849   16,T/A;19,C;23,T;24,A;33,G;35,A;39,G;68,C;72,G;74,T;97,T;128,G/T;134,G/A;142,A/C;144,C/T;157,A;

AMPL3507850   2,A;16,C;35,A;39,G;60,C;93,C;110,G;114,C;125,C;128,A;130,C;

AMPL3507851   61,T;91,T;92,G;131,A;151,A;154,A;162,G;165,G;166,T;168,C;

AMPL3507852   8,A;26,G;33,G;43,A;56,C;62,T;93,C;124,G;

AMPL3507853   2,T/A;71,G/A;88,T/C;149,G/C;180,C/T;193,A/T;

AMPL3507854   34,C/T;36,G;37,T/C;44,G;55,A;70,C/A;84,A;92,A/G;99,T;102,T/G;110,T/C;112,T/A;114,T/G;126,C/A;139,C/T;153,T/C;158,A/T;164,C/A;170,C/G;171,G/A;174,A/G;177,G/T;180,C;181,T;187,C;188,G/T;192,T/C;

AMPL3507855   26,T;36,T;90,C;

AMPL3507856   11,G;92,T;102,T;

AMPL3507857   33,G;70,G/C;82,T/A;123,C;

AMPL3507858   26,T;45,G;84,C/T;143,G;152,G;176,C;

AMPL3507860   30,G;97,T;101,T;128,A;176,C;

AMPL3507861   28,C/T;43,G/A;69,G/C;93,C;105,T/G;124,C/T;128,A/T;

AMPL3507862   2,A/C;4,G;63,A/G;83,C/T;88,T;106,T;115,C;124,C/A;154,T;

AMPL3507863   13,G/A;45,G/C;69,A;145,A;177,A;

AMPL3507864   17,T;95,G;120,T/C;

AMPL3507865   19,C;21,T;35,A;43,G;56,C/A;57,C/T;75,C;85,G;100,C/G;101,T;116,A/C;127,G/C;161,T/C;171,A/G;172,C/T;

AMPL3507866   8,T;66,G;74,T;147,C;172,T;

AMPL3507867   21,C/T;27,G;38,T/C;45,T/C;54,C;88,C;93,T/C;112,C;122,A/G;132,G;

AMPL3507868   45,T;51,A/G;108,T/C;166,T/C;186,A/G;

AMPL3507871   7,C;95,G;115,G;144,T;

AMPL3507872   10,T;52,G;131,T;132,T;

AMPL3507873   13,T/C;38,T;39,C/T;54,A/G;59,A;86,T/G;

AMPL3507874   2,T;31,A;97,T;99,T;105,G;108,T;122,C;161,G;

AMPL3507876   96,C;114,G;144,A;178,C;

AMPL3507877   12,T/TAT;24,A/G;27,T/A;28,A/G;34,C;39,A;46,T;68,C;70,A/G;90,A;110,G;126,C;134,C;

AMPL3507878   8,C;10,A;37,A;59,G;73,T;77,G;78,G;90,T;91,C;103,G;115,C;130,C;

AMPL3507879   50,G/A;90,C;91,C;116,C;127,G/T;134,C/G;143,G;155,G;163,T/C;169,G/A;181,T/C;

AMPL3507880   66,C/T;105,A/C;124,A/G;

AMPL3507881   84,C;122,T;

AMPL3507882   40,G;43,A;61,T;

AMPL3507883   20,T;31,T;68,C/T;74,G;84,A;104,T;142,T;144,G;

AMPL3507885　36,C/G;51,A;54,G/A;65,G/N;66,G/N;71,C/N;78,C/N;110,G/A;112,C/T;115,G/A;124,G/T;131,T/A;135,G/A;146,A/G;

AMPL3507886　41,G;47,C;81,G;91,T;99,G;125,A;

AMPL3507887　2,T;35,C;45,G/A;62,C;65,A/G;92,G/A;101,C/GTG;

AMPL3507888　4,T/C;50,G/A;65,A;70,C;79,A/T;82,C/T;94,G/A;100,G/A;107,A/T;133,T;

AMPL3507889　34,T;111,A;154,A;159,G;160,G;

AMPL3507890　19,T/C;26,C/T;33,G/A;60,A/G;139,T/C;

AMPL3507891　29,A/C;61,T;

AMPL3507892　23,A;28,G;55,G;69,G;72,G;122,T;136,A;180,A;181,T;

AMPL3507893　42,T/A;51,T/C;77,T;140,G/T;147,T/C;161,A/G;177,T/A;197,C/G;

AMPL3507894　165,G/A;182,G/A;

AMPL3507895　65,A;92,C/A;141,G/T;

AMPL3507896　6,T;32,C;77,A;85,A;107,C;126,C;135,T;

AMPL3507898　133,T;152,G;

AMPL3507899　1,G;29,C;39,T;55,C;108,T;115,A;125,C;140,A/C;

AMPL3507900　23,A;62,A;63,G;73,T;86,T;161,C;183,G;190,A;

AMPL3507901　68,T;98,A;116,A/C;

AMPL3507902　38,C;57,A;65,C;66,G;92,A;104,C;118,T;176,G;

AMPL3507903　101,A;105,A;121,A;161,C;173,T;

AMPL3507904　3,T/C;5,C;13,G/A;54,T/C;83,G/T;85,T/C;92,C;104,T/C;147,G/A;182,G;

AMPL3507906　7,T;9,G;30,G;41,A;42,A;48,T;69,G;71,A;78,G;88,A;91,G;108,A;115,G;122,A;126,A;141,A;

AMPL3507909　2,A;9,C;13,A;15,C;28,G;32,T;34,A;53,T;84,C;97,C;99,A;135,C;148,T;150,T;

AMPL3507910　33,T;105,A;129,C;164,A;

AMPL3507911　33,G;34,C;49,C;50,G;71,G;77,C;89,A;92,G;126,G;130,T;133,C;134,A;151,A;173,G;180,A;181,C;185,C;189,C;190,G;196,C;200,C;

AMPL3507912　19,T;33,T/A;38,A;43,T;46,G/A;71,C;73,A/T;108,A;124,T;126,G;132,A;143,C;160,T;

AMPL3507913　21,T;58,T;90,T;107,A;109,A;111,A;113,A;128,A;134,G;

AMPL3507914　37,G/C;52,G;56,A/T;64,T/G;115,C/T;

AMPL3507915　22,G/A;31,T/C;39,C/T;51,T/C;52,C/T;59,G/A;66,C/T;87,G/A;99,G/A;103,T/C;128,C/T;134,C/A;135,T/A;138,G/A;159,T/G;

AMPL3507916　24,A/G;31,T/C;43,T/C;49,G/T;90,G/A;110,T/A;132,A/C;160,A;170,G;174,G/A;

AMPL3507918　15,A/T;63,A;72,G;76,T;86,C;87,G/A;90,A;129,G;

AMPL3507919　10,G;22,G/T;34,T/C;64,T/G;74,A/G;105,G/A;114,G/A;133,C/T;153,T/G;169,G;184,C/T;188,A/T;

AMPL3507920　18,C/A;24,A;32,C/A;67,T;74,G/C;

AMPL3507921　7,C;30,A/G;38,A/G;43,G/A;182,A/G;

AMPL3507922　146,C;

# 早熟 x 紫娘喜 20

AMPL3507571    6,G/T;10,G/T;18,C;19,C/T;20,A/G;30,A/G;37,T/A;40,T;
AMPL3507806    31,T/A;55,A/C;136,C;139,T;158,G/A;
AMPL3507807    28,A;31,C;89,C/T;96,G/A;129,A/C;
AMPL3507808    75,A;114,C/T;124,T;132,T/C;134,G/C;139,G/C;171,C/G;172,T;
AMPL3507809    45,G;47,C;49,A;65,C;76,C;81,T;91,A;115,A/G;
AMPL3507810    33,C;53,C;74,G;90,T/C;98,G/A;154,G;
AMPL3507811    30,G;97,A;104,G;
AMPL3507812    6,T;53,T;83,C;90,A;109,C;113,T;154,C;155,C;
AMPL3507813    14,T;86,G;127,A;
AMPL3507814    63,A/G;67,G;70,T/G;72,A;94,A;119,G;134,C;157,G;
AMPL3507815    9,A;155,A;163,A;
AMPL3507816    93,A;105,C;150,G;166,T;171,T;
AMPL3507817    38,G;87,G;96,C;102,A;116,C;166,T;183,C;186,G;188,G;
AMPL3507818    8,G/A;37,A;40,T;41,A/G;49,T/A;55,T/G;56,A;57,G/T;100,A;104,T;
               108,C;113,G;118,T;
AMPL3507819    87,A;97,C;139,G;155,T;
AMPL3507821    41,C/G;45,G/A;59,A;91,T/G;141,A/G;144,T/C;
AMPL3507822    1,G;8,A;11,A;70,C;94,T/C;108,A;
AMPL3507823    11,C/T;110,A/C;123,A/G;
AMPL3507824    3,G/A;56,G;65,G;68,C;117,C;
AMPL3507826    55,T/C;61,C/T;74,T/C;98,C;122,G;129,G/A;139,A/G;180,C/T;
AMPL3507827    9,C;48,G/A;65,T;77,T;95,G/T;124,C/T;132,C;135,A;140,A;
AMPL3507828    73,T;107,A;109,C/G;143,C/T;159,C/G;
AMPL3507831    7,C;16,T;19,C;66,T;75,G;88,C;113,C;130,T;140,G;164,T;
AMPL3507832    23,T;59,A;78,C;116,C;
AMPL3507833    26,T/A;30,G/T;49,A/G;69,T/G;75,A;97,A/C;132,T/A;
AMPL3507834    126,T/C;145,G/A;
AMPL3507836    8,A;32,T;40,G;44,G;63,T;71,A;113,T;142,A;
AMPL3507837    1,A;5,G;6,T;7,C;24,T;30,C;59,C;66,C;67,C;78,A;79,A;80,A;111,T;
               139,G;164,A;
AMPL3507838    3,A/G;15,A/G;20,G/A;23,G/A;50,A;52,A/G;59,C/A;64,C;78,G/T;
AMPL3507839    59,C/G;114,C/T;151,T/C;
AMPL3507840    77,C/G;
AMPL3507841    13,T;14,G;34,A;60,T;99,G;

AMPL3507842　13,C;17,C;20,A;64,C;97,A;144,C;158,A;159,G;163,T;

AMPL3507844　2,C;6,C;26,CAATG;35,C;63,G;65,G;68,G;96,T;97,T;119,C;130,T;137, G;158,C;

AMPL3507845　57,A;161,A;

AMPL3507846　5,A;21,A;24,G;26,A;94,G;112,A;127,C;128,T;149,G;175,T;

AMPL3507848　38,A;78,C;

AMPL3507849　16,A/T;19,C;23,T;24,A;33,G;35,A;39,G;68,C;72,G;74,T;97,T;128,T/ G;134,A/G;142,C/A;144,T/C;157,A;

AMPL3507850　2,A;16,C;35,A;39,G;60,C;93,C;110,G;114,C;125,C;128,A;130,C;

AMPL3507851　61,T;91,T;92,G;131,A;151,A;154,A;162,G;165,G;166,T;168,C;

AMPL3507852　8,A;26,C/G;33,T/G;43,A;56,C;62,T;93,C;124,G;

AMPL3507853　2,T;71,G;88,T;149,G;180,C;193,A;

AMPL3507854　34,T;36,G;37,C;44,G;55,A/T;70,A;84,A;92,G/A;99,T;102,G/T;110,C/ T;112,A/T;114,G/T;126,A;139,T;153,C/T;158,T;164,A;170,G/C;171,A/ G;174,G/A;177,T/G;180,C;181,T;187,C;188,T/G;192,C/T;

AMPL3507855　26,C/T;36,C/T;90,T/C;

AMPL3507856　11,A/G;92,C/T;102,C/T;

AMPL3507857　33,A/G;70,C;82,A;123,T/C;

AMPL3507858　26,T;45,G;84,C;143,G;152,G;176,C;

AMPL3507860　30,G;97,T;101,T;128,A;176,C;

AMPL3507861　28,T/C;43,A/G;69,C/G;93,C;105,G/T;124,T/C;128,T/A;

AMPL3507862　2,A;4,G;63,G/A;83,C;88,C/T;106,T;115,T/C;124,A/C;154,T;

AMPL3507863　13,G/A;45,G/C;69,A/G;145,A/T;177,A/G;

AMPL3507864　17,T;95,G;120,T;

AMPL3507865　19,T/C;21,A/T;35,A;43,A/G;56,A/C;57,C;75,T/C;85,C/G;100,G/C;101, C/T;116,C/A;127,C/G;161,T;171,A;172,T/C;

AMPL3507866　8,T;66,G/C;74,T/C;147,C/A;172,T;

AMPL3507867　21,C;27,G;38,T;45,T;54,C;88,C;93,T;112,C;122,A;132,G;

AMPL3507868　45,T;51,G;108,C;166,C;186,G;

AMPL3507871　7,C/T;95,G/C;115,G/T;144,T/C;

AMPL3507872　10,C/T;52,G;131,T;132,C/T;

AMPL3507873　13,T;38,T/C;39,C;54,A;59,A;86,T;

AMPL3507874　2,T;31,A;97,T;99,T;105,G;108,T;122,C;161,G;

AMPL3507876　96,C;114,G/C;144,A/G;178,C;

AMPL3507877　12,T;24,A;27,T;28,A;34,C;39,A;46,T;68,C;70,A;90,A;110,G;126,C; 134,C;

AMPL3507878　8,C;10,A;37,A;59,G;73,T;77,G;78,G;90,T;91,C;103,G;115,C;130,C;

AMPL3507879　50,A/G;90,C;91,C;116,C;127,T/G;134,G/C;143,G;155,G;163,C/T;169, A/G;181,C/T;

AMPL3507880　66,T/C;105,C/A;124,G/A;

AMPL3507881　84,T;122,G;

AMPL3507882　40,G;43,A;61,T;

AMPL3507883    20,T;31,T;68,C/T;74,G;84,A;104,T;142,T;144,G;

AMPL3507885    36,C/G;51,A;54,G/A;65,G/N;66,G/N;71,C/N;78,C/N;110,G/A;112,C/T;115,G/A;124,G/T;131,T/A;135,G/A;146,A/G;

AMPL3507886    41,G;47,C;81,G;91,T;99,G;125,A;

AMPL3507887    2,T;35,C;45,A;62,C;65,G;92,A;101,GTG;

AMPL3507888    4,C/T;50,A/G;65,A;70,C;79,T/A;82,T/C;94,A/G;100,A/G;107,T/A;133,T;

AMPL3507889    34,T;111,A;154,A;159,G;160,G;

AMPL3507890    19,C;26,T;33,A;60,G;139,C;

AMPL3507891    29,C;61,T;

AMPL3507892    23,A;28,G;55,G;69,G;72,G;122,T;136,A;180,A;181,T;

AMPL3507893    42,T;51,T;77,T;140,G;147,T;161,A;177,T;197,C;

AMPL3507894    165,A;182,A;

AMPL3507895    65,A;92,C;141,T/G;

AMPL3507896    6,T;32,C;77,T/A;85,T/A;107,C;126,G/C;135,T;

AMPL3507897    1,C;7,G;9,C;31,C;91,C;104,T;123,A;132,T;

AMPL3507898    133,T;152,G;

AMPL3507899    1,G;29,C;39,T;55,C;108,T/G;115,A;125,C/T;140,A/C;

AMPL3507900    23,A;62,A;63,G;73,T;86,T;161,C;183,G;190,A;

AMPL3507901    68,T;98,A;116,C;

AMPL3507902    38,C/A;57,A;65,C;66,G;92,A;104,C;118,T;176,G;

AMPL3507903    101,A;105,A;121,A;161,C;173,T;

AMPL3507904    3,T;5,C;13,G;54,T/C;83,G;85,T/C;92,C;104,T/C;147,G/A;182,G;

AMPL3507909    2,A;9,C;13,A;15,C;28,G;32,T;34,A;53,T;84,C;97,C;99,A;135,C;148,T;150,T;

AMPL3507910    33,C;105,G;129,A;164,G;

AMPL3507911    33,G;34,C;49,C;50,G;71,G;77,C;89,A;92,G;126,G;130,C;133,C;134,A;151,A;173,G;180,A;181,T;185,C;189,C;190,G;196,C;200,C;

AMPL3507912    19,T;33,A;38,A;43,T;46,A;71,C;73,T;108,A;124,T;126,G;132,A;143,C;160,T;

AMPL3507913    21,T;58,T;90,T;107,A/G;109,A;111,A;113,A;128,A;134,G;

AMPL3507914    37,C;52,G;56,T;64,G;115,T;

AMPL3507915    22,G;31,T;39,C;51,T;52,C;59,G;66,C;87,G;99,G;103,T;128,C;134,C;135,T;138,G;159,T;

AMPL3507916    24,G/A;31,C/T;43,C/T;49,T/G;90,A/G;110,A/T;132,C;160,A;170,G;174,A/T;

AMPL3507918    15,T;63,A;72,G;76,T;86,C;87,A;90,A;129,G;

AMPL3507919    10,G;22,T/G;34,C/T;64,G/T;74,G/A;105,A/G;114,A/G;133,T/C;153,G/T;169,G;184,T/C;188,T/A;

AMPL3507920    18,A/C;24,A;32,A/C;67,T;74,C/G;

AMPL3507921    7,C;30,A/G;38,A/G;43,G/A;182,A/G;

# 早熟 x 紫娘喜 4

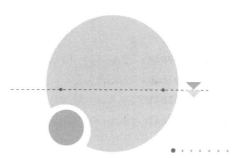

AMPL3507571 6,G;10,G;18,C;19,C;20,A;30,A;37,T;40,T;
AMPL3507806 31,T/A;55,C;136,A/C;139,G/T;158,A;
AMPL3507807 28,A;31,C;89,C;96,G;129,A;
AMPL3507808 75,A;114,C;124,T;132,T;134,G;139,G;171,C;172,T;
AMPL3507809 45,G;47,C;49,A;65,C;76,C;81,T;91,A;115,A;
AMPL3507810 33,C;53,C;74,G;90,C/T;98,A/G;154,G;
AMPL3507811 30,G;97,A;104,G;
AMPL3507812 6,T;53,T;83,C;90,A;109,C;113,T;154,C;155,C;
AMPL3507813 14,T;86,G/A;127,A/G;
AMPL3507814 63,G;67,G;70,G;72,A;94,A;119,G/A;134,C;157,G;
AMPL3507815 9,A;155,A/C;163,A;
AMPL3507816 93,G;105,G;150,A;166,C;171,C;
AMPL3507817 38,A;87,C;96,C;102,A;116,T;166,C;183,T;186,G;188,A;
AMPL3507818 8,A;37,A;40,T;41,G;49,A;55,G;56,A;57,T;100,A;104,T;108,C;113,G;
118,T;
AMPL3507819 87,A;97,C;139,G;155,T;
AMPL3507821 41,C;45,G;59,T/A;91,G;141,A;144,C;
AMPL3507822 1,G;8,A;11,T;70,C;94,C;108,G;
AMPL3507823 11,T;110,C;123,G;
AMPL3507824 3,G;56,G;65,G/A;68,C/T;117,C/T;
AMPL3507826 55,C;61,T;74,C;98,C;122,G;129,A;139,G;180,T;
AMPL3507827 9,C;48,A;65,T;77,T;95,T;124,T;132,C;135,A;140,A;
AMPL3507828 73,T;107,G;109,G;143,T;159,G;
AMPL3507829 6,T;14,T/A;56,A/G;70,A/G;71,T/A;127,A;
AMPL3507831 7,C;16,C;19,C;66,C;75,A;88,T;113,T;130,G;140,C;164,T;
AMPL3507832 23,T;59,A;78,C;116,T/C;
AMPL3507833 26,T;30,T;49,G;69,G;75,G;97,C;132,A;
AMPL3507834 126,C;145,A;
AMPL3507835 12,A;38,T;93,T;98,C;99,G;129,A;150,A;
AMPL3507836 8,A;32,T;40,G;44,G;63,T;71,A;113,T;142,A;
AMPL3507837 1,A;5,G;6,T;7,C;24,T;30,C;59,C;66,C;67,C;78,A;79,A;80,A;111,T;
139,G;164,A;

AMPL3507838　3,A/G;15,A/G;20,G/A;23,G/A;50,A;52,A/G;59,C/A;64,C;78,G/T;

AMPL3507839　59,G;114,T;151,C;

AMPL3507840　77,G;

AMPL3507841　13,T;14,G;34,A;60,T;99,G;

AMPL3507842　13,C;17,T/C;20,T/A;64,T/C;97,G/A;144,T/C;158,C/A;159,T/G;163, A/T;

AMPL3507844　2,C;6,C;26,CAATG;35,C;63,G;65,G;68,G;96,T;97,T;119,C;130,T;137, G;158,C;

AMPL3507845　57,G/A;161,G/A;

AMPL3507846　5,A/G;21,A;24,G;26,A;94,G/C;112,A/G;127,C/G;128,T/A;149,G;175, T/A;

AMPL3507848　38,A;78,C;

AMPL3507849　16,T/A;19,C;23,T;24,A;33,G;35,A;39,G;68,C;72,G;74,T;97,T;128,G/ T;134,G/A;142,A/C;144,C/T;157,A;

AMPL3507850　2,A;16,C;35,A;39,G;60,C;93,C;110,G;114,C;125,C;128,A;130,C;

AMPL3507851　61,T;91,T;92,G;131,A;151,A;154,A;162,G;165,G;166,T;168,C;

AMPL3507852　8,A;26,C/G;33,T/G;43,A;56,C;62,T;93,C;124,G;

AMPL3507853　2,A;71,A;88,C;149,C;180,T;193,T;

AMPL3507854　34,C/T;36,G;37,T/C;44,G;55,A;70,C/A;84,A;92,A/G;99,T;102,T/G; 110,T/C;112,T/A;114,T/G;126,C/A;139,C/T;153,T/C;158,A/T;164,C/ A;170,C/G;171,G/A;174,A/G;177,G/T;180,C;181,T;187,C;188,G/T;192, T/C;

AMPL3507855　26,T;36,T;90,C;

AMPL3507856　11,G;92,T;102,T;

AMPL3507857　33,G;70,G;82,T;123,C;

AMPL3507858　26,T;45,G;84,C;143,G;152,G;176,C;

AMPL3507860　30,G;97,T;101,T;128,A;176,C;

AMPL3507861　28,C;43,G;69,G;93,C;105,T;124,C;128,A;

AMPL3507862　2,C/A;4,G;63,G/A;83,T/C;88,T;106,T;115,C;124,A/C;154,T;

AMPL3507863　13,A;45,C;69,A;145,A;177,A;

AMPL3507864　17,T;95,G;120,T;

AMPL3507865　19,C;21,T;35,A;43,G;56,A;57,T;75,C;85,G;100,G;101,T;116,C;127,C; 161,C;171,G;172,T;

AMPL3507867　21,C;27,G;38,T;45,T;54,C;88,C;93,T;112,C;122,A;132,G;

AMPL3507868　45,T;51,A/G;108,T/C;166,T/C;186,A/G;

AMPL3507871　7,C;95,G;115,G;144,T;

AMPL3507872　10,T;52,G;131,T;132,T;

AMPL3507873　13,C;38,T;39,T;54,G;59,A;86,G;

AMPL3507874　2,T;31,A;97,T;99,T;105,G;108,T;122,C;161,G;

AMPL3507876　96,C;114,G;144,A;178,C;

AMPL3507877　12,T;24,A;27,T;28,A;34,C;39,A;46,T;68,C;70,A;90,G/A;110,G;126,C;

134,A/C;

| | |
|---|---|
| AMPL3507878 | 8,T/C;10,G/A;37,G/A;59,G;73,T;77,A/G;78,A/G;90,C/T;91,C;103,A/G;115,C;130,C; |
| AMPL3507879 | 50,A;90,C;91,C;116,C;127,T;134,G;143,G;155,G;163,C;169,A;181,C; |
| AMPL3507880 | 66,T;105,C;124,G; |
| AMPL3507881 | 84,C;122,T; |
| AMPL3507882 | 40,A/G;43,T/A;61,C/T; |
| AMPL3507883 | 20,T;31,T;68,C;74,G;84,A;104,T;142,T;144,G; |
| AMPL3507885 | 36,C/G;51,A;54,G/A;65,G/N;66,G/N;71,C/N;78,C/N;110,G/A;112,C/T;115,G/A;124,G/T;131,T/A;135,G/A;146,A/G; |
| AMPL3507886 | 41,G/A;47,C/T;81,G/C;91,T/C;99,G/A;125,A; |
| AMPL3507887 | 2,T;35,C;45,G;62,C;65,A/G;92,G/A;101,C/G; |
| AMPL3507888 | 4,T;50,G;65,A;70,C;79,A;82,C;94,G;100,G;107,A;133,T; |
| AMPL3507889 | 34,T;111,A;154,A;159,A;160,T; |
| AMPL3507890 | 19,C;26,T;33,A;60,G;139,C; |
| AMPL3507891 | 29,A;61,T; |
| AMPL3507892 | 23,G;28,G;55,G;69,G;72,G;122,C;136,G;180,G;181,A; |
| AMPL3507893 | 42,T;51,T;77,T;140,G;147,T;161,A;177,T;197,C; |
| AMPL3507894 | 165,A;182,A; |
| AMPL3507895 | 65,A;92,C/A;141,T; |
| AMPL3507896 | 6,T;32,C;77,A;85,A;107,C;126,C;135,T; |
| AMPL3507897 | 1,A;7,A;9,G;31,T;91,T;104,C;123,G;132,G; |
| AMPL3507898 | 133,T;152,G; |
| AMPL3507899 | 1,G;29,C;39,T;55,C;108,T;115,A;125,C;140,A/C; |
| AMPL3507900 | 23,A;62,A;63,G;73,T;86,T;161,C;183,G;190,A; |
| AMPL3507901 | 68,T;98,A;116,C; |
| AMPL3507902 | 38,C;57,A;65,C;66,G;92,A;104,C;118,T;176,G; |
| AMPL3507903 | 101,A;105,A;121,A;161,C;173,T; |
| AMPL3507904 | 3,T/C;5,C;13,G;54,T;83,G;85,T;92,C;104,T/C;147,G/A;182,G; |
| AMPL3507906 | 7,T;9,G;30,G;41,A;42,A;48,T;69,G;71,A;78,G;88,A;91,G;108,A;115,G;122,A;126,A;141,A; |
| AMPL3507909 | 2,A;9,C;13,A;15,C;28,G;32,T;34,A;53,T;84,C;97,C;99,A;135,C;148,T;150,T; |
| AMPL3507911 | 33,G;34,C;49,C;50,G;71,G;77,C;89,A;92,G;126,G;130,T;133,C;134,A;151,A;173,G;180,A;181,C;185,C;189,C;190,G;196,C;200,C; |
| AMPL3507912 | 19,T;33,T;38,A/G;43,T/C;46,G/A;71,C;73,A;108,A/G;124,T;126,G/A;132,A/G;143,C/A;160,T/G; |
| AMPL3507913 | 21,T;58,T;90,T/C;107,A;109,A/T;111,A/T;113,A/G;128,A/G;134,G/A; |
| AMPL3507914 | 37,C/G;52,G;56,T/A;64,G/T;115,T/C; |
| AMPL3507915 | 22,A/G;31,C;39,T;51,C;52,T;59,A;66,T;87,A;99,A/G;103,C;128,T;134,A/C;135,A;138,A;159,G; |

**AMPL3507916**  24,G/A;31,C/T;43,C/T;49,T;90,A;110,A/T;132,C;160,A/G;170,G/T; 174,A;

**AMPL3507918**  15,T;63,A;72,G;76,T;86,C;87,A;90,A;129,G;

**AMPL3507919**  10,A/G;22,T;34,C;64,G;74,G;105,A;114,A;133,T;153,G;169,G;184,T; 188,T;

**AMPL3507920**  18,A/T;24,A;32,A/C;67,T;74,C;

# 早熟 x 紫娘喜 7

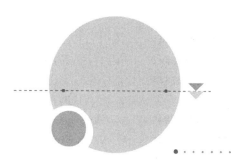

AMPL3507571    6,T/G;10,T/G;18,C;19,T/C;20,G/A;30,G/A;37,A/T;40,T;
AMPL3507806    31,T;55,C;136,A/C;139,G/T;158,A;
AMPL3507807    28,A;31,C;89,C;96,G;129,A;
AMPL3507808    75,A;114,C;124,T;132,T;134,G;139,G;171,C;172,T;
AMPL3507809    45,G;47,C;49,C/A;65,A/C;76,C;81,T;91,A;115,A;
AMPL3507810    33,C;53,C;74,G;90,T;98,G;154,G;
AMPL3507811    30,G/C;97,A;104,G;
AMPL3507812    6,T/C;53,T/C;83,C/T;90,A/T;109,C/A;113,T/A;154,C/T;155,A/C;
AMPL3507813    14,T;86,A/G;127,G/A;
AMPL3507814    63,A/G;67,G;70,T/G;72,A;94,A;119,G/A;134,C;157,G;
AMPL3507815    9,A;155,C/A;163,A;
AMPL3507816    93,A/G;105,C/G;150,G/A;166,T/C;171,T/C;
AMPL3507817    38,A/G;87,C/G;96,C;102,A;116,T/C;166,C/T;183,T/C;186,G;188,A/G;
AMPL3507818    8,A;37,A;40,T;41,G;49,T/A;55,T/G;56,G/A;57,G/T;100,G/A;104,G/T;
               108,T/C;113,G;118,T;
AMPL3507819    87,A/G;97,C;139,G/A;155,T/C;
AMPL3507821    41,C/G;45,G/A;59,A;91,G;141,A/G;144,C;
AMPL3507822    1,G;8,A;11,T/A;70,C;94,C;108,G/A;
AMPL3507823    11,C;110,A;123,A;
AMPL3507824    3,G/A;56,G;65,A/G;68,T/C;117,T/C;
AMPL3507826    55,T/C;61,C/T;74,T/C;98,C;122,G;129,G/A;139,A/G;180,C/T;
AMPL3507827    9,T/C;48,A;65,G/T;77,C/T;95,T;124,T;132,T/C;135,G/A;140,G/A;
AMPL3507828    73,T;107,G;109,G;143,T;159,G;
AMPL3507831    7,C;16,C;19,C;66,C;75,A;88,T;113,T;130,G;140,C;164,T;
AMPL3507832    23,T;59,A;78,C;116,T;
AMPL3507833    26,T;30,G/T;49,G;69,T/G;75,A/G;97,A/C;132,T/A;
AMPL3507834    126,C/T;145,A/G;
AMPL3507835    12,G/A;38,G/T;93,A/T;98,G/C;99,T/G;129,C/A;150,T/A;
AMPL3507836    8,G/A;32,C/T;40,T/G;44,A/G;63,T;71,G/A;113,C/T;142,G/A;
AMPL3507837    1,A;5,G;6,T;7,C;24,T;30,C;59,C;66,C;67,C;78,A;79,A;80,A;111,T;
               139,G;164,A;
AMPL3507838    3,A;15,A;20,G;23,G;50,A/G;52,A;59,C;64,C;78,G;
AMPL3507839    59,G/C;114,T/C;151,C/T;
AMPL3507840    77,G;

AMPL3507841   13,C/T;14,A/G;34,G/A;60,G/T;99,G;

AMPL3507842   13,C;17,T;20,T;64,C/T;97,A/G;144,C/T;158,A/C;159,G/T;163,T/A;

AMPL3507844   2,T/C;6,G/C;26,C/CAATG;35,C;63,G;65,A/G;68,T/G;96,C/T;97,C/T;
119,T/C;130,A/T;137,G;158,T/C;

AMPL3507845   57,G/A;161,G/A;

AMPL3507846   5,G/A;21,A;24,G;26,A;94,C/G;112,G/A;127,G;128,A;149,G;175,A;

AMPL3507848   38,A;78,C;

AMPL3507849   16,T/C;19,C/A;23,T;24,A/G;33,G/A;35,A/G;39,G;68,C;72,G;74,T;97,
T/C;128,G;134,G;142,A/C;144,C/T;157,A;

AMPL3507850   2,A;16,C;35,A;39,G;60,C;93,C;110,G;114,C;125,C;128,A;130,C;

AMPL3507851   61,T;91,T;92,G;131,A;151,A;154,A;162,G;165,G;166,T;168,C;

AMPL3507852   8,A;26,C/G;33,T/G;43,A;56,C;62,T;93,C;124,G;

AMPL3507853   2,A/T;71,A/G;88,C/T;149,C/G;180,T/C;193,T/A;

AMPL3507854   34,C/T;36,G;37,T/C;44,G;55,A;70,C/A;84,A;92,A/G;99,T;102,T/G;
110,T/C;112,T/A;114,T/G;126,C/A;139,C/T;153,T/C;158,A/T;164,C/
A;170,C/G;171,G/A;174,A/G;177,G/T;180,C;181,T;187,C;188,G/T;192,
T/C;

AMPL3507855   26,C/T;36,C/T;90,T/C;

AMPL3507856   11,A/G;92,C/T;102,C/T;

AMPL3507857   33,A/G;70,C/G;82,A/T;123,T/C;

AMPL3507858   26,T/G;45,G/T;84,C;143,G/A;152,G/A;176,C/A;

AMPL3507860   30,G;97,C/T;101,G/T;128,G/A;176,T/C;

AMPL3507861   28,C;43,G;69,G;93,C;105,T;124,C;128,A;

AMPL3507862   2,A;4,G/C;63,A/G;83,C;88,T/C;106,T/C;115,C;124,C/A;154,T/C;

AMPL3507863   13,A;45,C;69,A/G;145,A/T;177,A/G;

AMPL3507864   17,C/T;95,G;120,T/C;

AMPL3507865   19,C;21,T;35,A;43,G;56,C/A;57,C/T;75,C;85,G;100,C/G;101,T;116,A/
C;127,G/C;161,T/C;171,A/G;172,C/T;

AMPL3507866   8,T;66,G;74,T;147,C;172,T;

AMPL3507867   21,C;27,G;38,T;45,T;54,C;88,C;93,T;112,C;122,A;132,G;

AMPL3507868   45,C/T;51,G;108,T/C;166,T/C;186,G;

AMPL3507871   7,C;95,G;115,G;144,T;

AMPL3507872   10,T;52,G;131,T;132,T;

AMPL3507873   13,T;38,T;39,C;54,A;59,G;86,G;

AMPL3507874   2,T;31,A;97,T;99,T;105,G;108,C;122,C;161,A;

AMPL3507875   44,G;45,G;68,G;110,T;125,G;137,A;151,A;184,T;

AMPL3507877   12,T;24,A;27,T;28,A;34,C;39,A;46,T;68,C;70,A;90,G;110,G;126,C;
134,A;

AMPL3507878   8,T;10,G;37,G;59,G;73,T;77,A;78,A;90,C;91,C;103,A;115,C;130,C;

AMPL3507879   50,A;90,C;91,C;116,C;127,T/G;134,G/C;143,G/C;155,G/T;163,C/T;169,
A;181,C/T;

AMPL3507880   66,T;105,C;124,G;

AMPL3507881    84,T;122,G;

AMPL3507882    40,A/G;43,T/A;61,C/T;

AMPL3507883    20,T;31,T;68,C/T;74,G;84,A;104,T;142,T;144,G;

AMPL3507885    36,C/G;51,A;54,G/A;65,G/N;66,G/N;71,C/N;78,C/N;110,G/A;112,C/T;115,G/A;124,G/T;131,T/A;135,G/A;146,A/G;

AMPL3507886    41,A;47,T;81,C;91,C;99,A;125,A/T;

AMPL3507887    2,T;35,C;45,G;62,C;65,A/G;92,G/A;101,C/G;

AMPL3507888    4,T;50,G;65,A;70,C;79,A;82,C;94,G;100,G;107,A;133,T;

AMPL3507889    34,T;111,A;154,A;159,G;160,G;

AMPL3507890    19,C;26,T;33,A;60,G;139,C;

AMPL3507891    29,A;61,C/T;

AMPL3507892    23,G/A;28,G/A;55,G/A;69,G/A;72,G/A;122,C/T;136,G;180,G;181,A;

AMPL3507893    42,T/A;51,T/C;77,T;140,G/T;147,T/C;161,A/G;177,T/A;197,C/G;

AMPL3507894    165,A/G;182,A/G;

AMPL3507895    65,A;92,C;141,T;

AMPL3507896    6,C/T;32,C;77,A/T;85,A/T;107,C;126,C/G;135,T;

AMPL3507897    1,A;7,A;9,G;31,T;91,T;104,C;123,G;132,G;

AMPL3507898    133,G/T;152,A/G;

AMPL3507899    1,G;29,C;39,T;55,C;108,G/T;115,A;125,T/C;140,C;

AMPL3507900    23,G/A;62,G/A;63,A/G;73,T;86,C/T;161,T/C;183,A/G;190,G/A;

AMPL3507901    68,T/C;98,A/G;116,C/A;

AMPL3507902    38,A/C;57,A;65,C/T;66,G;92,A;104,C;118,T;176,G;

AMPL3507903    101,A;105,A;121,A;161,C;173,T;

AMPL3507904    3,T/C;5,C;13,G/A;54,C;83,G/T;85,C;92,C;104,C;147,A;182,G;

AMPL3507909    2,A;9,G/C;13,G/A;15,C;28,G;32,T;34,A;53,C/T;84,C;97,C;99,C/A;135,G/C;148,G/T;150,T;

AMPL3507912    19,T;33,T;38,A/G;43,T/C;46,A;71,C;73,T/A;108,A/G;124,T;126,G/A;132,A/G;143,C/A;160,T/G;

AMPL3507913    21,A/T;58,C/T;90,C/T;107,A/G;109,T/A;111,T/A;113,G/A;128,A;134,G;

AMPL3507914    37,C;52,G;56,T;64,G;115,T;

AMPL3507915    22,G;31,T/C;39,C/T;51,T/C;52,C/T;59,G/A;66,C/T;87,G/A;99,G;103,T/C;128,C/T;134,C;135,T/A;138,G/A;159,T/G;

AMPL3507916    24,A/G;31,T/C;43,T/C;49,T;90,A;110,T/A;132,C;160,G/A;170,T/G;174,A;

AMPL3507918    15,A;63,A;72,G;76,T;86,C;87,G;90,A;129,G;

AMPL3507919    10,G;22,G;34,T;64,T;74,A;105,G;114,G;133,C;153,T;169,G;184,C;188,A;

AMPL3507920    18,A/T;24,A;32,A/C;67,T;74,C;

AMPL3507921    7,C;30,G;38,G;43,A;182,G;

AMPL3507922    146,C;

# 早熟 x 紫娘喜 9

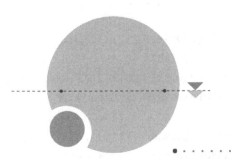

AMPL3507571    6,G;10,G;18,C;19,C;20,A;30,A;37,T;40,T;
AMPL3507806    31,A/T;55,C;136,C/A;139,T/G;158,A;
AMPL3507807    28,A;31,C;89,C;96,G;129,A;
AMPL3507808    75,A;114,C;124,T;132,T;134,G;139,G;171,C;172,T;
AMPL3507809    45,G;47,C;49,A;65,C;76,C;81,T;91,A;115,A;
AMPL3507810    33,C;53,C;74,G;90,C/T;98,A/G;154,G;
AMPL3507811    30,G;97,A;104,G;
AMPL3507812    6,T;53,T;83,C;90,A;109,C;113,T;154,C;155,A;
AMPL3507813    14,T;86,G;127,A;
AMPL3507814    63,G;67,G;70,G;72,A;94,A;119,G;134,C;157,G;
AMPL3507815    9,T/A;155,C/A;163,A;
AMPL3507816    93,A;105,C;150,G;166,T;171,T;
AMPL3507817    38,G;87,G;96,C;102,A;116,C;166,T;183,C;186,G;188,G;
AMPL3507818    8,A;37,A;40,T;41,G;49,A/T;55,G/T;56,A/G;57,T/G;100,A/G;104,T/G;
               108,C/T;113,G;118,T;
AMPL3507819    87,A;97,C;139,G;155,T;
AMPL3507821    41,C;45,G;59,A/T;91,T/G;141,A;144,T/C;
AMPL3507822    1,G;8,A;11,T;70,C;94,C;108,G;
AMPL3507823    11,T;110,C;123,G;
AMPL3507824    3,A/G;56,G;65,G;68,C;117,C;
AMPL3507826    55,C;61,C/T;74,T/C;98,T/C;122,A/G;129,G/A;139,G;180,T;
AMPL3507827    9,T/C;48,A;65,G/T;77,C/T;95,T;124,T;132,T/C;135,G/A;140,G/A;
AMPL3507828    73,T;107,G;109,G;143,T;159,G;
AMPL3507831    7,C;16,C;19,C;66,C;75,A;88,T;113,T;130,G;140,C;164,T;
AMPL3507832    23,C/T;59,A;78,G/C;116,T/C;
AMPL3507833    26,T;30,G;49,G;69,T;75,A;97,A;132,T;
AMPL3507834    126,C;145,A;
AMPL3507835    12,A;38,T;93,T;98,C;99,G;129,A;150,A;
AMPL3507836    8,A;32,T;40,G;44,G;63,T;71,A;113,T;142,A;
AMPL3507837    1,A;5,G;6,T;7,C;24,T;30,C;59,C;66,C;67,C;78,A;79,A;80,A;111,T;
               139,G;164,A;
AMPL3507838    3,A;15,A;20,G;23,G;50,A;52,A;59,C;64,C;78,G;
AMPL3507839    59,G;114,T;151,C;
AMPL3507840    77,C/G;

AMPL3507841   13,C/T;14,G;34,G/A;60,G/T;99,A/G;

AMPL3507842   13,C;17,C/T;20,A/T;64,C/T;97,A/G;144,C/T;158,A/C;159,G/T;163, T/A;

AMPL3507844   2,T;6,G;26,C;35,C;63,G;65,A;68,T;96,C;97,C;119,T;130,A;137,G; 158,T;

AMPL3507845   57,G/A;161,G/A;

AMPL3507846   5,A;21,A;24,G;26,A;94,G;112,A;127,C/G;128,T/A;149,G;175,T/A;

AMPL3507848   38,G/A;78,A/C;

AMPL3507849   16,A/C;19,C/A;23,T;24,A/G;33,G;35,A/G;39,G;68,C/G;72,G/T;74,T; 97,T;128,T/G;134,A/G;142,C;144,T;157,A;

AMPL3507851   61,T;91,T;92,G;131,A;151,A;154,A;162,G;165,G;166,T;168,C;

AMPL3507852   8,A;26,G;33,G;43,A;56,C;62,T;93,C;124,G;

AMPL3507853   2,T;71,G;88,T;149,G;180,C;193,A;

AMPL3507854   34,C/T;36,G;37,T;44,G;55,A;70,C/A;84,A;92,A;99,T/C;102,T;110,T; 112,T;114,T;126,C/A;139,C/T;153,T/C;158,A/T;164,C/A;170,C/G;171, G/A;174,A/G;177,G;180,C;181,T;187,C;188,G;192,T/C;

AMPL3507855   26,C/T;36,C/T;90,T/C;

AMPL3507856   11,A/G;92,C/T;102,C/T;

AMPL3507857   33,G;70,G/C;82,T/A;123,C;

AMPL3507858   26,T;45,G;84,T/C;143,G;152,G;176,C;

AMPL3507860   30,G;97,T;101,T;128,A;176,C;

AMPL3507861   28,C;43,G;69,G;93,C;105,T;124,C;128,A;

AMPL3507862   2,A;4,G;63,A;83,C;88,T;106,T;115,C;124,C;154,T;

AMPL3507863   13,G/A;45,G/C;69,A;145,A;177,A;

AMPL3507864   17,T/C;95,G;120,T;

AMPL3507865   19,C;21,T;35,A;43,G;56,C;57,C;75,C;85,G;100,C;101,T;116,A;127,G; 161,T;171,A;172,C;

AMPL3507866   8,T;66,G;74,T;147,C;172,T;

AMPL3507867   21,C;27,G;38,T;45,T;54,C;88,C;93,T;112,C;122,A;132,G;

AMPL3507868   45,T;51,G;108,C;166,C;186,G;

AMPL3507871   7,C;95,G;115,G;144,T;

AMPL3507872   10,T;52,G;131,T;132,T;

AMPL3507873   13,T;38,T;39,C;54,A;59,A/G;86,T/G;

AMPL3507874   2,T;31,A;97,T;99,T;105,G;108,T/C;122,C;161,G/A;

AMPL3507876   96,C;114,G;144,A;178,C;

AMPL3507877   12,G/TAT;24,G;27,T/A;28,G;34,G/C;39,G/A;46,A/T;68,A/C;70,A/G; 90,A;110,T/G;126,C;134,A/C;

AMPL3507878   8,C;10,A;37,A;59,G;73,T;77,G;78,G;90,T;91,C;103,G;115,C;130,C;

AMPL3507879   50,A/G;90,C;91,C;116,C;127,G;134,C;143,C/G;155,T/G;163,T;169,A/ G;181,T;

AMPL3507880   66,T;105,C;124,G;

AMPL3507882   40,A/G;43,T/A;61,C/T;

AMPL3507883 20,T;31,T;68,C;74,G;84,A;104,T;142,T;144,G;

AMPL3507885 36,C/G;51,A;54,G/A;65,G/N;66,G/N;71,C/N;78,C/N;110,G/A;112,C/T;115,G/A;124,G/T;131,T/A;135,G/A;146,A/G;

AMPL3507886 41,A;47,T;81,C;91,C;99,A;125,T;

AMPL3507887 2,T;35,C;45,G/A;62,C;65,A/G;92,G/A;101,C/GTG;

AMPL3507888 4,C/T;50,A/G;65,A;70,C;79,T/A;82,T/C;94,A/G;100,A/G;107,T/A;133,T;

AMPL3507889 34,T;111,A;154,A;159,G;160,G;

AMPL3507890 19,T;26,C;33,G;60,A;139,T;

AMPL3507891 29,A;61,T;

AMPL3507893 42,T/A;51,T/C;77,T;140,G/T;147,T/C;161,A/G;177,T/A;197,C/G;

AMPL3507894 165,A;182,A;

AMPL3507895 65,A;92,C;141,T/G;

AMPL3507896 6,C/T;32,C;77,A;85,A;107,C;126,C;135,T;

AMPL3507898 133,G/T;152,A/G;

AMPL3507899 1,G;29,C;39,T;55,C;108,G/T;115,A;125,T/C;140,C/A;

AMPL3507900 23,A;62,A;63,G;73,T;86,T;161,C;183,G;190,A;

AMPL3507901 68,T;98,A;116,C;

AMPL3507902 38,C;57,A;65,C;66,G;92,A;104,C;118,T;176,G;

AMPL3507904 3,C;5,C;13,A;54,C;83,T;85,C;92,C;104,C;147,A;182,G;

AMPL3507906 7,T;9,G;30,G;41,A;42,A;48,T;69,G;71,A;78,G;88,A;91,G;108,A;115,G;122,A;126,A;141,A;

AMPL3507909 2,A;9,C;13,A;15,C;28,G;32,T;34,A;53,T;84,C;97,C;99,A;135,C;148,T;150,T;

AMPL3507911 33,G;34,C;49,C;50,G;71,G;77,C;89,A;92,G;126,G;130,T;133,C;134,A;151,A;173,G;180,A;181,C;185,C;189,C;190,G;196,C;200,C;

AMPL3507912 19,T;33,T;38,A;43,T;46,G/A;71,C;73,A/T;108,A;124,T;126,G;132,A;143,C;160,T;

AMPL3507913 21,T;58,T;90,C/T;107,A;109,T/A;111,T/A;113,G/A;128,G/A;134,A/G;

AMPL3507914 37,C/G;52,G;56,T/A;64,G/T;115,T/C;

AMPL3507915 22,A/G;31,C;39,T;51,C;52,T;59,A;66,T;87,A;99,A/G;103,C;128,T;134,A/C;135,A;138,A;159,G;

AMPL3507916 24,A;31,T;43,T;49,G/T;90,G/A;110,T;132,A/C;160,A/G;170,G/T;174,G/A;

AMPL3507918 15,A/T;63,A;72,G;76,T;86,C;87,G/A;90,A;129,G;

AMPL3507919 10,A/G;22,T/G;34,C/T;64,G/T;74,G/A;105,A/G;114,A/G;133,T/C;153,G/T;169,G;184,T/C;188,T/A;

AMPL3507920 18,T/C;24,A;32,C;67,T;74,C/G;

AMPL3507921 7,C;30,A/G;38,A/G;43,G/A;182,A/G;

AMPL3507922 146,C;

AMPL3507923 69,A;79,T;125,C;140,T;144,C;152,T;

AMPL3507924 46,T/C;51,C/G;131,A/T;143,T/C;166,A/G;

AMPL3507925 28,G;43,T;66,C/T;71,A/G;

# 中秋 x 紫娘喜 12

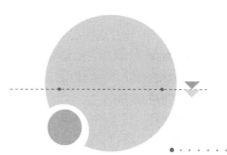

AMPL3507571　　6,T;10,T;18,C;19,T;20,G;30,G;37,A;40,C;

AMPL3507806　　31,T;55,C/A;136,A/C;139,G/T;158,A/G;

AMPL3507807　　28,A/C;31,C/G;89,C/T;96,G/A;129,A/C;

AMPL3507808　　75,T/A;114,T;124,A/T;132,C;134,C;139,C;171,C/G;172,A/T;

AMPL3507809　　45,G;47,C;49,A;65,C;76,C;81,T;91,A;115,A;

AMPL3507810　　33,T/C;53,T/C;74,G;90,C/T;98,G;154,G;

AMPL3507811　　30,C/G;97,A/G;104,G/A;

AMPL3507812　　6,C;53,C;83,T;90,T;109,A;113,A;154,T;155,C;

AMPL3507813　　14,T;86,A;127,G;

AMPL3507814　　63,A;67,G;70,T;72,A;94,A;119,G;134,C;157,G;

AMPL3507815　　9,T/A;155,C/A;163,A;

AMPL3507816　　93,G/A;105,G/C;150,A/G;166,C/T;171,C/T;

AMPL3507817　　38,A;87,C;96,A/C;102,G/A;116,T;166,T/C;183,T;186,A/G;188,G/A;

AMPL3507818　　8,A;37,A;40,T;41,G;49,T/A;55,T/G;56,G/A;57,G/T;100,G/A;104,G/T;
　　　　　　　　108,T/C;113,G;118,T;

AMPL3507819　　87,A;97,C;139,G;155,T;

AMPL3507821　　41,G;45,A;59,A;91,G;141,G;144,C;

AMPL3507822　　1,G;8,A;11,T/A;70,C;94,C;108,G/A;

AMPL3507823　　11,C;110,A;123,A;

AMPL3507824　　3,A/G;56,G;65,G/A;68,C/T;117,C/T;

AMPL3507826　　55,T/C;61,C;74,T;98,C/T;122,G/A;129,G;139,A/G;180,C/T;

AMPL3507827　　9,T/C;48,A;65,G/T;77,C/T;95,T;124,T/C;132,T/C;135,G/A;140,G/A;

AMPL3507828　　73,G/T;107,A/G;109,G;143,T;159,G;

AMPL3507829　　6,T;14,T/A;56,A/G;70,A/G;71,T/A;127,A;

AMPL3507831　　7,C;16,T/C;19,C;66,T/C;75,G/A;88,C/T;113,C;130,T/G;140,G/C;
　　　　　　　　164,T;

AMPL3507832　　23,C;59,G;78,G;116,T;

AMPL3507833　　26,T;30,G;49,G/A;69,T;75,A;97,A;132,T;

AMPL3507834　　126,C/T;145,A/G;

AMPL3507835　　12,G;38,G;93,A;98,G;99,T;129,C;150,T;

AMPL3507836　　8,A;32,T;40,G;44,G;63,T;71,A;113,T;142,A;

AMPL3507837　　1,G;5,A;6,C;7,C;24,A;30,T;59,C;66,T;67,C;78,G;79,G;80,A;111,C;

139,A;164,A;

AMPL3507838   3,A/G;15,A/G;20,G/A;23,G/A;50,G/A;52,A/G;59,C/A;64,C;78,G/T;

AMPL3507839   59,G;114,T;151,C;

AMPL3507840   77,G;

AMPL3507841   13,C;14,A;34,G;60,G;99,G;

AMPL3507842   13,T;17,T;20,T;64,C;97,A;144,C;158,A;159,G;163,T;

AMPL3507844   2,C;6,G/C;26,T/CAATG;35,T/C;63,A/G;65,A/G;68,G;96,C/T;97,C/T;
119,T/C;130,A/T;137,A/G;158,T/C;

AMPL3507845   57,G/A;161,G/A;

AMPL3507846   5,A;21,A;24,G;26,A;94,G;112,A;127,C/G;128,T/A;149,G;175,T/A;

AMPL3507848   38,A/G;78,C/A;

AMPL3507849   16,A/C;19,C/A;23,T;24,A/G;33,G;35,A/G;39,G;68,C/G;72,G/T;74,T;
97,T;128,T/G;134,A/G;142,C;144,T;157,A;

AMPL3507851   61,T;91,T;92,G;131,A;151,A;154,A;162,G;165,G;166,T;168,C;

AMPL3507852   8,A;26,C;33,T;43,A;56,C/T;62,T/C;93,C/G;124,G/A;

AMPL3507853   2,T;71,G;88,T;149,G;180,C;193,A;

AMPL3507854   34,C;36,G;37,T;44,G;55,A;70,C;84,A;92,A;99,T;102,T;110,T;112,T;
114,T;126,C;139,C;153,T;158,A;164,C;170,C;171,G;174,A;177,G;180,C;
181,T;187,C;188,G;192,T;

AMPL3507855   26,C;36,C;90,T;

AMPL3507856   11,A;92,C;102,C;

AMPL3507857   33,A/G;70,C;82,A;123,T/C;

AMPL3507858   26,T/G;45,G/T;84,T/C;143,G/A;152,G/A;176,C/A;

AMPL3507860   30,G;97,C;101,G;128,G;176,T;

AMPL3507861   28,C/T;43,G/A;69,G/C;93,C;105,T/G;124,C/T;128,A/T;

AMPL3507862   2,A;4,C/G;63,G/A;83,C;88,C/T;106,C/T;115,C;124,A/C;154,C/T;

AMPL3507863   13,A;45,C;69,G;145,T;177,G;

AMPL3507864   17,C/T;95,G;120,T;

AMPL3507865   19,C;21,T;35,A;43,G;56,A;57,T;75,C;85,G;100,G;101,T;116,C;127,C;
161,C;171,G;172,T;

AMPL3507866   8,T;66,C;74,C;147,A;172,T;

AMPL3507867   21,C/T;27,G;38,T/C;45,T/C;54,C;88,C;93,T/C;112,C;122,A/G;132,G;

AMPL3507868   45,C/T;51,G/A;108,T;166,T;186,G/A;

AMPL3507871   7,C;95,G;115,T;144,T;

AMPL3507872   10,C;52,G;131,T;132,C;

AMPL3507873   13,T;38,T;39,C;54,A;59,A;86,T;

AMPL3507875   44,G;45,G;68,G;110,G;125,A;137,G;151,A;184,C;

AMPL3507877   12,G;24,G;27,T;28,G;34,G;39,G;46,A;68,A;70,A;90,A;110,T;126,C;
134,A;

AMPL3507878   8,T;10,A;37,G;59,A;73,G;77,G;78,G;90,C;91,T;103,G;115,T;130,C;

AMPL3507879   50,A;90,C;91,C;116,C;127,T/G;134,G/C;143,G/C;155,G/T;163,C/T;169,

A;181,C/T;

AMPL3507880 66,T;105,A;124,A;

AMPL3507882 40,G;43,A;61,T;

AMPL3507883 20,T;31,T;68,C/T;74,G;84,A;104,T;142,T;144,G;

AMPL3507885 36,C/G;51,A;54,G/A;65,G/N;66,G/N;71,C/N;78,C/N;110,G/A;112,C/T;115,G/A;124,G/T;131,T/A;135,G/A;146,A/G;

AMPL3507886 41,G/A;47,C/T;81,G/C;91,T/C;99,G/A;125,A;

AMPL3507887 2,T;35,C;45,A;62,C;65,G;92,A;101,GTG;

AMPL3507888 4,T/C;50,G/A;65,A;70,C;79,A/T;82,C/T;94,G/A;100,G/A;107,A/T;133,T;

AMPL3507889 34,T;111,A;154,A;159,G;160,G;

AMPL3507890 19,T;26,C;33,G;60,A;139,T;

AMPL3507891 29,A;61,C;

AMPL3507892 23,A;28,A;55,A;69,A;72,A;122,T;136,G;180,G;181,A;

AMPL3507893 42,T/A;51,T/C;77,T;140,G/T;147,T/C;161,A/G;177,T/A;197,C/G;

AMPL3507894 165,G;182,G;

AMPL3507895 65,A;92,C;141,T;

AMPL3507896 6,T;32,C;77,T;85,T;107,C;126,G;135,T;

AMPL3507897 1,A;7,A;9,G;31,T;91,T;104,C;123,G;132,G;

AMPL3507898 133,T;152,G;

AMPL3507899 1,G/C;29,C/T;39,T/C;55,C;108,T/G;115,A;125,C;140,A/C;

AMPL3507900 23,A/G;62,A/G;63,G/A;73,T;86,T/C;161,C/T;183,G/A;190,A/G;

AMPL3507901 68,T;98,A;116,C;

AMPL3507902 38,C;57,G;65,C;66,G;92,T;104,A;118,A;176,G;

AMPL3507903 101,G;105,G;121,C;161,C;173,T;

AMPL3507904 3,T/C;5,C;13,G;54,C/T;83,G;85,C/T;92,C;104,C;147,A;182,G;

AMPL3507906 7,T;9,G;30,G;41,A;42,A;48,T;69,G;71,A;78,G;88,A;91,G;108,A;115,G;122,A;126,A;141,A;

AMPL3507909 2,A;9,C/G;13,G;15,C;28,G;32,T;34,A;53,T/C;84,C;97,C;99,C;135,G;148,G;150,T;

AMPL3507910 33,C;105,G;129,A;164,G;

AMPL3507911 33,G/A;34,C;49,C/T;50,G/A;71,G;77,C/T;89,A/G;92,G/A;126,G;130,T/C;133,C/T;134,A/C;151,A/C;173,G;180,A/G;181,C;185,C;189,C/A;190,G/A;196,C/A;200,C/T;

AMPL3507912 19,T;33,T/A;38,A;43,T;46,G/A;71,G/C;73,A/T;108,A;124,A/T;126,G;132,A;143,C;160,T;

AMPL3507913 21,T;58,T;90,T;107,A/G;109,A;111,A;113,A;128,A;134,G;

AMPL3507914 37,G/C;52,A/G;56,C/T;64,T/G;115,C/T;

AMPL3507915 22,G/A;31,T/C;39,C/T;51,T/C;52,C/T;59,G/A;66,C/T;87,G/A;99,G/A;103,T/C;128,C/T;134,C/A;135,T/A;138,G/A;159,T/G;

AMPL3507916 24,G/A;31,C/T;43,C/T;49,T/G;90,A/G;110,A/T;132,C/A;160,A;170,G;

174,A/G;

**AMPL3507918**    15,A/T;63,A;72,G;76,T;86,C;87,G/A;90,A;129,G;

**AMPL3507919**    10,G;22,G;34,T;64,T;74,A;105,G;114,G;133,C;153,T;169,G;184,C;

188,A;

**AMPL3507920**    18,C;24,A;32,C;67,T;74,G;

**AMPL3507921**    7,C;30,G;38,G;43,A;182,G;

# 中秋 x 紫娘喜 8

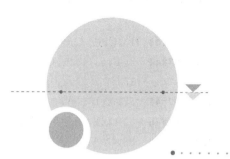

AMPL3507571    6,G;10,G;18,C;19,C;20,A;30,A;37,T;40,T;
AMPL3507806    31,T;55,C;136,A;139,G;158,A;
AMPL3507807    28,C/A;31,G/C;89,T;96,A;129,C;
AMPL3507808    75,A/T;114,C/T;124,T/A;132,T/C;134,G/C;139,G/C;171,C;172,T/A;
AMPL3507809    45,G;47,C;49,A;65,C;76,C;81,T;91,A;115,A/G;
AMPL3507810    33,C/T;53,C/T;74,G;90,T/C;98,G;154,G;
AMPL3507811    30,G/C;97,A;104,G;
AMPL3507812    6,T;53,T;83,C;90,A;109,C;113,T;154,C;155,C;
AMPL3507813    14,T;86,G;127,A;
AMPL3507814    63,G;67,G;70,G;72,A;94,A;119,G;134,C;157,G;
AMPL3507815    9,T/A;155,C/A;163,A;
AMPL3507816    93,G/A;105,G/C;150,A/G;166,C/T;171,C/T;
AMPL3507817    38,A/G;87,C/G;96,C;102,A;116,T/C;166,C/T;183,T/C;186,G;188,A/G;
AMPL3507818    8,A;37,A;40,T;41,G;49,T/A;55,T/G;56,G/A;57,G/T;100,G/A;104,G/T;
               108,T/C;113,G;118,T;
AMPL3507819    87,A;97,C;139,G;155,T;
AMPL3507821    41,C;45,G;59,A/T;91,T/G;141,A;144,T/C;
AMPL3507822    1,G;8,A;11,T;70,C;94,C;108,G;
AMPL3507824    3,G/A;56,G;65,G;68,C;117,C;
AMPL3507826    55,C;61,T;74,C;98,C;122,G;129,A;139,G;180,T;
AMPL3507827    9,C;48,A;65,T;77,T;95,T;124,T;132,C;135,A;140,A;
AMPL3507828    73,T;107,G;109,G;143,T;159,G;
AMPL3507831    7,C;16,C;19,C;66,C;75,A;88,T;113,T;130,G;140,C;164,T;
AMPL3507832    23,T/C;59,A;78,C/G;116,C/T;
AMPL3507833    26,T;30,G;49,G;69,T;75,A;97,A;132,T;
AMPL3507834    126,C;145,A;
AMPL3507835    12,A;38,T;93,T;98,C;99,G;129,A;150,A;
AMPL3507836    8,A;32,T;40,G;44,G;63,T;71,A;113,T;142,A;
AMPL3507837    1,A;5,G;6,T;7,C;24,T;30,C;59,C;66,C;67,C;78,A;79,A;80,A;111,T;
               139,G;164,A;
AMPL3507838    3,A;15,A;20,G;23,G;50,A;52,A;59,C;64,C;78,G;
AMPL3507839    59,G/C;114,T/C;151,C/T;
AMPL3507840    77,G;
AMPL3507841    13,T;14,G;34,A;60,T;99,G;

AMPL3507842　13,C;17,C;20,A;64,C;97,A;144,C;158,A;159,G;163,T;

AMPL3507844　2,T;6,G;26,C;35,C;63,G;65,A;68,T;96,C;97,C;119,T;130,A;137,G;
158,T;

AMPL3507845　57,A;161,A;

AMPL3507846　5,A;21,A;24,G;26,A;94,G;112,A;127,C;128,T;149,G;175,T;

AMPL3507848　38,G/A;78,A/C;

AMPL3507849　16,A/C;19,C/A;23,T;24,A/G;33,G;35,A/G;39,G;68,C/G;72,G/T;74,T;
97,T;128,T/G;134,A/G;142,C;144,T;157,A;

AMPL3507851　61,T;91,T;92,G;131,G/A;151,G/A;154,C/A;162,C/G;165,G;166,A/T;
168,G/C;

AMPL3507852　8,A;26,G;33,G;43,A;56,C;62,T;93,C;124,G;

AMPL3507853　2,T;71,G;88,T;149,G;180,C;193,A;

AMPL3507854　34,T;36,G;37,C/T;44,G;55,A;70,A;84,A;92,G/A;99,T/C;102,G/T;110,
C/T;112,A/T;114,G/T;126,A;139,T;153,C;158,T;164,A;170,G;171,A;
174,G;177,T/G;180,C;181,T;187,C;188,T/G;192,C;

AMPL3507855　26,T;36,T;90,C;

AMPL3507856　11,G;92,T;102,T;

AMPL3507857　33,A/G;70,C;82,A;123,T/C;

AMPL3507858　26,T;45,G;84,C;143,G;152,G;176,C;

AMPL3507860　30,G;97,C/T;101,G/T;128,G/A;176,T/C;

AMPL3507861　28,C;43,G;69,G;93,C;105,T;124,C;128,A;

AMPL3507862　2,A;4,G;63,A;83,C;88,T;106,T;115,C;124,C;154,T;

AMPL3507863　13,A;45,C;69,A;145,A;177,A;

AMPL3507864　17,T;95,G;120,T;

AMPL3507865　19,C;21,T;35,A;43,G;56,C/A;57,C/T;75,C;85,G;100,C/G;101,T;116,A/
C;127,G/C;161,T/C;171,A/G;172,C/T;

AMPL3507866　8,T;66,G;74,T;147,C;172,T;

AMPL3507867　21,C;27,G;38,T;45,T;54,C;88,C;93,T;112,C;122,A;132,G;

AMPL3507868　45,T;51,G;108,C;166,C;186,G;

AMPL3507871　7,C;95,G;115,G;144,T;

AMPL3507872　10,T;52,G;131,T;132,T;

AMPL3507873　13,T;38,T;39,C;54,A;59,A;86,T;

AMPL3507874　2,T;31,A;97,T;99,T;105,G;108,T;122,C;161,G;

AMPL3507876　96,C;114,G/C;144,A/G;178,C;

AMPL3507877　12,G/TAT;24,G;27,T/A;28,G;34,G/C;39,G/A;46,A/T;68,A/C;70,A/G;
90,A;110,T/G;126,C;134,A/C;

AMPL3507878　8,C;10,A;37,A;59,G;73,T;77,G;78,G;90,T;91,C;103,G;115,C;130,C;

AMPL3507879　50,A;90,C;91,C;116,C;127,G/T;134,C/G;143,C/G;155,T/G;163,T/C;169,
A;181,T/C;

AMPL3507880　66,T;105,C;124,G;

AMPL3507883　20,T;31,T;68,C;74,G;84,A;104,T;142,T;144,G;

AMPL3507886　41,G/A;47,C/T;81,G/C;91,T/C;99,G/A;125,A/T;

AMPL3507887 2,T;35,C;45,G;62,C;65,A;92,G;101,C;

AMPL3507888 4,T/C;50,G/A;65,A;70,C;79,A/T;82,C/T;94,G/A;100,G/A;107,A/T;
133,T;

AMPL3507889 34,T;111,A;154,A;159,A;160,T;

AMPL3507890 19,C;26,T;33,A;60,G;139,C;

AMPL3507891 29,A/C;61,T;

AMPL3507892 23,G/A;28,G;55,G;69,G;72,G;122,C/T;136,G/A;180,G/A;181,A/T;

AMPL3507893 42,T;51,T;77,T;140,G;147,T;161,A;177,T;197,C;

AMPL3507894 165,A;182,A;

AMPL3507895 65,A;92,C;141,G/T;

AMPL3507896 6,C/T;32,C;77,A;85,A;107,C;126,C;135,T;

AMPL3507897 1,A;7,A;9,G;31,T;91,T;104,C;123,G;132,G;

AMPL3507898 133,T;152,G;

AMPL3507899 1,G;29,C;39,T;55,C;108,T;115,A;125,C;140,C/A;

AMPL3507900 23,A;62,A;63,G;73,T;86,T;161,C;183,G;190,A;

AMPL3507901 68,T;98,A;116,C;

AMPL3507902 38,C;57,A;65,C;66,G;92,A;104,C;118,T;176,G;

AMPL3507903 101,A;105,A;121,A;161,C;173,T;

AMPL3507904 3,C;5,C;13,A;54,C;83,T;85,C;92,C;104,C;147,A;182,G;

AMPL3507907 5,G;25,G;26,G;32,G;34,C;35,T;36,G;37,G;46,G;47,C;49,A;120,G;

AMPL3507909 2,A;9,C;13,A;15,C;28,G;32,T;34,A;53,T;84,C;97,C;99,A;135,C;148,T;
150,T;

AMPL3507910 33,T;105,A;129,C;164,A;

AMPL3507911 33,G;34,C;49,C;50,G;71,G;77,C;89,A;92,G;126,G;130,T;133,C;134,A;
151,A;173,G;180,A;181,C;185,C;189,C;190,G;196,C;200,C;

AMPL3507912 19,T;33,T/A;38,A;43,T;46,A;71,C;73,T;108,A;124,T;126,G;132,A;
143,C;160,T;

AMPL3507913 21,T;58,T;90,T;107,G/A;109,A;111,A;113,A;128,A;134,G;

AMPL3507914 37,C;52,G;56,T;64,G;115,T;

AMPL3507915 22,A/G;31,C/T;39,T/C;51,C/T;52,T/C;59,A/G;66,T/C;87,A/G;99,A/G;
103,C/T;128,T/C;134,A/C;135,A/T;138,A/G;159,G/T;

AMPL3507916 24,A/G;31,T/C;43,T/C;49,T;90,A;110,T/A;132,C;160,G/A;170,T/G;
174,A;

AMPL3507918 15,A;63,A;72,G;76,T;86,C;87,G;90,A;129,G;

AMPL3507919 10,G;22,G;34,T;64,T;74,A;105,G;114,G;133,C;153,T;169,G;184,C;
188,A;

AMPL3507920 18,C/T;24,A;32,C;67,T;74,G/C;

AMPL3507921 7,C;30,A;38,A;43,G;182,A;

AMPL3507923 69,A;79,T;125,C;140,T;144,C;152,T;

AMPL3507924 46,C;51,G;131,T;143,C;166,G;

AMPL3507925 28,G;43,T;66,T;71,G;

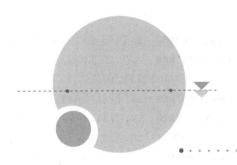

# 中山脆肉

AMPL3507571 　6，G；10，G；18，C；19，C；20，A；30，A；37，T；40，T；

AMPL3507806 　31，T/A；55，C；136，A/C；139，G/T；158，A；

AMPL3507807 　28，C/A；31，G/C；89，T/C；96，A/G；129，C/A；

AMPL3507808 　75，A；114，C；124，T；132，T；134，G；139，G；171，C；172，T；

AMPL3507809 　45，G；47，C；49，A；65，C；76，C；81，T；91，A；115，A；

AMPL3507810 　33，C；53，C；74，G；90，C/T；98，A/G；154，G；

AMPL3507811 　30，G；97，A；104，G；

AMPL3507812 　6，T；53，T；83，C；90，A；109，C；113，T；154，C；155，C；

AMPL3507813 　14，T；86，G；127，A；

AMPL3507814 　63，G；67，G；70，G；72，A；94，A；119，G；134，C；157，G；

AMPL3507815 　9，A；155，A；163，A；

AMPL3507816 　93，G/A；105，G/C；150，A/G；166，C/T；171，C/T；

AMPL3507817 　38，A/G；87，C/G；96，C；102，A；116，T/C；166，C/T；183，T/C；186，G；188，A/G；

AMPL3507818 　8，A；37，A；40，T；41，G；49，A；55，G；56，A；57，T；100，A；104，T；108，C；113，G；
　　　　　　　118，T；

AMPL3507819 　87，A；97，C；139，G；155，T；

AMPL3507821 　41，G/C；45，A/G；59，A/T；91，G；141，G/A；144，C；

AMPL3507822 　1，G；8，A；11，T/A；70，C；94，C/T；108，G/A；

AMPL3507823 　11，T；110，C；123，G；

AMPL3507824 　3，G；56，G；65，G；68，C；117，C；

AMPL3507826 　55，T/C；61，C/T；74，T/C；98，C；122，G；129，G/A；139，A/G；180，C/T；

AMPL3507827 　9，T/C；48，A；65，G/T；77，C/T；95，T；124，T；132，T/C；135，G/A；140，G/A；

AMPL3507828 　73，T；107，G/A；109，G/C；143，T/C；159，G/C；

AMPL3507831 　7，C；16，T/C；19，C；66，T/C；75，G/A；88，C/T；113，C/T；130，T/G；140，G/C；
　　　　　　　164，T；

AMPL3507832 　23，T；59，A；78，C；116，C；

AMPL3507833 　26，T；30，G；49，A；69，T；75，A；97，A；132，T；

AMPL3507834 　126，T/C；145，G/A；

AMPL3507835 　12，A；38，T；93，T；98，C；99，G；129，A；150，A；

AMPL3507836 　8，G/A；32，C/T；40，T/G；44，A/G；63，T；71，G/A；113，C/T；142，G/A；

AMPL3507838 　3，A；15，A；20，G；23，G；50，A；52，A；59，C；64，C；78，G；

AMPL3507839 　59，G；114，T；151，C；

AMPL3507840 　77，C/G；

AMPL3507841 　13，T；14，G；34，A；60，T；99，G；

AMPL3507842    13,C;17,C;20,A;64,C;97,A;144,C;158,A;159,G;163,T;

AMPL3507845    57,A/G;161,A/G;

AMPL3507846    5,A;21,A;24,G;26,A;94,G;112,A;127,G/C;128,A/T;149,G;175,A/T;

AMPL3507848    38,A;78,C;

AMPL3507849    16,T/A;19,C;23,T;24,A;33,G;35,A;39,G;68,C;72,G;74,T;97,T;128,G/T;134,G/A;142,A/C;144,C/T;157,A;

AMPL3507850    2,A;16,C;35,A;39,G;60,C;93,C;110,G;114,C;125,C;128,A;130,C;

AMPL3507851    61,T;91,T;92,G;131,A;151,A;154,A;162,G;165,G;166,T;168,C;

AMPL3507852    8,A;26,G;33,G;43,A;56,C;62,T;93,C;124,G;

AMPL3507853    2,T/A;71,G/A;88,T/C;149,G/C;180,C/T;193,A/T;

AMPL3507854    34,C/T;36,G;37,T/C;44,G;55,A;70,C/A;84,A;92,A/G;99,T;102,T/G;110,T/C;112,T/A;114,T/G;126,C/A;139,C/T;153,T/C;158,A/T;164,C/A;170,C/G;171,G/A;174,A/G;177,G/T;180,C;181,T;187,C;188,G/T;192,T/C;

AMPL3507855    26,T;36,T;90,C;

AMPL3507856    11,G;92,T;102,T;

AMPL3507857    33,G;70,G/C;82,T/A;123,C;

AMPL3507858    26,T;45,G;84,T/C;143,G;152,G;176,C;

AMPL3507860    30,G;97,T;101,T;128,A;176,C;

AMPL3507861    28,C/T;43,G/A;69,G/C;93,C;105,T/G;124,C/T;128,A/T;

AMPL3507862    2,A/C;4,G;63,A/G;83,C/T;88,T;106,T;115,C;124,C/A;154,T;

AMPL3507863    13,G/A;45,G/C;69,A;145,A;177,A;

AMPL3507864    17,T;95,G;120,T/C;

AMPL3507865    19,C;21,T;35,A;43,G;56,A/C;57,T/C;75,C;85,G;100,G/C;101,T;116,C/A;127,C/G;161,C/T;171,G/A;172,T/C;

AMPL3507866    8,T;66,G;74,T;147,C;172,T;

AMPL3507867    21,C/T;27,G;38,T/C;45,T/C;54,C;88,C;93,T/C;112,C;122,A/G;132,G;

AMPL3507868    45,T;51,A/G;108,T/C;166,T/C;186,A/G;

AMPL3507871    7,C;95,G;115,G;144,T;

AMPL3507872    10,T;52,G;131,T;132,T;

AMPL3507873    13,T/C;38,T;39,C/T;54,A/G;59,A;86,T/G;

AMPL3507874    2,T;31,A;97,T;99,T;105,G;108,T;122,C;161,G;

AMPL3507876    96,C;114,G;144,A;178,C;

AMPL3507877    12,TAT/T;24,G/A;27,A/T;28,G/A;34,C;39,A;46,T;68,C;70,G/A;90,A;110,G;126,C;134,C;

AMPL3507878    8,C;10,A;37,A;59,G;73,T;77,G;78,G;90,T;91,C;103,G;115,C;130,C;

AMPL3507879    50,G/A;90,C;91,C;116,C;127,G/T;134,C/G;143,G;155,G;163,T/C;169,G/A;181,T/C;

AMPL3507880    66,C/T;105,A/C;124,A/G;

AMPL3507881    84,C;122,T;

AMPL3507882    40,G;43,A;61,T;

AMPL3507883    20,T;31,T;68,C/T;74,G;84,A;104,T;142,T;144,G;

AMPL3507885　36,C/G;51,A;54,G/A;65,G/N;66,G/N;71,C/N;78,C/N;110,G/A;112,C/T;115,G/A;124,G/T;131,T/A;135,G/A;146,A/G;

AMPL3507886　41,G;47,C;81,G;91,T;99,G;125,A;

AMPL3507887　2,T;35,C;45,G/A;62,C;65,A/G;92,G/A;101,C/GTG;

AMPL3507888　4,C/T;50,A/G;65,A;70,C;79,T/A;82,T/C;94,A/G;100,A/G;107,T/A;133,T;

AMPL3507889　34,T;111,A;154,A;159,G;160,G;

AMPL3507890　19,T/C;26,C/T;33,G/A;60,A/G;139,T/C;

AMPL3507891　29,A/C;61,T;

AMPL3507892　23,A;28,G;55,G;69,G;72,G;122,T;136,A;180,A;181,T;

AMPL3507893　42,T/A;51,T/C;77,T;140,G/T;147,T/C;161,A/G;177,T/A;197,C/G;

AMPL3507894　165,G/A;182,G/A;

AMPL3507895　65,A;92,A/C;141,T/G;

AMPL3507896　6,T;32,C;77,A;85,A;107,C;126,C;135,T;

AMPL3507897　1,A;7,A;9,G;31,T;91,T;104,C;123,G;132,G;

AMPL3507898　133,T;152,G;

AMPL3507899　1,G;29,C;39,T;55,C;108,T;115,A;125,C;140,A/C;

AMPL3507900　23,A;62,A;63,G;73,T;86,T;161,C;183,G;190,A;

AMPL3507901　68,T;98,A;116,A/C;

AMPL3507902　38,C;57,A;65,C;66,G;92,A;104,C;118,T;176,G;

AMPL3507903　101,A;105,A;121,A;161,C;173,T;

AMPL3507904　3,T/C;5,C;13,G/A;54,T/C;83,G/T;85,T/C;92,C;104,T/C;147,G/A;182,G;

AMPL3507906　7,T;9,G;30,G;41,A;42,A;48,T;69,G;71,A;78,G;88,A;91,G;108,A;115,G;122,A;126,A;141,A;

AMPL3507909　2,A;9,C;13,A;15,C;28,G;32,T;34,A;53,T;84,C;97,C;99,A;135,C;148,T;150,T;

AMPL3507910　33,T;105,A;129,C;164,A;

AMPL3507911　33,G;34,C;49,C;50,G;71,G;77,C;89,A;92,G;126,G;130,T;133,C;134,A;151,A;173,G;180,A;181,C;185,C;189,C;190,G;196,C;200,C;

AMPL3507912　19,T;33,T/A;38,A;43,T;46,G/A;71,C;73,A/T;108,A;124,T;126,G;132,A;143,C;160,T;

AMPL3507913　21,T;58,T;90,T;107,A;109,A;111,A;113,A;128,A;134,G;

AMPL3507914　37,G/C;52,G;56,A/T;64,T/G;115,C/T;

AMPL3507915　22,A/G;31,C/T;39,T/C;51,C/T;52,T/C;59,A/G;66,T/C;87,A/G;99,A/G;103,C/T;128,T/C;134,A/C;135,A/T;138,A/G;159,G/T;

AMPL3507916　24,A/G;31,T/C;43,T/C;49,G/T;90,G/A;110,T/A;132,A/C;160,A;170,G;174,G/A;

AMPL3507918　15,A/T;63,A;72,G;76,T;86,C;87,G/A;90,A;129,G;

AMPL3507919　10,G;22,G/T;34,T/C;64,T/G;74,A/G;105,G/A;114,G/A;133,C/T;153,T/G;169,G;184,C/T;188,A/T;

AMPL3507920　18,C/A;24,A;32,C/A;67,T;74,G/C;

AMPL3507921　7,C;30,G/A;38,G/A;43,A/G;182,G/A;

# 中山脆肉（廉江引进）

AMPL3507571   6,T/G;10,T/G;18,C;19,T/C;20,G/A;30,G/A;37,A/T;40,C/T;
AMPL3507806   31,T;55,C;136,A;139,G;158,A;
AMPL3507807   28,C;31,G;89,T;96,A;129,C;
AMPL3507808   75,A;114,C/T;124,T;132,T/C;134,G/C;139,G/C;171,C/G;172,T;
AMPL3507809   45,A/G;47,G/C;49,A;65,A/C;76,T/C;81,A/T;91,T/A;115,A;
AMPL3507810   33,C/T;53,C/T;74,G;90,T/C;98,G;154,G;
AMPL3507811   30,G/C;97,G/A;104,A/G;
AMPL3507812   6,C;53,C;83,T;90,T;109,A;113,A;154,T;155,C;
AMPL3507813   14,T;86,A;127,G;
AMPL3507814   63,A;67,G;70,T;72,A;94,A;119,G;134,C;157,G;
AMPL3507815   9,A/T;155,C;163,A;
AMPL3507816   93,G;105,G;150,A;166,C;171,C;
AMPL3507817   38,A;87,C;96,C/A;102,A/G;116,T;166,C/T;183,T;186,G/A;188,A/G;
AMPL3507818   8,A;37,A;40,T;41,G;49,A;55,G;56,A;57,T;100,A;104,T;108,C;113,G;
              118,T;
AMPL3507819   87,G/A;97,C;139,A/G;155,C/T;
AMPL3507821   41,G/C;45,A/G;59,A;91,G;141,G/A;144,C;
AMPL3507822   1,G;8,A;11,T/A;70,C;94,C;108,G/A;
AMPL3507823   11,C;110,A;123,A;
AMPL3507824   3,G;56,G;65,A;68,T;117,T;
AMPL3507826   55,T;61,C;74,T;98,C;122,G;129,G;139,A;180,C;
AMPL3507827   9,T/C;48,A;65,G/T;77,C/T;95,T;124,T;132,T/C;135,G/A;140,G/A;
AMPL3507828   73,T;107,G/A;109,G/C;143,T/C;159,G/C;
AMPL3507829   6,T;14,T/A;56,A/G;70,A/G;71,T/A;127,A;
AMPL3507831   7,C;16,C;19,C;66,C;75,A;88,T;113,C/T;130,G;140,C;164,T;
AMPL3507832   23,T/C;59,A/G;78,C/G;116,C/T;
AMPL3507833   26,T;30,G/T;49,A/G;69,T/G;75,A/G;97,A/C;132,T/A;
AMPL3507834   126,T/C;145,G/A;
AMPL3507835   12,G;38,G;93,A;98,G;99,T;129,C;150,T;
AMPL3507836   8,A;32,T;40,G;44,G;63,T;71,A;113,T;142,A;
AMPL3507838   3,A/G;15,A/G;20,G;23,G/A;50,A;52,A/G;59,C/A;64,C;78,G/T;
AMPL3507839   59,G;114,T;151,C;
AMPL3507840   77,C/G;
AMPL3507841   13,C/T;14,G;34,G/A;60,G/T;99,A/G;

AMPL3507842　13,T;17,T;20,T;64,C;97,A;144,C;158,A;159,G;163,T;

AMPL3507844　2,C;6,C;26,CAATG;35,C;63,G;65,G;68,G;96,T;97,T;119,C;130,T;137,G;158,C;

AMPL3507845　57,A;161,A;

AMPL3507846　5,A;21,A/G;24,G/A;26,A;94,G;112,A;127,C/G;128,T/A;149,G/C;175,T;

AMPL3507848　38,A;78,C;

AMPL3507849　16,C/T;19,A/C;23,T;24,G/A;33,G;35,G/A;39,G;68,G/C;72,T/G;74,G/T;97,T;128,G;134,G;142,C/A;144,T/C;157,A;

AMPL3507850　2,A;16,C;35,A;39,G;60,C;93,C;110,G;114,C;125,C;128,A;130,C;

AMPL3507851　61,T;91,T;92,G;131,A;151,A;154,A;162,G;165,G;166,T;168,C;

AMPL3507852　8,A;26,C/G;33,T/G;43,A;56,C;62,T;93,C;124,G;

AMPL3507853　2,T/A;71,G/A;88,T/C;149,G/C;180,C/T;193,A/T;

AMPL3507854　34,T/C;36,G;37,C/T;44,G;55,A;70,A/C;84,A;92,G/A;99,T;102,G/T;110,C/T;112,A/T;114,G/T;126,A/C;139,T/C;153,C/T;158,T/A;164,A/C;170,G/C;171,A/G;174,G/A;177,T/G;180,C;181,T;187,C;188,T/G;192,C/T;

AMPL3507855　26,C;36,C;90,T;

AMPL3507856　11,A;92,C;102,C;

AMPL3507857　33,A;70,C;82,A;123,T;

AMPL3507858　26,T/G;45,G/T;84,C;143,G/A;152,G/A;176,C/A;

AMPL3507860　30,G;97,T;101,T;128,A;176,C;

AMPL3507861　28,T/C;43,A/G;69,C/G;93,C;105,G/T;124,T/C;128,T/A;

AMPL3507862　2,A;4,G;63,A;83,C;88,T;106,T;115,C;124,C;154,T;

AMPL3507863　13,A;45,C;69,G;145,T;177,G;

AMPL3507864　17,C/T;95,A/G;120,T;

AMPL3507865　19,T/C;21,A/T;35,A;43,A/G;56,A;57,C/T;75,T/C;85,C/G;100,G;101,C/T;116,C;127,C;161,T/C;171,A/G;172,T;

AMPL3507866　8,T;66,C;74,C;147,A;172,T;

AMPL3507867　21,C;27,G;38,T;45,T;54,C;88,C;93,T;112,C;122,A;132,G;

AMPL3507868　45,T/C;51,A/G;108,T;166,T;186,A/G;

AMPL3507871　7,C;95,G;115,G;144,T;

AMPL3507872　10,C;52,G/T;131,T;132,C;

AMPL3507873　13,C/T;38,T;39,T/C;54,G/A;59,A;86,G/T;

AMPL3507874　2,T;31,A;97,T;99,T;105,G;108,C;122,C;161,A;

AMPL3507875　44,G;45,G;68,G;110,G;125,A;137,G;151,A;184,C;

AMPL3507877　12,G/T;24,G/A;27,T;28,G/A;34,G/C;39,G/A;46,A/T;68,A/C;70,A;90,A;110,T/G;126,C;134,A/C;

AMPL3507878　8,T;10,A;37,G;59,A;73,G;77,G;78,G;90,C;91,T;103,G;115,T;130,C;

AMPL3507879　50,A;90,C;91,C;116,C;127,T;134,G;143,G;155,G;163,C;169,A;181,C;

AMPL3507880　66,T;105,A;124,A;

AMPL3507881　84,T;122,G;

AMPL3507882 40,G;43,A;61,T;

AMPL3507883 20,C;31,T;68,C;74,G;84,C;104,T;142,T;144,G;

AMPL3507885 36,C/G;51,A;54,G/A;65,G/N;66,G/N;71,C/N;78,C/N;110,G/A;112,C/T;115,G/A;124,G/T;131,T/A;135,G/A;146,A/G;

AMPL3507886 41,G/A;47,C/T;81,G/C;91,T/C;99,G/A;125,A/T;

AMPL3507887 2,T;35,C;45,G/A;62,C;65,A/G;92,G/A;101,C/GTG;

AMPL3507888 4,T;50,G;65,A;70,C;79,A;82,C;94,G;100,G;107,A;133,T;

AMPL3507889 34,T;111,A;154,A;159,G;160,G;

AMPL3507890 19,T/C;26,C/T;33,G/A;60,A/G;139,T/C;

AMPL3507891 29,A;61,T/C;

AMPL3507892 23,A;28,A;55,A;69,A;72,A;122,T;136,G;180,G;181,A;

AMPL3507893 42,T/A;51,T/C;77,T/C;140,G/T;147,T/C;161,A/G;177,T/A;197,C/G;

AMPL3507894 165,A/G;182,A/G;

AMPL3507895 65,A/T;92,C/T;141,T;

AMPL3507896 6,T/C;32,C;77,T/A;85,T/A;107,C;126,G/C;135,T;

AMPL3507897 1,C;7,G/A;9,C;31,C;91,C;104,T/C;123,A;132,T;

AMPL3507898 133,T/G;152,G/A;

AMPL3507899 1,G;29,C/T;39,T/C;55,C;108,T/G;115,A;125,C;140,A/C;

AMPL3507900 23,A/G;62,G;63,A;73,T;86,T/C;161,C/T;183,G/A;190,G;

AMPL3507901 68,T;98,A;116,C;

AMPL3507902 38,C;57,G;65,C;66,G;92,T;104,A;118,A;176,G;

AMPL3507903 101,G;105,G;121,C;161,C;173,T;

AMPL3507904 3,C;5,C;13,G;54,T/C;83,G;85,T/C;92,C/T;104,C;147,A;182,G;

AMPL3507906 7,T;9,G;30,G;41,A;42,A;48,T;69,G;71,A;78,G;88,A;91,G;108,A;115,G;122,A;126,A;141,A;

AMPL3507909 2,A;9,C;13,G/A;15,C;28,G;32,T;34,A;53,T;84,C;97,C;99,C/A;135,G/C;148,G/T;150,T;

AMPL3507910 33,C;105,G;129,A;164,G;

AMPL3507911 33,G;34,C;49,C;50,G;71,G;77,C;89,A;92,G;126,G;130,T;133,C;134,A;151,A;173,G;180,A;181,C;185,C;189,C;190,G;196,C;200,C;

AMPL3507912 19,T;33,T;38,A;43,T;46,G/A;71,G/C;73,A/T;108,A;124,A/T;126,G;132,A;143,C;160,T;

AMPL3507913 21,T;58,T;90,T;107,A/G;109,A;111,A;113,A;128,A;134,G;

AMPL3507914 37,G/C;52,A/G;56,C/T;64,T/G;115,C/T;

AMPL3507915 22,G/A;31,T/C;39,C/T;51,T/C;52,C/T;59,G/A;66,C/T;87,G/A;99,G/A;103,T/C;128,C/T;134,C/A;135,T/A;138,G/A;159,T/G;

AMPL3507916 24,A/G;31,T/C;43,T/C;49,G/T;90,G/A;110,T/A;132,A/C;160,A;170,G;174,G/A;

AMPL3507918 15,A;63,A;72,G;76,T;86,C;87,G;90,A;129,G;

AMPL3507919 10,G;22,T/G;34,C/T;64,G/T;74,G/A;105,A/G;114,A/G;133,T/C;153,G/T;169,G;184,T/C;188,T/A;

# 中优 1 号

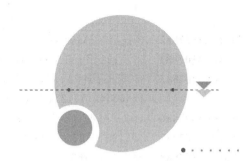

AMPL3507571　6,T;10,G;18,G;19,T;20,G;30,G;37,A;40,T;

AMPL3507806　31,T;55,C;136,A;139,G;158,A;

AMPL3507807　28,C;31,G;89,T;96,A;129,C;

AMPL3507808　75,A;114,C;124,T;132,T;134,G;139,G;171,C;172,T;

AMPL3507809　45,A;47,G;49,A;65,A;76,T;81,A;91,T;115,A;

AMPL3507810　33,T;53,T;74,G;90,C;98,G;154,G/A;

AMPL3507811　30,G;97,G;104,A;

AMPL3507812　6,C;53,C;83,T;90,T;109,A;113,A;154,T;155,C;

AMPL3507813　14,T;86,A;127,G;

AMPL3507814　63,A;67,G;70,T;72,A;94,A;119,G;134,C;157,G;

AMPL3507815　9,T;155,C;163,A;

AMPL3507816　93,G;105,G;150,A;166,C;171,C;

AMPL3507817　38,A;87,C;96,A;102,G;116,T;166,T;183,T;186,A;188,G;

AMPL3507818　8,A;37,A;40,T;41,G;49,T;55,T;56,G;57,G;100,G;104,G;108,T;113,G;
118,T;

AMPL3507819　87,G;97,C/T;139,A;155,C;

AMPL3507821　41,C;45,G;59,A;91,T;141,A;144,T;

AMPL3507822　1,G/C;8,A;11,A;70,C;94,T/C;108,A;

AMPL3507823　11,C/T;110,A/C;123,A/G;

AMPL3507824　3,G;56,G;65,A;68,T;117,T;

AMPL3507826　55,T;61,C;74,T;98,C;122,G;129,G;139,A;180,C;

AMPL3507827　9,T;48,A;65,G;77,C;95,T;124,T;132,T;135,G;140,G;

AMPL3507828　73,T;107,G;109,G;143,T;159,G;

AMPL3507829　6,T;14,T;56,A;70,A;71,T;127,A;

AMPL3507831　7,C;16,C;19,C;66,C;75,A;88,T;113,C/T;130,G;140,C;164,T;

AMPL3507832　23,C;59,A/G;78,G;116,T;

AMPL3507833　26,T;30,G;49,G;69,T;75,A;97,A;132,T;

AMPL3507834　126,T;145,G;

AMPL3507836　8,A;32,T;40,G;44,G;63,T;71,A;113,T;142,A;

AMPL3507837　1,G;5,A;6,C;7,C;24,A;30,T;59,C;66,T;67,C;78,G;79,G;80,A;111,C;
139,A;164,A;

AMPL3507838　3,A;15,A;20,G;23,G;50,A;52,A;59,C;64,C;78,G;

AMPL3507839　59,C;114,C;151,T;

AMPL3507840　77,C;

AMPL3507841　13,C;14,A/G;34,G;60,G;99,G/A;

AMPL3507842　13,C/T;17,T;20,T;64,C;97,A;144,C;158,A;159,G;163,T;

AMPL3507844　2,T;6,G;26,C;35,C;63,G;65,A;68,T;96,C;97,C;119,T;130,A;137,G;
158,T;

AMPL3507845　57,A;161,A;

AMPL3507846　5,A;21,A;24,G;26,A;94,G;112,A;127,C;128,T;149,G;175,T;

AMPL3507848　38,G;78,A;

AMPL3507849　16,T/A;19,C/A;23,T;24,A;33,G;35,A/G;39,G;68,C;72,G;74,T;97,T;
128,G;134,G;142,A/C;144,C/T;157,A;

AMPL3507850　2,A;16,C;35,A;39,G;60,C;93,C;110,G;114,C;125,C;128,A;130,C;

AMPL3507851　61,C;91,T;92,G;131,A;151,G;154,G;162,G;165,G;166,A;168,G;

AMPL3507852　8,A;26,G;33,G;43,A;56,C;62,T;93,C;124,G;

AMPL3507853　2,A;71,A;88,C;149,C;180,T;193,T;

AMPL3507854　34,T/C;36,G;37,C/T;44,G;55,A;70,A/C;84,A;92,G/A;99,T;102,G/T;
110,C/T;112,A/T;114,G/T;126,A/C;139,T/C;153,C/T;158,T/A;164,A/
C;170,G/C;171,A/G;174,G/A;177,T/G;180,C;181,T;187,C;188,T/G;192,
C/T;

AMPL3507855　26,C;36,C;90,T;

AMPL3507856　11,A;92,C;102,C;

AMPL3507857　33,A;70,C;82,A;123,T;

AMPL3507858　26,T;45,G;84,C;143,G;152,G;176,C;

AMPL3507860　30,G;97,C/T;101,G/T;128,G/A;176,T/C;

AMPL3507861　28,T;43,A;69,C;93,C;105,G;124,T;128,T;

AMPL3507862　2,A;4,G/C;63,G;83,C;88,C;106,T/C;115,T/C;124,A;154,T/C;

AMPL3507863　13,A;45,C;69,G;145,T;177,G;

AMPL3507864　17,T/C;95,G/A;120,T;

AMPL3507865　19,T/C;21,A/T;35,A;43,A/G;56,A/C;57,C;75,T/C;85,C/G;100,G/C;101,
C/T;116,C/A;127,C/G;161,T;171,A;172,T/C;

AMPL3507866　8,T;66,G;74,T;147,C;172,T;

AMPL3507867　21,C;27,A;38,T;45,C;54,C;88,T;93,C;112,C;122,A;132,C;

AMPL3507868　45,C/T;51,G;108,T/C;166,T/C;186,G;

AMPL3507871　7,C;95,G;115,G/T;144,T;

AMPL3507872　10,T;52,G;131,T;132,T;

AMPL3507873　13,T;38,T;39,C;54,A;59,A;86,T;

AMPL3507875　44,G;45,G;68,G;110,G;125,A;137,G;151,A;184,C;

AMPL3507876　96,C;114,C;144,G;178,C;

AMPL3507877　12,G/T;24,G/A;27,T;28,G/A;34,G/C;39,G/A;46,A/T;68,A/C;70,A;90,
A/G;110,T/G;126,C;134,A;

AMPL3507878　8,T;10,A;37,G;59,A;73,G;77,G;78,G;90,C;91,T;103,G;115,T;130,C;

AMPL3507879　50,A;90,C;91,C;116,C;127,T/G;134,G/C;143,G/C;155,G/T;163,C/T;169,
A;181,C/T;

AMPL3507880　66,T;105,A;124,A;

AMPL3507881　84,T;122,G/A;

AMPL3507882　40,G;43,A;61,T;

AMPL3507883　20,T;31,T;68,C;74,G;84,A;104,T;142,T;144,G;

AMPL3507885　36,C;51,A;54,G;65,G;66,G;71,C;78,C;110,G;112,C;115,G;124,G;131,T;
135,G;146,A;

AMPL3507886　41,A;47,T;81,C;91,C;99,A;125,T;

AMPL3507887　2,T;35,C;45,G;62,C;65,A;92,G;101,C;

AMPL3507888　4,T;50,G;65,A;70,C;79,A;82,C;94,G;100,G;107,A;133,T;

AMPL3507889　34,T;111,G;154,C;159,G;160,G;

AMPL3507890　19,C;26,C;33,G;60,G;139,C;

AMPL3507891　29,A;61,T/C;

AMPL3507892　23,A;28,A;55,A;69,A;72,A;122,T;136,G;180,G;181,A;

AMPL3507893　42,T;51,T;77,T;140,G;147,T;161,A;177,T;197,C;

AMPL3507894　165,G;182,G;

AMPL3507895　65,T;92,T;141,T;

AMPL3507896　6,C/T;32,C;77,A/T;85,A/T;107,C;126,C/G;135,T;

AMPL3507897　1,C;7,G/A;9,C;31,C;91,C;104,T/C;123,A;132,T;

AMPL3507898　133,G;152,A;

AMPL3507899　1,G;29,C;39,T;55,C;108,T/G;115,A;125,C/T;140,A/C;

AMPL3507900　23,G;62,G;63,A;73,T;86,C;161,T;183,A;190,G;

AMPL3507901　68,C;98,G;116,A;

AMPL3507902　38,A/C;57,A;65,C;66,G;92,A;104,C;118,T;176,G;

AMPL3507903　101,G;105,G;121,C;161,C;173,T;

AMPL3507904　3,C;5,C/T;13,G;54,C;83,G;85,C;92,T/C;104,C;147,A;182,G;

AMPL3507907　5,G;25,G;26,G;32,G;34,C;35,T;36,G;37,G;46,G;47,C;49,A;120,G;

AMPL3507909　2,A;9,C;13,G/A;15,C;28,G;32,T;34,A;53,T;84,C;97,C;99,C/A;135,G/
C;148,G/T;150,T;

AMPL3507910　33,C/T;105,G/A;129,A/C;164,G/A;

AMPL3507911　33,G;34,C;49,C;50,G;71,G;77,C;89,A;92,G;126,G;130,T;133,C;134,A;
151,A;173,G;180,A;181,C;185,C;189,C;190,G;196,C;200,C;

AMPL3507912　19,T;33,T;38,A;43,T;46,G;71,G/C;73,A;108,A;124,A/T;126,G;132,A;
143,C;160,T;

AMPL3507913　21,T;58,T;90,C;107,A;109,T;111,T;113,G;128,A;134,G;

AMPL3507914　37,G;52,G;56,A;64,T;115,C;

AMPL3507915　22,G/A;31,T/C;39,C/T;51,T/C;52,C/T;59,G/A;66,C/T;87,G/A;99,G/A;
103,T/C;128,C/T;134,C/A;135,T/A;138,G/A;159,T/G;

AMPL3507916　24,A;31,T;43,T;49,T;90,A;110,T;132,C;160,G;170,T;174,A;

AMPL3507918　15,A/T;63,A;72,G;76,T;86,C;87,G/A;90,A;129,G;

AMPL3507919　10,G;22,G;34,T;64,T;74,A;105,G;114,G;133,C;153,T;169,G;184,C;
188,A;

# 附录 A MNP 引物基本信息

| 序号 | 扩增位点名称 | 基因组位置 | 扩增起点 | 扩增终点 | 正向引物 | 反向引物 |
|---|---|---|---|---|---|---|
| 1 | AMPL3507806 | scaffold1 | 520661 | 520935 | CAGCTATACACTTGAGAGGCCTATTTC | ATCTTGGTTTTGTATTGCTTGATGTCTATT |
| 2 | AMPL3507807 | scaffold1 | 1227167 | 1227422 | TTTTTCATGGATATACATGTAACATCAGCTC | GAATTGTTTTCAAAACAAAAATGTTGGAT |
| 3 | AMPL3507808 | scaffold1 | 1452755 | 1453017 | CTCATACAGTGATGACGTAGCCAAC | GTAAGGCTCGTCCAATATGGTTG |
| 4 | AMPL3507809 | scaffold1 | 1889487 | 1889760 | TGGATTTACTAAAGGGCTGCACAC | AAGGATGAATTGTTTGATGTGGGTGT |
| 5 | AMPL3507810 | scaffold1 | 3006114 | 3006387 | AAATTCGCTTCACCTATAACTTCGGAT | CTATCTGATTCTACCAAAACAGCAAGTAGTC |
| 6 | AMPL3507811 | scaffold1 | 3507015 | 3507289 | TGAGCCCAAATTGTAAACTCCACTC | AGTGTAGCTATGGAATCAAAGAACACAGATCT |
| 7 | AMPL3507812 | scaffold1 | 3783543 | 3783801 | AGTGGAATTTGTATTTCCGAAGAGATGAA | AGTTGCTTATTGTTTGGTAGTCTGGAG |
| 8 | AMPL3507813 | scaffold1 | 4162716 | 4162990 | AGCTGCAGAATACTATGACAGAAACAATA | AACCATTTATGCTAAGAATGATGTGTACCTT |
| 9 | AMPL3507814 | scaffold1 | 4770889 | 4771158 | AATGTTAGATTTTAATGCCTGCAATTTGGTA | ACTTATCATGTGCACTGCAGGAAATC |
| 10 | AMPL3507815 | scaffold1 | 5540216 | 5540490 | AAGATTAGGAGAGAATATACGGAACATCCAT | CTTATGGACAAATTGAGGATCTTGTTTCAGT |
| 11 | AMPL3507816 | scaffold1 | 6515900 | 6516170 | TTCTTTTTACCTTTTTGAGTTTGCGGAAC | ACCCTAAGAAGCCTTGCGTTTAATG |
| 12 | AMPL3507817 | scaffold1 | 6794041 | 6794315 | GAGCACAGTTTTAAAAAGCCCTTGAT | ACGGTTCAGTTGTTCAACCGTAT |
| 13 | AMPL3508015 | scaffold2 | 405362 | 405634 | TATCGCGACACAAGACTCACGAC | AACCTAGACTTTGATGATGAAAACTTGAGTA |
| 14 | AMPL3508016 | scaffold2 | 798859 | 799131 | ACAATTAGCAACCGGCAAGGTTAC | ACAGATTTAATCAATGCACACTAAGAGGAG |
| 15 | AMPL3508017 | scaffold2 | 1442911 | 1443185 | AATCCTAAAAGGCAAGCTTAAAGGGAA | GCTGGTGGCACCATTCCTTTTTCTC |
| 16 | AMPL3508018 | scaffold2 | 1727785 | 1728013 | GAATTAACTTTTGGTGTGAGATTCATTTTGCA | ACCAGAAGTTAATTTCCTTACTACCATCTCTATATT |
| 17 | AMPL3508019 | scaffold2 | 1947834 | 1948065 | TCATTAGATGAACACAAACAATGAGGTCAA | TCGTTGTGGGTTGAGTCATTA |

续表

| 序号 | 扩增位点名称 | 基因组位置 | 扩增起点 | 扩增终点 | 正向引物 | 反向引物 |
|---|---|---|---|---|---|---|
| 18 | AMPL3508020 | scaffold2 | 2230523 | 2230732 | TCAATCAATTCTGACATTGGCTGATTT | GGAGGCACTCACAGAAGTTATGGC |
| 19 | AMPL3508022 | scaffold2 | 2706281 | 2705555 | AATTTGTACTGGATCAAGTCGCTAAGTC | CAGTACTTCATCCACGCATAAACACC |
| 20 | AMPL3508023 | scaffold2 | 3075987 | 3076260 | AAAGATGTTTGTACTGGGCAAGTCTT | CCATCTTGCTTTGCCGAAAGAGT |
| 21 | AMPL3508119 | scaffold3 | 1544191 | 1544465 | TCATCTAAACACTACATGTGCATTCAAATCTA | AACTATTCCATTATCAGTCGATTGCTTAATTTAA |
| 22 | AMPL3508121 | scaffold3 | 2481924 | 2482189 | TGTCATTTGAAAAAGTTAACAAGTTCAGCTT | AGAAGAAGAAGATTCAAGAGAACATTTGCAT |
| 23 | AMPL3508122 | scaffold3 | 2725649 | 2725923 | AAGAGAGAGAGAGGAATCATCCATCTCA | GGAGATGGCTTCACCTACTTCAAC |
| 24 | AMPL3508193 | scaffold4 | 184318 | 184592 | CACTGAATATGGTGGATGCATTCATGA | GCTGAAGCATGGATTAAATAATGAATCTCGA |
| 25 | AMPL3508194 | scaffold4 | 442500 | 442774 | AAAGGCGAGCATTATCTTCTTTTTCTTTTG | GGAAGGCCTAGCTAAAGTATCCTTCTG |
| 26 | AMPL3508196 | scaffold4 | 1169299 | 1169563 | AGGGTTACAAGAGTTGTTGAAGAGCT | AAGTGCACTTGGGTATAGATAAACTTATGAAATG |
| 27 | AMPL3508197 | scaffold4 | 1484767 | 1484998 | GTTTTTGGCAAAGGAGGAGACCCAAG | CTAACAAAGGAATTAGTCACACATGATCCTA |
| 28 | AMPL3508198 | scaffold4 | 1854477 | 1854751 | TCAGTCTCTCTCTTATCTTGCAAGGAC | GTAGGAGTGTCATTGTTAGTGGTTTTGAATCT |
| 29 | AMPL3508199 | scaffold4 | 2190267 | 2190541 | ATGGACAACAACTTTTGTTTTACTACTAACCAGG | CCCAACTAAAGCCTAGCTAACATAGTAGTT |
| 30 | AMPL3508200 | scaffold4 | 2685115 | 2685349 | TTTTTAGATGTGTGAGGACTCAAAGGATCAA | AGTTTTCACTCACATCAGCTGCTTC |
| 31 | AMPL3508265 | scaffold5 | 40774 | 41048 | AGAGACTTCTATGAGCATACAACTAGCAG | ACATGCACTTGGATTGTGAGGAAATT |
| 32 | AMPL3508329 | scaffold6 | 523534 | 523792 | CATAAGCTTCGTCGTGGCTGACAGAT | GGAAGAAAATTGTGTACCTCATTGCTG |
| 33 | AMPL3508330 | scaffold6 | 921256 | 921529 | AGAAGAGAATCTCAGAACTGGTTCCAG | CTTAACATCTTTTTACCTGACAACCGTTTG |
| 34 | AMPL3508331 | scaffold6 | 1279843 | 1280117 | CCTATAAATCTTGCGTTGAACGAAATCTTT | GCAGGTGAAACAACTTGATTAACGTTAATGA |
| 35 | AMPL3508332 | scaffold6 | 1831288 | 1831562 | GAGAATTGCTAGACTTGAACAAGTCATGG | CTAAGGTTTACTTGAAGAAGTAGAAGCTGAA |
| 36 | AMPL3508333 | scaffold6 | 2198553 | 2198786 | GGGTGTCACATCTCAGCTCTAACAGA | GGTGGTTAATGGACTGCGAGACTTG |
| 37 | AMPL3508388 | scaffold7 | 1381972 | 1382227 | AATAAGTAAAATCAGGTTGTATAACACAGCCTA | ATGTTGTCTTTTGAAATAAAAGGATTAGAACATT |
| 38 | AMPL3508389 | scaffold7 | 1814361 | 1814616 | CCATGGAGACCCACCTACATCTT | ACCTTCCATCCTAAATATGAACAATGGAGA |

续表

| 序号 | 扩增位点名称 | 基因组位置 | 扩增起点 | 扩增终点 | 正向引物 | 反向引物 |
|---|---|---|---|---|---|---|
| 39 | AMPL3508449 | scaffold8 | 117202 | 117444 | TCTTAGGCGCATTGATGTCAAGTTTAAAAT | CCGAAGGACAACCCAAACAATTTAA |
| 40 | AMPL3508450 | scaffold8 | 829401 | 829675 | CGATTGAAGTAACAAGTGCCACCTAG | ACTCCGAAAGAAGAGTACAAGAGCC |
| 41 | AMPL3508451 | scaffold8 | 1213221 | 1213472 | GCGGGAAGACTAACCGTATTTCAA | GGGCTTCTCAAAATTCAACTGTTAATACAA |
| 42 | AMPL3508452 | scaffold8 | 1548537 | 1548811 | TTGTAGCTCTAAACCAATATCTCTTTAGTTGTGT | GTTTTCGAGCTTCTCTAGGTGAATTGG |
| 43 | AMPL3508453 | scaffold8 | 2168698 | 2168972 | GAGAGTCAGAACCTTGTAAGGAAATCTT | CACAAGTCCTTTACAACAACATTAATCTGAA |
| 44 | AMPL3508193 | scaffold9 | 2283 | 2484 | ATGCATCAGTAAGAACTGTGACATCATAT | AATTGCTAGACCAATAAAAACCAAAAGCTT |
| 45 | AMPL3508194 | scaffold9 | 1582617 | 1582882 | CTCAGTAGCCACACCTATTTCACAC | TTTTTCCCAAGGTAGCTGTTATAAATTGACT |
| 46 | AMPL3507818 | scaffold10 | 50100 | 50334 | TTTGAATCAACTGACGGTGGATGTAG | AATTTAGACACATTGACATTCAAACATGCAT |
| 47 | AMPL3507848 | scaffold11 | 333492 | 333766 | ATCTGTGGAGATCCCTAACAAATGTCA | TTGAAACAGAGCAATCCCAAAAGAAACA |
| 48 | AMPL3507849 | scaffold11 | 651597 | 651871 | TCCTGTGAGTTGTGACAAACACAG | TGAGTTCTTTTGGATAACTAACACAGCTTT |
| 49 | AMPL3507850 | scaffold11 | 3257596 | 3257830 | GACTGACCTTCGCTGGGTTATCC | GCCGCATCGAGTCAGAATTCTATAAGG |
| 50 | AMPL3507885 | scaffold12 | 2280700 | 2280974 | TGGATATCAAAAAGGCACTTGAGATTGAC | ATTTTCACATCCCTGATGCAAACAAAT |
| 51 | AMPL3507934 | scaffold14 | 161475 | 161749 | GGCACCATTGATGGAGAGAAAGAA | ACAGTAATTGCAAGAAGTCCTTCCTTCC |
| 52 | AMPL3507935 | scaffold14 | 580637 | 580911 | TTCTTTCCCACGCGTACAATGAA | TGTCAAAGATGAATGAAAGATCGAGCAA |
| 53 | AMPL3507936 | scaffold14 | 967722 | 967996 | CCATCTAAACGGAACTTCCAAGCAA | ACGAAAACAGAAAGAATGAAAGAAGTTGCA |
| 54 | AMPL3507937 | scaffold14 | 1726419 | 1726690 | CATCCAATCAGACCCTGATTTCTCTTG | TATGTTAGATAGACGCTTACCTGGAATG |
| 55 | AMPL3507954 | scaffold15 | 192606 | 192880 | CCTTGTAAACACCGGCAATAATCAA | GCTTCTAGGGTTTCTAACTTTTATACGGTA |
| 56 | AMPL3507955 | scaffold15 | 843044 | 843293 | TTTTTCGTTACATTTTATTCATAGATCACACGG | AATTGTTAGTAACTTCTAATAACCGCTTGTACTT |
| 57 | AMPL3507956 | scaffold15 | 1206695 | 1206969 | TTTATGCAAACATATAGTGTGGACGGAAATGC | ATCCCAAAAGGCCTTCTCCATTG |
| 58 | AMPL3507976 | scaffold17 | 361673 | 361947 | TCTCCATGAAAGCACCAAATTTTAAAGACC | GAATAGCAATACTTGAATTCATTTGGGCTA |
| 59 | AMPL3507977 | scaffold17 | 851264 | 851538 | TCATTTGGCTAACAATTATGTGAATGCTCG | CACACAAATGACAAGCATAAAATAGTAGCAT |

续表

| 序号 | 扩增位点名称 | 基因组位置 | 扩增起点 | 扩增终点 | 正向引物 | 反向引物 |
|---|---|---|---|---|---|---|
| 60 | AMPL3507987 | scaffold18 | 48926 | 49197 | ACAATGCCAAATGTGCCATTTGAA | AACAACAACTTTTGAGGTTAACAGACTAAC |
| 61 | AMPL3507988 | scaffold18 | 435005 | 435279 | AGAGCGCACTATGTCATATCAATACAGT | GAACTCATGGGCAATAATGATCAAGTTCA |
| 62 | AMPL3507989 | scaffold18 | 2394337 | 2394611 | TCATTTTCAAAGACTTCAAATGTCACAATCTCA | ACCATTTCTAGAAATTAACATCATATCTTCACTC |
| 63 | AMPL3508000 | scaffold19 | 150368 | 150630 | AAAATCAACCAAGTTCTACCGAGCTAG | CAATGGAACTCGTGTAGATGGCATG |
| 64 | AMPL3508001 | scaffold19 | 997054 | 997328 | CCAGAACTGCCTTGGGTTAGATG | TTAAAAGCTCTTGGAGGGCAGAAAA |
| 65 | AMPL3508002 | scaffold19 | 1318630 | 1318904 | CCAGGAGAACATTTCCATCAAACACA | CTGGAAGTGGAGCTGGTAATCCT |
| 66 | AMPL3508003 | scaffold19 | 1606025 | 1606271 | GGATAAAACAACCAATTTCTGCATCACAG | CCCGTTGTACTGACCATGGTAGATAA |
| 67 | AMPL3508004 | scaffold19 | 1813656 | 1813930 | AAGATTGAATGAGGCAATTTTGTTGTGAT | CACAACAACGCTTTATCAACTCTAACAGC |
| 68 | AMPL3508024 | scaffold20 | 506819 | 507037 | CCCTATAGGGTAAACTCATGTTTTCAGAA | GGGATCATTAAACTTACAGCTGTTCAAGT |
| 69 | AMPL3508025 | scaffold20 | 804948 | 805222 | ACGTCACTCAACCTCTTTGAAAGGG | ACCACCGTCCACCATAAGAAGAG |
| 70 | AMPL3508026 | scaffold20 | 1024633 | 1024882 | GACGCAACATTCATCTTGGAATTAATCAG | CAAAATCTGGACCTAATTAGATTACCACCTT |
| 71 | AMPL3508033 | scaffold21 | 404050 | 404324 | TCTGCCAACCATTAGTACTGCAAAA | CTTAATTTACAATGTGCCACAACCACTC |
| 72 | AMPL3508034 | scaffold21 | 609571 | 609843 | ATTTTTCTTATTTTATCCGTTGAATAACTCCCA | GACGCTGACGCACTAAACCA |
| 73 | AMPL3508035 | scaffold21 | 850964 | 851238 | TATTACATGTGCTGATTGGCATACAGTT | CGATTGATTGCTTGGATTCGGTTC |
| 74 | AMPL3508036 | scaffold21 | 1214763 | 1215037 | TGGCTGAAAAGGAAGCTTGGAAA | CATTTATGAGAAACTCATTCCCTGCAAAAA |
| 75 | AMPL3508044 | scaffold22 | 480560 | 480829 | TTCCACGTCCCATTCCACAAATA | ATACACACGAAATTTAATGCACCGAAAC |
| 76 | AMPL3508052 | scaffold23 | 120368 | 120642 | CTTAATCTCTCTCACACCACAAACTT | TGCGATTGCAAGTTCAAATATCACAAATTAA |
| 77 | AMPL3508053 | scaffold23 | 455711 | 455985 | GCATGTGGACTGCCTTCATTTTCT | TGCTTTGGATTACAATTTGTAAATTGTGCTT |
| 78 | AMPL3508054 | scaffold23 | 683365 | 683639 | GAGGGACGAGAGTCTCCAATTCC | CACTCTCATTCTCTCAGCGAACAT |
| 79 | AMPL3508060 | scaffold24 | 147233 | 147506 | AAACTGAGAGAGAGATCCACACAC | CGTAGGTCTGCATTTTAGGTAATTTTTCACT |
| 80 | AMPL3508061 | scaffold24 | 484309 | 484583 | GCACTCACACTTTCTCATTATGCATCT | GTTTGGCGTCTTGTCTTTGAAAGGTAATC |

续表

| 序号 | 扩增位点名称 | 基因组位置 | 扩增起点 | 扩增终点 | 正向引物 | 反向引物 |
|---|---|---|---|---|---|---|
| 81 | AMPL3508062 | scaffold24 | 1165903 | 1166177 | TTCCATCGTCCACAGGTTTGTAATA | CAACCAGATAGATTCCACTGTTTTCTGG |
| 82 | AMPL3508074 | scaffold26 | 645 | 866 | TCAAGAAATCATCAGAGTCAATCAGGATGA | ATCTGATGTAAATAAGTGCTTTGTCAGTGAT |
| 83 | AMPL3508075 | scaffold26 | 241367 | 241597 | AATCTTCAAGAAAAAGATCAGACACTACTTTA | TCTTTGTAGGTGAGTGCAACTTGTAATC |
| 84 | AMPL3508076 | scaffold26 | 1114680 | 1114954 | CTACTTGCTTTTGTGAATTCAACTCACAA | GTCATTAACAGCGCTGAACTCTTTTAATTT |
| 85 | AMPL3508077 | scaffold26 | 1400286 | 1400559 | AAAATCCATTGACATGTTTGCTGCAA | ATCTTTGGTCATTTCTATGTTCTTGGCTC |
| 86 | AMPL3508078 | scaffold26 | 1626500 | 1626755 | ACACATTGTTGGATAGCTTTAAAATCCAAAAT | GACGTAGATAACATTAGCAAGGCCAA |
| 87 | AMPL3508084 | scaffold27 | 223896 | 224170 | CCCTACTGACTTTCATTGTTCCCAA | GGTGAATTAGGGCCATCCAATTTTGA |
| 88 | AMPL3508085 | scaffold27 | 520770 | 521044 | AAACTGGGTCATGTCCCAGATAACA | TACAGCACTTTAGTCTTTTCATATTCCGAA |
| 89 | AMPL3508086 | scaffold27 | 882133 | 882407 | ACAACTTACAAAAATCAAGAGTCAATGGTCG | AATGTCTTGAAGAACAGTATCGTATGGAGA |
| 90 | AMPL3508107 | scaffold29 | 7895 | 8169 | ATTGAAAACCTACAACACTTTCACACACA | ATAGATGTTCGGCAAGCCTTGTT |
| 91 | AMPL3508109 | scaffold29 | 823993 | 824260 | CAAAACGTCTGGGTTTACAAGTTCAT | GCCATTGTAGGAAGCTATAAGAGCTAA |
| 92 | AMPL3508110 | scaffold29 | 1065981 | 1066255 | ATATTCCTCCATAGAAATCCCTAGCAGAAT | CTGACATTCGCGTATATGGATACCTCC |
| 93 | AMPL3508111 | scaffold29 | 1280998 | 1281272 | CAGCTCACCCAACTCAAGAGAGA | AGTGGAGGTTTTGGAAAAGCTTTGG |
| 94 | AMPL3508112 | scaffold29 | 1504317 | 1504591 | GAGTAACCAGTACAATATTGAAGCTTTTCGT | ATACATATCTTATGCGGCTTGATGCAT |
| 95 | AMPL3508131 | scaffold32 | 173524 | 173793 | AGTTGGGTGCTGCTGTGGAATA | CGTGGAGTTGGCTCCTTCAAA |
| 96 | AMPL3508132 | scaffold32 | 565824 | 566098 | GTACAACATGACCCATTATCTCTATTTGCTC | ATCTTACTGTGACGTATTGAACTTGAATGTT |
| 97 | AMPL3508133 | scaffold32 | 878068 | 878342 | GGCACTCTGTCCCAATCAAGTTC | TGCACTTGTGAGGTCAACATAAAGAC |
| 98 | AMPL3508143 | scaffold33 | 487537 | 487807 | TCAAAACCACATCGTTTTGATGTTGTG | GTAAAATCTTCCACTAACCAAAGTCATCGT |
| 99 | AMPL3508144 | scaffold33 | 904004 | 904278 | CAGAGTTCGTCATCGGGTATATGTTA | GAGACAGTTGAAGCAATGACAGTTCC |
| 100 | AMPL3508145 | scaffold33 | 1401732 | 1402006 | GATGGCAGAATGTATGGTTCCCATT | CGCAAAAATTGACCAACTTATTGGCAT |

# 附录 B 龙眼品种指纹图谱构建 MNP 标记法

## 1 术语与定义

下列术语和定义适用于本书。

1.1 多核苷酸多态性 multiple nucleotide polymorphism，MNP

在基因组水平上由多个核苷酸引起的序列多态性。

1.2 变异度 degree of variance

异型株(非典型植物)占总观测植株的百分率。

1.3 平均覆盖倍数 average coverage

比对到标记位点上的测序片段数目与标记位点数目的比值。

1.4 检出的标记位点 detected markers

至少有一个等位基因型有 20 条及以上测序片段支持的标记位点。

## 2 原理

利用多重 PCR、二代高通量测序扩增并检测样品基因组上的 MNP 标记位点，分析测序数据，获得标记位点的分型结果和鉴定结论。

## 3 试剂或材料

除非另有规定，仅使用分析纯试剂。

3.1 水：GB/T6682 一级。

3.2 多重 PCR 扩增与文库构建试剂盒。

3.3 高通量测序试剂盒。

3.4 MNP 标记引物：见附录 A。

## 4 仪器设备

4.1 高通量测序仪。

## 5 测定步骤

5.1 操作要求

样品准备、DNA 提取、多重 PCR 扩增与文库构建、高通量测序在规定的区域按单一方向进行操作且保持实验室通风良好。不同区域的仪器设备应专用。

5.2 取样

5.2.1 样品应为从变异度不高于 5% 的植物品种群体中抽取的个体样本混合物。

5.2.2 从植物品种群体中抽取的个体的数量应满足 NY/T 2594 要求。

5.2.3 样品中个体的类型宜为幼嫩且新鲜的叶、根、茎、胚等器官或组织。

5.2.4 应注意从植物品种群体抽样的代表性。

5.3 DNA 提取

提取与纯化的 DNA。DNA 溶液应在 260 nm 与 230 nm 处的吸光度比值大于 2.0；在 260 nm

与 280 nm 处的吸光度比值介于 1.7 与 1.9 之间；DNA 电泳主带明显，无明显降解和 RNA 残留。

5.4 多重 PCR 扩增与文库构建

按多重 PCR 扩增与文库构建试剂盒的说明书进行 DNA 质控、多重 PCR 扩增、文库构建与纯化。其中，多重 PCR 的扩增循环数不高于 20。

5.5 高通量测序

按高通量测序试剂盒和高通量测序仪的操作说明进行高通量测序。

高通量测序的平均覆盖倍数设置为 700 倍以上，测序长度大于标记引物在参考基因组上的扩增长度。

5.6 测序数据质量控制

利用 MLMNP 品种鉴定软件将样品的测序数据比对到参考基因组的标记位点上，统计第一次检测的标记位点的平均覆盖倍数 $C_1$。

当 $C_1 < 500$ 时，判定样品的测序数据量不足，从 5.5 或之前的步骤开始重新实验至第一次检测的标记位点的平均覆盖倍数 $C_1 \geqslant 500$。

当 $C_1 \geqslant 500$ 时，进一步计算检出的标记位点的比例 $R_1 = \dfrac{T_1}{T}$，其中，$T_1$ 和 $T$ 分别为样品的检出的标记位点的数目和检测的标记位点的数目。

当 $R_1 \geqslant 95\%$ 时，判定测序数据合格。

当 $R_1 < 95\%$ 时，判定文库构建可能失败，从 5.3 或之前的步骤开始重新实验至第二次检测的标记位点的平均覆盖倍数 $C_2 \geqslant 500$。

当 $C_2 \geqslant 500$ 时，进一步计算第一次和第二次共同的检出的标记位点的比例 $R_2 = \dfrac{2T_{12}}{T_1 + T_2}$，其中，$T_{12}$ 为第一次和第二次共同检出的标记位点的数目，$T_1$ 和 $T_2$ 为第一次和第二次分别检出的标记位点的数目。

当 $R_2 \geqslant 95\%$ 时，判定测序数据合格。

# 参考文献

［1］ Li T T,Fang Z W,Peng H,Zhou J F,Liu P C,Wang Y Y,Zhu W H,Li L,Zhang Q F,Chen L H. Application of high-throughput amplicon sequencing-based SSR genotyping in genetic background screening[J]. BMC Genomics,2019,20(1):444.

［2］ Li Lun,Fang Z W,Zhou J F,Chen H,Hu Z F,Gao L F,Chen L H,Ren S,Ma H Y,Lu L,Zhang W X,Peng H. An accurate and efficient method for large-scale SSR genotyping and applications[J]. Nucleic Acids Research,2017,45(10):e88.

［3］ 周俊飞,崔野韩,唐浩,李论,陈红,温雯,韩瑞玺,黄思思,方治伟,彭海.利用概率估算提高植物品种分子标记鉴定的准确率[J].中国农业科学,2018,51(6):1013-1019.

［4］ 张静,彭海,陈斌,陈红霖和王沁.一种测试纯系油菜新品种的特异性、一致性与稳定性的方法:201510148702.9[P].2015-03-31.

［5］ 张静,彭海,陈红,章伟雄.一种测试玉米品种实质性派生关系的方法:201510148683.X[P].2015-03-31.

［6］ 彭海,张静,陈红,陈利红.一种测定杂交植物新品种的特异性、一致性与稳定性的方法:2015 1 0150504.6[P].2015-03-31.